B

by

G. A. Tammann
Philippe Véron

HALLEYS KOMET

Birkhäuser Verlag
Basel · Boston · Stuttgart

CIP-Kurztitelaufnahme der Deutschen Bibliothek

Tammann, Gustav A.:
Halleys Komet : G. A. Tammann ;
Philippe Véron. – Basel ; Boston ; Stuttgart :
Birkhäuser, 1985.
ISBN 3-7643-1698-5
NE: Véron, Philippe:

© 1985 Birkhäuser Verlag Basel
Umschlag und Buchkonzept: Albert Gomm
Layout: Michaela Stalder
Printed in Germany
ISBN 3 7643 1698 5

Y. TAMMANN-JUNDT
und M.-P. VÉRON-CETTY
gewidmet

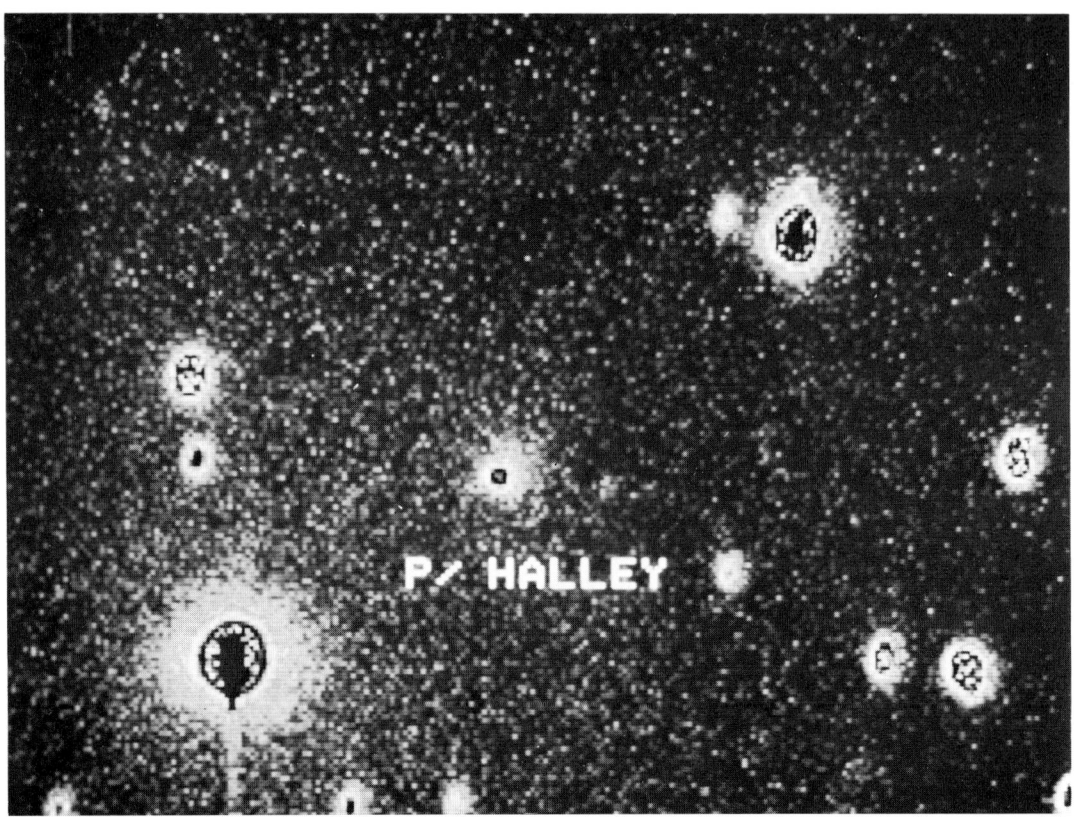

Aufnahme des Kometen Halley am 24. Januar 1985. Das Bild wurde
von J.M. Pasachoff, D.P. Cruikshank und C.R. Chapmann am
2.2 m-Teleskop der University of Hawaii auf dem Mauna Kea mit
Hilfe einer CCD-Kamera gewonnen. Die Bildverarbeitung besorg-
te A. Storrs. Das Bild zeigt außer dem Kometen auch Sterne unserer
Milchstraße und fremde Galaxien. Die scheinbare Helligkeit des
Kometen betrug 19.8 Größenklassen. Er war 4.31 AE (650 Millionen
Kilometer) von der Erde entfernt und hatte bereits eine kleine
Koma mit einem Durchmesser von etwa 16 000 Kilometern entwik-
kelt. (Mit freundlicher Erlaubnis von Professor J.M. Pasachoff).

Inhaltsverzeichnis

Zu diesem Buch

Kapitel I
Was ist ein Komet?
  1 Die Entdeckung und Benennung von Kometen
  5 Die Bahnen von Kometen
16 Die Bestandteile von Kometen
      16 Der Staubschweif
      24 Der Gasschweif
      29 Die Wasserstoffwolke
      31 Die Koma
      35 Der Kern
44 Der Ursprung der Kometen
48 Das Ende der Kometen
57 Einige Daten über Halleys Kometen

Kapitel II
Die 2000jährige Geschichte des Halleyschen Kometen

Kapitel III
Halleys Wiederkehr 1986
255 A. Beobachtungsbedingungen
279 B. Wissenschaftliche Beobachtungen
291 C. Raumschiffe zum Halleyschen Kometen

321 Glossar
325 Weitere Literatur über Kometen im Allgemeinen und
      Halleys Kometen im Speziellen
328 Verzeichnis der im Text vorkommenden Kometen
330 Namensverzeichnis
335 Bildnachweis

Zu diesem Buch

Kometen haben seit jeher die Phantasie der Menschen beflügelt. Im Aberglauben, in der Astrologie, in den Religionen und in der Wissenschaft haben sie eine Rolle gespielt. Der Erkenntnis, daß sie eine rein physikalische Erklärung haben, ist ein Jahrtausende langer Prozess vorausgegangen, in dem sich naturphilosophische und magische Ansichten vermengten, und in dem sich die wahre Natur der Kometen nur langsam offenbarte. Der Wandel der Kometentheorien im Laufe der Zeiten ist ein Spiegel des sich entwickelnden Weltbildes. Die Geschichte der Kometologie gibt daher einen faszinierenden Querschnitt durch die gesamte Entwicklung der wissenschaftlichen Denk- und Arbeitsmethode.

Eine umfassende Kometengeschichte ist noch nicht geschrieben worden. Aber der Komet Halley, der in etwa 76.5jährigem Rhythmus das innere Sonnensystem durchläuft, und der seit über 2000 Jahren bei jeder Wiederkehr von den Erdbewohnern beobachtet worden ist, liefert einen einzigartigen roten Faden durch diese Geschichte. Die bei seinen jeweiligen Erscheinungen geäußerten Ansichten widerspiegeln das allmähliche Aufdämmern von fundierten Kenntnissen über Kometen. Einmal hat Halleys Komet selber entscheidend zu diesem Prozess beigetragen: mit seiner vorausgesagten Erscheinung im Jahre 1759 demonstrierte er einer breiten Öffentlichkeit in höchst eindrücklicher, ja spektakulärer Weise die Gültigkeit des Newtonschen Gravitationsgesetzes. Damit zeigte er, welche Bedeutung der Physik und der wissenschaftlichen Forschung für ein tieferes Eindringen in die Geheimnisse der Natur zukommt.

Kometen werden heute in den Grundzügen verstanden. Als Schneebälle überraschend kleiner Ausdehnung gehören sie zu den Erstgeborenen im Sonnensystem; nur wenn sie ausnahmsweise in die Nähe der Sonne kommen, entwickeln sie ihre ganze Pracht. Aber noch ist dieses Verständnis in mehreren Einzelheiten unbefriedigend. Wie sind die Kometen auf ihre heutigen Parkbahnen am äußersten Rand des Sonnensystems gekommen? Welches sind die exakten Abmessungen eines Kometenkerns und aus welchen Bestandteilen ist der Kern tatsächlich aufgebaut? Welches sind die magnetohydrodynamischen Prozesse, welche die komplexe Wechselwirkung zwischen dem Kometen und dem Sonnenwind vollständig beschreiben? Solche und ähnliche Fragen erklären, warum einzigartige Anstrengungen unternommen werden für die Erforschung des Halleyschen Kometen während seiner nächsten Annäherung an die Erde in den letzten Monaten des Jahres 1985 und in der ersten Jahreshälfte 1986. Koordinierte Beobachtungen mit ungezählten Teleskopen auf dem Boden, auf Flugzeugen, Ballonen und auf erdumkreisenden Satelliten sollen der Erforschung des Kometen dienen. Außerdem sind fünf Satelliten zum Kometen unterwegs, die ihn aus der Nähe beobachten werden. Einer von diesen Satelliten, der auf den Namen Giotto getauft wurde, wird sogar tief in die Atmosphäre des Kometen eindringen und soll ihm seine innersten Geheimnisse entreissen.

Das vorliegende Buch ist in drei Hauptkapitel gegliedert. Im ersten Kapitel wird ein Abriss des heutigen Wissens über Kometen gegeben. Das zweite Kapitel schildert die 29 Erscheinungen des Halleyschen Kometen seit dem Jahre 240 v. Chr. Das dritte Kapitel erläutert die Sichtbarkeitsbedingungen für Sternfreunde während des Jahresendes 1985 und der ersten Monate 1986 und beschreibt die wissenschaftlichen Beobachtungsprogramme. Die Kapitel sind so ausgelegt, daß der nur an einem Teilaspekt interessierte Leser ein einzelnes Kapitel ohne Verlust an Verständlichkeit herausgreifen kann.

Dieses Buch wäre nicht möglich gewesen ohne vielfältige Hilfe: Herr R.P. Broughton hat die Ephemeriden und die Helligkeiten von Halleys Komet für jede Wiederkehr zur Verfügung gestellt. Frau M.-P. Véron-Cetty hat die 29 präzessierten Himmelskarten mit dem Lauf des Kometen erstellt. Professor Dr. P. Stumpff hat die Auf- und Untergangszeiten des Kometen im Jahre 1986 für drei verschiedene Beobachtungsorte berechnet.

Das Material zu diesem Buche wurde von verschiedenen Seiten bereichert, vor allem von Professor Dr. I. Appenzeller, Frau Margriet Becker, Herrn D. Courvoisier, Dr. S. D'Odorico, Studiendirektor K.A. Frank, Studiendirektor A. Kunert, Frau Dr. Rhea Lüst, Professor Dr. P. Maffei, Studiendirektor H.-L. Neumann, Professor Dr. D.E. Osterbrock, Professor Dr. Y.A. Özemre, Dr. R. Reinhard, Dr. A. Sandage, Dr. A. Seebass, Professor Dr. W. Seggewiss, Professor Dr. M. Stern, Frau V. Tammann-Bertholet, Fräulein Direktor G. Türkgeldi, Professor Dr. H.H. Voigt, Herrn C.B.F. Walker und Dr. H. Ziegler.

Zahlreiche Personen und Institutionen haben Bildmaterial zur Verfügung gestellt; sie sind unter den Bildnachweisen aufgeführt. Höchstwertige Photographien von Bildvorlagen wurden von Herrn M. Jenni von der Öffentlichen Universitätsbibliothek Basel, von Herrn J.R. Bedke von den Mount Wilson and Las Campanas Observatories und von Herrn C. Madsen von der Europäischen Südsternwarte aufgenommen wie auch von Herrn D. Cerrito vom Astronomischen Institut der Universität Basel, der – ebenso wie Herr D. Gillet von der Europäischen Südsternwarte – auch einige Zeichnungen anfertigte.

Das Manuskript haben in konstruktiver Weise Fräulein A. Schröder und Frau Y. Tammann-Jundt durchgesehen. Die umfangreichen Schreibarbeiten übernahmen Frau G. Kurz und Frau M. Saladin.

Für all die gewährte Hilfe möchten die Autoren ihren verbindlichsten Dank ausdrücken.

Ein besonderer Dank gilt auch dem Verlag. Er ist den Wünschen der Autoren bezüglich der Ausstattung dieses Buches stets großzügig entgegengekommen, und die Zusammenarbeit mit dem einsatzfreudigen und versierten Mitarbeiterstab des Verlages ist eine Freude gewesen.

Basel und St. Michel-l'Observatoire   G.A. Tammann
September 1985   P. Véron

Kapitel I

Was ist ein Komet?

Aus alten fernöstlichen, europäischen und anderen Quellen lassen sich bis zum Jahr 1680 knapp 1000 Kometenerscheinungen herausschälen. Nur für 70 Kometen seit dem Jahr 100 v. Chr. reichen die Angaben aus, um ihre approximative Bahn zu berechnen, und in dieser Zahl ist Halleys Komet mit 23 Erscheinungen bereits eingeschlossen. Diese frühentdeckten Kometen wurden natürlich alle mit dem unbewaffneten Auge beobachtet. Ein großer Prozentsatz ist der systematischen Himmelsüberwachung durch die Chinesen zu verdanken. In Europa beruhen wohl alle Kometenbeobachtungen dieser Epoche auf Zufallsentdeckungen.

Erstmals wurde ein Komet im Jahre 1680 mit einem Fernrohr entdeckt. Dies führte dazu, daß in der zweiten Hälfte des 18. Jahrhunderts einige Männer den Himmel systematisch mit dem Fernrohr nach Kometen absuchten; allen voran stand Messier, der 13 Kometen entdeckte, und ihm folgte Méchain mit 8 Entdeckungen. Höchst bemerkenswert als Frau ist Caroline Herschel, die ebenfalls 8 Kometen fand. Den absoluten Rekord hält jedoch Pons, der zwischen 1801 und 1827 nicht weniger als 37 Kometen aufspürte. In den folgenden Jahren wurden Tempel (17 Kometen) und Giacobini (12) in Europa noch sehr erfolgreich. Hier und in Amerika wurden spezielle Preise gestiftet, um die Kometenjäger zu beflügeln. Besonders erfolgreich wurde der Preis des Amerikaners H. H. Warner; er rief gleich drei höchst produktive Kometensucher auf den Plan: E. E. Barnard (19), Brooks (20) und Swift (11). Bis zum Jahre 1892 wurde so die Zahl der Kometen mit bekannten Bahnen um 347 erhöht.

Im Jahre 1892 wurde der erste Komet auf einer Himmelsphotographie entdeckt; es war Barnard, dem dieser neue Schritt gelang. Seither haben sich die Astronomen immer mehr daran gewöhnt, ihre Kometen mit Hilfe der Photographie zu entdecken. Und zwar wurde der Himmel kaum mehr speziell für Kometen aufgenommen, sondern die Entdeckungen ergaben sich als Nebenprodukt von anderen Arbeiten. Typisch zum Beispiel ist hier, daß photographische Aufnahmen des ganzen nördlichen Himmels im Rahmen des *Palomar Sky Surveys* der *National Geographical Society* (1949–55) 11 Kometen zu Tage gefördert haben. Eine Ausnahme ist das gezielte Kometensuchprogramm der tschechischen Sternwarte Skalnaté Pleso, das 1946–59 die Zahl von 19 Kometen beitrug.

Eine andere Ausnahme ist die Wiederkehr von periodischen Kometen. Seit 1759 werden diese Kometen systematisch abgepaßt. Mit wohl über 70 Wiederentdeckungen seit 1957 hat hier die Amerikanerin Elizabeth Roemer eine vermutlich unüberbietbare Leistung erbracht.

Seit der Jahrhundertwende haben die Astronomen eine wachsende Konkurrenz durch die Amateure erfahren. Diese finden hier ein sehr fruchtbares, wenn auch ausgesprochen anspruchsvolles und Geduld erheischendes Arbeitsgebiet. In Japan hat sich seit 1948, in welchem Jahr der Amateur Honda seinen ersten von zwölf Kometen fand, eine unvergleichliche Kometenjägertradition entwickelt. Meist mit kleinen Fernrohren kurzer Brennweite werden von dort rund zwei neue Kometen pro Jahr beigetragen.

Nach der neuesten Auflage von B. Marsdens *Catalogue of Cometary Orbits* (1982) ist heute die Zahl von Kometenerscheinungen, für die die Bahn bestimmt werden konnte, auf 1109 angewachsen. In dieser Zahl sind die 121 periodischen Kometen eingeschlossen, die bisher mehr als einmal beobachtet wurden.

Die Namengebung neugefundener Kometen ist heute eindeutig geregelt. Sobald das unter der Leitung von B. Marsden stehende Zentralbureau für astronomische Telegramme der Internationalen Astronomischen Union *(Central Bureau for Astronomical Telegrams of the International Astronomical Union)* am Smithsonian Astrophysical Observatory in Cambridge, Massachusetts, die Nachricht von einem entdeckten Kometen erhält, wird diesem eine provisorische Bezeichnung gegeben, zum Beispiel 1986a, 1986b, 1986c ... Hierbei gibt die Jahreszahl das Jahr der Entdeckung, und der folgende Buchstabe zeigt an, um den wievielten Kometen des Jahres es sich handelt. Sowohl neue wie auch wiederkehrende, periodische Kometen werden auf diese Weise behandelt. Als neunter Komet des Jahres 1982 erhielt Halleys Komet die Bezeichnung 1982i. Bei *neuen* Kometen wird der Name des Entdeckers vorangestellt, also Komet Shoemaker (1984f). Gehen mehrere unabhängige Meldungen über die Entdeckung eines Kometen ein, so werden bis zu drei Namen berücksichtigt, also etwa Komet Kobayashi-Berger-Milon (1975h). Wenn nach einigen Monaten die Reihenfolge feststeht, in der die Kometen eines Jahres durch ihr Perihel gegangen sind, so erhalten sie ihre *endgültige* Bezeichnung, und zwar durch römische Zahlen nach eben dieser Reihenfolge, wie etwa 1970 I (= 1970a), 1970 II (= 1969i) und 1970 III (= 1970b). Diese Regel hat sich nicht immer strikt anwenden lassen. So hat sich erst nach der Festlegung der Namen 1910 III und 1910 IV herausgestellt, daß der letztere tatsächlich 2 Stunden und 17 Minuten früher durch sein Perihel ging als der erstgenannte. Die Kometen 1961 X und 1963 IX mußten noch nachträglich angehängt werden, weil sie erst Jahre später auf alten photographischen Platten gefunden wurden. Dafür hat sich auf der anderen Seite herausgestellt, daß der Komet 1983a nur auf einer Reihe von Plattenfehlern beruht und nicht wirklich existiert. Der Komet 1983d wurde zuerst von einem Satelliten registriert, dem *Infrared Astronomical Satellite* (IRAS), aber zunächst nicht als Komet erkannt. So konnten zwei Amateure, die ihn unabhängig fanden, auch noch ihre Namen an den Kometen heften. Er trägt heute den Namen IRAS-Araki-Alcock, wobei die Namengebung die tatsächliche Reihenfolge der Entdeckungsdaten widerspiegelt. Im Kontrast hierzu trägt ein schon früher von einem Satelliten des *U.S. Naval Research Laboratory* gefundener Komet, der kurz nach seiner Entdeckung offenbar am Sonnenrand zerschellte, nicht den Namen des Satelliten sondern die Bezeichnung Howard-Koomen-Michels (1979 XI).

Periodische Kometen behalten den Namen ihres oder ihrer Erstentdecker(s), mit vorgestelltem P/, also beispielsweise P/du Toit 1 (1944 III = 1974 IV) und P/du Toit 2 (1945 II). Die dem Entdeckernamen nachgestellten Ziffern 1 und 2 dienen der Unterscheidung von zwei Kometen, die denselben Entdecker haben.

Zu diesen Regeln gibt es eine Anzahl von weiteren Ausnahmen. So heißen die Kometen P/Halley, P/Encke, P/Lexell und P/Crommelin nicht nach ihren Entdeckern, sondern nach ihren Bahnberechnern. Der letztgenannte Komet hatte sich bis 1936 unter den Namen Pons (1818), Coggia-Winnecke (1873) und Forbes (1928) verborgen, und erst Crommelin konnte zeigen, daß es sich um ein und denselben Kometen handelt, der daraufhin den bombastischen Namen P/Pons-Coggia-Winnecke-Forbes erhielt. In Anerkennung von Crommelins Leistung wurde diese Bezeichnung 1948 offiziell in P/Crommelin abgeändert. In speziellen Fällen wird der Name des Wiederentdeckers permanent an den ursprünglichen Namen angehängt; so wurde der Komet P/Perrinc, nachdem er während sechs Periheldurchgängen nicht wiedergefunden werden konnte, im Jahre 1955 P/Perrine-Mrkos. – Der von C.U. Cesco und M.R. Cesco gefundene Komet erhielt den schlichten Namen Cesco (1974 VIII), und der von Balley-Urban und Clayton entdeckte Komet wurde auf Balley-Clayton (1968 VII) gekürzt. Bei den am *Purple Mountain* Observatorium in China entdeckten Kometen konnte man die Namen der Entdecker nicht erfahren; sie tragen daher den chinesischen Namen dieses Observatoriums: P/Tsuchinshan 1 usw.

Schließlich ist es oft praktisch, bei periodischen Kometen die offizielle Bezeichnung, die notwendigerweise *eine* spezifische Wiederkehr herausgreift, wegzulassen, und einfach von Halleys oder Enckes Kometen, dem Kometen Schwassmann-Wachmann 2 usw. zu sprechen. Einige Kometen waren bei der Entdeckung so hell, daß sie von jedermann gesehen wurden und keinen eigentlichen Entdecker haben, zum Beispiel die *Großen Kometen* (1860 III, 1861 II), der *Große Südliche Komet* (1865 I) und der *Große September-Komet* (1882 II).

Kometen bewegen sich auf Ellipsen, Parabeln oder Hyperbeln (Fig. I.1) um die Sonne. Kreisbahnen sind theoretisch auch möglich, aber sie können als ein Spezialfall der Ellipsen angesehen werden. Alle drei Bahnformen sind sogenannte *Kegelschnitte*, weil sie sich beim geeigneten Aufschneiden eines Doppelkegels ergeben. Die Ellipse hat zwei, die Parabel und Hyperbel je einen Brennpunkt. Im Falle der Kometenbahnen steht immer die Sonne in einem dieser Brennpunkte. Newtons Gravitationsgesetz, das eine Kraft beschreibt, deren Größe mit dem Quadrat der Entfernung abnimmt, *verlangt*, daß ein Körper unter dem Einfluß einer anziehenden zentralen Masse sich auf einer der drei genannten Bahnformen bewegt. Zu sagen, daß Kometen sich auf Kegelschnittbahnen bewegen, bedeutet also nichts anderes, als daß sie dem Gravitationseinfluß der Sonne unterliegen.

Ellipsen sind geschlossene Kurven, Parabeln und Hyperbeln sind offene. Ein Komet auf einer Ellipsenbahn wird also die Sonne periodisch umlaufen, wenn auch mit variablem Abstand. Kometen mit Parabel- oder Hyperbelbahnen kommen aus den Tiefen des Raumes, umlaufen die Sonne ein einziges Mal und entschwinden dann auf Nimmerwiedersehen. Physikalischer interpretiert liegt der Unterschied der drei Bahnen im Folgenden: Kometen (oder auch Planeten) auf Ellipsenbahnen sind gravitationell an die Sonne gebunden; man müßte Energie aufwenden, wenn man sie aus dem Bereich der Sonne hinausführen wollte. Kometen auf Hyperbelbahnen kommen mit einem Energieüberschuß in das Sonnensystem; dieser Überschuß führt sie notwendigerweise wieder aus dem Bereich der Sonne hinaus. Sie werden zwar von der Sonne abgelenkt, aber sind zu keinem Zeitpunkt an die Sonne gebunden. Der Grenzfall zwischen Ellipse und Hyperbel ist die Parabel. Sie ergibt sich – wenigstens im Gedankenexperiment – wenn man in (fast) unendlicher Entfernung von der Sonne einen Körper sich frei bewegen läßt, ohne ihm irgendeine Anfangsgeschwindigkeit mitzuteilen. Er wird zunächst sehr langsam, dann immer schneller in Richtung der Sonne laufen, diese umrunden (ohne wegen seiner großen Geschwindigkeit in diese hineinzufallen) und schließlich wieder in unendliche Entfernung zurückkehren.

Eine irrtümliche Vorstellung könnte einem suggerieren, daß die Kometen, wenn sie von der Sonne angezogen werden, einfach in diese hineinfallen würden. In der Theorie ist das nicht der Fall, weil die Körper als *ausdehnungslose* Massepunkte gedacht werden. In Wirklichkeit hat jedoch die Sonne eine Ausdehnung, und es wurde bereits erwähnt, daß der Komet 1979 XI tatsächlich mit der Sonne kollidierte.

Aber der Fall ist sehr selten. Ebensowenig wie die Erde – dank ihrer jährlichen Bewegung um die Sonne – in die Sonne hineinfällt, wird ein sich (schnell) um die Sonne bewegender Komet im allgemeinen von dieser verschlungen.

Nach dem Gesagten hängt die Bahnform eines Kometen nur von den anfänglichen Bedingungen, unter denen er seine Reise um die Sonne angetreten hat, ab. Für alle Zeiten würde er exakt auf dieser Bahn bleiben. Aber im Sonnensystem ist die Gravitationswirkung nicht allein auf die Sonne beschränkt. Auch die Planeten – und allen voraus Jupiter – wirken durch ihre Anziehung auf den Kometen. Diese Wirkung wird sehr unterschiedlich sein, je nachdem wie nahe der Komet an den Planeten herankommt. Ein periodischer Komet auf einer Ellipsenbahn kann ein paarmal in die Nähe der Sonne kommen, ohne auf seinem Wege von einem Planeten merklich gestört zu werden. Bei einem nächsten Anflug mag ein Planet zufällig so nahe seiner Bahn stehen, daß er drastisch umgelenkt wird und sich eine neue Bahn suchen muß.

Wenn man also berücksichtigt, daß die Sonne nicht die einzige anziehende Masse im Sonnensystem ist, dann ist leicht einzusehen,

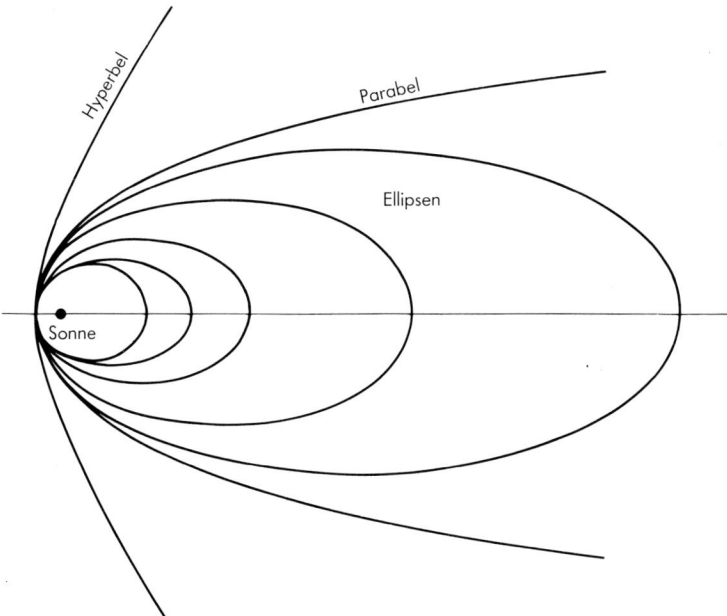

Fig. I.1
Die drei Bahntypen der Kometen.

daß die Vorstellung fester Kometenbahnen im Prinzip falsch ist. Die Bahnen werden ständig mehr oder weniger durch die Planeten geändert, und man spricht daher von *oskulierenden Bahnen*.

Die meisten drastischen Bahnänderungen werden durch Jupiter verursacht (vgl. Fig. I.2). Jupiter hat zwar nur ein Tausendstel der Sonnenmasse, aber er vereint 70 Prozent der Masse aller Planeten in sich. Er kann daher höchst wirksam werden, wenn ein Körper zu nahe an ihn herantritt. Ungezählte Versuchsrechnungen mit einer elektronischen Rechenmaschine zeigen in der Tat, daß ein auf einer langgestreckten Ellipse sich bewegender Komet, wenn er ins innere Sonnensystem kommt, auf immer kleinere Ellipsenbahnen gezwungen wird, bis sein sonnenfernster Punkt (Aphel) in der Nähe der Jupiterbahn liegt und seine Umlaufsperiode vergleichbar mit der Jupiters (P = 11.9 Jahre) ist. Diese Bahnentwicklung ist in der Fig. I.3 dargestellt. Die Figur ist aber in zweifacher Hinsicht irreführend: Erstens verweilt ein Komet im allgemeinen für eine ganze Reihe von Umläufen auf nahezu der gleichen Bahn, bis er zufällig wieder einem Planeten nahekommt, und zweitens ist es bei einer Begegnung mit einem Planeten

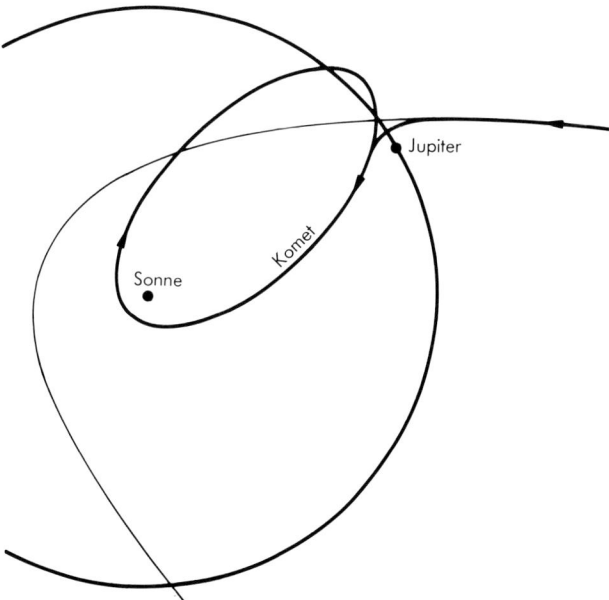

Fig. I.2
Beispiel einer starken Kometenbahn-Störung durch Jupiter: die ursprünglich parabolische Bahn wird in eine elliptische umgewandelt.

auch sehr wohl möglich, daß der Komet auf eine hyperbolische Bahn geworfen wird und das Sonnensystem für immer verläßt.

Es gibt mehrere Kometen, bei denen sehr starke, von Jupiter verursachte Bahnstörungen beobachtet worden sind. Das erste Beispiel, das bekannt geworden ist, ist P/Lexell. Er wurde 1770 entdeckt und hatte damals eine Periode von P = 5.6 Jahren. 1779 kam er in die Nähe Jupiters, und auf seiner neuen Bahn mit einer Periode von mindestens 260 Jahren ist er bisher unbeobachtbar geblieben. Der 1942 entdeckte Komet P/Oterma hatte, wie man zurückrechnen kann, ursprünglich eine Periode von 18 Jahren. Während einer ausgedehnten Periode von 1936–39 bewegte er sich in der Nähe von Jupiter, und er wurde auf eine fast kreisförmige Bahn mit einer Periode von 7.9 Jahren gedrängt. In den Jahren 1962–64 kam er ein weiteres Mal Jupiter nahe, nämlich bis auf 0.1 AE[1], und er wurde zurück auf eine größere Bahn geworfen mit P = 19.2 Jahren. Auf dieser neuen Bahn konnte er noch nicht wieder gefunden werden. Ähnlich erging es P/Wolf. Seine Annäherung an Jupiter bis auf 0.12 AE reduzierte seinen kleinsten Sonnenabstand (Periheldistanz) von 2.54 AE auf 1.59 AE. Erst dies machte seine Entdeckung 1884 möglich. 1922 kam er von neuem in den Bereich Jupiters, und durch einen seltenen Zufall wurde er fast genau wieder auf die alte Bahn versetzt, auf der er nur mit großen Teleskopen beobachtet werden kann. Eine eindrückliche Demonstration bot auch der Komet Bowell (1980b); auf einer ursprünglich nahezu parabolischen Bahn näherte er sich im Dezember 1980 dem Jupiter bis auf 0.24 AE, wobei seine Bahn in eine hyperbolische umgeformt wurde. Auf dieser Bahn verläßt er nun das Sonnensystem für immer. – Einige andere Beispiele für Kometen mit stark durch Jupiter gestörten Bahnen sind etwa P/Brooks 2, P/Pons-Winnecke, P/Faye und P/West-Kohoutek-Ikemura. Im folgenden werden wir sehen, daß auch P/Halley keine feste Periode hat, sondern je nach der Intensität der gravitationellen Wechselwirkungen mit anderen Planeten einmal etwas früher und einmal etwas später zurückkehrt.

Aber die Störeinwirkungen der Planeten sind nicht der einzige Grund für die Bahnänderungen. Kometen erliegen auch sogenannten nichtgravitationellen Kräften, die sie aus ihren Bahnen drängen. Zuerst bemerkte Encke an «seinem» Kometen, daß dessen Bahnstörungen sich nicht allein durch die Anziehung der Planeten erklären lassen (vgl.

1 Im Sonnensystem wird als praktische Längeneinheit die *Astronomische Einheit* (AE) = 150 000 000 km verwendet. 1 AE ist der mittlere Abstand der Erde von der Sonne.

S. 223/4). Heute weiß man, daß eine zusätzliche Rückstoßkraft auf den Kern des Kometen wirkt. Wenn auf der Sonnenseite des Kometenkerns Material verdampft und mit einer gewissen Geschwindigkeit austritt, so erhält der Kern einen Rückstoß, der ungefähr von der Sonne weggerichtet ist. Aber die genaue Richtung dieser Kraft hängt noch von der *Rotation* des Kerns ab. Die maximale Sonnenbestrahlung erfährt ein Punkt auf dem Kometenkern, für den die Sonne gerade im Zenit steht. Die Verdampfung wird aber erst mit einiger Verzögerung stattfinden, wenn der Kern sich schon weitergedreht hat. Die Kraftlinie des Rückstoßes wird also einen Winkel mit der Geraden bilden, auf der die Sonne und der Kern liegen; und zwar wird die Rückstoßkraft den Kometen bezüglich seiner Bahnbewegung etwas beschleunigen, wenn die Kernrotation den gleichen Richtungssinn hat wie die Bahnbewegung, und umgekehrt wird die Bahnbewegung etwas abgebremst, wenn der Kern gegen den Umlaufsinn des Kometen rotiert. Enckes Komet ist ein Beispiel für den letzteren Fall, während P/d'Arrest den erstgenannten Fall belegt. Fast alle gut untersuchten Kometen unterliegen diesen nichtgravitationellen Kräften, was beweist, daß Kernrotation ein allgemeines Phänomen ist. Und da es etwa gleichviel beschleunigte wie abgebremste Kometen gibt, kommen etwa gleichviel *direkt* («vorwärts») wie *retrograd* («rückwärts») rotierende Kerne vor. Die Stärke der nichtgravitationellen Kräfte hängt von einer Reihe von Faktoren ab: von der Aktivität des Kerns und damit vom Abstand von der Sonne, von der Rotationsgeschwindigkeit, von der Richtung der Rotationsachse, und von der Bewegung (*Präzession*) der Rotationsachse im Raum. Während bei manchen Kometen die nichtgravitationellen

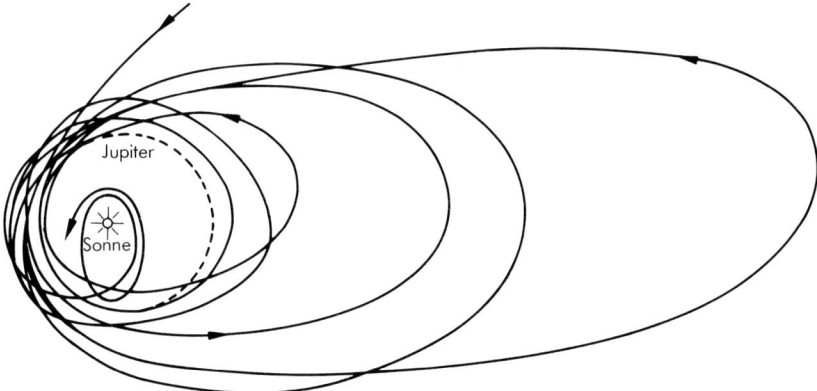

Fig. I.3
Die langfristige Entwicklung der Kometenbahn unter dem Gravitationseinfluß der Planeten (Jupiter). (Nach E. Everhart).

Kräfte mit der Zeit abgenommen haben (z. B. P/Encke), haben sie bei
anderen zugenommen (z. B. bei den inzwischen aufgelösten Kometen
P/Biela und P/Brorsen). Bei P/Halley ist die Stärke der nichtgravitationellen Kräfte über die letzten zwei Jahrtausende erstaunlich konstant geblieben; seine direkte Rotation beschleunigt ihn etwas in seiner
Bahn, so daß diese größer wird und seine Umlaufzeit um etwa 4
Minuten pro Umlauf anwächst.

Nach einfachen geometrischen Prinzipien braucht man fünf sogenannte Bahnelemente, um die Größe und Form einer Kometenbahn
und deren Lage im Raum eindeutig zu fixieren. Die Bahnelemente
sind in der Tabelle I.1 aufgeführt und in der Figur I.4 veranschaulicht.
Als sechstes Bahnelement wird noch die Zeit T eingeführt, zu der der
Komet durch sein Perihel (oder irgendeinen anderen wohldefinier-
ten Punkt seiner Bahn) geht.

Man könnte glauben, daß noch ein siebtes Bahnelement notwendig ist, um den Ort eines Kometen eindeutig im Raum festzulegen,
nämlich die Angabe, ob er den gleichen *direkten* Umlaufsinn um die
Sonne hat wie alle Planeten, oder ob er *retrograd* ist, das heißt, daß er in
dem den Planeten entgegengesetzten Sinn die Sonne umläuft. Tatsächlich kann man auf diese zusätzliche Angabe verzichten, indem man

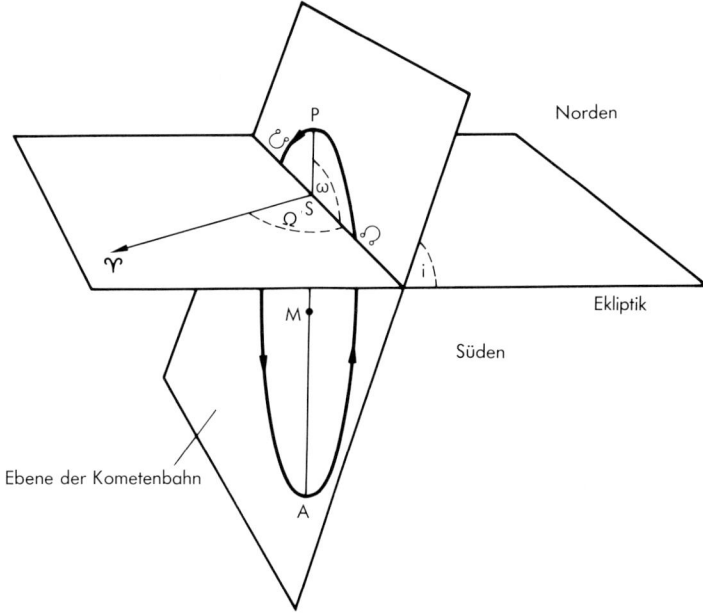

Fig. I.4
Die Lage der Kometenbahn im Raum bezüglich der Ekliptik wird durch fünf
Bahnelemente fixiert. (vgl. Tabelle I.1).

Tabelle I.1
Die Bahnelemente

Symbol	Name	Bedeutung
q	Periheldistanz	Kleinster Abstand zwischen Sonne nd Komet
e	Exzentrizität der Bahn	Form der Kometenbahn. Wenn $0 < e < 1$: Ellipse; $e = 1$: Parabel; $e > 1$: Hyperbel
i	Inklination	Neigung zwischen der Kometenbahn und der Ebene der Ekliptik
Ω	Länge des aufsteigenden Knotens	Winkel zwischen der Richtung zum Frühlingspunkt (Υ) und dem aufsteigenden Knoten
ω	Argument des Perihels	Winkel zwischen Perihel und aufsteigendem Knoten
T	Perihelzeit	Zeit des Durchgangs des Kometen durch das Perihel

den Neigungswinkel i bis zu 180° zählt. Direkt laufende Kometen haben i-Werte zwischen 0° und 90°, retrograd laufende Kometen solche zwischen 90° und 180°. Halleys Komet ist retrograd, und entsprechend wird sein Neigungswinkel zu 162° angegeben. Etwas salopp wird allerdings für ihn – wie auch in diesem Buch – oft der Supplementwinkel von 18° zitiert.

Kennt man die sechs Bahnelemente eines Kometen, so kann man sehr einfach nach den Gesetzen der Himmelsmechanik den Ort des Kometen im Raum zu irgendeinem Zeitpunkt berechnen. Da man überdies zu dem gleichen Zeitpunkt die Lage der Erde auf ihrer Bahn einem Jahrbuch entnehmen kann, so ist es leicht, den Ort des Himmels zu bestimmen, an dem der Komet projiziert erscheint. Ganz analog ist es möglich, aus sorgfältigen Positionsbestimmungen am Himmel auf die Bahnelemente des Kometen zu schließen. Im Prinzip genügen hierzu drei Positionsbestimmungen, aber in der Praxis ergeben sich erhebliche Schwierigkeiten. Die erste Schwierigkeit ist, daß die exakte Rechnung auf eine transzendente Gleichung führt, die nicht analytisch gelöst werden kann. Viele große Mathematiker besonders des 18. Jahrhunderts haben sich daher bemüht, eine möglichst zuverlässige und einfache Näherungsmethode zu entwickeln (vgl. S. 213). Dieses Problem ist heute mit den numerischen Methoden der elektronischen Rechenmaschinen behoben. Aber die zweite Schwierigkeit besteht auch heute noch: man kann die allermeisten Kometen nur in der Nähe der Sonne beobachten; während des weitaus größten Teils ihrer Bahn bleiben sie unsichtbar. Nun ist der Unterschied zwischen einer sehr, sehr langgestreckten Ellipse, einer Parabel und einer Hyperbel in dem relativ kurzen Bahnstück gerade vor und nach dem Perihel minim. Selbst wenn man viel mehr als drei Positionsbestimmungen für einen Kometen besitzt, und wenn diese den Zeitpunkt von der ersten Entdeckung bis zur letzten Sichtbarkeit überdecken, ist es oft unmöglich zu entscheiden, um welchen der drei Bahntypen es sich handelt. In solchen Fällen erweist es sich als rechnerisch praktisch, eine Parabel *anzunehmen*, obwohl es recht unwahrscheinlich ist, daß die Exzentrizität exakt e = 1 ist. Tatsächlich vermutet man, daß die meisten Kometen, für die mit e = 1 gerechnet wurde, sich in Wahrheit auf einer extrem langgestreckten Ellipse befinden und nach 10 000 oder mehr Jahren in ihr Perihel zurückkehren werden.

Es gibt einige Kometen, für die die Bahnbestimmung eine leicht hyperbolische Bahn ergibt. Für diese Kometen stellt sich die Frage, ob sie aus den Tiefen der Milchstraße nur zufällig zu einem einmaligen Besuch in unser Sonnensystem kommen. Dies ist jedoch aus zwei Gründen sehr unwahrscheinlich. Erstens zeigt sich, daß die nichtgravitationellen Kräfte die Exzentrizität einer ursprünglich elliptischen Bahn ständig um einen ganz kleinen Betrag vergrößern. Viele der *jetzt* hyperbolischen Bahnen können daher früher einmal elliptisch gewesen sein. Zweitens bewegt sich die Sonne mit einer Zufallsgeschwindigkeit von etwa 20 km/Sek. relativ zu den Nachbarsternen. Kometen, die von außen in unser Sonnensystem eintreten würden, würden durchschnittlich mit eben dieser erheblichen Geschwindigkeit aufgesammelt werden und auf entsprechend stark hyperbolischen Bahnen unsere Sonne umfliegen. Solche stark hyperbolischen Bahnen werden aber nicht gefunden, und dies gibt einen sehr deutlichen Beweis dafür, daß die große Mehrzahl aller Kometen immer zu unserem Sonnensystem gehört hat.

Von den 1109 Kometenerscheinungen in dem *Catalogue of Cometary Orbits* haben 589 Kometen Bahnen mit relativ großer Exzentrizität; bei vielen von ihnen wurde eine Parabel als beste Approximation angenommen. Auf jeden Fall zeichnen sich alle diese Kometen durch Perioden von mehr als 200 Jahren aus, und manche haben sicher wesentlich längere Perioden. Ja, einige wenige von ihnen mögen wahrhaft auf hyperbolischen Bahnen liegen. Trotzdem nennt man diese Kometen einfachheitshalber die *langperiodischen*. Die Bahnen dieser Kometen sind völlig zufällig orientiert. Das heißt, daß die langperiodischen Kometen aus allen Richtungen des Sonnensystems zu uns kommen, und etwa die Hälfte von ihnen durchläuft ihre Bahn im direkten und die andere Hälfte im retrograden Sinn.

Im Gegensatz hierzu verraten die etwa 170 Kometen mit Perioden von weniger als 200 Jahren, die sogenannten *kurzperiodischen* Kometen, den Störeinfluß der Planeten sehr deutlich. Ihre Bahnen sind im Mittel zur Hauptebene des Sonnensystems, der Ekliptik, hin orientiert, und sie durchlaufen ihre Bahnen wie die Planeten im direkten Sinn. Überdies tragen sie deutlich den Stempel von Jupiter als dem Hauptstörenfried: zwei Drittel von ihnen erreichen größte Distanzen von der Sonne (Aphelien), die auf ± 1 AE mit dem Bahnradius des Jupiter übereinstimmen. Viele der kurzperiodischen Kometen sind schon unzählige Male in ihr Perihel gekommen; da sie dann jeweils ihre volle Aktivität entwickelt haben, zeigen sie heute deutliche Ermüdungserscheinungen. Enckes Komet ($P = 3.3$ Jahre) zum Beispiel vermag schon kaum mehr einen Schweif zu entwickeln. Man nennt die kurzperiodischen Kometen daher auch die *alten*, während die langperiodischen auch als *neue* Kometen bezeichnet werden, obwohl der Unterschied zwischen diesen beiden Klassen sicherlich nicht im Gesamtalter liegt, sondern in der Zahl ihrer bisherigen Durchgänge durch das Perihel. – Unter den kurzperiodischen Kometen befindet sich eine ganze Reihe von solchen, die heute nicht mehr zurückerwartet werden können. Einige von ihnen haben sich aufgelöst, andere wurden, aus welchen Gründen auch immer, nicht mehr aufgefunden, als sie in ihrem Perihel zurückerwartet wurden.

Zwischen den kurzperiodischen und langperiodischen Kometen könnte man eine Zwischenklasse der *mittelperiodischen* Kometen einführen. Bezeichnet man als solche die Kometen mit Perioden zwischen 50 und 200 Jahren, so zeigt sich, daß die Klasse mit nur 14 Vertretern recht selten ist. Erwartungsgemäß zeigen die mittelperiodischen Kometen noch eine geringere Ausrichtung zur Ekliptik als die kurzperiodischen, und es kommen bei ihnen sowohl direkte wie retrograde Bahnen vor. P/Halley mit seinem retrograden Umlaufsinn ist ein typischer Vertreter dieser Zwischenklasse.

Es wurde schon erwähnt, daß die Bahnelemente vieler kurzperiodischer Kometen verraten, daß sie in gravitationeller Wechselwirkung mit Jupiter gestanden haben. Diese Kometen werden dementsprechend zur Jupiterfamilie gezählt. Man kann sich fragen, ob es darüber hinaus noch andere Kometenfamilien gibt, die entweder mit anderen Planeten oder untereinander verwandte Bahnelemente aufweisen. Man neigt heute dazu, diese Frage zu verneinen und allfällige Bahnähnlichkeiten dem Zufall zuzuschreiben. Die einzig sichere Ausnahme ist die sogenannte Kreutz-Gruppe, eine Gruppe von acht oder mehr sehr langperiodischen Kometen, die auffallend ähnliche Bahnelemente besitzen, und die mit Periheldistanzen von weniger als 0.07 AE der Sonne gefährlich nahe kommen. Wegen ihrer zeitweiligen Sonnennähe sind manche Mitglieder der Kreutzgruppe sehr helle, berühmte Kometen gewesen, so der Große März-Komet (1843 I), der Große September-Komet (1882 II) und der Komet Ikeya-Seki (1965 VIII). Die Spekulation liegt auf der Hand, daß diese Kometen alle aus einem großen Mutterobjekt stammen, das in der unmittelbaren Nähe zur Sonne einst zerborsten ist.

Mit aller Deutlichkeit muß betont werden, daß die bis heute bekannt gewordenen Kometen nur eine höchst unvollständige Stichprobe aller tatsächlich vorhandenen Kometen repräsentieren. Der schwerstwiegende Auswahleffekt ist die Tatsache, daß Kometen nur in Sonnennähe aktiv werden; nur hier können sie hell werden und einen Schweif bilden. Bis zum Jahre 1800 wurden nur zwei Kometen bekannt, deren Periheldistanzen größer als 2 AE sind. Dank der Verwendung von Teleskopen und der Himmelsphotographie konnten später auch sonnenfernere, lichtschwächere Kometen gefunden werden, aber bei der Periheldistanz des Kometen Schuster (1975 II) von 6.9 AE ist man auch mit modernen Mitteln zunächst an eine Beobachtungsgrenze gestoßen. Daß es in Tat und Wahrheit eine riesige Menge von solchen Kometen gibt, die nie ins innere Sonnensystem gelangen, steht außer jedem Zweifel. Auch eine andere Überlegung führt uns zu der Annahme, daß es irgendwo in unserem Sonnensystem – und nicht außerhalb desselben, wie wir oben gesehen haben – ein großes Reservoir von Kometen geben muß. Denn wenn es in unserem Sonnensystem, dessen Alter zuverlässig auf 4.5 Milliarden Jahre datiert ist, heute noch kurzperiodische Kometen gibt, die laufend Alterungseffekte erleiden, so ist die Schlußfolgerung unvermeidlich, daß die Planeten unter der Führung von Jupiter ständig noch neue kurzperiodische Kometen einfangen müssen. Der belgische Kometenforscher A. Delsemme hat gezeigt, daß wir die heutige Anzahl von kurzperiodischen Kometen nur verstehen können, wenn sie aus einer Mutterpopulation gezogen werden, die aus 1000–3000 mittelperiodischen Kometen mit Perihelien zwischen 4 und 6 AE besteht.

Aus der Statistik der Kometenbahnen läßt sich auch eine interessante Zahl ableiten, nämlich die Kollisionswahrscheinlichkeit zwi-

schen einem Kometen und der Erde. In den letzten 1600 Jahren sind
22 Kometen bis auf 2000 Erdradien (0,086 AE) an die Erde herangekommen. Hieraus berechneten Z. Sekanina und D. K. Yeomans kürzlich, daß im Mittel nur alle 50 Millionen Jahre ein Treffer zu erwarten
ist. Damit ist die Wahrscheinlichkeit, daß die Erde mit einem Kometen
zusammentrifft, rund 100 bis 200 mal geringer als diejenige einer
Kollision zwischen der Erde und einem Asteroiden.

Bei der Seltenheit von Zusammenstößen mit Kometen ist es überraschend, daß es sehr wohl möglich ist, daß die Erde in unserem Jahrhundert einen Kometen aufgesammelt hat, wenn es sich dabei auch
nur um einen Minikometen gehandelt haben kann. Am 30. Juni 1908
ereignete sich in der einsamen sibirischen Tunguska, etwa 1000 Kilometer von Irkutsk entfernt, eine gewaltige Explosion, die von einer
hellen Lichterscheinung begleitet war. Danach fand man bis auf 18
Kilometer vom Explosionsherd Spuren von Feuerschäden, und die
zerstörende Sprengwirkung reichte bis in Entfernungen von etwa 35
Kilometern. Zahlreiche Seismographen auf der ganzen Welt registrierten das Ereignis, und viele meteorologische Stationen verzeichneten ungewöhnliche atmosphärische Erscheinungen (vgl. S. 238). Eine
sorgfältige Rekonstruktion des Ereignisses liefert als plausibelste Erklärung einen Kometen, dessen Kern nach dem Eintritt in die Atmosphäre in 8.5 Kilometern Höhe explodierte. Der Kern dürfte etwa
40 Meter Durchmesser und eine Masse von rund $5 \cdot 10^{10}$ Gramm
(50 000 Tonnen) besessen haben. Optisch beobachtete Kometen haben
Massen, die etwa eine Million mal größer sind; es ist daher nicht
überraschend, daß bisher noch nie ein Komet am Himmel beobachtet
wurde, der dem Tunguska-Kometen gleichen könnte.

Kometen bestehen aus einem innersten festen *Kern*, der, wenn er nicht zu weit von der Sonne entfernt ist, eine Gashülle, die *Koma*, um sich bildet. Kern und Koma zusammen werden der *Kopf* des Kometen genannt. Der Koma hängt ein *Schweif* an, der immer von der Sonne weggerichtet ist (Abb. I.1). Größe, Helligkeit und Form des Kopfes und des Schweifes sind sowohl von Komet zu Komet wie auch in Funktion des Sonnenabstandes sehr starken Variationen unterworfen (Abb. I.2–I.6). Bei genauerer Betrachtung ergibt sich, daß die meisten Kometen tatsächlich zwei Schweife besitzen, einen fast geradlinigen, vielfach strukturierten Gasschweif und einen stärker gekrümmten, relativ glatten Staubschweif. Während der Staubschweif etwa die Farbe des reflektierten Sonnenlichtes hat, für das das menschliche Auge sehr empfindlich ist, leuchtet der Gasschweif im Blauen bis Ultravioletten (Abb. I.7); in diesem Bereich hat das Auge im Gegensatz zu vielen photographischen Platten nur eine geringe Empfindlichkeit. Diese unterschiedlichen Empfindlichkeiten bewirken, daß der optische Eindruck eines Kometen erheblich von seiner photographischen Abbildung abweichen kann. – Schließlich ist der Kopf des Kometen in eine sehr ausgedehnte *Wasserstoffhülle* eingebettet (Abb. I.8), die ausschließlich im Ultravioletten leuchtet, und die daher nur außerhalb der Erdatmosphäre beobachtet werden kann.

Da der Kometenkern sich der direkten Beobachtung entzieht, werden im Folgenden zunächst die äußeren, direkt beobachtbaren Komponenten eines Kometen besprochen, und erst am Schluß sollen die indirekten Folgerungen erörtert werden, die einiges Licht auf den Kern selbst werfen können.

Der Staubschweif

Die Staubschweife der Kometen – auch Typ II-Schweife genannt – bestehen aus kleinen Staubpartikeln, die das Sonnenlicht streuen und daher für das Auge sichtbar sind. Sie sind flache, fächerförmige Gebilde unterschiedlicher Breite, die einige zehn Millionen Kilometer Länge erreichen können und die mehr oder weniger stark vom Radiusvektor (das heißt von der Geraden, auf der die Sonne und der Komet liegen) weg gekrümmt sind. Sie weisen im allgemeinen wenig Struktur auf, sind aber auf der dem Gasschweif zugewandten Seite recht scharf begrenzt. Ihre Entstehung ist schematisch in der Figur I.5 dargestellt. Das Licht von der Sonne übt einen Strahlungsdruck auf die aus dem Kern stammenden Staubteilchen aus, was gut einzusehen ist, wenn man sich vorstellt, daß das Sonnenlicht aus vielen einzelnen Teilchen, den Photonen, besteht, die die Staubpartikel bombardieren. Die Staubkörner erfahren dadurch eine von der Sonne weggerichtete Kraft, und unter deren Einfluß verlassen sie die Kometenbahn auf eigenen hyperbelähnlichen Bahnen. Die zu verschiedenen Zeiten ausgestoßenen Staubteilchen reihen sich dann zu einem Schweif auf.

Die Art der Staubschweife hängt zunächst vom Sonnenabstand ab. In großer Sonnenentfernung wird kein Staub aus dem Kometenkern ausgetrieben, und entsprechend kann sich auch kein Staubschweif bilden. Aber neue Kometen, wie etwa die Kometen Baade (1955 VI) und Haro-Chavira (1956 I), haben bereits in erstaunlichen Entfernungen von 4 bis 5 AE Staubschweife entwickeln können. Hat ein Komet einmal einen Staubschweif gebildet, so hängt dessen weitere Form von der Stärke und der (Un-)Regelmäßigkeit der Staubproduktion ab. Der nächste Faktor, der die Form der Staubschweife bestimmt, ist die Partikelgröße. Da die Wirkung des Photonenbombardements von der

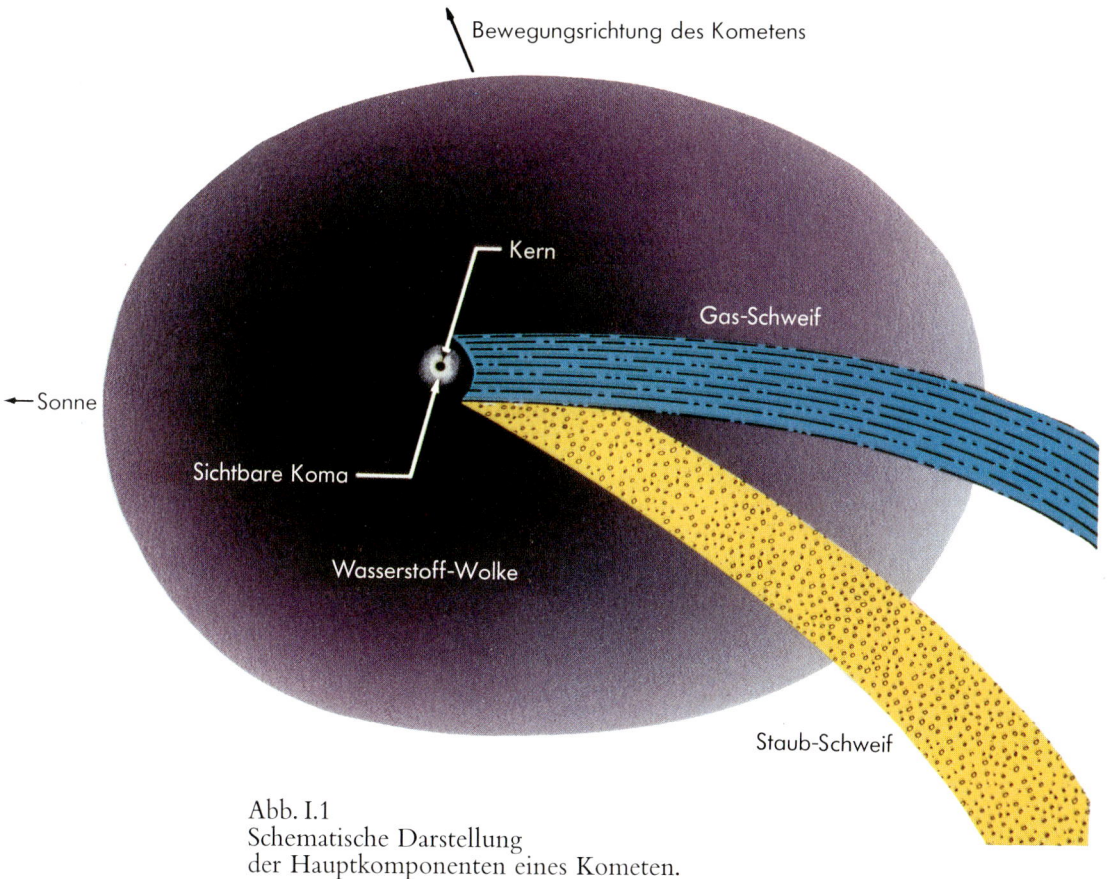

Abb. I.1
Schematische Darstellung
der Hauptkomponenten eines Kometen.

Abb. I.2
Komet Cunningham (1941 I). (Aufnahme Lick Observatory).

Abb. I.3
Komet Kohoutek (1973 XII) am 14. Januar 1974 (Aufnahme mit dem
1.20 m-Schmidt-Teleskop auf Palomar Mountain).

Abb. I.4
Komet Arend-Roland (1957 III) am 27. April 1957 (Aufnahme mit
dem 1.20 m-Schmidt-Teleskop auf Palomar Mountain).

Abb. I.5
Komet Mrkos (1957 V) am 22. August 1957 (Aufnahme mit dem
1.20 m-Schmidt-Teleskop auf Palomar Mountain).

Abb. I.6
Komet Ikeya-Seki (1965 VIII), acht Tage nach dem Periheldurchgang.
Die Schweiflänge beträgt 90 Millionen Kilometer. (Aufnahme E. A.
Harlan, Lick Observatory).

Oberfläche der Staubkörner (proportional zum Quadrat des Durchmessers) abhängt, aber die träge Masse mit ihrem Volumen (proportional zum Kubus des Durchmessers) zunimmt, ist der Strahlungsdruck
für kleine Teilchen wirksamer als für große. Die kleinen Teilchen
bilden daher weniger gekrümmte Schweife, während die großen Teilchen die Bahn des Kometen nur langsam verlassen und daher stark
gekrümmte Schweife formen. Finson und Probstein haben seit 1968
eine wahre Kunst daraus entwickelt, nicht nur die Teilchengröße sondern auch die variable Ausstoßrate des Staubs aus der Schweifform zu
bestimmen. So fanden sie, daß dem Staubschweif des Kometen Arend-
Roland (1957 III) etwa 10^8 Gramm (100 Tonnen) Staub pro Sekunde
aus dem Kern zugeführt werden mußten, während sich der Komet in
der näheren Umgebung der Sonne befand. Außerdem ergab sich, daß

Abb. I.7
Komet West (1976 VI) am 12. März 1976. Der Unterschied zwischen
dem blauen Gasschweif und dem gelblichen Staubschweif ist hier
besonders deutlich. (Aufnahme Dr. S. Koutchmy).

die Größe der Staubkörner einen weiten Bereich überdeckt, aber daß ein Körnchendurchmesser von 1 μm (1 Mikron) einen typischen Wert darstellt. Diese Teilchengröße läßt sich unabhängig durch Messungen der Polarisation und durch Farbbestimmungen des vom Staubschweif gestreuten Sonnenlichts bestätigen.

Eine häufig gestellte Frage ist, ob Kometen selber leuchten oder nur die von der Sonne empfangene Strahlungsenergie wieder abstrahlen. Die Staubschweife streuen, wie wir gesehen haben, einfach das einfallende Sonnenlicht, und ebenfalls leuchten die übrigen Komponenten eines Kometen – wenn auch in modifizierter Form – nur weil sie das Sonnenlicht reemittieren. Bei den Staubschweifen muß jedoch *eine* Ausnahme erwähnt werden. Der Staub ist nicht in der Lage, hundert Prozent der empfangenen Sonnenstrahlung zu streuen; ein Teil wird absorbiert und zur Aufheizung des Staubes benützt. Der warme Staub wird dann selber anfangen, etwas zu leuchten. Je nach der Entfernung zur Sonne erreicht der Staub aber nur Temperaturen von etwa 100 bis 400 Grad Celsius, und bei diesen Temperaturen liegt die Wellenlänge des abgegebenen Lichtes im Bereich um 10 μm, das heißt im Infraroten. Unser Auge kann das Eigenleuchten des Staubes also nicht sehen, aber die Strahlung kann mit speziellen Infrarotdetektoren nachgewiesen werden.

Eine genaue Analyse dieser Infrarotstrahlung bestätigt, daß sie das Spektrum eines erwärmten, selbstleuchtenden Körpers hat. Aber das Sepktrum weist zusätzlich einige charakteristische Unregelmäßigkeiten auf, wie sie typischerweise von Silikaten hervorgerufen werden. Die Staubkörner bestehen daher wahrscheinlich aus Silikaten, das heißt, daß ihre chemische Zusammensetzung ähnlich der von Sand ist. Zusätzlich scheint der Staub jedoch auch noch Kohlenstoff – vermutlich in der Form von Ruß – zu enthalten.

Einige Kometen scheinen neben dem gewöhnlichen Staub auch ungewöhnlich große Partikel abzustoßen. Da für sie, wie bereits erwähnt, der Strahlungsdruck der Sonne wenig wirksam ist, bilden sie sehr stark gekrümmte Schweife. Dies kann dazu führen, daß in der Projektion am Himmel ein Teil dieser Schweife *vor* dem Kopf des Kometen gesehen werden kann. Diese fächerförmig verbreiteten Staubgebilde liegen flach in der Bahnebene des Kometen. Das führt dazu, daß, wenn die Erde gerade zufällig durch diese Bahnebene geht, die *Gegenschweife* wie das vorn am Kopf eines Schwertfisches aufgesetzte Schwert erscheint. Die Gegenschweife sind gelegentlich auch Typ III-Schweife genannt worden, obwohl der Übergang von Staubschweifen mit kleinen Partikeln bis zu solchen mit ungewöhnlich großen Partikeln offenbar kontinuierlich ist. Einen besonders schönen, fächer- und zeitenweise schwertförmigen Gegenschweif zeigte der Komet Arend-Roland (1957 III); diese besondere Schweifform ist zu gewissen Zeiten sehr auffällig gewesen, und sie ist auch in der Abb. I.4 erkennbar. Andere Beispiele von Gegenschweifen haben der Große Komet 1823, der Große September-Komet (1882 II), der Komet Tago-Sato-Kosaka (1969 IX) und der Komet Kohoutek (1973 XII) geliefert. Der Komet Bradfield (1974 III) hat für eine Weile sogar zwei, wenn auch schwache Gegenschweife gebildet.

Die Fähigkeit, Staubschweife zu bilden, ist bei neuen Kometen sehr viel ausgeprägter als bei solchen, die schon oft in die Nähe der Sonne gekommen sind. So bildet der ausgediente Komet P/Encke praktisch keinen Staubschweif mehr.

Der Gasschweif

Im Gegensatz zu den Staubschweifen sind die Gasschweife – oder Typ I-Schweife oder Plasma-Schweife – fast geradlinig; sie erstrecken sich von der Sonne weg und bilden mit dem Radiusvektor von der Sonne einen nur kleinen Winkel. Sie leuchten im blauen und ultravioletten Licht und sind daher für das Auge wenig auffallend, aber sie lassen sich mit geeigneten photographischen Platten gut photographieren. Auf Photographien weisen sie eine reiche Struktur auf, indem sie von sogenannten Strömungslinien und Schweifstrahlen durchzogen sind. Ihre Länge übertrifft im Allgemeinen die der Staubschweife und kann in extremen Fällen einige 100 Millionen Kilometer erreichen. Ein Gasschweif bildet sich meistens erst, wenn der Komet auf 2 AE oder weniger an die Sonne herangekommen ist. Da manche Kometen selbst im Perihel weiter von der Sonne entfernt sind, bilden diese nur in ganz seltenen Ausnahmen einen Gasschweif.

Zerlegt man das Licht der Gasschweife mit einem Spektrographen, so findet man, daß diese Schweife nur in bestimmten Wellenlängenbereichen (Banden) leuchten. Aus der Lage der Banden kann man auf das emittierende Material schließen, und es ergibt sich, daß dieses ausschließlich aus *geladenen* Atomen, Molekülen und Radikalen (unvollständigen Molekülen) besteht. Die in den Spektren nachweisbaren chemischen Bestandteile der Gasschweife sind die folgenden: CO^+, CO_2^+, H_2O^+, OH^+, CH^+, N_2, Ca^+, C^+, CN^+. Besonders stark ist die Emission des positiv geladenen Kohlenstoffmonoxyds (CO^+). Die blaue Farbe der Gasschweife geht auf dieses geladene Molekül zurück, dessen Banden im Blauen und Ultravioletten liegen. Aus der Intensität der CO^+-Banden kann man auch auf die Dichte der Teilchen im Schweif schließen; man findet 1000 Teilchen pro Kubikzentimeter in der Nähe des Kopfes und etwa hundertmal weniger am Ende des Gasschweifes.

Ein Gas, das aus geladenen Teilchen (Ionen) besteht, nennt man auch ein Plasma. Dies erklärt, warum man die ionenreichen Gasschweife auch Plasmaschweife nennt. Woher nehmen nun die Plasma-

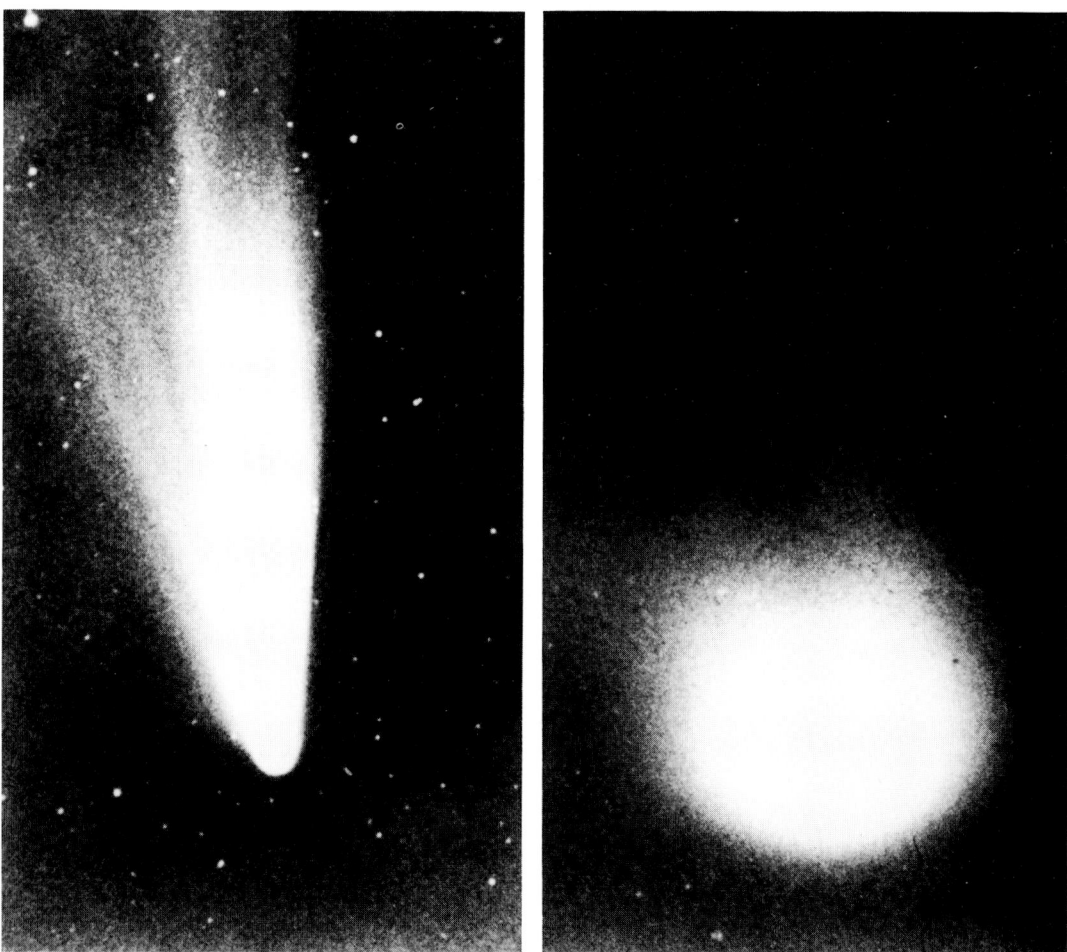

Abb. I.8
Das rechte Bild wurde im ultravioletten (Lyman-Alpha) Licht von einer Raktete am 5. März 1976 aufgenommen. Es zeigt die Wasserstoffwolke des Kometen West (1976 VI); der Druchmesser der Wolke ist 10 Millionen Kilometer. (Aufnahme von Dres. C. B. Opal und G. R. Carruthers). Das linke Bild zeigt den Kometen West im sichtbaren Licht. (Aufnahme Dr. P. D. Feldman). Die Bilder haben die gleiche Skala.

schweife die Energie zum Leuchten? Erwartungsgemäß stammt die Energie von der Sonne, und in der Tat absorbieren die Ionen einen Teil der Sonnenstrahlung bei ganz spezifischen Wellenlängen, wodurch sie in einen angeregten Zustand treten. Nach kurzer Zeit emittieren sie die überschüssige Energie wieder und fallen in *mehreren Schritten* in den Grundzustand zurück. Diesen Prozeß nennt man Fluoreszenz, wenn das emittierte Licht langwelliger als das absorbierte ist; haben emittiertes und absorbiertes Licht die gleiche Wellenlänge, so spricht man von Resonanzfluoreszenz. In den Plasmaschweifen kommen beide Prozesse vor.

Lange Zeit wurde die Intensität der verschiedenen Fluoreszenzbanden nicht verstanden. Ihre relative Intensität variiert nicht nur von Komet zu Komet, sondern ändert sich auch mit der Geschwindigkeit des Kometen relativ zur Sonne. Die Erklärung wurde 1941 von dem belgischen Astronomen P. Swings gegeben. Wegen der starken Strukturierung des Sonnenspektrums können eng benachbarte Gebiete in demselben sehr unterschiedliche Anregungen erzeugen. Nun kommt das Sonnenlicht wegen der variablen Relativgeschwindigkeit und wegen des sogenannten Dopplereffektes einmal etwas rot- und einmal etwas blauverschoben am Ort des Kometen an. Und diese, wenn auch kleine Wellenlängenverschiebung setzt die Ionen einem recht unterschiedlichen, anregenden Strahlungsfluß von der Sonne aus. Das Verständnis dieses Swings-Effektes erlaubt es heute, die kometaren Spektren quantitativ zu interpretieren.

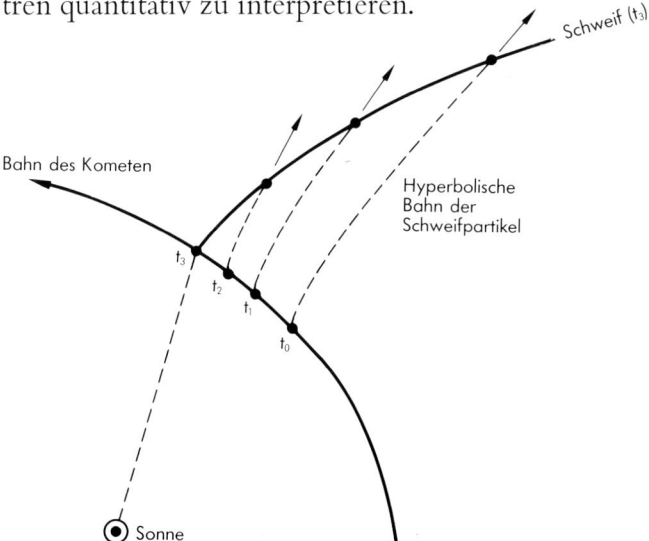

Fig. I.5
Schematische Darstellung der Entstehung des Staubschweifes. Die zu verschiedenen Zeitpunkten (t_0, t_1, t_2) vom Kometen abgegebenen Staubpartikel bewegen sich entlang der gestrichelten Linien. Zur Zeit t_3 reihen sich die Partikel zu einem Schweif auf.

Ursprünglich dachte man, die Ausrichtung der Plasmaschweife sei auch auf das Bombardement der Ionen durch die Photonen der Sonnenstrahlung zurückzuführen. Aber obwohl wir bei den Staubschweifen betont haben, daß dieser Beschuß besonders für kleine Teilchen wirksam ist, gilt dies nicht mehr für die extrem kleinen Ionen des Plasmaschweifes. Auf sie muß eine andere Kraft wirken. Im Jahre 1951 schlug L. Biermann (Abb. I.9) daher vor, daß ein Strom geladener Teilchen von der Sonne ausgehen müsse, der die zusätzliche Kraft auf die kometaren Schweifionen ausübt. Dieser Gedanke erwies sich als außerordentlich fruchtbar. Nach 1959 haben interplanetare Satelliten die Existenz eines solchen *Sonnenwindes* tatsächlich nachgewiesen. Derselbe besteht aus einem Strom von Protonen und Elektronen, die sich mit einer Geschwindigkeit von etwa 400 km/Sek. von der Sonne weg ausbreiteten, und die das die Sonne umgebende sogenannte interplanetare Magnetfeld mit sich führen. Stößt der Kopf des Kometen auf das Magnetfeld, so bohrt er einen engen Tunnel in dasselbe. Die Magnetfeldlinien werden vor dem Kopf eng zusammengestaucht; seitlich umfangen sie den Kopf und nach hinten hängen sie diesem an wie straff gespannte Bänder. Wäre der Komet stationär, so würde der von den «Bändern» begrenzte Tunnel genau die Ausrichtung des sich radial von der Sonne ausbreitenden Sonnenwindes haben. Aber da überdies der Komet sich typischerweise mit einigen Dutzend km/Sek. auf seiner Bahn bewegt, wird der Tunnel um einige Grad gegen den Radiusvektor geneigt. Tatsächlich wird diese geringe Neigung der Gasschweife bei fast allen Kometen beobachtet. Es kann also keine Frage sein, daß ein enger Zusammenhang zwischen dem Sonnenwind und den Plasmaschweifen besteht. Der Zusammenhang ist verständlich, wenn man bedenkt, daß durch das Aufsammeln des interplanetaren Magnetfeldes der Tunnel durch ein erheblich verstärktes Magnetfeld begrenzt wird und daß das kometare Plasma diese Begrenzung nicht durchqueren kann. Die auf der Sonnenseite des Kometenkopfes erzeugten Ionen fließen daher nach hinten in den Tunnel ab, anfänglich mit Geschwindigkeiten von etwa 20 km/Sek. und schließlich in größeren Entfernungen vom Kopf mit Geschwindigkeiten von über 200 km/Sek. Der Grund für dieses beschleunigte Ausfließen scheint zur Zeit noch nicht befriedigend erklärt zu sein, und dies zeigt, wie außerordentlich schwierig die detaillierte Theorie der Gasschweife ist. Das Zusammentreffen des kometaren Plasmas und des Plasmas des Sonnenwindes bei gleichzeitiger Anwesenheit kompliziert verformter Magnetfelder stellt sehr hohe Anforderungen an die Magnetohydrodynamik und die Plasmaphysik. Erschwerend wirkt sich überdies aus, daß der Sonnenwind starken örtlichen und zeitlichen Schwankungen unterworfen ist. Er kann zum Beispiel sprungartig verstärkt werden während Eruptionen auf der Sonne, denen mit der entsprechenden Verzögerung auch Veränderungen im Plasmaschweif folgen. Gelegentlich scheint der Plasmaschweif plötzlich vom Kopf des Kometen abzureißen, worauf sich dann ein neuer Schweif bildet. Man glaubt heute, daß dieses Phänomen des Abreißens (Abb. III.2) auf ein plötzliches Umpolen des interplanetaren Magnetfeldes, in das der Komet eintritt, zurückzuführen ist.

Die Wasserstoffwolke

Eine besondere Rolle für die Struktur der Kometen spielt der Wasserstoff, da das neutrale Wasserstoffatom H durch die Sonneneinwirkung nur sehr langsam in das Ion H^+ und ein Elektron zerlegt wird. Der neutrale Wasserstoff hat daher eine ungewöhnlich lange Lebenszeit und kann sich weit vom Kopf des Kometen entfernen, bevor die Sonnenstrahlung ihn ionisiert, oder bevor – was noch wahrscheinlicher ist

Abb. I.9
Ludwig Biermann.

– die Protonen des Sonnenwindes ihm sein Elektron abnehmen. Die H-Atome sind überdies zu klein, um durch den Strahlungsdruck der Sonne wesentlich abgelenkt zu werden, und da sie neutral sind, bleiben sie auch unbehelligt durch Magnetfelder. Sie bilden daher eine – grob gesprochen – kugelförmige Wolke um den Kopf des Kometen.

Die Existenz der Wasserstoffwolke ist schon 1968 von Biermann vorausgesagt worden. Er argumentierte, daß das fast sicher in der Koma vorhandene Wasser H_2O durch die intensive Sonnenbestrahlung in H + OH gespalten werden muß (Photodissoziation). Anschließend wird auch das Hydroxyl-Radikal OH in O + H dissoziiert, wodurch weiterer Wasserstoff frei wird. Bei dieser Zerlegung erfährt das H-Atom eine beträchtliche Geschwindigkeit. Diese Geschwindigkeit und die mittlere freie Weglänge, bevor das H-Atom ionisiert wird, bestimmen nun die Ausdehnung der Wasserstoffwolke. Man findet auf diese Weise typische Durchmesser von 10 Millionen Kilometern.

Die dem Sonnenlicht ausgelieferten Wasserstoff-Atome werden von diesem aber trotz allem zum Leuchten angeregt. Dabei wird ein großer Teil der aufgenommenen Energie in der sogenannten Lyman-Alpha-Emissionslinie wieder abgegeben. Diese Linie liegt bei einer Wellenlänge von 1216 Å, das heißt weit im Ultravioletten, und kann daher von der Erdoberfläche aus nicht beobachtet werden. Die tatsächliche Beobachtung einer Wasserstoffwolke blieb daher einem Satelliten, dem *Orbiting Astronomical Observatory* (OAO-2), vorbehalten, der im Januar die gewaltige Wolke des Kometen Tago-Sato-Kosaka (1969 IX) beobachten konnte. Für derartige Beobachtungen war das *Orbiting Geophysical Observatory* (OGO-5) noch geeigneter ausgerüstet, das auch den Vorteil bot, oberhalb des störenden Wasserstoffs der Erdatmosphäre zu fliegen; mit seiner Hilfe wurden die Wasserstoffwolken in den Kometen Bennett (1970 II) und P/Encke (1971 II) beobachtet. Andere extraterrestrische Experimente wiesen Wasserstoffwolken auch für die Kometen Kohoutek (1973 XII) und West (1976 VI) nach.

Bei den Kometen, deren Wasserstoffwolken genügend beobachtet werden konnten, ist es möglich, die Zahl von H-Atomen zu berechnen, die laufend aus dem Kern nachgeliefert werden müssen. Allerdings variiert diese Zahl auch noch mit dem Abstand r des Kometen von der Sonne. Für r = 1 AE ergeben sich für neue Kometen einigemal 10^{29} Atome pro Sekunde und für den alten Kometen P/Encke etwa hundertmal weniger. Nimmt man an, daß jedes Wassermolekül ein oder zwei H-Atome beisteuert, dann findet man, daß in einem neuen Kometen etwa 10 Tonnen Wasser pro Sekunde zerlegt werden, um die Wasserstoffwolke zu speisen.

Bei genaueren Untersuchungen des ultravioletten Spektrums von Kometen hat sich gezeigt, daß auch das Hydroxyl-Radikal OH – bevor es dissoziert wird – eine Wolke bildet. Diese im nahen Ultraviolett (bei einer Wellenlänge von 3085 Å) leuchtende Wolke ist aber erwartungsgemäß viel kleiner als die Wasserstoffwolke.

Die Koma

Wenn der zunächst nackte Kometenkern sich aus den äußeren Gebieten des Sonnensystems der Sonne nähert, beginnt er langsam bei einem Sonnenabstand von etwa r = 4 AE Material an seiner Oberfläche zu verdampfen. Das Wort «verdampfen» ist hier nicht exakt, denn tatsächlich gehen die festgefrorenen Substanzen des Kerns unter Überspringung der flüssigen Phase direkt in die Gasphase über; man nennt diesen Prozeß *Sublimieren*. Bei weiterer Annäherung an die Sonne wächst die Sublimationsrate schnell, und zwar ist diese ungefähr umgekehrt proportional zum Quadrat des Sonnenabstandes. Die sublimierten, *neutralen* Gase strömen mit ungefähr 0.5 km/Sek. vom Kern weg und bilden einen wachsenden, sphärischen Halo um diesen. Der Halo wird auch die kometare Atmosphäre oder die *Koma* genannt. Die Koma wird nach außen dünner und dünner; sie hat daher keine scharfe Grenze und es ist schwierig, ihr eine exakte Größe zuzuschreiben. Typische Werte für den Durchmesser einer voll entwickelten Koma bei r ≈ 1.7 AE sind 10 000 bis 1 Million Kilometer (zum Vergleich mißt der Erddurchmesser 12 700 Kilometer). Bei engerer Annäherung an die Sonne wächst die Koma nicht etwa weiter, sondern sie schrumpft unter der zunehmenden Sonnenbestrahlung, um bei r ≈ 0.5 AE auf rund ein Drittel ihrer Maximalgröße abzufallen.

Die Figur I.6 gibt eine schematische Darstellung vom Aufbau der Koma. Erwartungsgemäß ist dieser Aufbau außerordentlich komplex: die von den äußersten Schichten des Kerns sublimierten ausströmenden Substanzen konvertieren ihre thermische Energie in kinetische Energie, wodurch ihre Bewegung nach außen beschleunigt wird. Schließlich erreichen sie, so scheint es, Überschallgeschwindigkeit, und sie bilden eine innere Schockfront. Auf ihrem weiteren Weg nach außen treffen sie auf den Sonnenwind. Die Zone, in der sich die kometaren Gase und der Sonnenwind treffen, nennt man die Kontaktoberfläche. Außerhalb der Kontaktoberfläche finden sich Teilchen sowohl kometaren wie auch solaren Ursprungs. Die kometaren neutralen Gase unterliegen – sofern sie auf der Sonnenseite nach außen strömen – aber außerdem auch der Sonnenstrahlung. Diese Strahlung und andere noch nicht voll verstandene Prozesse ionisieren die Gase teilweise. Eines der häufigsten dabei entstehenden Ionen ist das geladene Molekül CO^+. Sobald dieses entstanden ist, erfährt es dank seiner Ladung eine viel stärkere Wechselwirkung mit dem Sonnenwind. Dieser drängt das Ion nach hinten, und er wird dabei selber auf Unterschallgeschwindigkeit abgebremst, wodurch sich bei einer Entfernung von 10^5–10^6 Kilometern vom Kern eine äußere Schockfront bildet. Der abgebremste Sonnenwind zusammen mit den nun nach rückwärts mitgerissenen CO^+-Ionen bilden die Stromlinien, die nach hinten in den Plasmaschweif abströmen. Die erste solche Stromlinie wurde wohl von Hevelius an Halleys Kometen beobachtet (Abb. II.42), und die Stromlinien sind seither als ein Charakteristikum der äußeren Koma und der Plasmaschweife in vielen Kometen erkannt worden (vgl. z. B. Abb. II.74). Auf analoge Weise werden andere aus der Komasubstanz entstehende Ionen in den Plasmaschweif gedrängt.

Will man die Koma streng definieren, so schließt man die geladenen Ionen aus; sie werden bereits dem Plasmaschweif zugeteilt. Ebensowenig rechnet man den von den sublimierten Gasen mitgerissenen Staub zur Koma; er bildet die Wurzel des Staubschweifes. Die Koma im engeren Sinn besteht daher nur aus neutralen Atomen, Radikalen und Molekülen.

Aus den Spektren der Koma ist man über die chemische Zusammensetzung derselben gut informiert. Zwei Spektren geringer Dispersion sind in der Abbildung I.10 gezeigt. In Spektren höherer Dispersion kann man noch viele weitere chemische Komponenten erkennen. Im allgemeinen treten bei einem Sonnenabstand von $r = 3$ AE die ersten Linien von CN (Zyan) auf, bei $r = 2$ AE beginnen die Moleküle C_3 und NH_2 zu leuchten, dann folgen bei $r = 1.5$ AE das Kohlenstoffmolekül C_2 und die Radikale OH, CH und NH. Kommt der Komet noch näher an die Sonne, so daß bei der zunehmenden Temperatur der metallhaltige Silikatstaub zu verdampfen beginnt, dann erkennt man auch Metallatome von Natrium ($r = 0.8$ AE) und schließlich von Nickel, Eisen und Chrom ($r = 0.1$ AE). Eine Liste der bisher in der Koma von verschiedenen Kometen nachgewiesenen Substanzen ist in der Tabelle I.2 gegeben.

Die Häufigkeit der in der Tabelle I.2 genannten Substanzen ist außerordentlich unterschiedlich und scheint auch zwischen neuen und alten Kometen zu variieren. Aber ganz allgemein sind die häufigsten Bausteine H, OH und O, alle übrigen – vielleicht mit der Ausnahme von C – sind mehr als hundertmal seltener. Es wäre ein großer Fehler zu glauben, daß die chemische Zusammensetzung der Koma uns auch direkt über den chemischen Aufbau des Kerns unterrichten würde. Tatsächlich ist die für uns undurchsichtige *innerste* Koma ein wahres chemisches Laboratorium, da die Dichte der frisch sublimierten Gase, zu denen vermutlich noch frei schwebende, kleinste Eiskristalle kommen, dort genügend groß ist, daß die Teilchen untereinander Kollisionen erleiden und eine ganze Reihe von chemischen Reaktionen auslösen. Alle Substanzen der Tabelle I.2 stehen daher zunächst unter dem Verdacht, daß sie im Kern innerhalb ganz anderer chemischer Verbindungen vorkommen. Auf dieses Problem werden wir im nächsten Abschnitt zurückkommen.

Wegen des ständigen Materiedurchflusses in der Koma ist es keine leichte Aufgabe, aus der Intensität der Spektrallinien die Zahl der

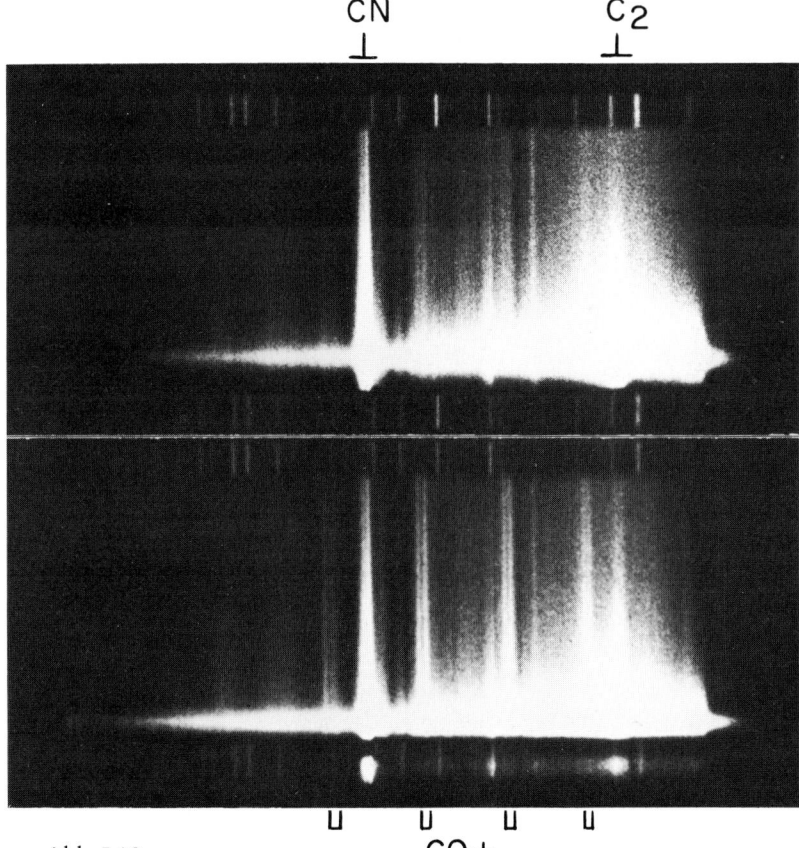

Abb. I.10
Spektren geringer Disperison der Kometen Arend-Roland (1957 III) (oben) und Mrkos (1957 V) (unten). Die Swan-Banden des Moleküls C_2 (Wellenlänge ca. 4700–5200 Å), die Bande von Zyan (CN, Wellenlänge 3883 Å) und die mehrfachen Banden des geladenen Moleküls CO^+ sind markiert.

Tabelle I.2
Beobachtete Substanzen in der Koma

Anorganisch	Organisch	Metalle
H	C	Na
NH	C_2	K
NH_2	C_3	Ca
O	CH	V
OH	CN	Mn
H_2O	CO	Fe
S	CS	C
S_2	HCN	Ni
	CH_3CN	Cu

leuchtenden Partikel und damit die Masse der ausströmenden Gase zu bestimmen. Trotzdem oder gerade deswegen ist das Problem angegangen worden, und für eine Reihe von chemischen Substanzen liegen bereits interessante Ergebnisse vor. In jungen Kometen wie Arend-Roland (1957 III) und Kohoutek (1973 XII) fließen bei einem Sonnenabstand von r = 1 AE pro Sekunde einige 10^7–10^8 Gramm (einige 10–100 Tonnen) durch die Koma. Dieser Materieverlust mußte natürlich ständig vom Kern dieser Kometen nachgeliefert werden. In alten Kometen, die schon viele Male in die Nähe der Sonne gekommen sind, ist die Produktionsrate bis zu einem Faktor 100 geringer.

Gelegentlich sind in den Komas sogenannte Ausbrüche zu beobachten. Im Laufe eines Monats oder weniger expandiert langsam (mit 0.1–0.5 km/Sek.) eine Staubhülle von der Koma weg. Die Hülle verdünnt sich innerhalb dieser Zeit bis zur Unsichtbarkeit. Nach dem Ausbruch nimmt die Koma wieder eine normale Gestalt an. Je nach der Stärke des Ausbruchs kann die Helligkeit des Kopfes zeitweilig um 2 oder sogar um 5 Größenklassen anwachsen, wobei der Helligkeitszuwachs sowohl durch die größere Oberfläche der Koma wie auch durch die erhöhte Oberflächenhelligkeit derselben verursacht wird. Der Grund für die Ausbrüche ist sicher in sprungartigen Änderungen der Aktivität des Kometenkerns zu suchen, worauf wir bei der Besprechung des Kerns zurückkommen werden. Ausbrüche sind bei über 30 Kometen beobachtet worden. Ein bekanntes Beispiel ist der sonnenferne Riesenkomet P/Schwassmann-Wachmann 1. Halleys Komet zeigte 1910 einige kleinere Ausbrüche, während er 1066 offenbar einen spektakulären Ausbruch erfuhr (vgl. S. 132/3).

Der Kern

Was wir gewöhnlich unter einem Kometen verstehen, nämlich eine Himmelserscheinung, die aus Kopf und Schweif besteht, existiert nur in der Nähe der Sonne. Wenn der Sonnenabstand größer als etwa $r =$ 4–6 AE ist (zum Vergleich ist Jupiters Bahnradius 5.2 AE), das heißt für die meisten Kometen während des allergrößten Teils ihres Lebens, bestehen sie nur aus ihrem *Kern*. Der Kern ist außerordentlich schwer zu beobachten, denn solange er weit von der Sonne entfernt ist, ist notwendigerweise auch seine Entfernung zur Erde groß, und er erscheint dann bloß als schwacher Lichtfleck von unmeßbar kleiner Ausdehnung. Überdies ist er dann noch inaktiv und reflektiert nur das Sonnenlicht. Aus der rötlichen Farbe dieses reflektierten Lichtes kann man einzig vermuten, daß die Oberfläche neben gut reflektierendem Material auch Kohlenstoff enthalten muß. Kommt der Kern näher und gewinnt wegen seiner beginnenden Aktivität an Interesse, dann verhüllt er sich mit der ihn umgebenden Koma und bleibt unsichtbar.

Die Frage nach dem chemischen Aufbau des Kometenkerns ist natürlich für jedes Verständnis der Kometen von entscheidender Bedeutung. Es ist ein faszinierendes Detektivspiel aus den in der Koma spektroskopisch beobachteten Substanzen und aus den im Einzelnen unbekannten chemischen Reaktionen, die sich in der innersten Koma abspielen, auf die Zusammensetzung des Kerns zu schließen, wobei natürlich auch die großen Mengen beobachteten Staubes erklärt werden müssen. Die Lösung des Rätsels wird insofern noch erschwert, als sie keineswegs eindeutig ist; man kann eine beliebige Anzahl von exotischen Verbindungen nehmen, deren Zerfallsprodukte die beobachteten Substanzen liefern könnten. Das Rätselraten schon 1950 zu einem erfolgreichen Abschluß gebracht zu haben, ist das große Verdienst von Fred Whipple (Abb. I.11). Nach ihm sind die besonders häufigen Stoffe H, OH und O einfach Zerfallsprodukte des Muttermoleküls Wasser (H_2O). Das Wasser ist in der Kälte des äußeren Sonnensystems zu Eis gefroren, und in Sonnennähe sublimiert dieses Eis einzig an der Oberfläche, was dem Kern die nötige Standhaftigkeit gegen die Sonnenbestrahlung gibt. Als zweite wichtige Komponente ist dem Eis außerordentlich feiner Sand (Staub) beigemengt, der aus den bereits genannten Silikaten und aus Kohlenstoff besteht. In gefrorener Form gesellen sich zu diesen Hauptkomponenten noch in geringeren Mengen Kohlenmonoxyd (CO), Blausäure (HCN), Ammonium (NH_3) und vielleicht Kohlendioxyd (CO_2) und organische Stoffe wie Methylcyanid (Acetonitril, CH_3CN), Aethylen (CHC_2H_4) und Cyanomethylacetylen (C_3H_3CN). Das ganze ist einem *dreckigen Schnee-ball* (Abb. I.12) zu vergleichen, dem neben Wasser-Eis und «Dreck» noch einige weniger häufige Eis- oder Schneesorten beigemischt sind.

Man könnte einwenden, daß unsere Gletscher, die sich mit einem Sonnenabstand von r = 1 AE näher an der Sonne befinden als mancher schöne Komet, ebenfalls Komas und Schweife entwickeln müßten, wenn das Modell des dreckigen Schneeballs richtig ist. Tatsächlich ist der entscheidende Unterschied, daß die irdischen Gletscher durch die Erdatmosphäre gegen die energiereiche (ultraviolette) Sonnenstrah-lung und durch das Erdmagnetfeld gegen den Sonnenwind geschützt sind; andernfalls würden auch sie unter kometenartigen Erscheinungs-bildern langsam wegsublimieren.

Whipples Kometenmodell war eine Zeit lang durch einen ernst-hafteren Befund in Frage gestellt. Wie konnte es sein, daß manche Kometen schon außerhalb von r = 3 AE ihre Gasproduktion beginnen, wo dies doch die maximale Entfernung ist, innerhalb derselben die Sonnenstrahlung ausreicht, Wasser-Eis zu sublimieren? Die Lösung dieser Frage wurde 1970 von Delsemme und seinen Mitarbeitern ge-liefert. Das gefrorene Wasser liegt in der Form besonderer Hydratkri-

Abb. I.11
Fred L. Whipple.

stalle vor, die sogenannte *Einschlußverbindungen* (englisch: clathrates) bilden. Sie sind gekennzeichnet durch relativ große Aussparungen im Kristallgefüge. In diesen Lücken können sich Atome, Moleküle (z.B. Methan, CH_4) und kleine Eiskristalle ansammeln, die durch die schwachen van der Waal'schen Kräfte nur locker an das Kristall gebunden sind. Selbst in größeren Entfernungen von der Sonne reicht ihre Strahlung daher aus, diese Substanzen auszutreiben. – Seither hat sich das Dreckige-Schneeball-Modell für die Erklärung aller kometaren Phänomene bestens bewährt.

Nach allem Gesagten ist es kein Wunder, daß die direkte Beobachtung der Muttermoleküle außerordentlich schwierig ist. Dazu kommt, daß die Muttermoleküle im sichtbaren und ultravioletten Wellenlängenbereich zu keinen Fluoreszenzlinien angeregt werden können, ohne dabei selber zu zerfallen. Man kann daher nur hoffen, sie an ihrer im Infraroten und Radiobereich abgestrahlten Linienemission zu erkennen. Da die Infrarotbeobachtungen innerhalb der Erdatmosphäre stark beeinträchtigt sind, bleiben praktisch nur die Radiobeobachtungen. Bisher liegen nur schwache Nachweise von einzelnen Muttermolekülen in ein paar Kometen vor. Der glaubwürdige Nachweis von Wasser im Kometen IRAS-Araki-Alcock (1983d) ist sechs Radioastronomen, Altenhoff, Batrla, Huchtmeier, Schmidt, Stumpff und Walmsley, mit dem 100 m-Radioteleskop in Effelsberg bei Bonn gelungen.

Wenn der Kern genügend nahe an die Sonne gekommen ist, um seine Aktivität aufzunehmen, verlassen die sublimierten Gase den Kern mit einigen 100 m/Sek. und reißen dabei die festen Staubteilchen mit (Abb. I.13). Auf diese Weise kommt der Staub schließlich in die kometaren Staubschweife. Wir haben weiter oben bereits gesehen, daß sich aus den Staubschweifen die Staubproduktionsrate und aus der Wasserstoffwolke und der Koma die Gasproduktionsrate abschätzen lassen, und aus einer Kombination dieser Werte erhält man ein typisches Staub-zu-Gas-Verhältnis von 1:1, wobei eine Unsicherheit ungefähr von einem Faktor 2 verbleibt. Es gibt aber auch einige wenige neue Kometen, die ausschließlich Staubschweife gebildet haben, wie die Kometen Baade (1955 VI) und Haro-Chavira (1956 I), und der alte Komet P/Encke ist nicht mehr in der Lage, überhaupt noch einen Staubschweif zu speisen.

Das beobachtete Staub-zu-Gas-Verhältnis muß daher nicht notwendigerweise das wahre Verhältnis im Kern widerspiegeln. Die Menge mitgerissenen Staubes hängt klar von der Austrittsgeschwindigkeit der Gase ab. Sind die Staubpartikel groß, so können sie auf dem

Kern zurückbleiben. Dann bildet sich auf dem Kern eine Staubkruste, die die Oberfläche teilweise oder ganz überdeckt und die den Kometen vor dem Ausgasen mehr oder weniger schützt. Werden solche Staubzonen schließlich doch fortgetragen, etwa nach dem Einschlag interplanetarer Partikel, dann können sie die Ursache für die unregelmäßige Staubzufuhr in den Staubschweifen werden, aber ebenso für Unregelmäßigkeiten der Gasproduktionsrate, die dann zu den beobachteten Helligkeitsschwankungen führen. In extremen Fällen kann dieser Prozeß auch die Ausbrüche der Koma verursachen, obwohl für deren Ursache auch andere explosive Prozesse im Kern vorgeschlagen worden sind.

Die Ausdehnung der Kometenkerne ist viele Millionen mal kleiner als die eines vollentwickelten Schweifes. Gerade wegen dieser unbegreiflichen Kleinheit ist es sehr schwierig, den Radius eines Kerns zuverlässig zu messen. Am 27. Juni 1927 ist der Komet P/Pons-Winnecke bis auf 0.04 AE an die Erde herangekommen; bei ungewöhnlich günstigen Beobachtungsbedingungen wurde der scheinbare Durchmesser der innersten Lichtquelle damals auf 0.3 Bogensekungen ge-

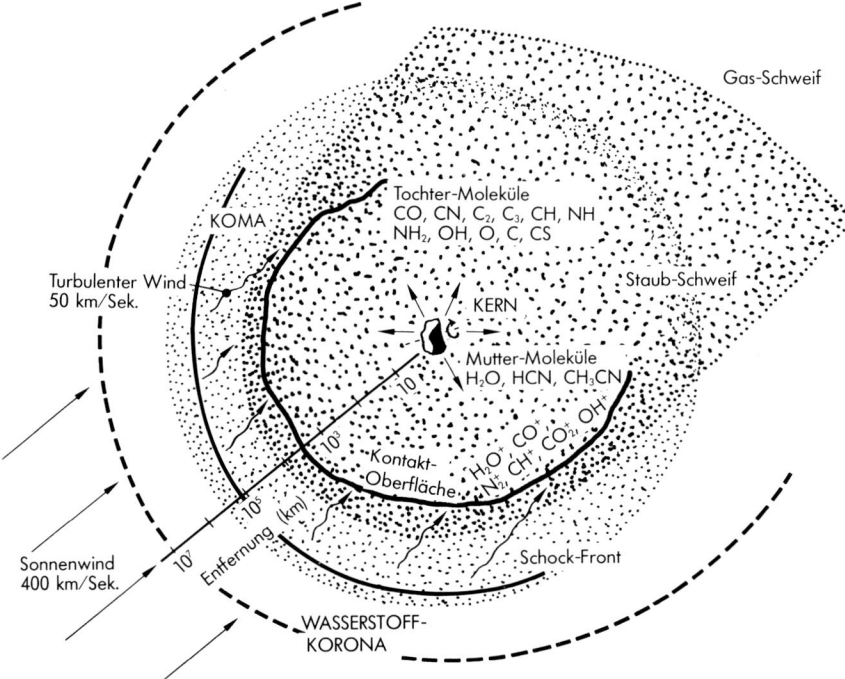

Fig. I.6
Modell eines Kometen. (Aus: European Space Agency, Dokument SCI(80)4).

schätzt. Dies entspricht einem linearen Radius von 5 Kilometern, wobei dieser Wert wegen der undurchsichtigen innersten Koma vielleicht noch nach unten zu korrigieren ist. – Mit der riesigen Radioantenne in Arecibo (Puerto Rico) wurde 1980 ein Radiosignal auf den Kometen P/Encke gesandt, und das Echo dieses Signals konnte gerade noch nachgewiesen werden. Daraus ergibt sich für den Kern ein Radius von 1.5 Kilometern mit einem Unsicherheitsfaktor von mindestens 2. – Eine analoge optische Methode konnte auf einige andere Kometen angewandt werden. Kennt man die Distanzen Sonne-Komet und Komet-Erde, so kann man aus der scheinbaren Helligkeit eines Kometen – sofern diese bestimmt werden kann, bevor sich eine Koma gebildet hat oder nachdem diese verschwunden ist – auf die Größe der reflektierenden Oberfläche schließen. Allerdings geht hier noch als zusätzliche Unsicherheit das Rückstrahlungsvermögen, die sogenannte Albedo, der Kernoberfläche ein. Nimmt man für das sichtbare Licht eine Albedo von 65 Prozent an, so erhält man zum Beispiel für die neuen Kometen Tago-Sato-Kosaka und Bennett Radiuswerte von $R = 2.2$ beziehungsweise $R = 3.8$ Kilometern. Aus ähnlichen und anderen, recht indirekten Überlegungen glaubt man heute, daß neue Kometen typische Radien zwischen 1–10 Kilometern und kurzperiodische Kometen solche unter 1 Kilometer haben.

Aus den Abmessungen eines Kometenkerns kann man auch dessen Masse ableiten, wenn man zusätzlich eine mittlere Dichte des Kernmaterials annimmt. Für einen locker gepackten, dreckigen Schneeball, der aus eher mehr als 40 % Wassereis, rund 10 % anderen Eissorten und aus weniger als 50 % Silikatstaub besteht, ist eine Dichte von 1–2 Gramm/cm^3 angebracht. Ein kleiner Kern ($R = 1$ km) hat danach eine Masse von gut $4 \cdot 10^{15}$ Gramm (4 Milliarden Tonnen), und ein großer Kern ($R = 10$ km) erreicht knapp 10^{19} Gramm (1 Billion Tonnen). Selbst die Masse eines großen Kometen ist also 600 Millionen mal geringer als die der Erde. Tatsächlich ist die Masse eines Kometen gemessen an der Größe der Planeten und von deren Monden so verschwindend klein, daß es bisher nie möglich gewesen ist, die gravitationelle Störwirkung der Planeten nachzuweisen. Die Kometen P/Lexell und P/Brooks 2 sind in das innere System der Jupitermonde eingedrungen, ohne auf die Monde einen merklichen Effekt auszuüben. Als sich der erstgenannte Komet im Juli 1770 der Erde bis auf 2,3 Millionen Kilometer näherte, hat er die Länge des Erdjahres um weniger als 1 Sekunde verändert, woraus Laplace schon 1805 berechnete, daß die Masse des Kometen weniger als 1/5000 der Erdmasse betragen müsse.

Abb. I.12
Künstlerische Darstellung eines Kometenkerns. Oben: in Sonnennähe
erzeugt die Sublimation von Eis einen Halo aus Gasen und Staub.
Unten: in Sonnenferne wird der Kern inaktiv.

Punkto Größe und Masse sind Kometen mit kleinen Bergen oder Bergseen zu vergleichen. Schon 150 Cheops-Pyramiden haben die Masse eines kleinen Kometenkerns. Es gehört zu den schwer vorstellbaren Tatsachen, daß die Kerne bei all ihrer Kleinheit sich leisten können, Komas, Wasserstoffwolken und Schweife zu bilden, die nach Millionen von Kilometern messen, und daß sie dieses Schauspiel sogar viele Male wiederholen können. Das Geheimnis liegt natürlich in dem Umstand, daß die leuchtende Materie in den äußeren Komponenten der Kometen unvorstellbar dünn verteilt ist.

Die Intensität des beim Beobachter eintreffenden, vom Kern des Kometen reflektierten Sonnenlichtes sinkt mit dem Quadrat der Entfernung Sonne-Komet (r) und ebenso mit dem Quadrat der Entfernung Komet-Erde (Δ) ab. Schreibt man dieses Gesetz in astronomischen Größenklassen, so erhält man für die *scheinbare Kernhelligkeit* m des Kometen das gleiche Gesetz, das auch für die Planeten gilt:

Abb. I.13
Künstlerische Darstellung der Oberfläche eines aktiven Kometenkerns. Die durch Sublimation entstehenden Gase reißen Staubteilchen mit sich.

$$m = m_0 + 5 \log r + 5 \log \varDelta \, . \tag{1}$$

Hier ist m_0 die *absolute Kernhelligkeit* des Kometen, die sich ergibt, wenn man $r = \varDelta = 1$ AE einsetzt. Die absolute Helligkeit ist natürlich von Komet zu Komet verschieden und hängt von der Größe seiner reflektierenden Oberfläche und von seiner Albedo ab. – Wenn der Komet nahe genug an die Sonne gekommen ist, daß die Koma voll entwickelt ist, dann hängt die scheinbare Helligkeit des ganzen Kopfes, die sogenannte *scheinbare Gesamthelligkeit*, vom Strahlungsfluß von der Sonne, von der Gasproduktionsrate und von der Lebenszeit der strahlenden, neutralen Gaspartikel ab, die alle drei ihrerseits von der Entfernung von der Sonne abhängen. Nach einem einfachen Argument von M. Mumma führen diese Abhängigkeiten zusammen für die scheinbare Gesamthelligkeit gerade wieder auf eine Beziehung, wie sie in der Gleichung (1) dargestellt ist, sofern der Komet innerhalb von $r = 1$ AE steht und man jetzt für m_0 die *absolute Gesamthelligkeit* (bei $r = \varDelta = 1$ AE) einsetzt. Bei Zwischendistanzen von ungefähr 2.5 AE bis 1 AE ist gewöhnlich weder der nackte Kern noch die voll entwickelte Koma zu sehen, sondern die letztere befindet sich gerade in ihrer Entwicklungsphase. Das hat zur Folge, daß die Leuchtkraft wesentlich schneller anwächst, als das Quadrat der Entfernung abnimmt. Es ergibt sich dann die folgende Gleichung für die scheinbare Gesamthelligkeit:

$$m = m_o + 2{,}5 \, n \log r + 5 \log \varDelta \, . \tag{2}$$

Der Parameter n ist während der Entwicklungsphase also größer als 2 und kann bei einzelnen Kometen Werte von 10 erreichen.

Es wird manchmal versucht, den Verlauf der scheinbaren Gesamthelligkeit eines Kometen während seines ganzen Weges durch das innere Sonnensystem durch *eine* allgemeine Helligkeitsformel von der Form der Gleichung (2) darzustellen. Typischerweise wird dann $n = 4$ gesetzt. Dies hat den Vorteil, daß man dann aus einer Helligkeitsbeobachtung die scheinbare Gesamthelligkeit zu irgendeiner Zeit vor oder nach dem Periheldurchgang berechnen kann, wenn nur der Sonnenabstand r und der Erdabstand $\varDelta$ bekannt sind. (Wenn der Komet sich nach dem Perihel wieder von der Sonne entfernt, wird r und damit auch m größer, was nach der Definition der Größenklassen natürlich einer schwächeren Helligkeit entspricht). Der große Nachteil dieser einfachen Methode ist nur, daß sie außerordentlich unzuverlässig ist; sie trägt den Charakteristiken einzelner Kometen einfach nicht genügend Rechnung. Die Unzuverlässigkeit der Formel ist besonders ekla-

tant geworden, als 1973 die scheinbare Gesamthelligkeit des früh entdeckten Kometen Kohoutek für die Perihelzeit auf m= −10 Größenklassen vorausberechnet wurde (allerdings unter der Annahme, daß
n = 6), während der Komet tatsächlich zu dieser Zeit dann nur etwa
m = −2.5 Größenklassen erreichte.

Bei der obigen Betrachtung der Kometenbahnen und ihrer langfristigen Änderungen hat sich ergeben, daß es in unserem Sonnensystem ein Reservoir neuer Kometen geben muß, aus dem die Zahl kurzperiodischer und sich notwendigerweise aufzehrender Kometen ständig ergänzt werden kann. Das Problem tauchte wohl zuerst um 1850 bei dem Amerikaner Benjamin Peirce auf. Ausführlich wurde es dann 1932 von Öpik (Abb. I.14) wieder aufgenommen. Er berechnete das Gravitationsfeld der Sonne bis zu der Grenze, an der es ihr von benachbarten Fixsternen streitig gemacht wird, und er fand, daß die Sonne bis hinaus zu mindestens 200 000 AE (3 Lichtjahren) einen Körper (Kometen) über lange Zeit an sich binden kann. Er wäre dort so lose an die Sonne gebunden, daß sein Umlauf 30 Millionen Jahre dauern würde. Aus einer Reihe von recht komplexen Überlegungen folgerte Öpik dann, daß die meisten Kometen Apheldistanzen von «nur» knapp 10 000 AE haben, es sei denn, es gäbe eine noch entferntere «Wolke» von außerordentlich zahlreichen Kometen. Öpik fand auch, daß selbst wenn die Bahnebenen der einzelnen Kometen anfänglich zur Ekliptik hin konzentriert waren, die gravitationellen Störungen die Orientierung der Bahnebenen im Raum zufällig verteilt hätten, so daß man heute Kometen mit allen möglichen Bahnneigungswinkeln beobachten kann.

Den nächsten entscheidenden Schritt vollzog Oort (Abb. I.15). Auf Arbeiten von Woerkoms und E. Strömgrens fußend bemerkte er 1950, daß die großen Halbachsen der wenigen wirklich gut bestimmten Bahnen von langperiodischen Kometen zwischen 50 000 und 150 000 AE liegen (Die große Halbachse a kann aus den zwei Bahnelementen q und e, vgl. Tabelle I.1, berechnet werden: $a = q/(1 - e)$). Er schloß daraus, daß zwischen diesen Grenzen – also in den äußeren Bereichen des Sonnensystems bis hinaus zur halben Distanz des nächsten Fixsterns – ein kugelschalenförmiger Raum liegt, der von einer Unzahl von Kometen bevölkert ist, von denen jeweils nur ein winziger Bruchteil ins innere Sonnensystem eindringt. Diese Wolke von taufrischen Kometen wird nach Öpik und Oort die *Öoo-Wolke* oder häufiger noch die *Oort-Wolke* genannt. Ihre Existenz ist heute durch zahlreiche sehr gut bestimmte Bahnen über alle vernünftigen Zweifel erhaben. Dabei hat es eine Rolle gespielt, daß man die *ursprünglichen* Bahnelemente eines Kometen neuerdings aus den beobachteten Bahnparametern zurückberechnen kann. Die letzteren beziehen sich natürlich auf den Weg des Kometen im inneren Sonnensystem, also auf eine Zeit, zu der die Bahnelemente durch Störeffekte bereits verfälscht worden sind. – Die Kometen in der Oort-Wolke umlaufen (mit einer Periode von etwa 10 Millionen Jahren) die Sonne, bis sie aus ihrer Bahn geworfen werden. Dies kann nur geschehen, wie schon Oort zeigte, wenn ein sonnennaher Fixstern zufällig durch die Oort-Wolke läuft. Aus der mittleren Geschwindigkeit der Sonne relativ zu nahen Sternen kann man berechnen, daß sich dies durchschnittlich einmal in rund 10 Millionen Jahren ereignet. Dabei werden die Bahnen von vielen Kometen entscheidend geändert. Manche Kometen werden auf hyperbolische Bahnen geworfen und verlassen das Sonnensystem für immer. Andere werden auf sehr exzentrische Ellipsen gedrängt, und sie werden zu langperiodischen Kometen, die unter günstigen Umständen von der Erde aus beobachtet werden können. Um die Zahl der beobachteten langperiodischen Kometen erklären zu können, muß man annehmen, daß die Oort-Wolke 10^{11} bis 10^{12} (100 Milliarden bis 1 Billion) Kometen enthält! Trotz der gewaltigen Zahl von Kometen ist ihre gesamte Masse bescheiden. Nimmt man für einen typischen Kometen eine Masse von $6 \cdot 10^{15}$ Gramm an, so machen sie zusammen nur 1/10 bis 1 Erdmasse aus.

Es bleibt natürlich die letzte Frage: wie sind die Kometen in die Oort-Wolke gekommen? Die Antwort auf diese Frage ist so schwierig,

Abb. I.14
Ernst J. Öpik.

Abb. I.15
Jan H. Oort.

daß mehrere Forscher versucht haben, die Existenz der Oort-Wolke zu negieren und die beobachtete Verteilung der Kometenbahnen und den Ursprung der Kometen auf ganz andere Weise zu erklären. Alle diese Versuche müssen heute als gescheitert gelten. Wenn es dann eine Oort-Wolke tatsächlich gibt, welches ist ihr Ursprung? Die einzige akzeptable Annahme ist, daß ihre Kometenpopulation sich in der frühesten Zeit unseres Sonnensystems, also vor 4.5 Milliarden Jahren bildete. Damals hatte sich eine große Wolke interstellaren Materials aus dem umgebenden Feld abgeschnürt und begonnen, unter ihrer eigenen Gravitation zu kontrahieren. In ihrem Inneren kontrahierte ein Teil der Masse, die Protosonne, relativ schnell und bildete die Sonne. Um sie herum bildeten sich zahllose größere und kleinere Kondensationen, die zum Teil Kollisionen erlitten und miteinander verschmolzen. Die inneren Kondensationen wurden von der jugendlichen Sonne beschienen und erwärmt, so daß die flüchtigen Eise aus ihnen ausgetrieben wurden. Aus diesen Kondensationen entstanden die festen Planeten Merkur, Venus, Erde und Mars. Weiter außen war die Wirkung der Sonne viel geringer, und darum enthalten die dort geformten Planeten Jupiter, Saturn, Uranus und Neptun noch heute viele flüchtige Substanzen. Die Materiedichte in der sonnenfernen Zone um Uranus und Neptun (bei 19 und 30 AE) war bereits so niedrig, daß die ursprünglich gebildeten Kondensationen nur sehr teilweise Kollisionen erlebten und sich daher nur unvollständig zu den beiden Planeten konzentrierten. Ein großer Teil der kilometergroßen ursprünglichen Kondensationen überlebte. Ihre Zusammensetzung aus dreckigem Schnee und Eis wurde von der Sonne nicht verändert, da sie so weit entfernt war, daß die Temperatur sehr niedrig blieb, – nach A. G. W. Cameron bei −170°C. Dies scheint gerade die ideale Temperatur zu sein, um die heutige chemische Zusammensetzung der Kometen zu erklären. Wären die Kometen noch weiter außen geformt worden, das heißt bei noch tieferen Temperaturen, dann hätte sich nicht Wasser-Eis gebildet, sondern das Wasser hätte zusammen mit Methan (CH_4) oder Ammonium (NH_3) kristallisiert; überdies wäre die Bildung von Kondensationen bei der geringen Materiedichte noch weiter aussen kaum erklärlich. Nach diesem Szenario ist die Entstehung der Kometen nachvollziehbar, aber das Dilemma ist, daß die Kometen in einem Sonnenabstand von rund 20 bis 30 AE entstehen und nicht in der Oort-Wolke bei 50 000 bis 150 000 AE! Man muß also noch einen Mechanismus finden, der die Kometen von ihrem Entstehungsort in die Oort-Wolke hinaustransportiert. Man glaubt heute, diesen Mechanismus in den gravitationellen Störwirkungen der Planeten Uranus und Neptun gefunden zu haben. Den hier skizzierten Entstehungsweg der Kometen endgültig zu beweisen, ist eine Aufgabe der Zukunft für die Kometenforschung. Damit wäre auch ein überaus wichtiger Beitrag für unser Verständnis der Entstehung des ganzen Sonnensystems erbracht.

Eine zusätzliche Tatsache muß erwähnt werden, die das obige Bild attraktiv erscheinen läßt. Es betrifft die Ähnlichkeit zwischen Kometen und dem Material in den großen interstellaren Wolken punkto ihrer chemischen Zusammensetzung. Über die Muttermoleküle im Kometenkern hat man trotz allen Schwierigkeiten recht gute Vorstellungen, und die in den interstellaren Wolken vorkommenden Moleküle, anorganische wie organische, kennt man dank der Radio- und Infrarotastronomie sehr gut. Ihre Verwandtschaft ist frappant. Dies ist umso signifikanter, als die Moleküle in Kometen und interstellaren Wolken aus einem anderen Elementengemisch aufgebaut sind als die Sterne. Bei der Bildung von Molekülen im interstellaren Raum werden manche Elemente bevorzugt, und andere, zum Teil häufigere Elemente werden ausgeschlossen. Daß das so entstehende, typische Elementengemisch sich zumindest ähnlich in den Kometen wiederfindet, spricht eine deutliche Sprache. Die Überzeugung, daß Kometen heute noch den Chemismus der interstellaren Wolken, von denen eine früher einmal das Material zu unserem ganzen Sonnensystem geliefert hat, widerspiegeln, trägt zu der Faszination der modernen Kometenforschung bei.

Kometen können verschiedenartige Tode sterben. Eine sehr seltene Art sind Kollisionen; sie kommen aber, wie wir an dem Kometen Howard-Koomen-Michels und an dem vermutlichen Kometen in der Tunguska gesehen haben, gelegentlich vor. Eine für einen Kometen weniger drastische, für den Beobachter auf der Erde aber ebenso endgültige Todesart ist die Ablenkung auf eine hyperbolische Bahn; der Komet geht dann dem Sonnensystem für immer verloren. Jedoch auch dieses Schicksal bildet eine Ausnahme.

Eine häufiger beobachtete Erscheinung ist das Zerbersten des Kometenkerns. Der Grund hierfür ist nicht geklärt; eine Möglichkeit ist, daß die nichtgravitationellen Kräfte den Kern ungleichmäßig beeinflussen und dieser auseinandergeschert wird. Schon Ephorus von Zyme berichtet, daß der Komet von 371 v. Chr. sich in zwei Sterne spaltete. In neuerer Zeit sind über zwanzig Fälle von geteilten Kometenkernen bekannt geworden. Für die Kometen P/Biela und P/Giacobini, die nach der Teilung zunächst zwei Kometen bildeten, führte dies schließlich zur totalen Auflösung. Der Komet P/Taylor zerfiel 1916 in zwei Teile, und erst 1977 konnte wenigstens der ursprünglich schwächere, offenbar massereichere Teil wiederentdeckt werden. Auch eines der beiden Bruchstücke, in die 1889 P/Brooks 2 zerfiel, konnte endlich 1974 wieder aufgefunden werden. Die übrigen Kernteilungen betreffen fast ausschließlich nichtperiodische Kometen, so daß man nicht weiß, ob und wie lange die Bruchstücke noch als selbständige Kometen existieren konnten. Sofern die Mitglieder der Kreutz-Gruppe aus einem einzigen Mutterkometen stammen, ist die Lebensfähigkeit der Bruchstücke bemerkenswert, obwohl zwei von ihnen (der Große September-Komet 1882 II und Ikeya-Seki 1965 VIII) sich ihrerseits wieder geteilt haben. Die vierfache Teilung des Kometen West (1976 VI) läßt nichts Gutes über seine Stabilität ahnen. Und wenn man dazu die Evidenz von den beiden erstgenannten Kometen, P/Biela und P/Giacobini, nimmt, dann kann kein Zweifel darüber bestehen, daß die Kernteilung im Allgemeinen die generelle Auflösung eines Kometen einleitet.

Aber das normale und vermutlich häufigste Ende eines Kometen ist der Erschöpfungstod. Der Gasvorrat jedes Kometen ist beschränkt, und er wird bei jedem Periheldurchgang dezimiert. Die demzufolge abnehmenden Mengen sublimierter Gase können weniger und weniger Staub mit sich reißen, und schließlich ist der Komet völlig ausgegast und zurück bleibt – wie man jedenfalls erwarten sollte – ein poröser silikat- und kohlenstoffhaltiger Stein, der ohne jede eigene

Aktivität höchstens noch im refklektierten Sonnenlicht beobachtet werden kann.

Das Ausgasen eines Kometen geht langsamer vonstatten, als man zunächst beim Anblick der unerhört ausgedehnten Kometenschweife denken möchte, – besonders auch weil die Kometen gegen das Ende ihres Lebens hin sparsamer werden. Whipple und Sekanina konnten berechnen, daß P/Encke pro Periheldurchgang knapp 0,1 % seiner Masse verliert; dies gibt ihm noch einige Tausend Umläufe und bei einer Umlaufzeit von 3.3 Jahren noch eine voraussichtliche Lebenszeit von 10 000 Jahren. Andere Kometen mögen Verlustraten von 1 % pro Umlauf haben, aber ihre Perioden sind im allgemeinen *viel* länger. Wir werden im nächsten Abschnitt sehen, daß die Lebenserwartung von P/Halley vermutlich von der Größenordnung 100 000 Jahre ist.

Kometen in der letzten Phase ihrer Aktivität sind tatsächlich bekannt. Der Komet P/Neujmin 1 hatte bei seiner Entdeckung 1913 nur Spuren einer Koma und eines Schweifes, und bei seiner Wiederkehr 1931 fehlten diese sogar ganz. Ebenso blieb P/Arend-Rigaux bei seinen Erscheinungen von 1957, 1964 und 1971 ein winziges, inaktives Scheibchen mit einem Radius von etwa zwei Kilometern, und nur zur Zeit seiner Entdeckung konnte man auf den Gedanken kommen, ihn als offensichtlich altersmüden Kometen zu klassifizieren. Typisch für diese beiden Kometen ist übrigens, daß sie keinerlei nichtgravitationelle Kräfte zeigen, was auch dafür spricht, daß sie weitgehend ausgegast sind.

Nach dem Gesagten erwartet man natürlich, daß es auch völlig tote Kometenkerne gibt. Ihrer Beobachtung widersetzt sich aber die Tatsache, daß man nicht weiß, wie man sie zuverlässig von den gewöhnlichen kleinen Planeten (*Asteroiden*) unterscheiden soll. Einen wenn auch keineswegs eindeutigen Hinweis auf ihre Natur kann man aus der Bahnform ableiten. Asteroiden weisen typischerweise kreisähnliche Bahnen zwischen Mars und Jupiter auf. Kometen haben langgestreckte Bahnen, die sehr wohl die Erdbahn kreuzen können. Nun gibt es etwa 80 Asteroiden, deren elliptische Bahnen eher Kometenbahnen als typischen Asteroidenbahnen gleichen. Einige von ihnen kreuzen die Erdbahn, und sie werden in der sogenannten Apollo-Gruppe zusammengefaßt; andere werden der sogenannten Aten- bzw. Amor-Gruppe zugeteilt. Ein außerordentlich wichtiger Hinweis auf ihren tatsächlich kometaren Ursprung wäre der Nachweis, daß sie aus kohlenstoffhaltigen Silikaten bestehen. Solche Asteroiden gibt es tatsächlich; sie werden die kohlenstoffhaltigen Chondriten genannt. Daneben gibt es auch Asteroiden, deren chemischer Aufbau ganz andersartig ist. Leider scheint nun der Chemismus mindestens einiger Asteroiden mit kometenähnlichen Bahnen deren kometaren Ursprung *nicht* zu bestätigen. Als guter Kandidat für einen Exkometen bleibt aber wenigstens der Asteroid *944 Hidalgo* auf Grund seiner ganz ungewöhnlichen Bahn. Vielleicht sollte hierzu auch das Objekt *2060 Chiron* gezählt werden, das mit seiner zwischen Saturn und Uranus liegenden Bahn bisher weder unter den Asteroiden noch unter den Kometen seinesgleichen hat. Sollte *Chiron* ein inaktiver Komet sein und die niedrige Albedo haben, die für einen kohlenstoffhaltigen Chondriten typisch ist, so verlangt seine beobachtete Helligkeit, daß sein Radius bei 180 Kilometern liegt. Dies wäre für einen Kometen ein Rekord.

In der Tatsache, daß die kometenartigen Bahnen im inneren Sonnensystem instabil sind – die Asteroiden können auf ihnen im Durchschnitt nur ein Hundertstel des heutigen Alters des Sonnensystems verbringen – sah man lange einen Beweis für den entwicklungsgeschichtlichen Zusammenhang zwischen Kometen und denjenigen Asteroiden, die auf kometenartigen Bahnen liegen, denn man glaubte, nur die sich verzehrenden, kurzperiodischen Kometen könnten diese Asteroiden nachliefern. Neuere Rechnungen scheinen aber zu zeigen, daß auch die Asteroiden auf klassischen Bahnen auf kometenartige Bahnen geworfen werden können. Man kann daher zur Zeit nicht mit Sicherheit sagen, ob und wie viele der Asteroiden auf kometenartigen Bahnen tatsächlich kometaren Ursprungs sind.

Die Annahme, daß Kometen inaktive Kerne zurücklassen müssen, ist natürlich nicht zwingend. Es ist auch denkbar, daß sie während ihres Ausgasens vollständig desintegrieren. Das beobachtete Teilen der Kerne könnte in dieser Richtung interpretiert werden. Und auch die mit Kometen assoziierten Meteorströme beweisen, daß von den Kometen große Mengen relativ grobkörnigen Staubes abgegeben werden können. Von diesem grobkörnigeren Staub war schon bei den Staubschweifen die Rede. Er konzentriert sich in der Ebene der Kometenbahn und kann die Gegen-(Typ III)-Schweife bilden. Im Gegensatz zu dem feinen Staub wird er nicht vom Strahlungsdruck der Sonne wegbefördert, sondern die Staubteilchen bleiben auf Umlaufsbahnen um die Sonne. Die auf der Sonnenseite vom Kometen befreiten Teilchen sind der Sonne näher und haben daher eine etwas kürzere Umlaufszeit. Das Umgekehrte gilt für die Teilchen auf der sonnenabgewandten Seite. Auf diese Weise breitet sich ganz langsam zwei langgezogene Staubwolken in der Nachbarschaft der Kometenbahn aus (Fig. I.7).

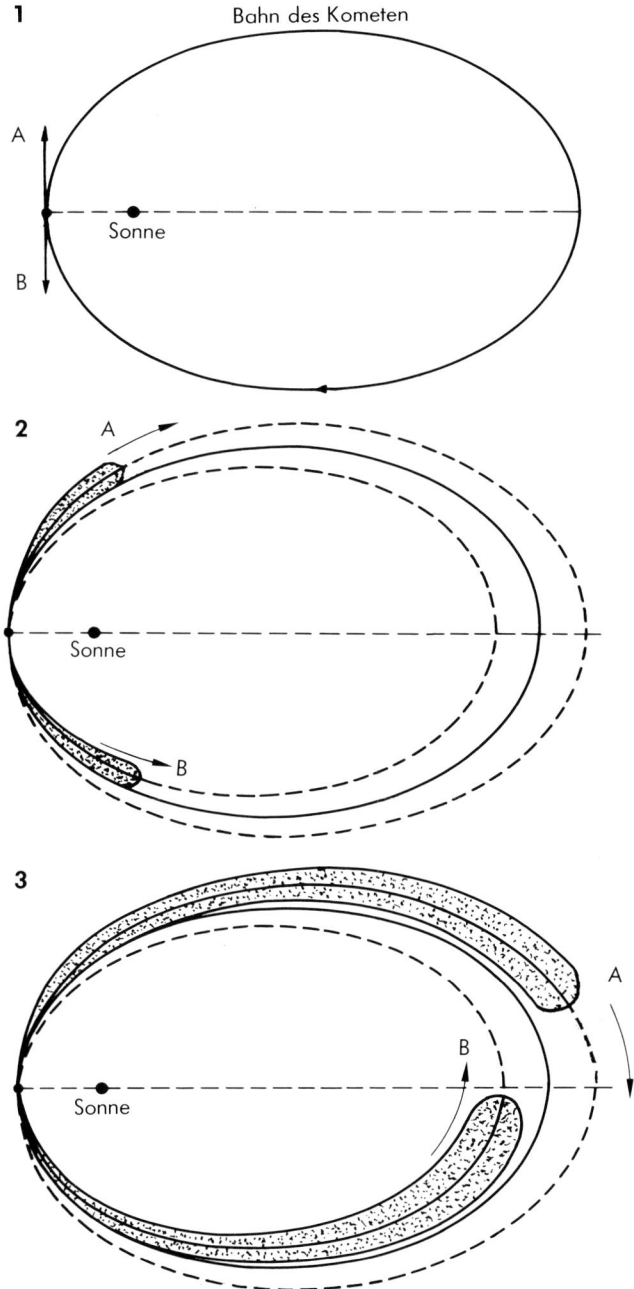

Fig. I.7
Die Ausbreitung kometaren Staubes in der Nachbarschaft der Kometenbahn.
Nach «vorwärts» ausgestoßener Staub wird sich etwas außerhalb, nach «rück-
wärts» ausgestoßener Staub etwas innerhalb der Kometenbahn ausbreiten.

Tabelle I.3
Einige Meteorströme und ihre Mutterkometen

Meteorstrom	Datum	Komet
Quadrantiden	1. – 4. Jan.	?
April-Lyriden	12. – 24. Apr.	Thatcher (1861 I)
π-Puppiden	24./25. Aprl. (Max)	P/Grigg-Skellerup
η-Aquariden	29. Apr. – 21. Mai	P/Halley
Juni-Draconiden (1914–21)	30. Juni (Max.)	P/Pons-Winnecke
β-Tauriden	30. Juni (Max.)	P/Encke
α-Capricorniden	1. Aug. (Max.)	P/Honda-Mrkós -Pajdusáková
Perseiden	20. Juli – 19. Aug.	P/Swift-Tuttle
Oktober-Draconiden (1933, 1946)	8. – 10. Okt.	P/Giacobini-Zinner
Orioniden	11. – 30. Okt.	P/Halley
Tauriden	24. Sept. – 10. Dez.	P/Encke
Andromediden (1872, 1885)	10. – 14. Nov. (Max.)	P/Biela (zerfallen)
Leoniden (alle 33 Jahre)	14. – 20. Nov.	P/Tempel-Tuttle
Geminiden	5. – 19. Dez.	1983 TB? (jetzt Asteroid)
Ursiden (1945)	17. 24. Dez.	P/Tuttle

Schneidet die Erdbahn zufällig diese Wolken irgendwo im Raum, so kann die Erde auf ihrem jährlichen Lauf in diese eintreten. Die Folge ist, daß unzählige Staubpartikel auf die Atmosphäre prasseln und in dieser verglühen. Wir erleben das als einen *Sternschnuppen- oder Meteorschauer*. Die Sternschnuppen eines Schauers scheinen alle zu einem festen Datum von einem Punkt des Himmels auszugehen, dem Radianten. Nach dessen Ort am Himmel wird der Schauer benannt, so die Quadrantiden (nach dem nicht mehr verwendeten Sternbild des Mauerquadranten zwischen Herkules und Bootes), die Perseiden, die Leoniden usw. Es war übrigens Halley, der als erster die aristotelische Ansicht verwarf, daß Meteore rein atmosphärische Phänomene sind. Indem er ihre Höhe und Geschwindigkeit maß, konnte er zeigen, daß sie extraterrestrischen Ursprungs sind, und er begründete damit die Meteorforschung. Der Zusammenhang zwischen Sternschnuppenschauern und Zerfallsprodukten von Kometen, den der Amerikaner Kirkwood 1861 nur vermuten konnte, wurde endgültig in Mailand von Schiaparelli nachgewiesen. Nachdem 1862 der periodische Komet

P/Swift-Tuttle entdeckt worden war, realisierte er, daß die Perseiden offenbar aus der Nähe der Bahn dieses Kometen stammen. Inzwischen sind eine Reihe paralleler Zuordnungen von Sternschnuppenschauern bekannt geworden (Tabelle I.3). Es gibt die sogenannten permanenten Schauer, die Jahr für Jahr beobachtet werden können. Dies ist der Fall, wenn der kometare Staub schon eine sehr langgestreckte Wolke gebildet hat, und die Erde bei jedem Umlauf durch diese hindurchpassieren muß. Andere Schauer sind temporär, das heißt, sie lassen sich nur nach gewissen Intervallen beobachten. Ein typisches Beispiel sind die Leoniden, die 1799, 1833 und 1866 ein großartiges Schauspiel mit Tausenden von Sternschnuppen lieferten. Temporäre Schauer werden von relativ jungen, noch kompakten Staubwolken verursacht; sie sind nur beobachtbar, wenn die Staubwolke und die Erde gerade gleichzeitig nahe dem Schnittpunkt ihrer Bahnen stehen. Da die Staubwolken sich mit der Zeit auch lateral ausbreiten, variiert die Dauer von Schauern stark; sie kann zwischen einer Nacht und mehr als einem Monat liegen.

Es ist offensichtlich, warum die meisten Kometen keine zugehörigen Sternschnuppenschauer besitzen; diese können ja nur erwartet werden, wenn die Kometenbahn mindestens in einem Punkt nahe an die Erdbahn herankommt. Trotzdem gibt es einige Kometen, bei denen man Sternschnuppenschauer erwarten sollte, ohne daß diese beobachtet wurden. Vermutlich ist in diesen Fällen der Meteorstrom durch Störeffekte der Planeten aus seiner ursprünglichen Bahn abgelenkt worden. Auf der anderen Seite kennt man viel mehr Sternschnuppenschauer, als in der Tabelle I.3 aufgeführt sind, aber ihr Mutterkomet bleibt unbekannt. Bei ihnen ist möglicherweise der Mutterkomet aus seiner ursprünglichen Bahn abgelenkt worden, oder dieser ist inzwischen zerfallen oder einfach inaktiv geworden. Hier kommt also von neuem der Gedanke an inaktive Kometen auf. In der Tat gibt es zwei oder drei Fälle, wo Asteroiden auffallend ähnliche Bahnen wie Meteorströme besitzen, die allerdings nur sehr schwache Schauer auslösen. Darüber hinaus hat man neuerdings in der Bahn der auffälligen Geminiden statt des lang gesuchten Kometen einen Asteroiden, *1983 TB*, gefunden. Durch diese Koinzidenz ist derselbe zu einem weiteren guten Kandidaten für einen Exkometen geworden.

Auf die Dauer sind die Meteorströme natürlich nicht stabil. Ihre Staubteilchen breiten sich immer weiter aus und erfüllen schließlich den ganzen interplanetaren Raum. Die Erde sammelt daher zu jeder Zeit einige Staubteilchen auf, die dann als sogenannte *sporadische*

Meteore in der Erdatmosphäre verglühen. Man glaubt heute, daß weitaus die meisten sporadischen Meteore tatsächlich von Teilchen herrühren, die einst in Kometen waren. – Da die meisten kurzperiodischen Kometen die Sonne nahe der Ebene der Ekliptik umlaufen, ist es nicht verwunderlich, daß viel von dem Kometenstaub sich in der Ekliptikebene angesammelt hat. Dieser Staub streut das Sonnenlicht, wodurch er ein schwaches Leuchten abgeben kann. In dunkeln Nächten kann dieses Leuchten im sogenannten *Zodiakallicht* und in dem noch schwächeren *Gegenschein* beobachtet werden. Es ist möglich, daß ein großer Teil des Staubes, der das Zodiakallicht und den Gegenschein verursacht, nur von einem einzigen Kometen stammt, nämlich von P/Encke.

Trotz ihrer kurzen Lebenszeit können Sternschnuppen (Meteore) heute sorgfältig untersucht werden. Durch die Beobachtung von zwei Standorten aus kennt man ihre Flugbahnen, man bestimmt ihre chemische Zusammensetzung aus ihren Spektren, und aus Radarmessungen gewinnt man weitere wertvolle Informationen. Nach all diesen Messungen haben die Staubkörner genau die Eigenschaften, die man von kometarem Material erwartet. Typisch ist etwa ihre geringe Dichte von nur 0,3 Gramm/cm^3. Dies läßt auf ein poröses Material schließen, das unseren Erwartungen für ausgegastes Kometenmaterial gut entspricht, in dem sich die ursprünglichen Eise verflüchtigt und nur ein lockeres Gerüst aus Staub zurückgelassen haben. Die häufigsten Sternschnuppen werden von Staubteilchen verursacht, die nur ein Tausendstel bis zu einem Gramm Masse haben. Seltenerweise erreichen die Teilchen Massen von 100 Gramm oder sogar von 1 Tonne. Dann leuchten sie auf als die eindrücklichen *Feuerbälle* oder *Boliden*, die Helligkeiten von −5 Größenklassen übertreffen können. Trotz der geringen Masse der einzelnen Meteore schätzt man, daß jedes Jahr größenordnungsmäßig 1000 bis 100 000 Tonnen feinst verteilter Kometensubstanz auf die Erde rieselt.

Man sollte erwarten, daß ganz gelegentlich ein Bolide so groß ist, daß er nicht vollständig in der Atmosphäre verglüht und ein Reststück als *Meteorit* die Erdoberfläche erreicht. Jedoch haben alle Meteorite, auch die Chondriten, die bisher gefunden werden konnten, sehr wahrscheinlich ihren Ursprung in Asteroiden. Dies ist verständlich, wenn man den porösen Charakter der Kometensubstanz bedenkt. Kometare Meteore sind einfach zu zerbrechlich, um bis auf die Erdoberfläche zu gelangen.

Trotzdem besitzen wir in den Laboratorien wahrscheinlich schon

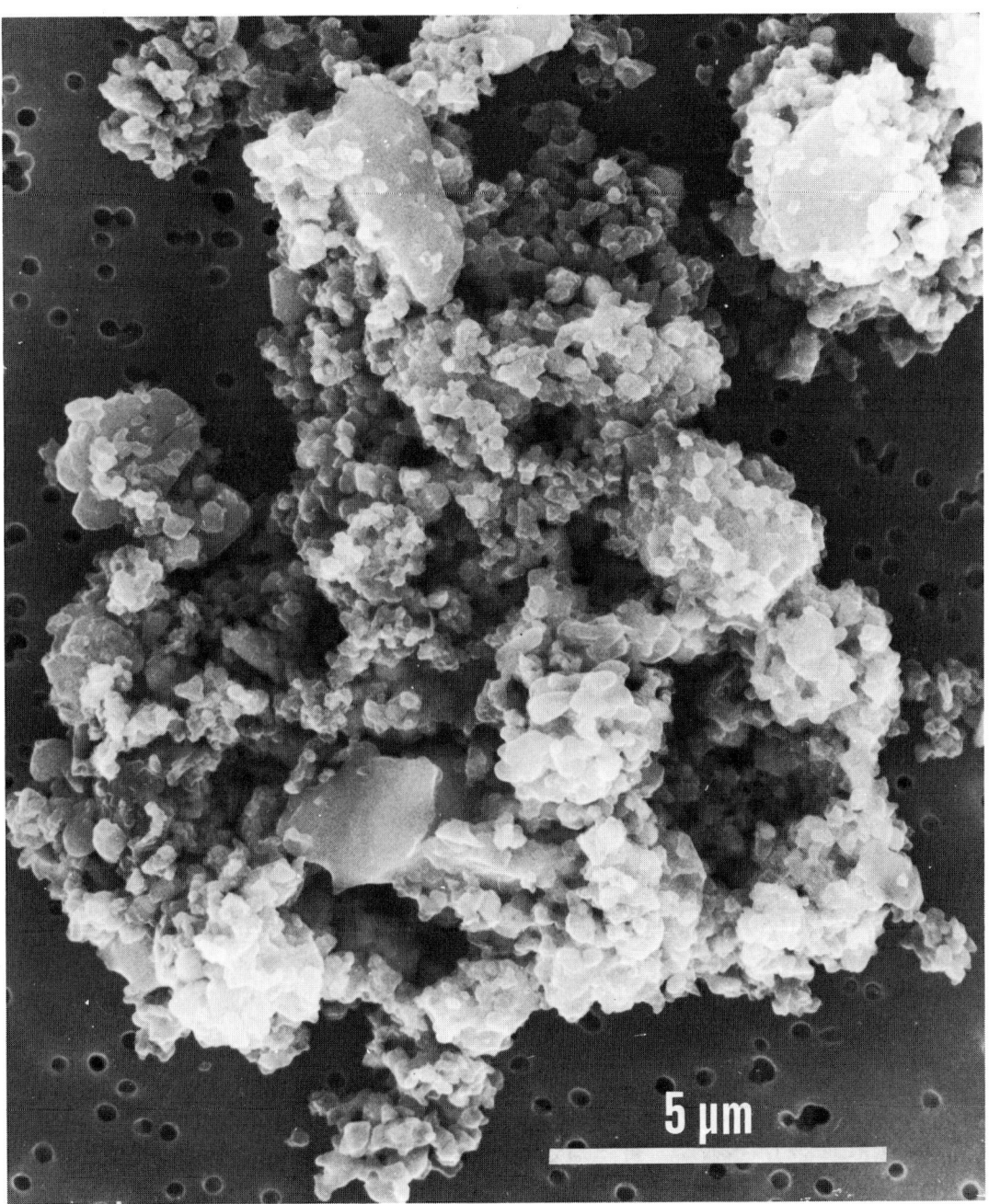

5 µm

Abb. I.16
Interplanetarer, mit einem hoch fliegenden Flugzeug aufgesammelter
Staub (*Brownlee*-Teilchen). Der Staub ist von der porösen,
chondritischen Art und ist vermutlich kometaren Ursprungs. Das Bild
ist mit einem Raster-Tunnelelektronenmikroskop gewonnen. Die Skala
ist angegeben (in Mikron).,

echte Kometensubstanz. D. Brownlee und seine Mitarbeiter haben mit
sehr hochfliegenden U2-Flugzeugen kleinste Staubpartikel aufgesammelt (Abb. I.16), die nicht nur porös sind, sondern die auch die gleiche
chemische Zusammensetzung haben wie kometare Meteore. Als sogenannte Mikrometeore sind sie vermutlich die kleinsten Teilchen, die
sich in der Umgebung der Erdbahn halten können. Noch kleinere
Staubteilchen des Kometen werden vom Strahlungsdruck der Sonne –
wie die Staubschweife deutlich zeigen – aus dem inneren Sonnensystem hinausspediert.

Eine Fülle von Beobachtungen haben sich für Halleys Kometen angesammelt. Sie betreffen unter anderem die Helligkeits- und Schweifentwicklung, die spektroskopischen Daten sowie die Gas- und Staubproduktion von 1910 und die nichtgravitationellen Kräfte während der letzten 2000 Jahre. Mit diesen Daten zusammen mit den allgemeinen Kenntnissen über Kometen kann man ein selbstkonsistentes Modell des Kerns von Halleys Kometen zusammensetzen. Die physikalischen Parameter, die dieses Kernmodell charakterisieren, sind in der Tabelle I.4 zusammengestellt. Die Tabelle enthält zudem einige Angaben über die äußeren Komponenten des Kometen. Das Auffallende an den Werten in der Tabelle ist, daß keiner für sich allein genommen so ungewöhnlich ist, daß er die hervorragende Stellung von Halleys Kometen gegenüber allen anderen Kometen begründen könnte. Die absolute Gesamthelligkeit von 5.5 Größenklassen ist sicher von einer ganzen Reihe von anderen Kometen übertroffen worden, so von denen in den Jahren 1402, 1729, 1744 und 1882 II. Auch mit einer scheinbaren maximalen Gesamthelligkeit von 0 Größenklassen im Durchschnitt steht Halleys Komet vielen anderen nach. Weder die lineare noch die scheinbare Ausdehnung des Schweifes von Halleys Kometen stellt irgendeinen Rekord auf. Selbst die bei kurzperiodischen Kometen an sich seltene retrograde Bahnbewegung muß Halleys Komet mit P/Tempel-Tuttle, P/Pons-Gambard und P/Swift-Tuttle teilen.

Eine Besonderheit allerdings stellt Halleys Komet dar, indem er trotz seiner Periodizität noch nicht ausgegast ist und noch immer die Produktionsrate eines neuen Kometen besitzt (vgl. Tabelle III.8). Dem doppelten Umstand der Periodizität und hohen Produktionsrate verdankt er in erster Linie die bevorstehenden Besuche durch Satelliten. Aber dieser Umstand kann seine Sonderstellung in der Vergangenheit nicht erklären.

Die einzigartige Popularität von Halleys Kometen ist vielmehr mit dem Jahr 1759 innig verknüpft. Seine damals *vorausgesagte* Wiederkehr demonstrierte zum ersten Mal in spektakulärer Weise der ganzen westlichen Welt, daß die Naturwissenschaften in der Lage sind, zuverlässige Aussagen zu liefern. Damit ist es einem dreckigen Schneeball gelungen, dem Ansehen der exakten Wissenschaften im Volksglauben einen Dienst von allergrößter Wichtigkeit zu leisten.

Seit dem Nachweis der Periodizität ist es inzwischen gelungen, nicht weniger als 29 Erscheinungen von Halleys Kometen bis zurück zum Jahr 240 v. Chr. zu identifizieren, – ohne hierbei die Wiederent-

Tabelle I.4
Approximative Daten von Halleys Kometen

Periode	ca. 76 Jahre
Kern	Form: sphärisch oder ellipsoid
	Radius: 5 km
	Dichte: ca. 1 g/cm^3
	Albedo: 20 % (Oberfläche 25 % Eis, 75 % Staub)
	Absolute Kernhelligkeit ($r = \Delta = 1$ AE): 13.6 Größenklasse
	Masse: $5 \cdot 10^{17}$g
	Staub-zu-Gas-Verhältnis: ca. 1 : 2
	Flüchtiges Material:
	83 % H_2O (Eis)
	17 % andere Eissorten mit mittl. Atomgewicht 44
	Häufigste Staubteilchengröße: 5 μm
	Gas-Produktionsrate: $2 \cdot 10^7$ Gramm/Sek. ($r = 1$ AE)
	Staub-Produktionsrate: $1 \cdot 10^7$ Gramm/Sek. ($r = 1$ AE)
	Massenverlust pro Periheldurchgang: $3 \cdot 10^{14}$ Gramm
	Anzahl bisheriger Periheldurchgänge: ~ 2300
	Ursprüngliche Masse: $2 \cdot 10^{18}$ Gramm
Koma	Maximaler Durchmesser: ca. 400 000 km
Gasschweif	Beginnt sich bei Sonnenabstand $r \approx 1.5$ AE zu formen
	Maximale Länge:
	ca. 100 Millionen km (5 –6 Wochen nach Perihel-
	durchgang)
Staubschweif	Beginnt sich in Perihel-Nähe zu formen
Absolute Gesamthellig-keit	5.5 Größenklassen

Formel für scheinbare Gesamthelligkeit (speziell für Halleys Kometen):
$$m = m_0 + 2.5\, n \log r + 5 \log \Delta,$$
wobei vor dem Periheldurchgang:
$$m_0 = 5.47, \qquad n = 4.44,$$
und nach dem Periheldurchgang:
$$m_0 = 0.34, n = 4.4, \text{ wenn } r < 0.71 \text{ AE bzw.}$$
$$m_0 = 3.13, n = 3.09, \text{ wenn } r \geqq 0.71 \text{ AE}$$
($r =$ Abstand von der Sonne in AE; $\Delta =$ Abstand von
der Erde in AE)

Zugehörige Meteorschauer	η-Aquariden (Anfang Mai), Orioniden (Ende Oktober)

deckung von 1982 zu zählen. Die Zahl von 29 wird durch P/Encke übertroffen, der nicht weniger als 53 mal beobachtet wurde. Auch die Kometen P/Pons-Winnecke mit 19, P/Faye mit 18 und P/Tempel 2 mit 17 Erscheinungen lassen sich mit Halleys Kometen vergleichen. Aber da es sich bei diesen Konkurrenten ausschließlich um Kometen mit Perioden von weniger als 8 Jahren handelt, reicht ihre Geschichte nur knapp in das 18. Jahrhundert zurück. Weiter zurück läßt sich nur P/Tempel-Tuttle, nämlich bis 1366, verfolgen. Entsprechend seiner Periode von 32 Jahren hätte er seither 19 mal beobachtet werden müssen; er wurde im Ganzen aber nur viermal registriert. Mit einer ungebrochenen, über 2000jährigen Überlieferung stellt Halleys Komet daher einen absoluten Sonderfall dar.

Halleys Komet ist von zwei Meteorströmen begleitet, den η-Aquariden (kurz auch Aquariden) und den Orioniden. Die in diesen Strömen verteilten Staubteilchen sind vermutlich in zwei verschiedenen Epochen von dem Kometen abgegeben worden, denn ihre mittleren Bahnen haben sich in unterschiedlichem Maße von der Kometenbahn entfernt. Offenbar sind die Orioniden älter als die Aquariden. Die Erdbahn kommt den Bahnen der beiden Ströme je einmal im Jahr sehr nahe. Zu dem den Aquariden entsprechenden Datum können daher manchmal sehr eindrückliche Sternschnuppenschauer beobachtet werden (s. Tabelle I.5). Für die Orioniden lassen sich in den Annalen offenbar nur zwei große Schauer nachweisen, nämlich jeweils um den 20. Oktober der Jahre 288 und 1651.

Eine häufig auftrauchende Frage betrifft das Alter des Halleyschen Kometen. Läßt sich angeben, wie oft er seine Perihel bereits durchlaufen hat? Im Prinzip könnte man seine Bahn zurückrechnen und bestimmen, wann er in der Vergangenheit eine Begegnung mit einem

Tabelle I.5
Große Sternschnuppenschauer der Aquariden (nach P. Moore)

Jahr	Gregorianisches Datum *	Jahr	Gregorianisches Datum *
74	1. Mai	927	28. April, 2. Mai
401	1./2. Mai	934	28. April
443	1. Mai	1870	5. Mai
466	30. April	1878	6. Mai
530	30. April	1930	5. Mai
839	29., 30. April, 3. Mai	1933	6. Mai
		1970	6. Mai

* korrigiert für Präzession

Planeten erlitten hat, die ihn in die Nähe seiner jetzigen mittelperiodischen Bahn gezwungen hat. D. K. Yeomans (Abb. I.17) hat jedoch gezeigt, daß es praktisch nicht möglich ist, über das Jahr 1404 v. Chr. zurückzurechnen (vgl. S. 66). Unter der Annahme, daß Halleys Komet durch Jupiter in seine jetzige Bahn gebracht wurde, kann man dann aus der Variation der Lage der Kometenbahn im Raum während der letzten Jahrtausende abschätzen, wann die Kometenbahn an die Jupiterbahn genügend nahe herankam, daß eine starke Störung überhaupt möglich wurde. Es ergibt sich dann, daß dies nach dem Jahre 14 300 v. Chr. kaum mehr der Fall war. Das sich daraus ergebende Alter von etwa 16 000 Jahren ist ein Mindestwert, denn der Komet und Jupiter mußten sich trotz der Nachbarschaft ihrer Bahnen nicht notwendigerweise treffen.

Ebenfalls für ein beträchtliches Alter scheint zu sprechen, daß der Komet in den letzten 2000 Jahren nicht nachweislich an Helligkeit eingebüßt hat, und daß die nichtgravitationellen Kräfte während der gleichen Zeitspanne konstant geblieben zu sein scheinen, was auf eine unveränderte Gasproduktionsrate schließen läßt. Es ist zwar verschiedentlich versucht worden, eine Helligkeitsabnahme nachzuweisen, aber dies ist recht unglaubhaft geblieben. Die geschichtlichen Auf-

Abb. I.17
Donald K. Yeomans.

zeichnungen und die Beobachtungsmethoden sind so uneinheitlich, daß sich keine signifikanten Änderungen ableiten lassen. Im Gegenteil, im II. Kapitel wird sich ergeben, daß die einheitlich berechneten Helligkeiten erstaunlich gut mit den Überlieferungen übereinstimmen, wenn man nur annimmt, daß die Chroniken ein paar Datierungsfehler enthalten, und wenn man überdies berücksichtigt, daß kometare Ausbrüche die Helligkeit erheblich beeinflussen können, wofür es im Jahre 1066 tatsächlich Anhaltspunkte gibt.

Eine interessante Altersbestimmung ergibt sich aus der Staubmasse, die in den Meteorströmen der Aquariden und der Orioniden vereint ist. Diese Masse ist zu $5 \cdot 10^{17}$ Gramm geschätzt worden, was einen relativ hohen Wert darstellt und etwa der heutigen Kometenmasse entspricht. Wenn man annimmt, daß Halleys Komet diese Meteorströme regelmäßig mit seiner jetzigen Staubproduktionsrate von $1 \cdot 10^{14}$ Gramm pro Umlauf gespeist hat, dann hat er 5000 Umläufe gebraucht, um die Ströme in ihrer jetzigen Form aufzubauen. Eine sorgfältigere Analyse dieser Überlegung hat D. W. Hughes zu dem verbesserten Ergebnis geführt, daß 2300 Umläufe, also etwa 170 000 Jahre (sofern die Periode unverändert blieb), nötig waren. Der Komet hatte nach seiner Rechnung ursprünglich eine Masse von $2 \cdot 10^{18}$ Gramm, und er wird sich noch einmal so viele Umläufe leisten können, bevor sein Gasvorrat aufgezehrt sein wird.

Befürchtungen, daß unsere Kindeskinder Halleys Kometen schon nicht mehr beobachten könnten, sind also auf jeden Fall ganz unbegründet.

Kapitel II

Die 2000jährige Geschichte des Kometen Halley

S eit dem Jahre 240 v. Chr. ist Halleys Komet bisher 29mal gesehen worden. In diesem Kapitel sollen die wichtigsten Begebenheiten während dieser verschiedenen Erscheinungen beschrieben werden. Neben den Sichtbarkeitsbedingungen und den zeitgenössischen Beobachtungen interessiert uns hier, ob und was der Komet bei jeder Rückkehr zum menschlichen Wissen beitrug, welchen Niederschlag in Kunst und Literatur er zurückließ, und welches die Stellung der Kometen im Volksglauben war.

Nachdem E. Halley «seinen» Kometen in den Erscheinungen von 1531, 1607 und 1682 erkannt hatte, setzten 200jährige Arbeiten ein, um möglichst viele Erscheinungen unter den zahlreichen früheren Kometenbeschreibungen zu identifizieren. Dies war keine einfache Aufgabe. Wegen der oskulierenden Bahnparameter, die bei jedem Umlauf durch den variablen Gravitationseffekt der Planeten und durch die nicht-gravitationellen Kräfte verändert werden, konnte man nicht einfach mit einer starren Periode rückwärts rechnen. Man mußte vielmehr versuchen, in mühsamer Kleinarbeit möglichst viele historische Beobachtungen für jede in Betracht kommende Wiederkehr zu sammeln, und dann prüfen, ob die Bahnparameter so gewählt werden können, daß sie zu diesen Beobachtungen passen. Dieses Wechselspiel ist heute zu großer Perfektion getrieben worden. Die Beobachtungen zurück bis zum Jahre 240 v. Chr. können nun mit einem überzeugenden Satz von oskulierenden Bahnparametern befriedigt werden. Dies ist in jüngster Zeit vor allem dank der Arbeit von Yeomans und Kiang (1981) möglich geworden. Die besondere Attraktion ihrer Lösung liegt in der Tatsache, daß sie neben den Störungen durch die Planeten nur eine *konstant* wirkende nicht-gravitationelle Kraft annehmen mußten. Dies impliziert, daß nicht nur die Entgasungsrate des Kometen über die letzten 2150 Jahre nahezu konstant geblieben ist sondern auch, daß sich die Richtung der Drehachse des Kometenkerns nur wenig verändert hat.

Als große Schwierigkeit hat sich erwiesen, daß der Komet im Jahre 837 der Erde so nahe gekommen ist, daß es sehr aufwendig ist, den Störeffekt der Erde mit der notwendigen Genauigkeit zu berechnen. Die globale Lösung der Kometenbahn wird wesentlich erleichtert durch den glücklichen Umstand, daß die Beobachtungen aus den Jahren 837, 374 und 141 sich als zuverlässige Stützpfeiler erweisen. Mit ihrer Hilfe sind Yeomans und Kiang zu der erwähnten, sehr befriedigenden Gesamtlösung gekommen. Ihre Perihelzeiten sind in der Tabelle II.1 zusammengestellt. (In der Tabelle ist zu beachten, daß es im christlichen Kalender das Jahr 0 nicht gibt; entsprechend ist das Jahr 240 v. Chr. identisch mit dem Jahr −239. Im weiteren muß bemerkt werden, daß hier und überall in diesem Buche die Daten vor 1582 im Julianischen Kalender und die späteren Daten im Gregorianischen Kalender gegeben sind. Da die Historiker der gleichen Konvention folgen, können historisch bestimmte Daten direkt mit den hier verwendeten Daten verglichen werden. In Einzelfällen ist höchstens noch zu beachten, daß die protestantischen und orthodoxen Länder der Kalenderreform zum Teil erst lange nach 1582 beitraten; schließlich ist zu bemerken, daß die Perihelzeiten durchwegs in Dezimalen eines Tages angegeben sind, also: 9.44 Febr. = 9. Febr. 10^h 34^m).

Yeomans und Kiang glauben, daß sie die Periheldurchgänge noch über die Tabelle II.1. hinaus bis zum Jahre 1404 v. Chr. zurückrechnen können, ohne einen Fehler von mehr als einem Monat zu erleiden. Ihr Optimismus scheint gerechtfertigt durch die erst nachträglich entdeckten Beobachtungen für die Jahre 164 v. Chr. und 87 v. Chr., die zeigen, daß wenigstens für diese Zeit der Fehler auf nicht mehr als 10 Tage angelaufen ist. Über das Jahr 1404 v. Chr. hinaus weiter zurück zu rechnen, ist nicht sinnvoll, da in diesem Jahr der Komet sich ähnlich wie im Jahr 837 n. Chr. der Erde bis auf 0.04 AE näherte und deren Störeffekt höchst empfindlich von der ganz exakten Bahn abhängt, auf der der Komet sich der Erde näherte.

Die Tabelle II.1. enthält in der Spalte, die «Periode (J)» überschrieben ist, die *momentane* Periode in Jahren, die einer der Bahnparameter ist. Diese Periode ist nicht zu verwechseln mit dem Zeitintervall zwischen zwei aufeinanderfolgenden Periheldurchgängen. Diese Intervalle schwanken noch mehr als die momentanen Perioden. Mit 79.2 Jahren ließ der Komet zwischen 451 und 530 am längsten auf sich warten, während er nach 1607 schon nach 74.9 Jahren in sein Perihel zurückeilte.

Die Liste in Tabelle II.1. der Kometen, die heller als der Halley-sche waren, ist alles andere als zuverlässig. Die Qualifikation als «heller» Komet hängt von der Helligkeit der Koma, von der Schweiflänge und von der Sichtbarkeitsdauer ab. Überdies werden selbst helle Kometen unter Umständen vom Wetter, vom Mond und vom Standort des Beobachters beeinträchtigt. Die Tatsache, daß die Tabelle II.1. vor 1400 nur sehr wenig helle Kometen enthält, ist sicher kein reeller Befund. Für die Entscheidung, was in frühen Zeiten ein heller Komet war, versagen einfach die Quellen. Immerhin stellt man fest, daß es in der Zeit von 1400 bis 2000 ungefähr zwanzig – übrigens durchwegs nicht-

Tabelle II.1
Periheldurchgangszeiten von P/Halley von 466 v. Chr. bis 2061 n. Chr.
Die Daten nach 1582 sind im Gregorianischen Kalender, die früheren Daten im
Julianischen Kalender gegeben
(Nach Rechnungen von D. K. Yeomans and T. Kiang)

Jahr	Perihelzeit	Periode (J.)	vermutlich hellere Kometen des Jahrhunderts
2061*	2061 Juli 29		
1986*	1986 Febr.9.44		1910 I!, 1957 III, 1965 VIII,
1910 II	1910 Apr. 20.2	76.08	1976 VI
1835 III	1835 Nov. 16.4	76.27	(1811), 1843, 1858, 1861, 1882
1759 I	1759 März 13.1	76.89	(1744), 1769, 1770
1682	1682 Sep. 15.3	77.41	
1607	1607 Okt. 27.5	76.06	1618, 1664!, 1665, 1677, 1680!
1531	1531 Aug. 26.2	76.50	1532, 1533, (1556), 1577!, 1582
1456	1456 Juni 9.6	77.10	1433, 1472!
1378	1378 Nov. 10.7	77.76	
1301	1301 Okt. 25.6	79.14	
1222	1222 Sep. 28.8	79.12	1232, 1264!
1145	1145 Apr. 18.6	79.02	
1066	1066 März 20.9	79.26	(Halleys Komet möglicherweise überhell)
989	989 Sep. 5.7	77.14	
912	912 Juli 18.7	77.45	
837	837 Feb. 28.3	76.90	(891), (Halleys Komet extrem nah und hell)
760	760 Mai 20.7	77.00	
684	684 Okt. 2.8	77.62	
607	607 März 15.5	77.47	
530	530 Sep. 27.1	78.90	
451	451 Juni 28.2	79.29	
374	374 Feb. 16.3	78.76	
295	295 Apr. 20.4	79.13	
218	218 Mai 17.7	77.37	
141	141 März 22.4	77.23	
66 n. Chr.	66 Jun. 26.0	76.55	
12 v. Chr.	– 11 Okt. 10.8	76.33	
87	– 86 Aug. 6.5	77.12	
164	– 163 Nov. 12.6	76.88	
240	– 239 Mai 25.1	76.75	
315*	– 314 Sep. 8.5	76.17	
391*	– 390 Sep. 14.4	76.12	
466*	– 465 Juli 18.2	76.15	

* (noch) nicht beobachtet

periodische, «frische» – Kometen gegeben hat, die heller als Halleys
Komet waren, das heißt etwa alle 30 Jahre einen. Daß durch Zufall
diese hellen Kometen dem Halleyschen mit nur geringem zeitlichen
Abstand vorausgehen oder nachfolgen können, beweisen die Kometen
1910 I, 1680 und 1532. Sie decken eindrücklich die Gefahr einer
Mißidentifikation auf, wenn die berechnete Bahn nicht zuverlässig
und die historischen Berichte nicht genügend präzis sind. In der Literatur ist gelegentlich versucht worden, sehr frühe, aber meist recht
vage Kometenberichte mit dem Halleyschen Kometen *vor* 240 v. Chr.
zu identifizieren. Aus den genannten Gründen halten wir diese Versuche aber für zu spekulativ, um hier auf sie einzutreten.

Halleys Komet gründet seinen Ruhm also nicht allein auf seine
überragende Helligkeit; in dieser Hinsicht ist er nur ein Vertreter
unter seinesgleichen. Eher beruht die Bedeutung dieses Kometen auf
seiner Periodizität, eine Eigenschaft, die er allerdings auch mit über
100 anderen Kometen teilt. Aber was Halleys Kometen einzigartig
auszeichnet, ist die Tatsache, daß er bei weitem der *hellste periodische*
Komet ist. Es ist also kein Zufall, daß Halley für «seinen» Kometen
erstmals eine elliptische Bahn fand. Ein Glücksfall jedoch ist, daß der
Komet bevor er durch diese Entdeckung zum Superstar wurde, bereits
so gut beobachtet wurde, daß wir ihn über mehr als 2000 Jahre zurück-
verfolgen können. Teilt man den Fortschritt der Kometenforschung
innerhalb dieser Zeitspanne in 20 Schritte ein – was zugegebenermaßen nicht frei von einer gewissen Willkür ist – so tritt Halleys Komet
nicht weniger als fünfmal auf, wie die nachfolgende Aufstellung zeigt.

Historische Daten der Kometenforschung

um 330 v. Chr.	Aristoteles postuliert die Kometen als «sublunare» at- mosphäre Erscheinungen
64 n. Chr.	Seneca glaubt, daß Kometen Gestirne wie die Planeten sind. Er wird nicht gehört, und die aristotelische Ansicht herrscht noch für 1500 Jahre vor.
1531	Apian bemerkt an Halleys Kometen und anschließend an anderen Kometen, daß die Schweife immer von der Sonne weggerichtet sind. Das Gesetz ist vorher bei Seneca (64) und Grosseteste (um 1200) angedeutet; auch war es den Chinesen um 600 bekannt.
1577	Tycho Brahe beweist, daß der große Komet von 1577 viel weiter entfernt ist als der Mond. Die «supralunare» Natur

der Kometen beweist den Irrtum des Aristoteles und liegt an der Wurzel eines neuen Weltbildes.

1680 Dörffel zeigt, daß der große Komet von 1680 sich auf einer parabelförmigen Bahn um die Sonne bewegt.

1680 Newton beweist, daß Kometen dem Gravitationsgesetz unterliegen, und daß sie sich auf Parabeln bewegen, in deren Brennpunkt die Sonne steht.

1705 Halley weist nach, daß es sich bei den Kometen von 1531, 1607 und 1682 um ein und denselben handelt, und daß dieser auf einer elliptischen Bahn 1758/59 zurückkehren wird.

1759 Die erste vorausgesagte Wiederkehr des Halleyschen Kometen wird zu einem (etwas verspäteten) Triumf der Newtonschen Gravitationslehre.

1778 Die Nichtwiederkehr des periodischen Kometen P/Lexell beweist die gravitationelle Störwirkung von Jupiter.

1836 Bessel erklärt an Halleys Kometen die Form der (Staub-) Schweife als einen Effekt der Stoffe, die zu verschiedenen Zeiten vom Kometenkern abgegeben werden, und auf die eine abstoßende Sonnenkraft wirkt.

1838 Encke bemerkt, daß der Komet P/Encke jeweils etwas zu früh zurückkommt. Während er noch an die Bremswirkung eines Äthers glaubt, wird der Effekt später durch die nicht-gravitationellen Kräfte erklärt. Der Rückstoßeffekt verdampfender Stoffe wird schon von Bessel 1836 erwähnt.

1866 Schiaparelli bemerkt die Ähnlichkeit der Bahn des Kometen P/Swift-Tuttle und der Bahn des Meteorschwarms der Perseiden; er glaubt deshalb, daß beide einen gemeinsamen Ursprung haben.

1885 Bredichin unterscheidet Gas- und Staubschweife.

1900 Arrhenius zeigt, daß die Entwicklung der Staubschweife auf den Strahlungsdruck der Sonne zurückzuführen ist, der auf die Staubpartikel wirkt.

1911 Schwarzschild und Kron erklären das Leuchten der kometaren Gase als einen Fluoreszenzeffekt, der von der Sonne angeregt wird; das photographische Beobachtungsmaterial wurde ihnen von Halleys Kometen geliefert. Von Zanstra 1929 bestätigt.

1941 Swings erklärt die merkwürdig verschiedenen Spektren

von Kometen als einen Dopplereffekt: die beim Kometen eintreffende Strahlung des unregelmäßigen Sonnenspektrums ist je nach der Relativgeschwindigkeit zwischen Sonne und Komet etwas wellenlängenverschoben und verursacht daher unterschiedliche Anregung der Lichtemission im Kometen.

1950   Whipple schlägt für Kometen das Modell eines «dreckigen Schneeballs» vor. Kometen aus verdampfbaren Stoffen (Eis) auch schon bei Laplace 1813 und Bessel 1835/6.

1950   Oort postuliert, daß eine sehr große Zahl von Kometen in den äußersten Bereichen des Sonnensystems existiert, von denen nur wenige durch Bahnstörungen ins innere Sonnensystem gelangen. Ähnlich schon bei Öpik 1932.

1951   Biermann erklärt die Gasschweife durch einen Sonnenwind, dessen Existenz er postuliert und der später auch nachgewiesen wird.

1969   Extraterrestrische Ultraviolett-Beobachtungen des Kometen Tago-Sato-Kosaka beweisen die Existenz eines sehr ausgedehnten Wasserstoff-Halos.

Im Folgenden werden die 29 Erscheinungen des Halleyschen Kometen einzeln besprochen. Zu jeder Wiederkehr ist der Lauf des Kometen am Himmel dargestellt. Diese Himmelskarten wurden freundlicherweise von Frau Dr. M. P. Véron-Cetty berechnet auf Grund der jeweiligen Ephemeriden des Kometen, die wir Herrn R. P. Broughton verdanken. Die Ephemeriden beruhen noch auf den oskulierenden Bahnelementen von Kiang (1971). Wo dies zu Unterschieden mit den verbesserten Bahnelementen von Yeomans und Kiang (1981) führt, ist dies im Text vermerkt. Die Positionen des Kometen am Himmel sind von 5 zu 5 Tagen mit kleinen Kreuzen markiert; liegt das Datum innerhalb von 5 Tagen vor oder nach dem die Sichtbarkeit unter Umständen beeinträchtigenden Vollmond, so ist das kleine Kreuz durch ein Dreieck ersetzt. Das früheste angeschriebene Datum (vor 1582 im Julianischen, später im Gregorianischen Kalender) entspricht ungefähr der Zeit, zu der die berechnete Helligkeit des Kometen heller als die 6. Größenklasse wurde; umgekehrt dürfte der Komet zur Zeit des letzten angeschriebenen Datums unter die 6. Größenklasse gefallen und spätestens dem unbewaffneten Auge entschwunden sein. Die approximative Zeit der größten Helligkeit ist durch ein kleines Quadrat gekennzeichnet, das um das die Position markierende Kreuz beziehungsweise

Dreieck gezeichnet ist. Alle berechneten Helligkeiten, die in diesem Kapitel benützt werden, wurden uns liebenswürdigerweise von Herrn R. B. Broughton zur Verfügung gestellt; sie stellen einen Kompromiß zwischen den verschiedenen Helligkeitsformeln dar. Ihre Unsicherheit dürfte typischerweise bei einer Größenklasse liegen. – Außer der Kometenbahn ist auf jeder Karte auch die Sonnenbahn (Ekliptik) eingezeichnet. Die Sonne auf ihrer Bahn ist nur dann als kleiner Kreis dargestellt, wenn der Komet weniger als 30 Grad von ihr entfernt ist; in diesem Fall ist der Komet durch eine ausgezogene Linie mit der Sonne verbunden. Das heißt, daß eine Verbindungslinie zwischen Komet und Sonne im allgemeinen ungünstige Sichtbarkeitsbedingungen anzeigt; der Komet ist dann jeweils nur tief am Horizont in der Dämmerung oder überhaupt nicht mehr zu sehen. Steht der Komet im Westen (auf den Karten rechts) der Sonne, so geht er *vor* der Sonne auf und ist morgens sichtbar; umgekehrt entspricht der östlich (auf den Karten links) der Sonne stehende Komet einer abendlichen Sichtbarkeit. Diese einfache Regel kann noch durch eine ausgeprägte nördliche oder südliche Stellung des Kometen modifiziert werden. – Die Sternkarten sind in Rektaszension (in Stunden) und Deklination (in Graden) gegeben. Alle Sterne, die heller als die 4. Größenklasse sind oder diese gerade erreichen, sind eingezeichnet. Die Sternpositionen sind für den Effekt der Präzession korrigiert. Daß dieser Effekt nicht zu vernachlässigen ist, zeigt zum Beispiel ein Vergleich der Sternpositionen für die Jahre 240 v. Chr. und 1910. Um die Karten nicht zu überladen, wurden auf jeder Karte nur wenige Sternbilder eingezeichnet. Mit ihrer Hilfe und einer einfachen Sternkarte sollte es jedem Interessierten möglich sein, bei Bedarf alle eingezeichneten Sterne zu identifizieren.

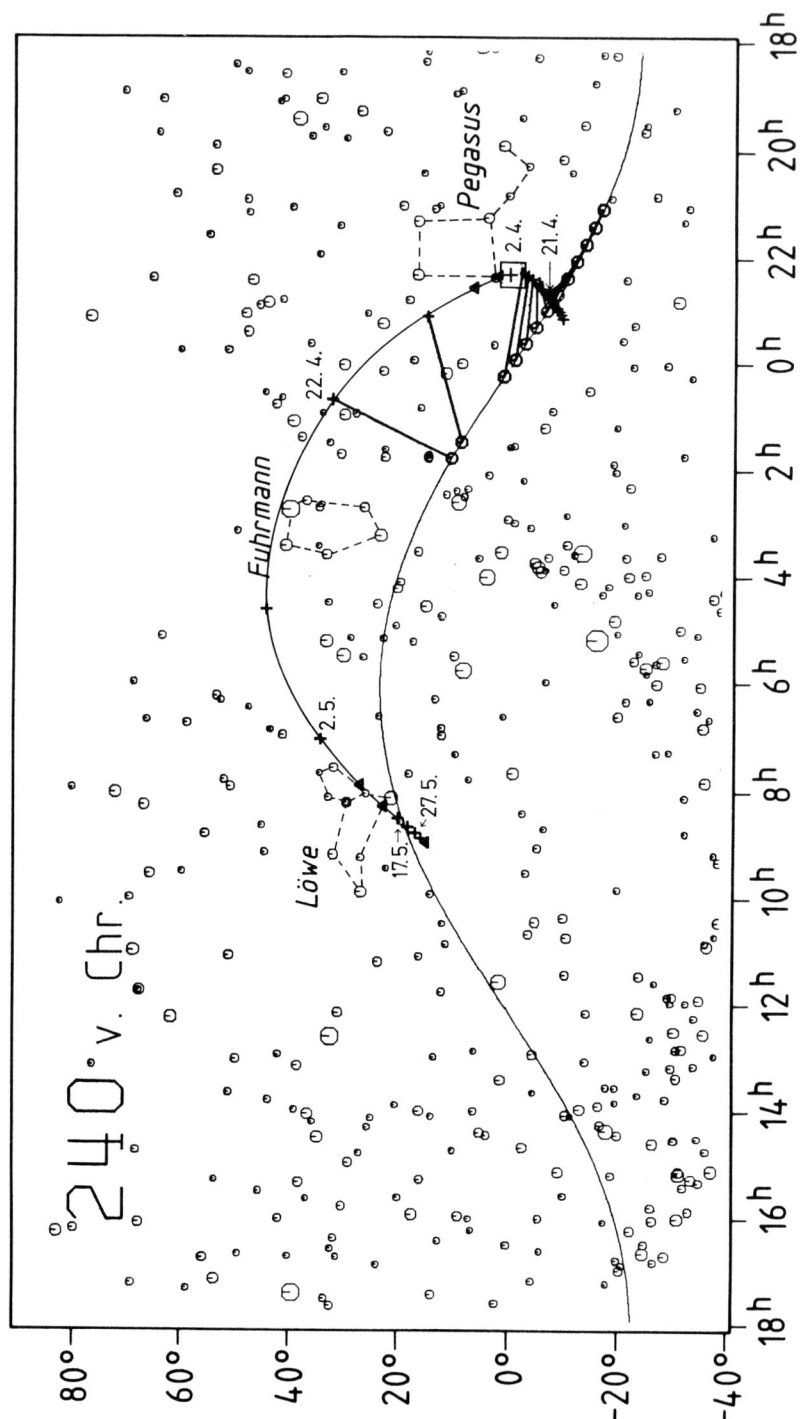

240 v. Chr.

Der erste Bericht über Halleys Kometen
Die Bahnrekonstruktion
Die Ziele der chinesischen Astronomie
Die Zerstörung der Quellen durch Kaiser Cheng
Ausgrabungen in China
Die Lehrmeinung des Aristoteles
Die ursächliche Kometenfurcht

«Im siebten Regierungsjahre des Kaisers Chhin Shih-Huang-Ti (des ‹Großen Einigers›) erschien erstmals ein Komet im Norden, während des 5. Monats (der am 24. Mai beginnt) wurde er im Westen gesehen; (später) wurde er wiederum im Westen gesehen», – mit diesem Satz aus dem *Shih Chi* (den «Geschichtlichen Aufzeichnungen»), das um 90 v. Chr. geschrieben wurde, tritt Halleys Komet in die Geschichte.

Obwohl Cowell und Crommelin schon 1908 in dieser Beschreibung den Halleyschen Kometen erkannten, dauerte es noch über 70 Jahre, bis sich der «5. Monat» des damaligen chinesischen Kalenders zuverlässig in den heutigen Kalender umrechnen ließ. Selbst vor einem Dutzend Jahren dachte man noch, der Komet sei am 30. März 240 v. Chr. durchs Perihel gegangen. Auf dieser Annahme basiert auch die nebenstehende Figur mit der Bahn des Kometen über die Himmelssphäre; nach ihr wäre der Komet von Februar/März an zu beobachten gewesen bis etwa zum 27. Mai, zu welcher Zeit seine Helligkeit unter die 6. Größenklasse gefallen wäre. Diese Rechnung ist schwer verträglich mit dem in der Quelle implizierten 24. Mai und der Tatsache, daß die Chinesen den Kometen noch über dieses Datum hinaus – und zwar nach einer späteren Quelle noch für 16 Tage, das heißt bis zum 9. Juni, – verfolgen konnten. Yeomans und Kiang (1981) haben daher das Periheldatum auf ein späteres Datum gelegt, nämlich auf den 25.1 Mai; dieses Datum paßt nicht nur viel besser zu der Überlieferung, sondern es wird auch gefordert durch die globale Berechnung der oskulierenden Bahn, die alle Störeffekte durch die Planeten sowie die nichtgravitationellen Kräfte (soweit das möglich ist) berücksichtigt.

Für die nebenstehende Figur hat dies zwei Konsequenzen. Erstens werden alle angeschriebenen Daten um 56 Tage später; und zweitens verschiebt sich die Kometenbahn am Himmel, da die Erde sich in ihrer Bahn in den 56 Tagen weiter bewegt hat, und nun für den Beobachter auf der Erde die Kometenbahn an eine andere Stelle des Himmels projiziert erscheint. Diese Verschiebung des Blickwinkels macht aber nur wenig aus, wenn das Perihel in die Zeit um den 25. Mai fällt, wie dies auch der Fall im Jahre 760 war. In guter Annäherung können wir daher die dort gegebene Himmelskarte mit dem Lauf des Kometen auch für das Jahr 240 v. Chr. verwenden. Wir sehen daraus, daß der Komet sich am 24. Mai – dem frühesten in der Quelle genannten Datum – dem größten Glanz näherte und tatsächlich mehr und mehr in den Norden rückte, so daß er abends im Nordwesten und morgens im Nordosten gesehen werden konnte; im Juni bewegte er sich weiter in den Osten der Sonne so daß er nur noch abends im Westen gesehen werden konnte, spätestens bis in den Juli hinein.

Die vornehmste Aufgabe der Astronomie im alten China – wie wohl in jeder erwachenden Kultur – war es, einen zuverlässigen Kalender zu entwickeln. Zu diesem Zweck beobachteten die kaiserlichen Astronomen, die in sehr hohem Ansehen standen, den Himmel ohne Unterlaß. Sie verfolgten dabei gleichzeitig noch ein anderes Ziel, nämlich die Wahrnehmung und Registrierung von transitorischen Himmelsphänomenen – wie dem Erscheinen von besonderen Wolken, Finsternissen, ‹neuen› Sternen und Kometen, – die für die Staatsastrologie von höchster Bedeutung waren. Nach der Vorstellung der Chinesen zeigten diese Phänomene nicht das Schicksal des Einzelnen an sondern das des ganzen Landes. Selbst der Herrscher beugte sich diesen Zeichen, und es war daher für ihn sehr wichtig, frühzeitig von ihnen und ihrer Botschaft zu erfahren.

Man mag sich fragen, ob angesichts einer so großen Bedeutung der Himmelsbeobachtung, es nicht möglich sein sollte, Halleys Kometen noch weiter zurück als bis zum Jahr 240 v. Chr. zu verfolgen. Dies ist tatsächlich verschiedentlich versucht worden, aber nur mit recht zweifelhaftem Erfolg. Der Grund ist, daß die Erscheinung von 240 v. Chr. in die noch junge Regierungszeit des Kaisers Cheng fällt, der als Erster das chinesische Reich geeinigt hatte und in der oben genannten Quelle unter dem Ehrennamen Chhin Shih-Huang-Ti auftritt. Um die Macht der Feudalherren endgültig zu brechen, hatte Cheng im Jahre 213 v. Chr. verordnet, daß alle alten Bücher, soweit sie nicht die Medizin, die Agrokultur und die Wahrsagung betrafen, zu zerstören seien, was auch mit großer Sorgfalt befolgt wurde. Die Überlieferung astronomischer Aufzeichnungen aus früherer Zeit, die in allen Arten von Büchern verstreut waren, ist daher – um das Wenigste zu sagen – sehr unvollständig.

In neuerer Zeit werden manche so entstandene Lücken durch

Ausgrabungen geschlossen. So wurde in einem Grab in Ma Wang Tui (bei Chang Sha, Prov. Hunan) aus dem Jahre 168 v. Chr. das sogenannte *Seidenbuch* gefunden, das neben Zeichnungen von Wolken, atmosphärischen Phänomenen, Mondfinsternissen und Sternkonfigurationen auch eine Klassifikation von Kometen in 29 Typen enthält (Abb. II. 1). Die einzelnen Kometentypen sind hier mit speziellen Namen und mit einer kurzen Angabe über ihre astrologische Bedeutung versehen. Eine so detaillierte Klassifikation setzt natürlich eine lange Tradition von Kometenbeobachtungen voraus, die umso erstaunlicher ist, als das *Seidenbuch* viel älter als das Grab ist, in dem es gefunden wurde, und etwa auf das Jahr 350 v. Chr. datiert wird.

In Griechenland waren Kometen zu jener Zeit längst bekannt. Aristoteles (384–322 v. Chr.) hatte in seiner *Meteorologica* (1. Buch) gelehrt, daß die Erde unter der Erwärmung durch die Sonne Ausdünstungen abgibt, die eine trockene, heiße, mit der Erde rotierende Schicht bilden, die gerade unterhalb der lunaren Sphäre liegt, und daß diese Ausdünstungen sich unter gewissen Umständen entzünden und Kometen bilden können. Nach ihm sind also Kometen atmosphärische, relativ nah gelegene, *sublunare* Erscheinungen. Aristoteles räumte ein, daß andere vor ihm schon andersartige Kometentheorien entwikkelt hatten. So hatten Anaxagoras und Demokrit in den Kometen die enge Konjunktion von Planeten gesehen, während die Pythagoräer

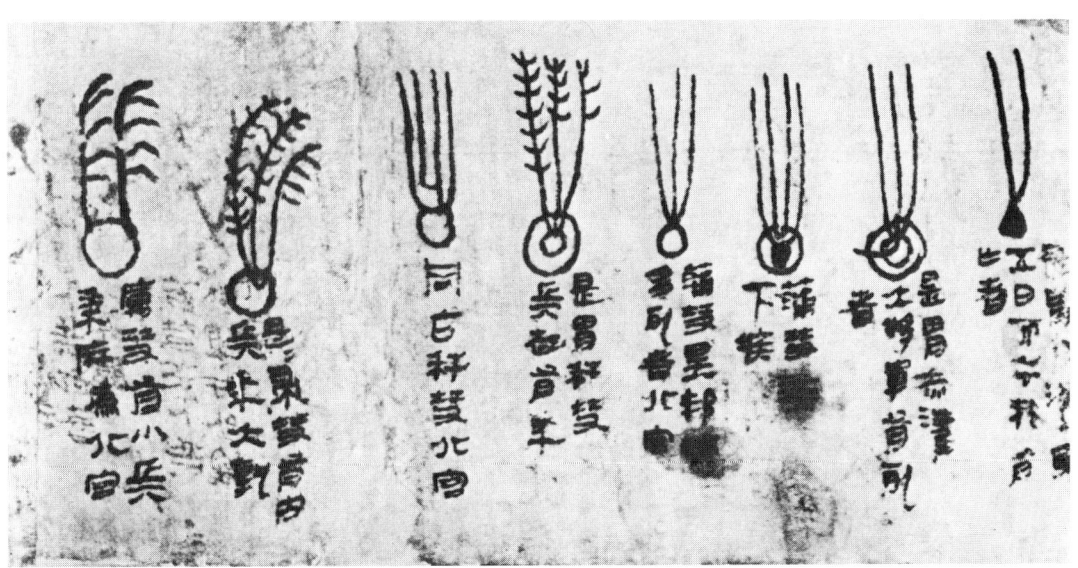

Abb. II.1
Ausschnitt mit 8 Kometentypen (von insgesamt 29) aus dem sogenannten *Seidenbuch* (China, ca. 350 v. Chr.).

geglaubt hatten, die Kometen seien selber ‹wandernde Körper›, also Planeten, die nicht weit über den Horizont steigen könnten. Hippokrates von Chios hatte die Ansicht vertreten, daß Kometen Wandelsterne seien, die, wenn sie gelegentlich Feuchtigkeit anzögen, das Sonnenlicht so ablenkten, daß sie dann nur scheinbar einen Schweif besäßen. Auch für Heraklides Ponticus waren Kometen nur hohe, lichtreflektierende Wolken. Aber all diese Ansichten verwarf Aristoteles, und wegen der unerschütterlichen Autorität, die das Abendland ihm bis zur Neuzeit einräumte, sahen die meisten Autoren in den Kometen ein atmosphärisches Phänomen.

Nach der aristotelischen Lehre war es nur logisch, daß Kometen mit anderen Naturerscheinungen Hand in Hand gingen. Die heißen Erdausdünstungen konnten Dürren, Winde und vielleicht auch Erdbeben erzeugen, und die Winde und Erdbeben konnten ihrerseits Überschwemmungen verursachen. Hieraus würden im weiteren Mißernten und Hungersnöte entstehen. Kometen mußten daher natürlicherweise für den Menschen Unglück nach sich ziehen. Diese ursächliche Kometenfurcht hat sich – wenn auch mit anderen, kaum realistischeren Ursachen – bis ins 20. Jahrhundert erhalten.

164 v. Chr.

Keine Beobachtungen aus China und Europa
Die berechnete Kometenbahn
Halleys Komet in Babylon
Frühe Kometenastrologie

Die für jene Zeit in China zuständige *Geschichte der frühen Han-Dynastie* kennt nur je einen Kometen für die Jahre 172 und 162 v. Chr. – Ein römischer Geschichtsschreiber des 4. nachchristlichen Jahrhunderts, Julius Obsequens, hat die Wunderzeichen (*Prodigia*) der Jahre 249 – 12 v. Chr. überliefert, die in dem großen Geschichtswerk des Livius enthalten waren. Auch er weiß nur davon zu berichten, daß im Jahr 163 «in Capua die Sonne in der Nacht gesehen wurde». Obwohl einige in diesem höchst zweifelhaften Ereignis den Halleyschen Kometen wiederzuerkennen glaubten, müssen wir wohl eher den Schluß ziehen, daß Halleys Komet bei dieser Wiederkehr auch über den Himmel Roms zog, ohne einen bleibenden Eindruck zu hinterlassen.

Da somit bis in allerjüngste Zeit die Wiederkehr von 164 v. Chr. quellenmäßig nicht belegt werden konnte, blieb das von Kiang (1972) berechnete Periheldatum vom 5. Oktober recht unsicher, war aber das Beste, was man erhalten konnte. Die nebenstehende Figur, die den Lauf des Kometen am Himmel wiedergibt, basiert auf diesem Periheldatum. Die globale Lösung der oskulierenden Bahnelemente für die letzten 29 Erscheinungen des Kometen von Yeomans und Kiang (1981) ergab aber als vermutlich verbessertes Periheldatum den 12.6 November. Das spätere Periheldatum bewirkt, daß die an den Himmel projizierte Kometenbahn erheblich anders aussieht als in der umstehenden Figur. Dies schien bis zum Abschluß unseres Manuskriptes ohne Konsequenzen zu sein, weil ohnehin keine Beobachtungen zum Vergleich vorlagen.

Im Frühjahr 1985 wurde aber eine unerwartete Entdeckung bekannt. Bei der Durchsicht von etwa 1200 babylonischen Keilschrifttafeln oder Fragmenten von solchen im Britischen Museum, die alle sogenannte astronomische Tagebücher enthalten und hauptsächlich aus der Zeit von 380 bis 40 v. Chr. stammen, wurden drei Tafeln gefunden, die Angaben über Kometen enthalten. Zwei von diesen Tafeln (Abb. II.2) können wegen der zusätzlichen Information, die sie über die gegenseitige Stellung von Planeten und dergleichen enthalten, eindeutig auf die Zeit vom 21. Oktober bis 19. November 164 v. Chr. datiert werden. Außerdem erweist es sich als besonderer Glücksfall, daß die beiden beschädigten Tafeln ursprünglich den glei-

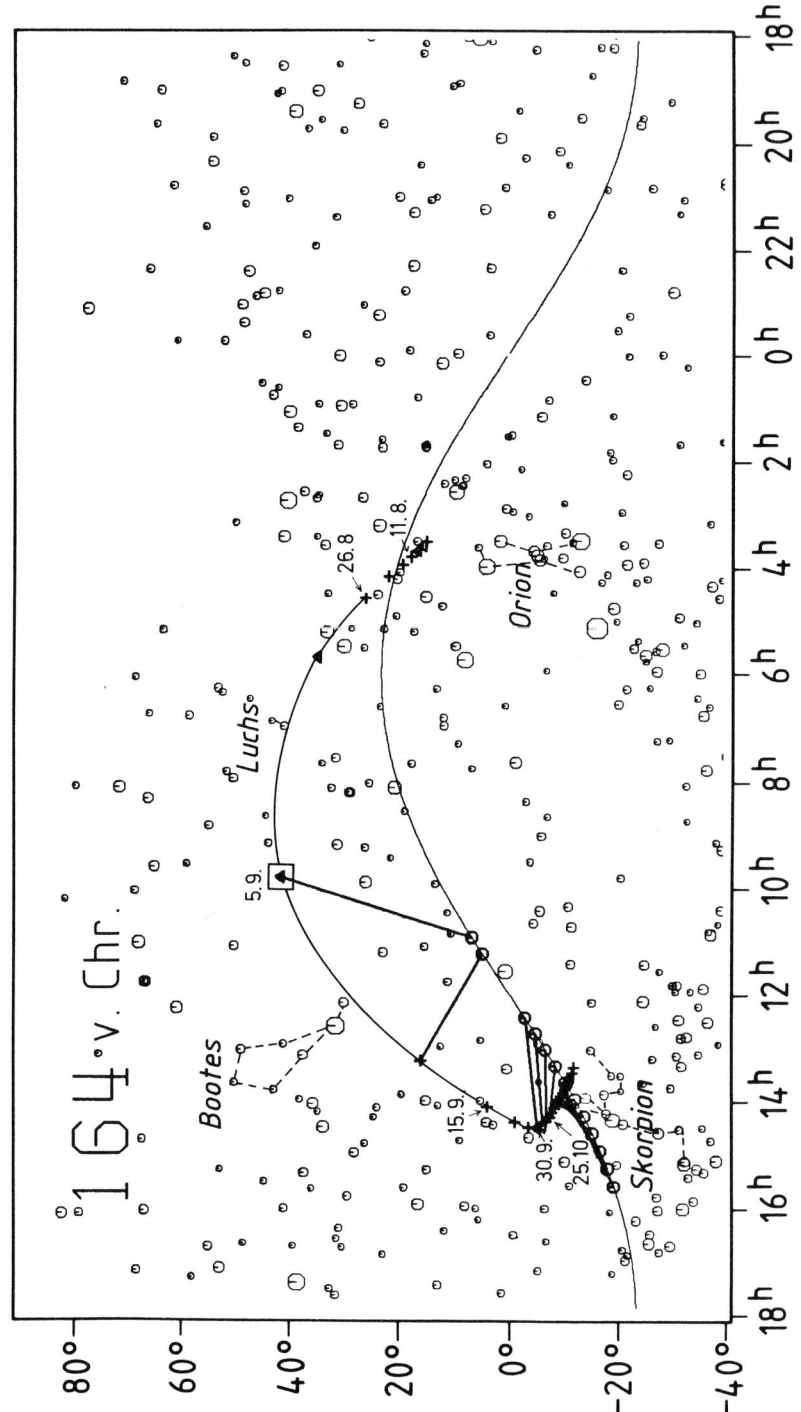

chen Text enthielten, so daß sie sich gegenseitig ergänzen. Auf diese Weise ergibt sich der folgende Text (etwas gekürzt): «Der Komet der zuvor erschienen war im Osten im Gebiet der Plejaden und des Stiers, im Westen .. (Lücke) und bewegte sich weiter im Gebiet des Schützen, 2.5 Grad westlich und 7.5 Grad nördlich von Jupiter». – Eine sorgfältige Analyse dieser Angaben durch die Entdecker der Tafeln und ein Vergleich mit den möglichen Kometenbahnen für verschiedene Perihelzeiten hat nicht nur ergeben, daß es sich hier mit größter Wahrscheinlichkeit um Halleys Kometen handelt, sondern auch daß die Beobachtungen sich nur erklären lassen, wenn dieser zwischen

Abb. II.2
Babylonische Keilschrifttafel aus dem Jahre 164 v. Chr. mit der Erwähnung eines Kometen, bei dem es sich nur um den Halleyschen handeln kann.

dem 9. und 24. November 164 v. Chr. durch sein Perihel gelaufen ist. Hierdurch wird die Bahnberechnung von Yeomans und Kiang nachträglich auf das Schönste bestätigt!

Zwischen diese Wiederkehr des Halleyschen Kometen und die nächstspätere fällt die Entstehung eines ägyptischen, astrologischen Werkes des *Pseudo-Petosiris*, das nur in verstreuten Fragmenten erhalten ist und von dem man mit Sicherheit nur weiß, daß es *nicht* von dem viel früheren Hohepriester Petosiris verfaßt wurde. Es ist spekuliert worden, daß zu diesem Werk ursprünglich auch drei überlieferte Fragmente gehörten, die die Kometen als ominöse Zeichen behandeln, und nach denen jedem Planeten eine typische Art von Kometen zugeteilt ist. Parallele Zuteilungen finden sich auch in astrologischen Sanskrit-Texten, so besonders im *Gargasamhita*. Diese Verwandtschaft zwischen der ägyptischen und indischen Kometenastrologie läßt eine gemeinsame Quelle vermuten, die am ehesten im alten Assur gesucht werden muß. Außer den drei eben genannten Keilschrifttafeln sind unseres Wissens aber bisher keine weiteren Kometentexte aus dem Gebiet des alten Mesopotamiens gefunden worden.

87 v. Chr.

Die ursprünglich berechnete Kometenbahn
Die chinesische Überlieferung und die verbesserte Bahn
Der Komet zur Zeit des Konsuls Octavius
Natürliche und unnatürliche Folgen von Kometen
Eine neuentdeckte Quelle

Die ursprünglich von T. Kiang berechnete Perihelzeit fällt auf den 2.5 August. Darnach stand der heller werdende Komet vom 23. Juni, als der Mond sehr hell war, bis zum 23. Juli westlich und zunehmend nördlich der Sonne. Er konnte daher vor Sonnenaufgang im Osten gesehen werden. Um den 28. Juli dürfte er – jetzt am Abendhimmel – seine maximale Helligkeit erreicht haben, aber er war damals schon recht nahe zur Sonne gerückt. Aus dieser Sonnennähe ist er kaum mehr herausgekommen, bevor er Ende August endgültig verschwand.

In der chinesischen Quelle der *Darstellung des universellen Spiegels* von Zhu Xi aus dem Jahre 1189 wird berichtet, daß ein Komet im 7. Monat des 2. Jahres der Regierung Hou-Yuan des Han-Kaisers Wu (10. August bis 8. September) im Osten gesehen wurde. Cowell und Crommelin haben 1908 diesen Kometen erstmals mit dem Halleyschen identifiziert. Die oben gegebene Bahnbeschreibung und die umstehende, entsprechende Zeichnung zeigen aber, daß es sich nur um Halleys Kometen gehandelt haben kann, wenn man statt ‹Osten› richtig ‹Westen› liest, denn von Ende Juli an stand der Komet stets östlich der Sonne und wurde daher am Abend im Westen gesehen. Eine andere Lösungsmöglichkeit des Widerspruchs wäre, wenn die Quelle das Datum um einen Monat zu spät angeben würde.

Yeomans und Kiang haben 1981 die Perihelzeit auf den 6.5 August korrigiert. Dies erklärt den offensichtlichen Fehler der chinesischen Quelle zwar nicht, paßt aber besser zu einer globalen Lösung der Kometenbahn über die letzten 2200 Jahre. Die Korrektur hat nur einen ganz geringen Einfluß auf die Lage der Kometenbahn am Himmel, wie sie in der umstehenden Figur dargestellt ist, aber die angeschriebenen Daten sollten alle um 4 Tage später angesetzt werden.

In Rom berichtete Cicero in der *Natura Deorum* (2.14): «Kometen haben kürzlich im Krieg des Octavius große Kalamitäten vorausgesagt». Und der ältere Plinius schrieb in der *Naturalis Historia* (2.92): «manchmal erscheint ein Komet am westlichen Himmel ... wie zur Zeit des Bürgerkrieges als Octavius Konsul war und wiederum während des Krieges zwischen Pompejus und Caesar». Gnäus Octavius war 87 v. Chr. zusammen mit Cornelius Cinna Konsul geworden, wurde

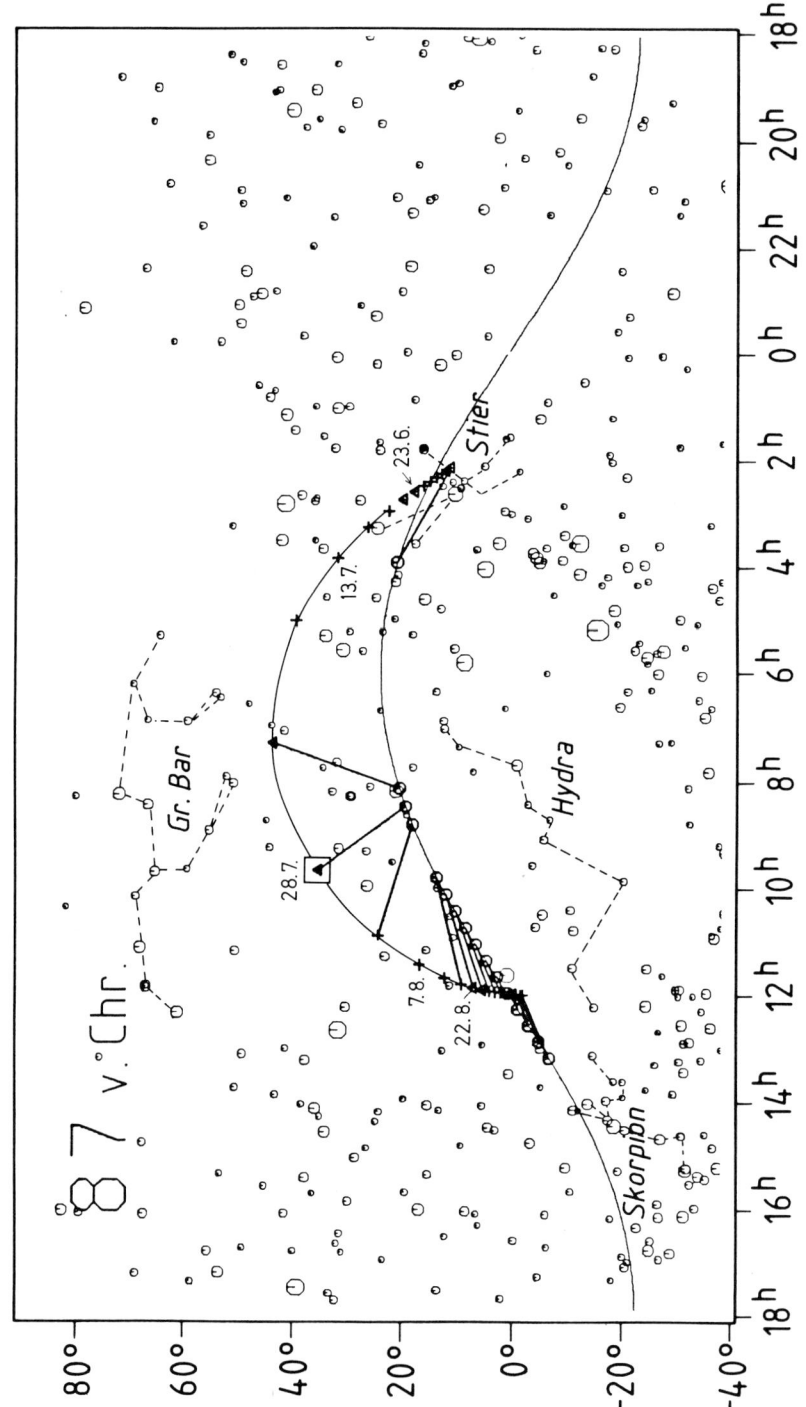

aber in den anschließenden Unruhen von letzterem im Juni des gleichen Jahres getötet. Dies ist wahrscheinlich die erste Erwähnung des
Halleyschen Kometen im Abendland, obwohl sie nicht frei von
Widersprüchen ist. Der Komet kann nicht während des Bürgerkriegs
gesehen worden sein, und am Westhimmel wurde er jedenfalls nicht
vor Ende Juli gesehen. Aber eine derartige Geschichtsklitterung um
einige Monate ist typisch für die Kometenfurcht. Nur allzu gern wollten die Chronisten, daß die Kometen das Unglück *voraussagen*, und
dafür ließen sie manchmal fünf gerade sein.

Der zeitgenössische Bericht von Cicero ist noch aus einem weiteren Grund von besonderem Interesse. Wir haben hier den ersten europäischen Hinweis auf den Zusammenhang zwischen Kometen und zu
erwartendem Unheil, und zwar handelt es sich hier nicht um die
unheilvollen Folgen von Kometen im aristotelischen, ursächlichen
Sinn, also nicht um Dürre, Feuersbrünste, Mißernten, Stürme usw., die
die Entstehung von Kometen «notwendigerweise» begleiten, sondern
um einen astrologischen Zusammenhang, dessen wahre Natur dem
Menschen verborgen bleibt. Diese für uns mystische Interpretation der
Kometen entspricht der Denkweise der griechischen Stoiker. Nach
ihnen ist das Weltgebäude ein in sich inherentes Ganzes, dessen Ablauf unabwendbar vorbestimmt ist, und in dem auch das kleinste Teilchen Ausdruck des gesamten Weltgeschehens ist. Hiernach muß ein
selten auftretender Komet zumindest Ungewöhnliches, wenn nicht
Unheilvolles anzeigen.

In allerneuester Zeit ist eine weitere Quelle für die Wiederkehr
im Jahre 87 v. Chr. gefunden worden. Es handelt sich um die dritte
babylonische Tontafel, die bereits bei der Wiederkehr von 164 v. Chr.
erwähnt wurde. Ihr Keilschrifttext besagt, daß zwischen dem 14. Juli
und dem 11. August ein Komet mit 10 Grad langem, nach Nordwesten
gerichtetem Schweif an mehreren aufeinanderfolgenden Tagen gesehen wurde, und daß er auch am 24. August (zum letzten Mal?) am
Abendhimmel erschien. Diese Angaben sind nur möglich, wenn die
Perihelzeit in die Zeit zwischen dem 25. Juli und dem 15. August (oder
etwas später) fällt. Obwohl damit noch einiger Spielraum offen bleibt,
ist es sehr befriedigend zu sehen, daß das von Yeomans und Kiang
berechnete Periheldatum mitten in dieses Intervall fällt.

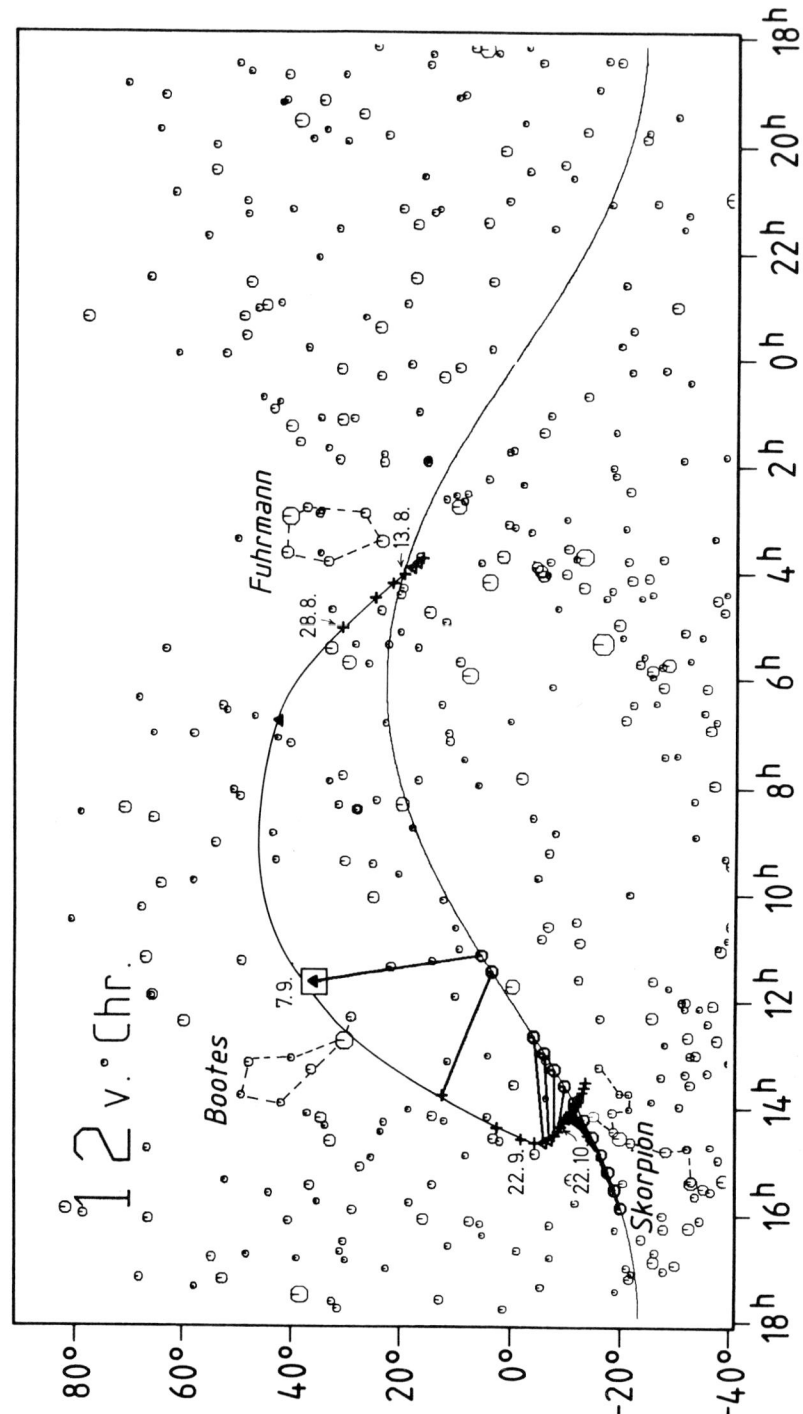

12 v. Chr.

Die chinesischen Quellen
Die Kometenbahn nach modernen Rechnungen
Eine römische Quelle
Der Komet von 44 v. Chr.
Julius Caesar und Shakespeare
Der Stern von Bethlehem

Vier verschiedene chinesische Quellen berichten über den Kometen dieses Jahres. Er wurde am 26. August entdeckt, bewegte sich durch die Zwillinge nördlich von Castor und Pollux und ging dann nördlich über den Löwen. Nachher bewegte er sich mit mehr als 6 Grad pro Tag und war morgens im Osten sichtbar. Vom 8. September an stand er abends im Westen und kam in südlicher Richtung in die Nähe von Saturn und Arcturus im Bootes. Sein Lauf wurde jetzt langsamer und wandte sich zurück nach Westen. Nach 56 Tagen (20. Oktober) wurde er im Skorpion unsichtbar.

Diese Beschreibung stimmt in allen Einzelheiten mit der für Halleys Kometen berechneten Perihelzeit vom 10.9 Oktober und der nebenstehenden, entsprechenden Bahn überein, so daß die Identifizierung, die J. R. Hind 1850 zuerst vorschlug, über alle Zweifel erhaben ist. Die berechnete Helligkeit des Kometen fiel nach dem Perihel schnell ab und sank um den 22. Oktober unter die 6. Größenklasse.

Nach dem griechischen Historiker Dion Cassius, der ungefähr 155–240 n. Chr. lebte und eine Geschichte Roms hinterließ, erschien ein Komet im Konsulat von Valerius Messalla Barbatus und P. Sulpicius Quirinius kurz *vor* dem Tode des römischen Feldherrn Agrippa. Da dieser im März 12 v. Chr. starb, damals der Halleysche Komet aber noch unmöglich gesehen werden konnte, muß der Historiker hier wieder im Interesse, die ominöse Bedeutung von Kometen zu belegen, diesen um etwa ein halbes Jahr vordatiert haben. Andererseits muß Dion Cassius wirklich den Halleyschen Kometen im Sinn gehabt haben, da für die Zeit 20–10 v. Chr. sonst kein anderer Komet in den chinesischen Quellen nachgewiesen ist.

Im alten Rom war es seit dem Kometen des Jahres 44 v. Chr. naheliegend, die Erscheinung von Kometen mit dem Tode von Feldherren und Staatsmännern in Verbindung zu bringen, da jener zwei Monate nach der Ermordung Julius Caesars erschienen war. Als *Julium Sidus* gewann er größte politische Bedeutung, denn das Volk sah in ihm die Seele des Ermordeten, die unter die Zahl der unsterblichen Götter aufgenommen wurde. Octavianus machte sich diese Deifizierung sei-

nes Adoptivvaters zu Nutzen und verwandte sie als Legitimation
dafür, daß er als «Vater des Vaterlandes» und «Augustus» die höchste
Staatsgewalt an sich zog. Das Gewicht, das er dieser Argumentation
zumaß, geht aus den Münzen hervor, die seinen Kopf und ein noch
recht unrealistisches, aber unverkennbares Bild des Kometen tragen
(Abb. II.3).

Es ist übrigens interessant, daß auch Shakespeare – in diesem Fall
gewiß aus dramatischen Gründen – sich die Freiheit nahm, den Kometen von 44 v. Chr. um ein paar Monate vorzuverlegen, wenn er im
Julius Caesar dessen Ehefrau Calpurnia sagen läßt

Kometen sieht man nicht, wenn Bettler sterben;
Der Himmel selbst flammt Fürstentod herab.
In der großen Flut von Literatur über die wahre Natur des Sterns von
Bethlehem finden sich auch einige Versuche, diesen «Stern» mit dem
Halleyschen Kometen des Jahres 12 v. Chr. zu identifizieren. Jedoch ist
eine so frühe Geburt Christi nicht nur aus historischen Gründen un-

Abb. II.3
Römische Münzen mit dem Kometen von 44 v. Chr. Sie wurden von
Augustus geprägt und tragen den Kopf von Julius Caesar bzw. von
Augustus selbst.

möglich, sondern es ist nach dem Text im Matthäus-Evangelium überhaupt sehr unwahrscheinlich, daß es sich bei der Erscheinung um
einen Kometen handelte. Viel wahrscheinlicher ist, daß diese sich auf
die «Große Konjunktion» von Jupiter und Saturn im Jahre 7 v. Chr.
bezieht, wie schon Kepler vermutete, und wofür in neuester Zeit der
Wiener Astronom Ferrari d'Occhieppo sehr gewichtige Argumente

Abb. II.4
Der Stern der Weisen als Komet dargestellt. (Kupferstich aus
S. Lubienietzkys *Theatrum Cometicum*, Amsterdam 1667).

vorgebracht hat. Nach ihm waren die drei Weisen aus dem Morgenland babylonische Astrologen, für die nachweislich die Große Konjunktion ein Zeichen von höchster Bedeutung gewesen ist.

Unbeschadet dieser neueren Erkenntnisse ist der Stern über der
Krippe in Bethlehem in der Kunst oft als Komet dargestellt worden.
Auf das früheste uns bekannte Beispiel werden wir unter dem Jahre
530 zurückkommen. Die Abbildung II.4 zeigt ein relativ spätes, phan-
tasievolles Beispiel.

66 n. Chr.

Ein chinesischer Bericht
Die Kometenbahn nach modernen Berechnungen
Kometen zur Zeit Neros
Kometen und die Zerstörung Jerusalems
Senecas Ansichten über Kometen
Wußte der Talmud von der Periodizität des Halleyschen Kometen?
Kometenastrologie und Zweifel

In der um 450 geschriebenen *Geschichte der späteren Han-Dynastie* wird von einem Kometen berichtet, der am 31. Januar im Osten sichtbar wurde. Offenbar derselbe Komet wurde im Steinbock am 20. Februar mit einem Schweif von 12 Grad Länge gesehen und auf seinem Wege durch den Schützen, Schlangenträger, die Jungfrau und den Becher bis zum 11. April verfolgt.

Diese Beschreibung bezieht sich eindeutig auf Halleys Kometen, der nach den Bahnberechnungen von Yeomans und Kiang am 26.0 Januar durchs Perihel ging, und dessen entsprechende, recht südliche Bahn in der umstehenden Karte dargestellt ist. Es ist etwas überraschend, daß der Komet nicht schon im Dezember 65 entdeckt wurde, dann aber gleich nach dem Periheldurchgang, als er mit einer Helligkeit von etwa 3.5 Größenklassen in der Nähe der Sonne ein noch schwieriges Objekt gewesen sein muß. Die Chinesen verloren ihn aus den Augen als seine berechnete Helligkeit 6 Größenklassen betrug. Übrigens hat der Komet wohl bei keiner Wiederkehr eine so geringe Maximalhelligkeit, die er am 20. März oder kurz danach erreichte und die sich zu etwa 2 Größenklassen berechnet, gehabt.

Die Identifizierung römischer Quellen mit den Kometen der damaligen Zeit ist unsicher, da nach den chinesischen Quellen außer Halleys Komet je ein Komet am 3. Mai 64 (für 75 Tage sichtbar), am 29. Juli 65 (für 56 Tage sichtbar und mit langem Schweif) und nach dem 22. Dezember 70 (für 48 Tage sichtbar) entdeckt wurden. Ausdrücklich auf den Kometen des Jahres 64 bezieht sich Tacitus, wenn er schreibt (*Annales* XV, 47): «Zu Ende des Jahres sprach man allgemein von einigen Wunderzeichen, die kommendes Unheil vorausdeuten .. und ein Komet erschien, wofür Nero als Sühneopfer immer das Blut eines hervorragenden Mannes zu vergießen pflegte». In der Lebensgeschichte Neros erzählt Sueton von einem Kometen, der in aufeinanderfolgenden Nächten aufging, und der Nero auf Anraten seines Astrologen Balbillus dazu bewog, die edelsten Bürger zu ermorden.

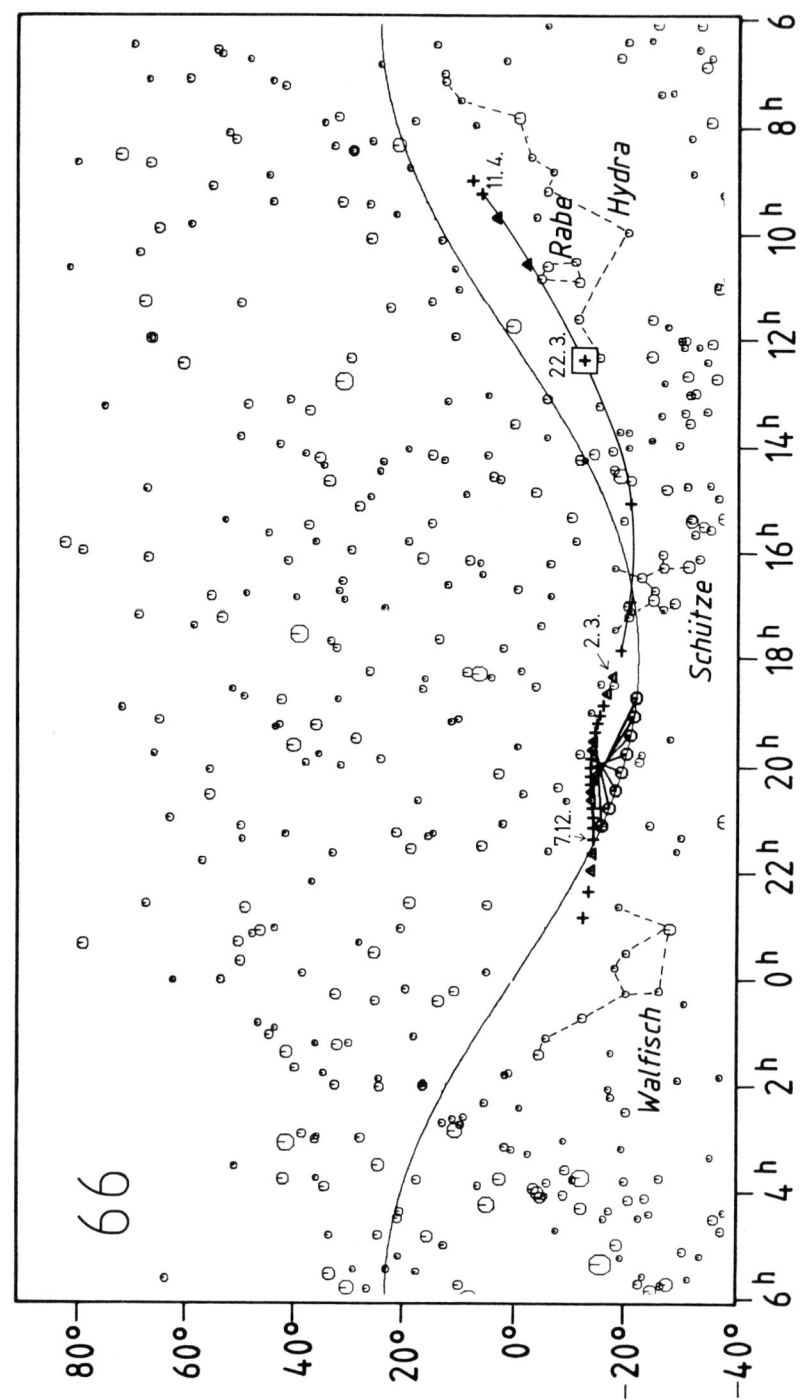

Dieser Bericht bezieht sich am ehesten auf den Kometen des Jahres 65, in dem unzählige Unschuldige durch den Willen Neros starben, unter ihnen auch Seneca und der Dichter Lucan. Wenn der ältere Plinius (2.92) schrieb: «meistens ist ein Komet ein schreckenerregendes Ereignis und seine Vorbedeutung ist nicht leicht abzuwenden, wie.. in unserer Zeit bei der Vergiftung des Kaisers Claudius (54 n. Chr.), als das Reich an Domitius Nero überging und dann während dessen Regierung als die Erscheinung fast *beständig* und gräßlich war», so ist es denkbar, daß er sich pauschal auf die drei Kometen der Jahre 64, 65 und 66 bezog.

Im Jahre 66 brach der Aufstand der zelotischen Juden gegen die Römer aus. Aber schon 67 war ganz Galiläa bezwungen, und im Frühjahr 70 begann Titus die Belagerung von Jerusalem. Im Herbst desselben Jahres hatte er die Stadt in seiner Gewalt. Der Tempel war während der Kämpfe in Flammen aufgegangen, und der Krieg endete mit der Zerstörung der Stadt. Damit verlor Jerusalem seine Rolle als nationaler und kultischer Mittelpunkt des Judentums. Der *Jüdische Krieg* wurde von dem in römischen Diensten stehenden jüdischen Zeitgenossen Josephus Flavius beschrieben. Nach ihm (VI.5) war die Zerstörung angezeigt worden «durch laute Warnungsstimmen Gottes – so zum Beispiel, als ein schwertähnliches Gestirn über der Stadt stand und ein Komet ein ganzes Jahr lang am Himmel blieb.. ». Wenn die Beobachtungsdauer dieses Kometen auch sicher übertrieben ist, so bezieht der Autor sich hier doch am ehesten auf den Halleyschen Kometen des Jahres 66, wenn auch bemerkt werden muß, daß die Chinesen, wie schon oben erwähnt, im Dezember 70 und Januar 71 einen weiteren Kometen 48 Tage lang beobachteten. Sollte dieser mit demjenigen über Jerusalem identisch sein, so hätten wir hier ein weiteres Beispiel dafür, daß die sogenannten Omen gelegentlich erst *nach* den Ereignissen beobachtet wurden. Die Zweideutigkeit des Kometen über Jerusalem ist längst bekannt. Im 17. Jahrhundert versuchte sie Lubienietki zu lösen, indem er einen «mittleren» Kometen für die Jahre 68/69 erfand; er lieferte für diesen auch eine etwas unglückliche Illustration (Abb. II.5), in der der Schweif des Kometen zum Horizont weist, was bedeutet, daß die Sonne hoch über dem Horizont stehen und volles Tageslicht herrschen muß. Tagesbeobachtungen von Kometen sind nicht unmöglich – so konnte der Komet Ikeya-Seki 1965 in unmittelbarer Sonnennähe gesehen werden, – aber außerordentlich selten.

Ein Jahr bevor Halleys Komet erschien, war Seneca von Nero in

den Selbstmord getrieben worden. Er hatte aber noch die Kometen der
Jahre 54 und 60 beobachtet. In seinen *Naturales Quaestiones* entwickelte
er im Gegensatz zu Aristoteles und auch zu Posidonius die gut argumentierte Ansicht, daß Kometen nicht Ausdünstungen der Erde sondern eine Art von Meteoren seien, die wie Planeten auf festen Bahnen

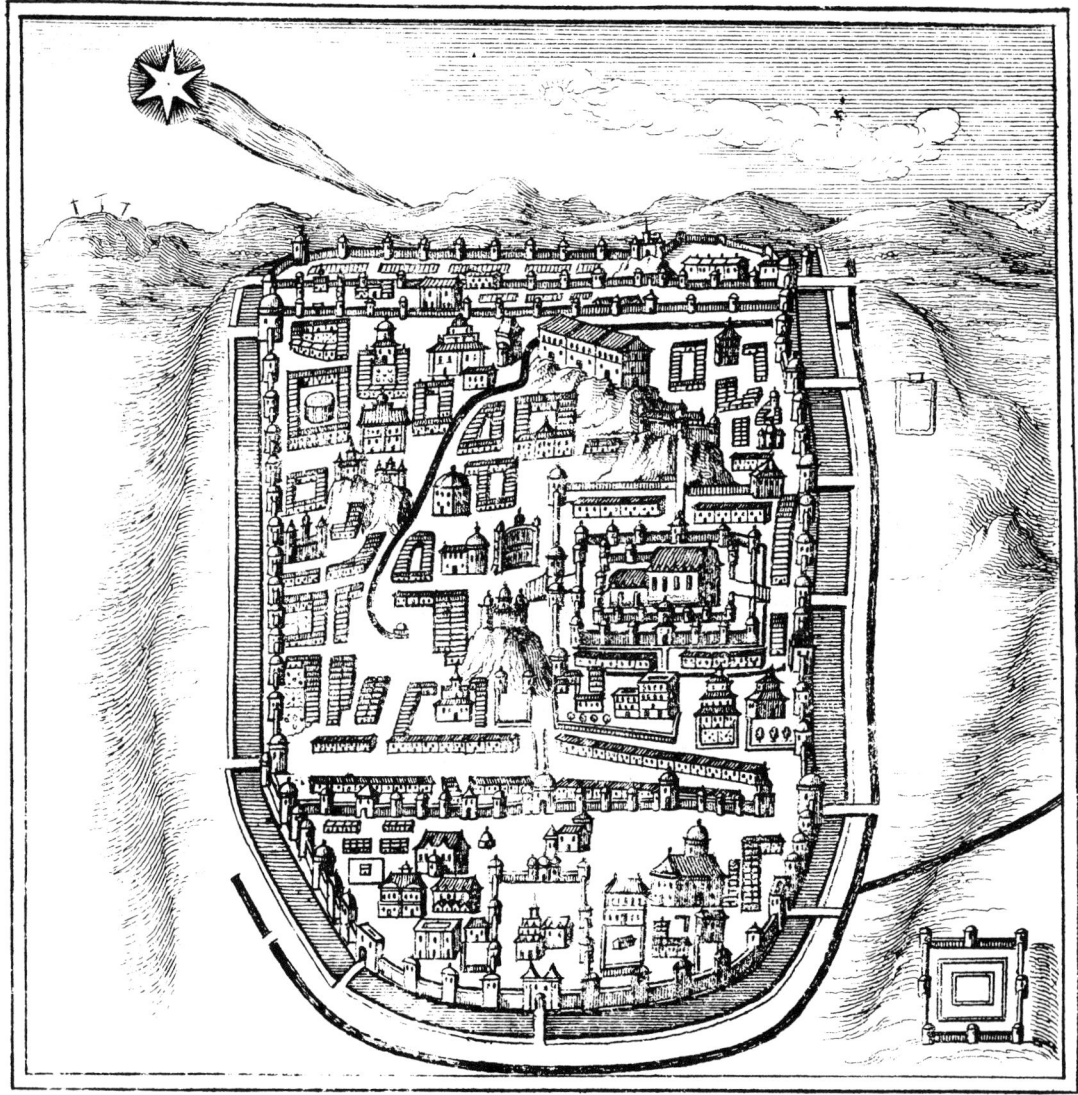

Abb. II.5
Phantasievolle Darstellung des angeblichen Kometen von 68 und 69
während der Belagerung von Jerusalem (Kupferstich aus L.
Lubienietzkys *Theatrum Cometicum*, Amsterdam 1667).

laufen. Er wies im weiteren darauf hin, daß wenn man mehr über Kometen wissen wolle, man weiterer Beobachtungen bedürfte. Für 1500 Jahre blieb dies das Klügste, was im Abendland über die Natur von Kometen geschrieben wurde.

Im babylonischen Talmud (*Horayoth* 10a) wird von zwei Rabbis erzählt, die während einer Seereise von einem Stern in die Irre geführt wurden, der etwa alle 70 Jahre wiederkehren soll. Es wurde daher mehrfach vermutet, daß dieser «Stern» der Halleysche Komet vom Jahre 66 war, und daß dementsprechend die Juden von der Periodizität mindestens dieses Kometen wußten. Diese Schlußfolgerung ist jedoch – abgesehen von der Unmöglichkeit, daß Navigatoren einen Kometen als Zielstern anvisiert haben sollen – aus den folgenden Gründen unhaltbar: (1) Die beiden Rabbis, Gamaliel und Joschua, sind historische Personen, und ihre Lebensdaten schließen eine gemeinsame Reise im Jahre 66 aus. Gamaliel war damals zu jung, und bei der nächsten Wiederkehr von Halleys Kometen im Jahre 141 waren beide Rabbis schon längst tot. (2) Um die Periodizität eines Kometen zu finden, genügt es nicht, eine Liste aller beobachteten Kometen aufzustellen, sondern man muß auch in der Lage sein, ihre Bahnen zu berechnen, um deren innere Verwandtschaft zu erkennen. Dies scheint für die damalige Zeit eine unlösbare Aufgabe zu sein, wie auch Seneca bezeugt: «Es ist wegen der Seltenheit der Kometen noch nicht möglich, ihren Lauf zu kennen oder zu entscheiden, ob sie periodisch sind.» – Wenn der Bericht überhaupt auf einen reellen Stern zurückgeht, so kommt für diesen am ehesten der helle Veränderliche Mira Ceti in Frage, von dem es nach modernen Untersuchungen möglich erscheint, daß er etwa alle 60 Jahre ungewöhnlich hell wird.

Kurz vor dem Erscheinen des Halleyschen Kometen im Jahre 66 schrieb Lucan, der wie Seneca auf Geheiß Neros Selbstmord beging, eine Geschichte des Bürgerkrieges zwischen Caesar und Pompejus. In vermutlicher Bezugnahme auf den historischen Kometen von 49 v. Chr. gab er die folgende Beschreibung: «Während der dunklen Nächte hat man unbekannte Gestirne gesehen, der Pol war in Flammen, Fackeln flogen schief über den Himmel (dies scheint die typische Beschreibung eines Nordlichts zu sein), und man sah den Schweif eines schrecklichen Gestirns: des Kometen, der auf der Erde Königreiche stürzt». Wir haben hier ein neues *astrologisches* Element des Kometenglaubens: neben dem Tod von Feldherren und Staatsmännern sollen sie also auch das Ende von Königreichen bewirken. Auch bei dem wenig früheren römischen Dichter Marcus Manilius (1.884) der zur

Schule der Spätstoiker gehört, findet sich ein typisch astrologischer
Zusammenhang zwischen Kometen und nachfolgendem Unheil,
wenn er glaubt, daß einem im Jahre 430 v. Chr. erschienenen Kometen
die berühmte Pest in Athen, die während des Krieges mit Sparta wü-
tete, gefolgt sei. Auf ein ausgebautes astrologisches System jener Zeit
spielt Plinius d. Ä. an (2.93), wenn er davon berichtet – selber deutlich
auf Distanz gehend – daß «man glaubt», daß die Wirkung der Kometen von dem Zeichen abhängt, in dem sie erscheinen; die von ihm
genannten Beispiele erinnern an die Grundzüge der hoch entwickelten assyrischen Astrologie.

Daß diese Zusammenhänge nicht von jedermann ernst genommen wurden, scheint der Kaiser Vespasian zu beweisen, der beim Anblick des Kometen, der von März bis Mai 79 beobachtet wurde, mit
dem ihm eigenen trockenen Humor jede Beunruhigung von sich wies:
«Dieser Haarstern» («stella crinita») betrifft nicht mich; er bedroht
eher den König der Parther, denn er ist haarig, während ich kahlköpfig
bin». Leider starb Vespasian trotzdem noch im Juni des gleichen Jahres.

141 n. Chr.

Die Beobachtungen in China
Die Kometenbahn nach modernen Berechnungen
Claudius Ptolomäus

In der *Geschichte der späteren Han-Dynastie* liest man, daß am 27. März im Osten (d. h. westlich der Sonne und daher am Morgenhimmel) ein Komet mit einem Schweif von ungefähr 10 Grad entdeckt wurde. Am 16. April trat er in das Sternbild Andromeda und sein Schweif maß 9 Grad. Am 22. April erschien er nordwestlich des Stiers am Abendhimmel. Am 23. April kam er in die Zwillinge und als er anschließend den Krebs durchlief, warf er seinen Schweif gegen den Großen Bären. Er ging verloren, als er (anfangs Mai) in die Mitte des Löwen kam.

Als erster wies J. R. Hind 1850 darauf hin, daß diese Beschreibung sich auf Halleys Kometen bezieht. Seine Identifikation wurde 1897 von G. Ravené bestätigt. Tatsächlich stimmen auch die nach den modernen Bahnelementen gerechneten Ephemeriden vorzüglich mit der Beschreibung überein (vgl. die umstehende Karte). Der Komet konnte erst nach dem Periheldurchgang vom 22.4 März entdeckt werden, da er seit Mitte Februar von der Sonne überschienen war. Als er am 27. März aus der Sonnennähe trat, muß er, nachdem er seinen Schweif während und kurz nach dem Perihel maximal entwickelt hatte, bereits ein sehr eindrückliches Schauspiel geboten haben. Da er anschließend der Erde wieder näher rückte, erreichte er seine größte Helligkeit erst um den 22. April. Wieder schwächer werdend, ging er den Chinesen schon anfangs Mai verloren, als seine berechnete Helligkeit noch immer fast 4 Größenklassen betrug, vermutlich wegen des störenden Einflusses des Mondes, der am 8. Mai voll wurde.

Diese Erscheinung des Halleyschen Kometen scheint in keiner europäischen Quelle überliefert zu sein. Im Jahre 141 lebte noch Claudius Ptolomäus in Alexandrien, dem damaligem Zentrum abendländischer Wissenschaft. Ptolomäus faßte das astronomische Wissen des Altertums in seinem berühmten Almagest zusammen. Dieses Werk wurde von den Arabern überliefert und wurde, nachdem es ins Lateinische übersetzt worden war, erst im 12. Jahrhundert in Europa zugänglich. Zunächst förderte es hier den Stand der Astronomie beträchtlich, aber gleichzeitig lähmte es durch seine Autorität jeden unabhängigen Fortschritt. Aus diesem Stillstand führte erst Kopernikus heraus. Nachweislich hat Ptolomäus eigene Beobachtungen bis zum 2. Februar 141 angestellt. Es ist daher verwunderlich, daß wir keinerlei

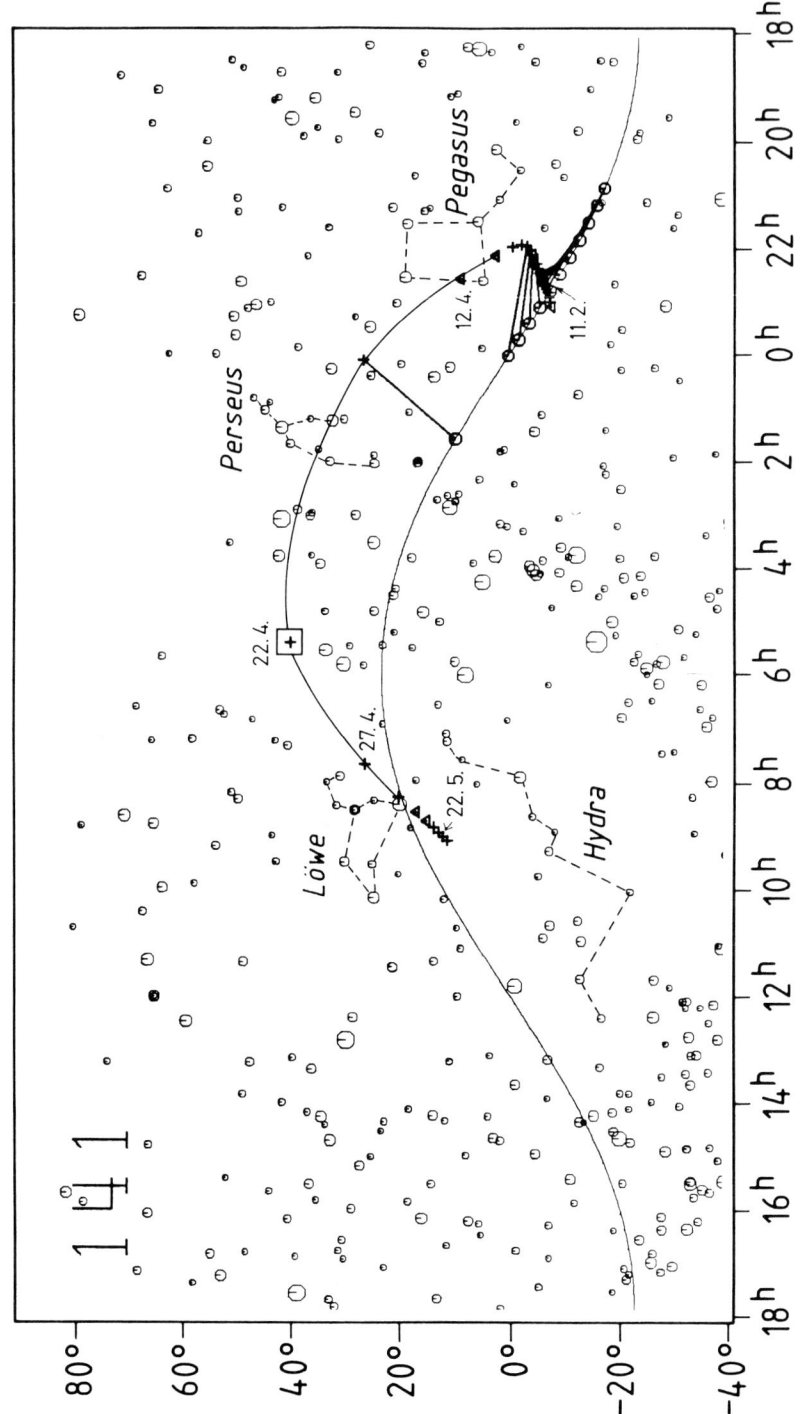

Zeugnis davon besitzen, daß er zwei Monate später dem Kometen von 141 zuliebe noch einmal in den Himmel geblickt hätte. Hingegen hat Ptolomäus der Kometenastrologie Vorschub geleistet, indem er in seinem *Tetrabiblos* (II, 10) lehrte, daß die Stellung eines Kometen relativ zur Sonne bei seinem Auftauchen anzeigen würde, ob es sich um Fürstentod, Krankheit, Invasion eines Landes oder um Aufstände in den Provinzen handeln würde.

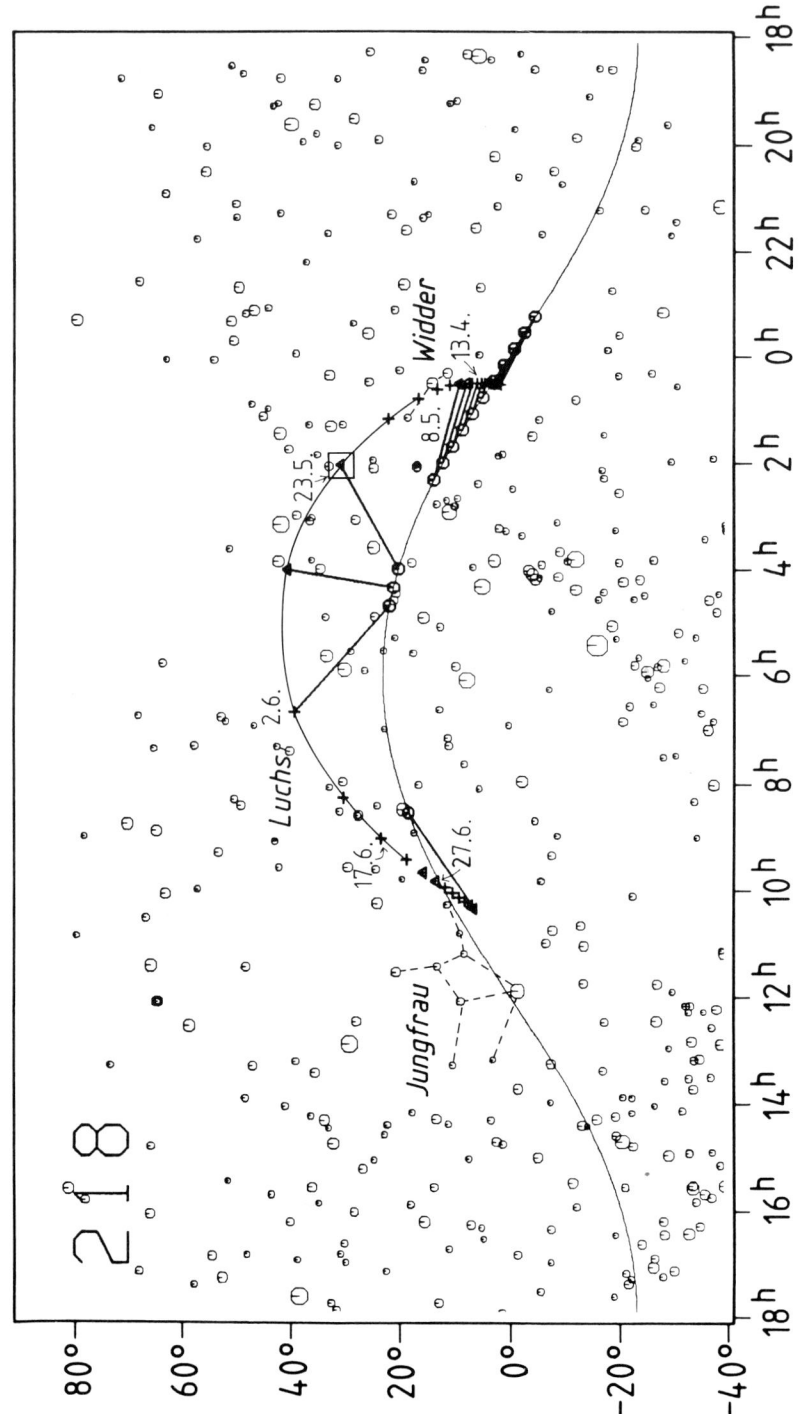

218 n. Chr.

Die Beobachtungen in China
Die Kometenbahn nach modernen Berechnungen
Der Komet und der Tod des Kaisers Macrinus

Wiederum der *Geschichte der späteren Han-Dynastie* kann man den folgenden Bericht entnehmen: In dem Monat, der vom 13. April bis zum 12. Mai dauert, erschien ein Komet am Morgen im Osten. Nach mehr als 20 Tagen erschien er am Abend im Westen. Er lief durch die Sternbilder des Fuhrmanns, der Zwillinge und des Löwens und kam bis zur Jungfrau. Sein Schweif war zum Hercules gerichtet.

Die ursprüngliche Identifizierung dieses Kometen mit dem Halleyschen durch J. R. Hind wurde 1937 von Proctor und Crommelin bestätigt und ist in gutem Einklang mit der modernen Bahnberechnung, die eine Perihelzeit vom 17.7 Mai ergibt (vgl. nebenstehende Karte). Es ist unwahrscheinlich, daß die Chinesen ihn schon am 13. April entdeckten, da er damals eine berechnete Helligkeit von nur 6 Größenklassen hatte und überdies sehr nahe der Sonne stand. Eher haben sie ihn um den 28. April gefunden, als seine Helligkeit vermutlich auf 4 Größenklassen angewachsen war. Nach «mehr als 20 Tagen» wäre er dann auch wirklich am Abendhimmel aufgetaucht, – oder genauer gesagt am 28. Mai. Vermutlich verloren die Chinesen ihn dann in der Jungfrau um die Vollmondnächte des 26. Juni, als seine Helligkeit ohnehin nur noch etwa 6 Größenklassen betrug.

Aus Rom besitzen wir ebenfalls einen eindeutigen Hinweis auf den Kometen. Dion Cassius berichtet, daß kurz *vor* dem Tode des Kaisers Macrinus, der am 7. Juni ermordet wurde, «ein Komet für lange Zeit gesehen wurde und ebenso ein anderer Stern mit langem Schweif während mehrerer Nächte, der große Panik verursachte». Offenbar hat der Autor nicht gewußt, daß es sich bei der morgendlichen Erscheinung vor dem Perihel und der abendlichen Erscheinung nach dem Perihel um ein und denselben Kometen gehandelt hat, so daß seine Erwähnung von zwei Kometen völlig verständlich ist.

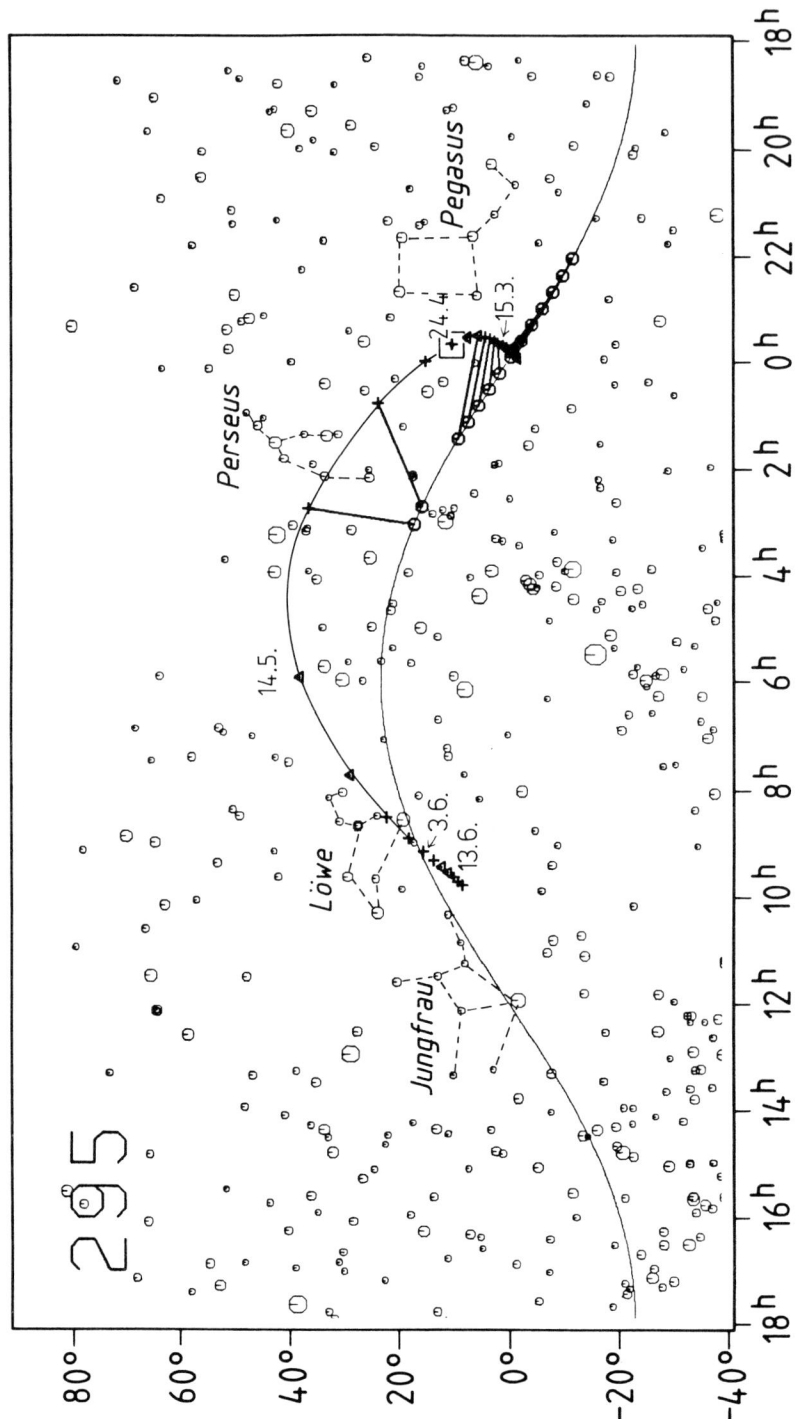

295 n. Chr.

Ein Bericht aus China
Die Kometenbahn nach modernen Berechnungen

Seit der letzten Wiederkehr des Halleyschen Kometen war die Han-Dynastie erloschen, und die Angaben über den Halleyschen Kometen in der *Offiziellen Geschichte der Chin-Dynastie* sind merklich knapper: Zwischen dem 1. und 30. Mai erschien ein Komet in der Gegend von Andromeda und der Fische; er überstrich den Himmel weit bis zum Fuhrmann und in die Gegend des Löwen und der Jungfrau; er ging (auch) durch den Perseus und (sein Schweif) durch den Großen Bären.

Wiederum war es zuerst J. R. Hind, der diese Kometenerscheinung mit Halleys Kometen gleichsetzte. Die endgültige Darstellung der Kometenbahn wurde von Yeomans und Kiang gefunden, nach denen der Periheldurchgang am 20.4 April erfolgte. Der entsprechende Lauf des Kometen ist in der nebenstehenden Karte dargestellt. Es ist interessant, diese Karte mit derjenigen für 1910 zu vergleichen, da in beiden Fällen der Komet am 20. April durchs Perihel ging, und man zunächst erwarten würde, daß sein Lauf am Himmel praktisch der gleiche gewesen sei. Jedoch kommt hier jetzt der Einfluß der oskulierenden Bahnelemente sehr deutlich zum Ausdruck. In dem Intervall von 1600 Jahren hat sich besonders die Lage des aufsteigenden Knotens, das heißt des Schnittpunktes der Kometenbahn mit der Erdbahnebene, um nicht weniger als 16 Grad verschoben. Dies genügt, um die Beobachtungsbedingungen 295 und 1910 sehr merklich verschieden zu machen. – Da der Komet im Jahre 295 nur zwischen dem 29. April und dem 4. Mai in der Andromeda verweilte, müssen die Chinesen ihn in den ersten Maitagen am Morgenhimmel gefunden haben. Seine Helligkeit berechnet sich zu dieser Zeit zu 2 Größenklassen, und da er schon seit mehr als zehn Tagen das Perihel durchlaufen und einen optimal entwickelten Schweif hatte, muß er bei der Entdeckung bereits ein sehr auffälliges Objekt gewesen sein. Um den 9. Mai, bevor der Komet in den Fuhrmann kam, wechselte er an den Abendhimmel und blieb für einige Tage unsichtbar. Etwa am 3. Juni erreichte er die Region zwischen Löwe und Jungfrau, wo die Chinesen ihn zuletzt erwähnen. Da er damals noch von der 5. Größenklasse war, dürften sie ihn noch etwas tiefer in diese Region verfolgt haben. Auf jeden Fall überdecken die chinesischen Beobachtungen ein Intervall von mindestens dreißig Tagen.

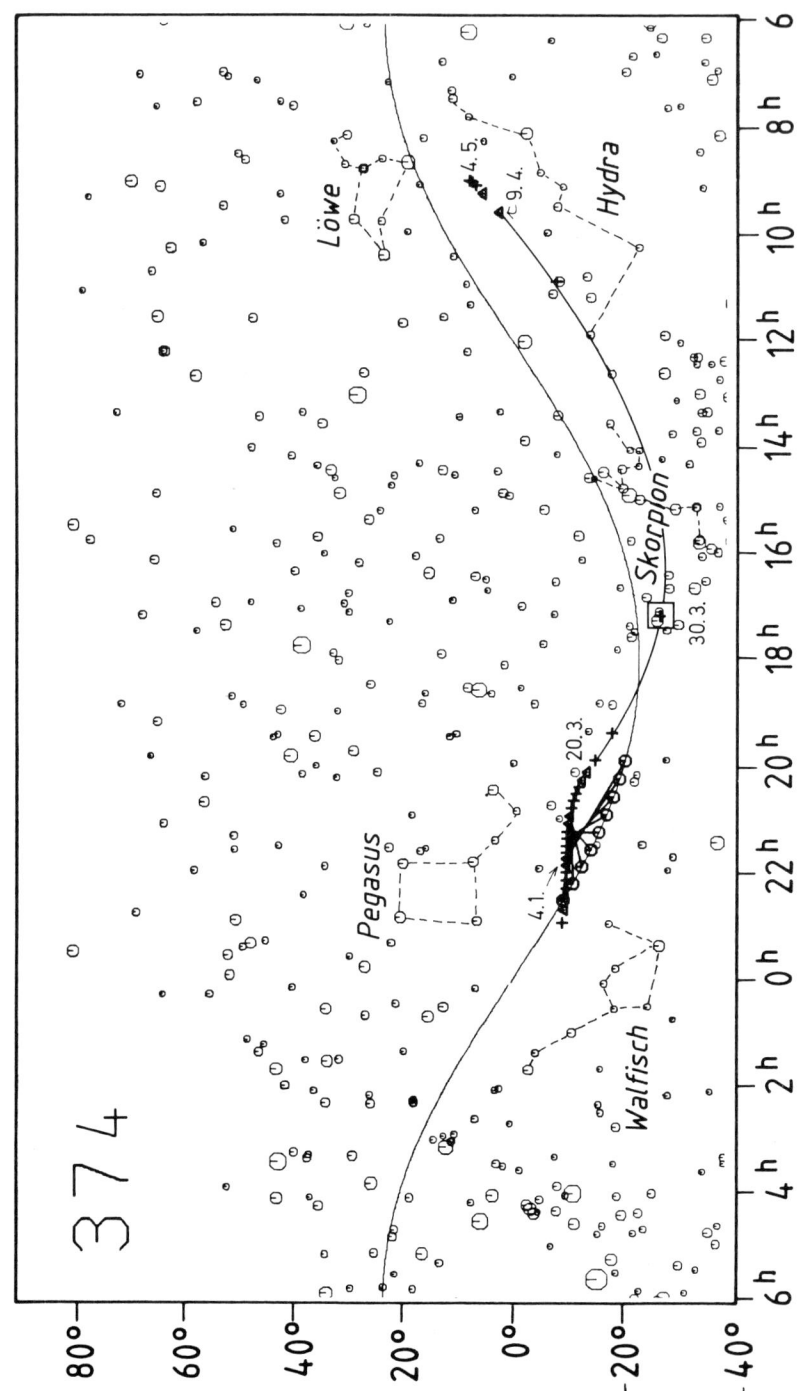

374 n. Chr.

Die chinesischen Beobachtungen
Die Kometenbahn nach modernen Berechnungen

Wie bei der vorhergehenden Wiederkehr des Halleyschen Kometen besitzen wir auch für das Jahr 374 ausschließlich chinesische Quellen. Die dortigen Angaben identifizierte zuerst J. R. Hind mit Halleys Kometen, aber wegen einer falschen Monatsangabe in der *Offiziellen Geschichte der Chin-Dynastie* glaubte er und seine Nachfolger, daß die Wiederkehr im Herbst 373 beobachtet worden sei. Erst Ho Peng Yoke konnte 1962, gestützt auf die *Chronik des* (Kaisers) *Hsiao-Wu-Ti*, den Fehler eindeutig berichtigen. Danach erschien der Komet am 4. März im Wassermann, wurde am 2. April in der Waage gesehen und durchlief dann die Jungfrau und das Gebiet um Spica und schließlich den Raben, den Becher und (erreichte) die Wasserschlange.

Die moderne Bahnberechnung von Yeomans und Kiang mit einer Perihelzeit vom 16.3 Februar (vgl. die nebenstehende Karte) entspricht dieser Beschreibung sehr gut. Der Komet wurde erst 16 Tage nach dem Periheldurchgang entdeckt, als er eine berechnete mäßige Helligkeit von 4 Größenklassen hatte. Aber sein Schweif muß damals zu der Nach-Perihelzeit zweifellos gut entwickelt gewesen sein, obwohl die Chinesen ihn zu diesem Zeitpunkt als «ho» beschrieben, was gewöhnlich das Wort für einen Kometen ohne Schweif ist. Die chinesischen Quellen übergehen den schnellen Lauf des Kometen durch den Schützen und den Skorpion, wo er – allerdings tief im Süden – um den 30. März seine größte Helligkeit erreicht haben dürfte. Der Komet ist vermutlich damals so hell wie Vega geworden, da er der Erde nur ein einziges Mal – im Jahre 837 – näher gekommen ist als bei dieser Wiederkehr. Am 2. April wird er als ‹hui› bezeichnet, was auf einen Kometen mit Schweif hinweist, obwohl der Schweif sich damals sicher schon deutlich verkürzte. Die Chinesen verloren den Kometen in der Wasserschlange entweder in den hellen Vollmondnächten um den 13. April oder gegen den 4. Mai, als seine Helligkeit unter die 6. Größenklasse fiel.

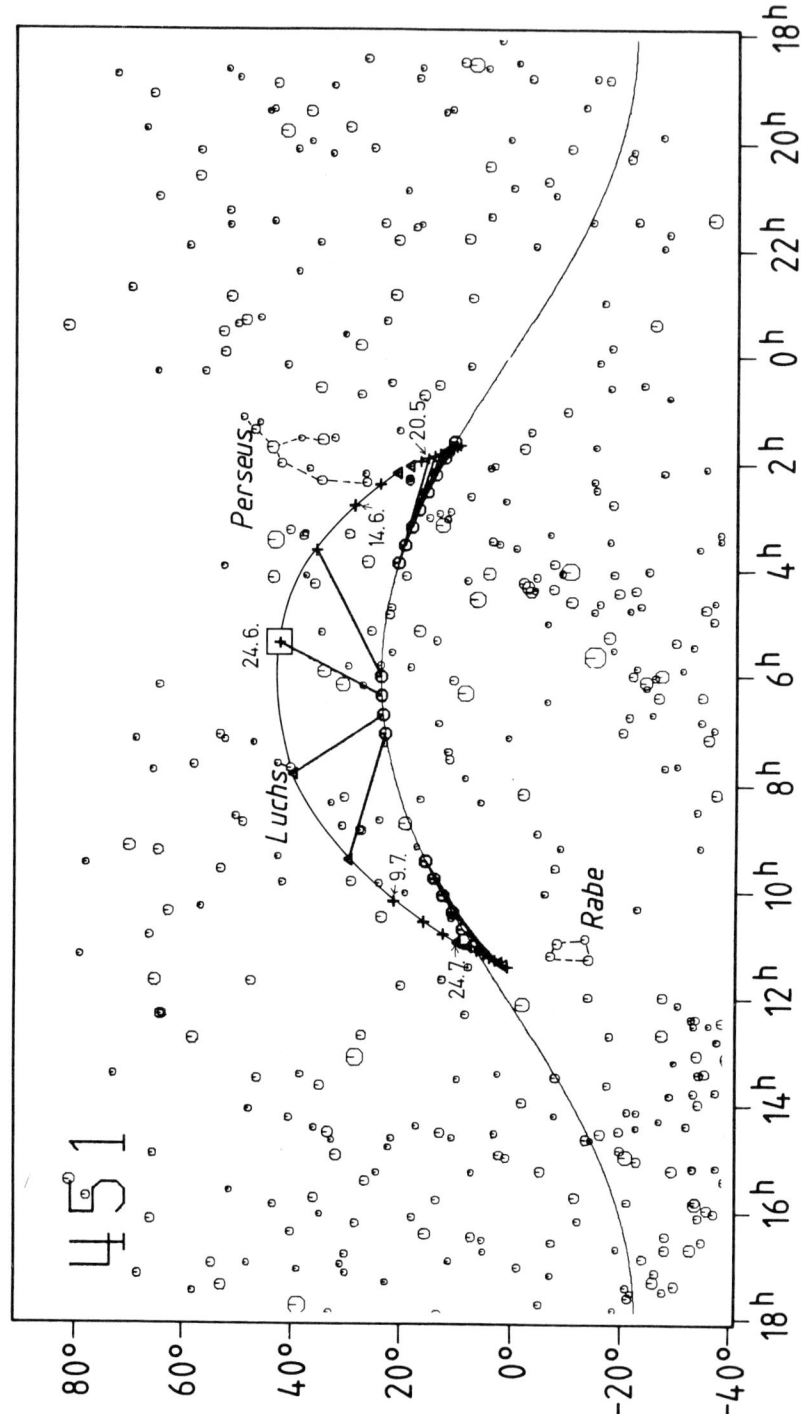

Die chinesischen Quellen
Die Kometenbahn nach modernen Berechnungen
Attila und die Schlacht auf den Katalaunischen Feldern
Kometen als Brandstifter

Aus der im Jahre 500 beendeten *Geschichte der Lin Sung-Dynastie* erfährt man, daß zwischen dem 15. Juni und 14. Juli ein Komet im Perseus erschien, der dann an den Sternen Alpha Herculis und Delta Leonis vorbeizog, die Jungfrau durchquerte und die ‹Hauptpforte› (südliche Jungfrau) verließ; er verschwand im Becher und Raben. Dem fügte der berühmte Historiker Ma Tuan-Lin in seiner erst 1254 geschriebenen *Historischen Untersuchung der Öffentlichen Angelegenheiten* bei, daß der Komet schon am 17. Mai in den Plejaden gesehen wurde.

Schon 1846 realisierte P. E. Laugier, daß es sich bei dieser Kometenerscheinung um Halleys Kometen handeln müsse. Die moderne Bahnrekonstruktion, die einen Periheldurchgang am 24.5 Juni annimmt, stammt von Kiang aus dem Jahre 1971; sie ist in der nebenstehenden Figur dargestellt. Später haben Yeomans und Kiang das Periheldatum auf den 28.2 Juni verbessert; deswegen müssen die Daten in der nebenstehenden Figur jeweils um etwa 4 Tage vergrößert werden. Das frühe Entdeckungsdatum vom 17. Mai ist mehrfach in der Literatur bezweifelt worden, aber die Positionsangabe stimmt für dieses Datum so gut, daß man annehmen muß, daß die Chinesen tatsächlich den Kometen schon entdeckten, als er gerade erst die 6. Größenklasse erreicht hatte und kaum 30 Grad von der Sonne entfernt war. Am 15. Juni war der Komet morgens im Perseus sichtbar, wie die erstgenannte Quelle berichtet, und er zog auch – am 9. Juli, jetzt als abendliches Objekt – am Stern Delta Leonis vorbei. Aber die Erwähnung des Sternes Alpha Herculis bleibt unverständlich. Um den 26. Juni konnte der Komet wegen seiner nördlichen Lage sowohl vor Sonnenaufgang wie auch nach Sonnenuntergang gesehen werden. Sein weiterer Weg durch den Löwen und die Jungfrau stimmt mit der Rekonstruktion gut überein; in letzterem Sternbild muß er um den 24. Juli für das unbewaffnete Auge verschwunden sein. Die Angabe, daß er noch in der ‹Hauptpforte› und gar im Becher und Raben gesehen wurde, ist daher unglaubhaft. Trotz der verbleibenden Widersprüche kann es sich bei dieser Kometenerscheinung ohne jeden Zweifel nur um Halleys Kometen handeln.

Diese Erscheinung des Halleyschen Kometen fällt zeitlich mit dem Eindringen des Hunnenkönigs Attila in Gallien zusammen. Ihm zog ein römisches Heer unter Aëtius entgegen, dem sich auch der Westgotenkönig Theodorich I. angeschlossen hatte. Auf den Katalaunischen Feldern kam es zur blutigen Schlacht. Trotz dem Tod von Theodorich erlitt Attila eine empfindliche Niederlage. J.B. Burg in seinem Werk *The Later Roman Empire* gibt als Schlachtdatum etwa den 20. Juni an. Zu dieser Zeit ging der Komet etwa 2 Stunden vor der Sonne auf, und seine Helligkeit war schon etwa auf 1.5 Größenklassen angewachsen. Daß während der Schlacht der Komet tatsächlich sichtbar war, wird vom Heiligen Isidorus von Sevilla überliefert.

Im 5. Jahrhundert lebte ein syrischer Jude, Domninus von Larissa, als Vertreter der neoplatonischen Schule in Athen. Er lehrte, daß Kometen aus einer trockenen, dampfartigen Substanz bestehen, und er erklärte die Sage von Phaeton durch die Annahme, daß die Erde einst durch einen solchen Kometen gelaufen und dessen Substanz durch die Sonnenstrahlen entzündet worden sei, und daß der Komet seinerseits die Erde in Brand gesetzt habe.

530 n. Chr.

Eine chinesische Quelle
Die Kometenbahn nach modernen Berechnungen
Unvollständige Angaben aus Byzanz
Ein Meteorschauer
Der Stern von Bethlehem als Komet

In der 572 geschriebenen *Geschichte der nördlichen Wei-Dynastie* finden wir folgenden Bericht: am 29. August erschien im Nordosten, 15 Grad östlich der Sterne Lambda und My im Großen Bären morgens ein weißer Komet mit einem 9 Grad langen Schweif, er bewegte sich nach Nordosten; am 1. September stand er 1.5 Grad nordwestlich des Sterns Ny im Großen Bären, man verlor ihn am Morgen; am 4. September erschien er abends im Nordwesten mit einem Schweif von (nur) 1.5 Grad Länge, er bewegte sich langsam gegen die Waage; am 23. September war er kaum sichtbar, am 27. September verschwand er ganz.

Diese sehr exakten Angaben erlaubten es Yeomans und Kiang die Perihelzeit auf den 27.1 September zu fixieren (vgl. die umstehende Karte), nachdem schon Hind 1850 vermutet hatte, daß hier eine Beschreibung des Halleyschen Kometen vorliegt. Als der Komet am 29. August mit einem – den Angaben zufolge – erstaunlich langen Schweif entdeckt wurde, muß er schon von der 2. Größenklasse gewesen sein. Am 2. September hatte er die gleiche Rektaszension wie die Sonne, aber er stand so viel nördlicher als diese, daß er am Morgen und am Abend gesehen werden konnte; allerdings war der nordwestliche Horizont abends noch so hell, daß sein Schweif unrealistisch kurz erschien. Am 19. September müssen die Beobachtungsbedingungen am Abend noch einmal günstig gewesen sein, aber dann näherte sich der Komet der Sonne immer mehr, so daß er am Tage, wo er das Perihel erreichte, verloren ging. Als er im November aus der Sonnennähe wieder heraustrat, war er zu schwach, um wiedergefunden zu werden.

Auch aus Byzanz haben wir Nachricht von dieser Wiederkehr. Aus den Chroniken lernen wir, daß ein Komet während 20 Tagen beobachtet wurde; er war sehr groß und erschreckend; er stand im Westen und sein Schweif richtete sich gegen den Zenith (beide Angaben können sich nur auf einen Teil des Beobachtungsintervalles beziehen); das gab ihm das Aussehen einer brennenden Lampe, weswegen er *Lampadias* (in Anspielung auf den damaligen byzantinischen Konsul Flavius Lampadius) genannt wurde; ihm folgten Trockenheit und

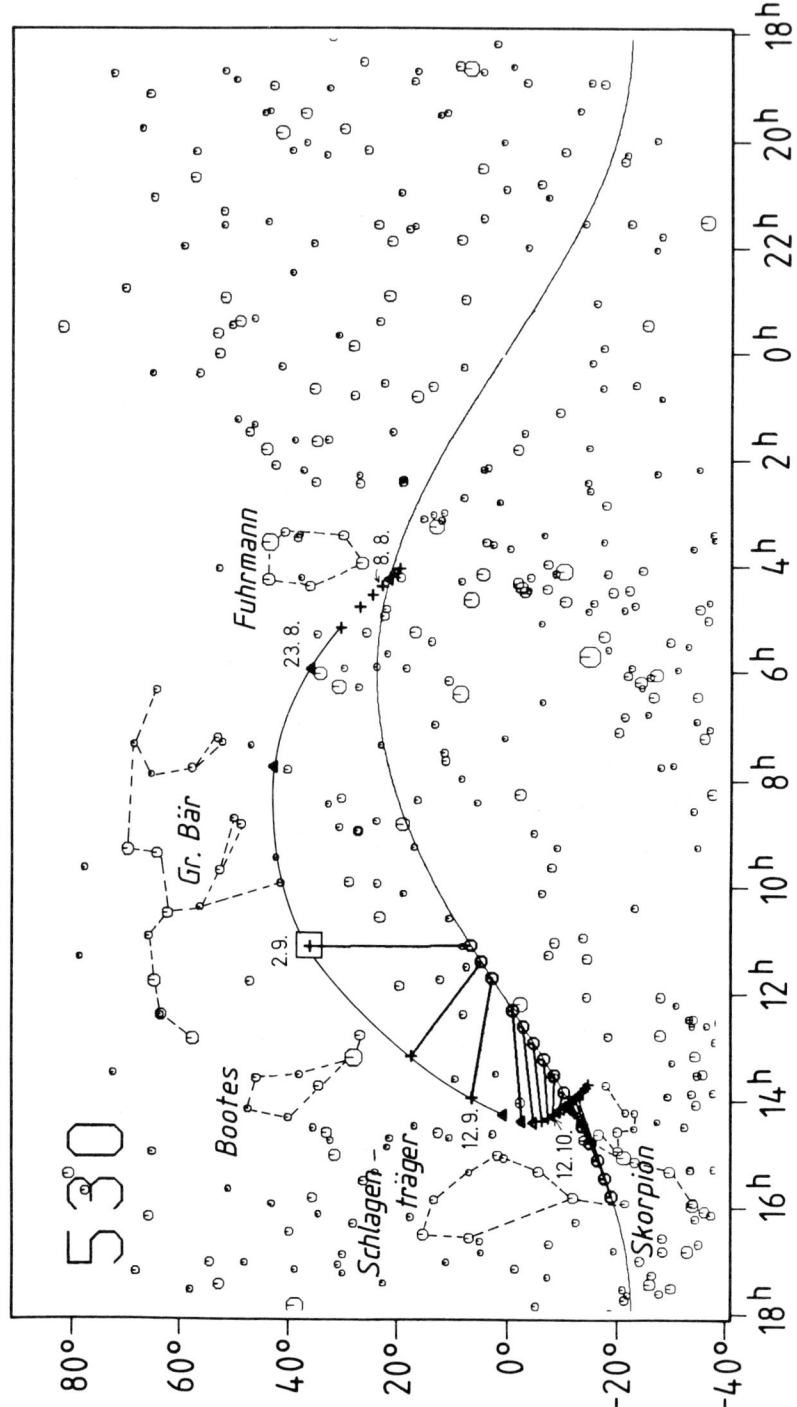

Sterblichkeit. Aber über das Jahr der Kometenerscheinung sind die byzantinischen Chronisten sich nicht einig. Während der zeitgenössische Johannes Malalas das Jahr richtig als 530 angibt, nennt der spätere Theophanes der Bekenner das Jahr 531. Dies ließ Halley und Newton, denen die chinesischen Daten noch nicht zur Verfügung standen, 1150 Jahre später irrtümlicherweise glauben, daß auch der große Komet des Jahres 1680 eine Periode habe, und in 575 jährigen Abstän-

Abb. II.6
Die Jungfrau mit dem Kinde empfängt die Weisen aus dem Morgenland; über ihr der wie eine Blume dargestellte Komet. Elfenbeinschnitzerei am Stuhl des Bischofs Maximianus von Ravenna (545–553). Der Teil, der die Weisen darstellt, ist verloren.

den bereits in den Jahren 44 v. Chr., 531 und 1106 beobachtet worden
sei. Dieser Irrtum wurde erst von J. R. Hind aufgeklärt, der gleichzeitig
als erster vermutete, daß der Komet von 530 eine Wiederkehr des
Halleyschen darstellt.

Bevor Halleys Komet 530 erschien, wurde am 9. April ein sehr
eindrücklicher Meteorschauer beobachtet. Eine chinesische Quelle berichtet hierüber: «Große Meteore folgten sich einer nach dem anderen
in nordwestlicher Richtung. Die Zahl der Leuchtspuren, die ohne
Unterlaß erschienen, lag in den Tausenden». Es war die Zeit, wo die
Erde besonders nah an die Kometenbahn herankam. (Der Minimalabstand Erde – Kometenbahn variiert ja wegen der oskulierenden Bahnelemente). Damals war der Komet in keiner Weise an dieser Stelle
seiner Bahn; es dauerte noch ein halbes Jahr, bis er dorthin kam. Aber
da sich die vom Kometen verlorenen Staubteilchen längs der Kometenbahn verteilen, trat die Erde am 9. April zentral in diese Staubwolke, und dies bewirkte einen besonders auffallenden Eta-Aquari-
den-Schauer.

Knapp 20 Jahre nach dem Erscheinen von Halleys Kometen entstand in Ravenna ein geschnitztes Elfenbeintäfelchen, das einen Kometen über Maria und dem Jesuskind zeigt (Abbildung II.6). Dies ist
wohl die früheste Darstellung des Sterns von Bethlehem in der Gestalt
eines – noch wenig naturalistischen – Kometen. Diese Darstellungs-
weise läßt sich übrigens recht eindeutig auf das *Julium Sidus* zurückfüh-
ren, von dem bei der Wiederkehr im Jahre 12 v. Chr. bereits die Rede
war. Denn auf den entsprechenden Kometen von 44 v. Chr. muß sich
der ägyptische Philosoph und Astronom Chaeremon, ein Zeitgenosse
des Kaisers Augustus, in seiner Abhandlung über Kometen beziehen,
wenn er sagt: «gelegentlich erschienen Kometen auch, wenn Gutes zu
geschehen hatte». Diesen Satz zitierte der große Kirchenvater Origenes (ca. 185–254) und er fuhr dann fort (etwas gekürzt): «Wenn dann
zu Beginn neuer Dynastien Kometen erscheinen, wie sollte es ein
Wunder sein, daß bei der Geburt von Ihm, der der Menschheit eine
neue Lehre gebracht hat, ein neuer Stern erschienen ist?» Im weiteren
Verlauf seines Argumentes führt Origenes eine Bibelprophezeiung an
(4. Moses 24, 17): «Es geht auf ein Stern aus Jakob, ein Szepter erhebt
sich aus Israel». Es ist sehr interessant, daß in einer englischen Bibel-
übersetzung, *The New English Bible*, die Stelle folgendermaßen übersetzt ist: «Ein Stern wird erscheinen aus Jakob, ein *Komet* sich erheben
aus Israel».

607 n. Chr.

Konfusion bei den Chinesen
Schweigen bei den Europäern
Die große Helligkeit des Kometen
Frühe Kometenkenntnisse der Chinesen

Zwei chinesische Quellen, die *Geschichte der Sui-Dynastie* und die *Geschichte der nördlichen Dynastien,* berichten von Kometenbeobachtungen im Jahre 607, aber sie sind in sich und miteinander so widersprüchlich, daß diese Wiederkehr des Halleyschen Kometen zu den schlechtest belegten gehört.

Angeblich haben die Chinesen in diesem Jahr einen Kometen vom 28. Februar bis 20. März im Pegasus gesehen; einen anderen sahen sie von Oktober bis Dezember. Diese beiden Kometen können nichts mit dem Halleyschen zu tun haben.

Weiterhin wurde ein Komet am 13. März in den Zwillingen und dem Großen Bären (letzteres wohl mit Bezug auf den Schweif) gesehen, der sich durch Perseus, den Fuhrmann und die Zwillinge bewegte, und am 4. April erschien ein (anderer?) Komet im Westen, der durch Andromeda und die Fische, durch den Steinbock, die Jungfrau und den Schlangenträger lief. Wörtlich genommen, können sich diese Angaben auch nicht auf Halleys Kometen beziehen, da er nach der Bahnberechnung von Yeomans und Kiang, – die durch die besonders gut belegten, die Wiederkehr von 607 zeitlich umklammernden Erscheinungen der Jahre 530, 760 und 837 nur sehr wenig Spielraum läßt, – am 13. März noch viel zu schwach war und nur 2.5 Tage nach dem Periheldurchgang zu nahe der Sonne stand, um gesehen zu werden. Überdies wäre er auch am 4. April für eine Entdeckung noch erstaunlich schwach gewesen, und man hätte ihn nicht im Westen sondern morgens im Osten gesehen.

Keine europäische Quelle scheint diese Erscheinung des Halleyschen Kometen zu überliefern.

Es wäre jedoch ganz unverständlich, wenn diese Wiedererscheinung des Kometen nicht beobachtet worden wäre, da er sich ausgerechnet in diesem Jahr der Erde bis auf 0.09 AE genähert hat und am 19. April mit mindestens −1.0 Größenklassen ungewöhnlich hell geleuchtet haben muß. Er war damals sogar heller als bei der Wiederkehr von 374, bei der er der Erde noch eine Spur näher gekommen war, und seine Leuchtkraft hat er nur noch einmal im Rekordjahr 837 übertroffen. Es ist daher besonders bemerkenswert, daß die Bahnrechnung den Kometen 607 durch die Sternbilder Pegasus – Andromeda – Fische-

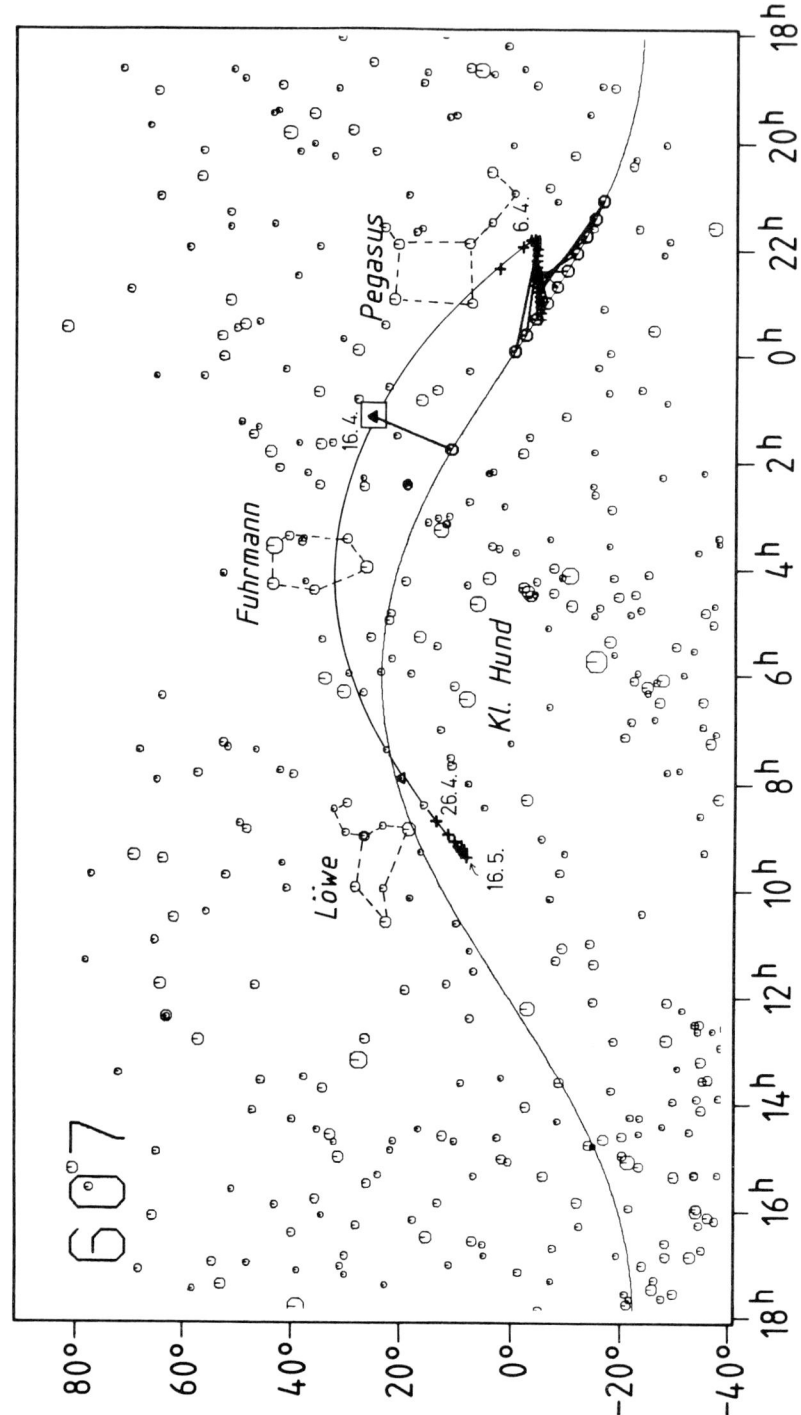

Dreieck (zwischen Andromeda und Widder) – Perseus – Fuhrmann – Zwillinge in das Gebiet zwischen Krebs, Löwe, Sextant und Wasserschlange führt, und daß tatsächlich sieben von diesen Sternbildern, wenn auch in wirrer Reihenfolge, in den chinesischen Quellen vorkommen. Dies ist vielleicht ein Indiz dafür, daß die Chinesen die Erscheinung tatsächlich beobachteten, daß aber ihre Aufzeichnungen in verballhornter Form auf uns gekommen sind.

Die Chronik *Chin Shu* (die ‹Offizielle Geschichte der Chin-Dynastie›), die im Jahre 635 von Fang Hsüan-Ling und anderen beendet wurde, erwähnt 21 Typen von ominösen Sternen, von denen sich mindestens drei auf Kometen in verschiedenen Erscheinungsformen beziehen. Der erstgenannte Typ sind die ‹hui› oder «besenförmigen Kometen», deren Körper aus einer Art von Stern besteht, während ihre Schweife einem Besen gleichen. Die Chronik fährt dann fort: «Nach den offiziellen Astronomen ist der Körper des Kometen selbst nicht leuchtend, sondern leitet sein Licht von der Sonne her, so daß er (gemeint ist der Schweif) nach Osten weist, wenn er am Abend erscheint, während er am Morgen nach Westen weist. Wenn er südlich oder nördlich der Sonne ist, so ist sein Schweif immer in der Richtung abgebogen, die dem von der Sonne abgestrahlten Licht folgt .. ». Hier sind in höchst erstaunlicher Weise zwei Erkenntnisse erwähnt, die die Grundlage zu jedem modernen physikalischen Verständnis der Kometen bilden. Im Abendland hat erst Apian bei dem Erscheinen des Halleyschen Kometen im Jahre 1531 gezeigt, daß der Schweif von Kometen stets von der Sonne weggerichtet ist, und die volle Erkenntnis, daß Kometen nicht selbstleuchtend sind sondern das Sonnenlicht zum Teil streuen und zum anderen Teil reemittieren, ist gar erst durch Karl Schwarzschilds Arbeiten nach dem Erscheinen des Halleyschen Kometen im Jahre 1910 gekommen.

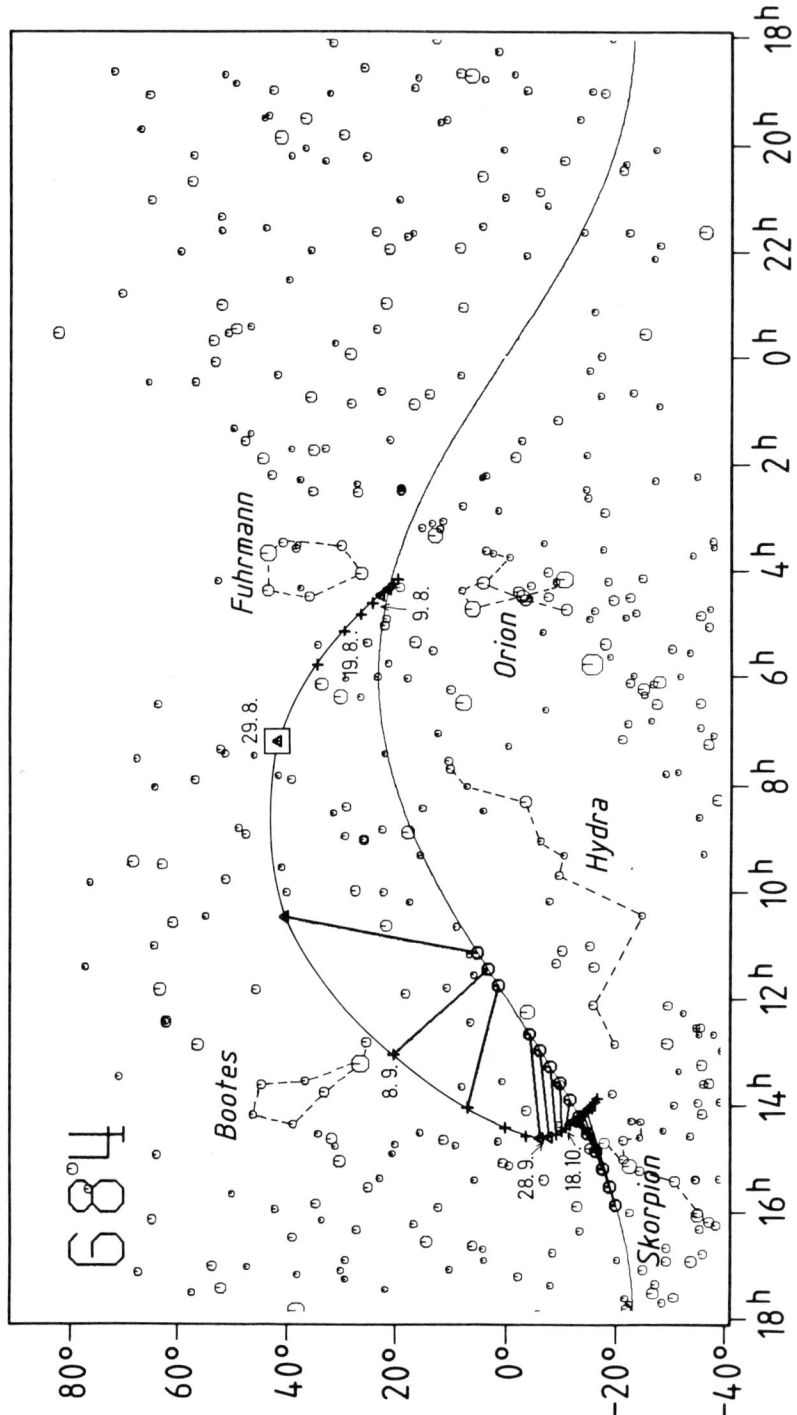

684 n. Chr.

Erster Bericht aus Japan
Die chinesischen Quellen
Die berechnete Bahn des Kometen
Ein koreanisches Observatorium
Aus der Geschichte der Langobarden
Die Schedelsche Chronik

Dies ist die früheste Erscheinung von Halleys Kometen, von der eine japanische Quelle berichtet. Unter chinesischem Einfluß hatte sich die Astronomie in Japan im 7. Jahrhundert entwickelt, und sie ist dort seither am Hofe des Kaisers gepflegt worden. Die verstreuten astronomischen Aufzeichnungen sind im 20. Jahrhundert von Shigeru Kanda gesammelt worden. Daneben gibt es das große Geschichtswerk *Dainihonshi*, das 1715 fertiggestellt wurde, und das einen Abschnitt mit astronomischen Beobachtungen enthält. Diese Quelle berichtet, daß am 7. September 684 ein Komet mit einem über 15 Grad langen Schweif beobachtet wurde.

Aus zwei Geschichtswerken der Thang-Dynastie erfahren wir, daß die Chinesen – es war zur Zeit der Kaiserin Wu-hou – den Kometen ebenso mit einem über 15 Grad langen Schweif schon einen Tag früher im Westen (!) gefunden hatten, und daß sie ihn am 24. Oktober aus den Augen verloren.

Weitere Himmelsereignisse sind von den Chinesen für den 11. November und von den Japanern bei den Plejaden für die Zeit vom Dezember 684 / Januar 685 überliefert, aber es scheint uns sehr fraglich, ob diese sich auf Kometen beziehen. Jedenfalls kann ausgeschlossen werden, daß es sich hier um Halleys Kometen handelt.

Die nebenstehende Karte zeigt den Lauf des Kometen für das von Kiang angenommene Periheldatum vom 28.5 Sept. Nach Yeomans und Kiang (1981) ist es wahrscheinlicher, daß der Komet erst am 2.8 Oktober durchs Perihel ging, so daß die angeschriebenen Daten um etwa 4 Tage zu früh sind. Der Komet war lange vor dem Perihel sichtbar. Als er entdeckt wurde, hatte er die Maximalhelligkeit bereits knapp überschritten! Er stand damals gerade schon etwas östlich der Sonne und so weit nördlich von ihr, daß er tatsächlich abends im ‹Westen› (Nordwesten) sehr gut gesehen werden konnte. Allerdings hätten die Chronisten ihn ebenfalls am Morgen im Nordosten beobachten können. Auf den ersten Blick scheint es unerwartet, daß der Schweif schon fast einen Monat vor dem Periheldurchgang, als der Komet noch 0.8 AE bis zum Perihel zurückzulegen hatte, und die

erwartete Schweiflänge nur etwa 10 Millionen km betrug, bereits
unter einem Winkel von 15 Grad erschien, aber da die Distanz Erde –
Komet zu der Zeit gering war, scheint die Angabe glaubhaft. Erstaunlicher ist, daß die Quellen erst von dem Kometen berichten, als der
Schweif bereits so spektakulär geworden war. Die Chinesen verloren
ihn dann erst wieder aus den Augen, als seine Helligkeit unter die 6.
Größenklasse gefallen war.

Auch in Korea begann sich zu dieser Zeit die Astronomie unter
chinesischem Einfluß zu entwickeln. Im Jahre 647 hatte Son-dok, die

Abb. II.7
Tschomsong-dae («der Ort, der den Sternen näher liegt») in Kjongdschu
bei Pusan, Korea, aus dem Jahre 647.

27. Herrscherin der Silla-Dynastie, ein Gebäude aus 27 Steinschichten errichten lassen (Abb. II.7), das höchst wahrscheinlich als Observatorium diente. Dafür spricht schon die eingebaute Zahlensymbolik, indem eine unterste, größere Steinschicht deren Zahl auf 28 bringt, das heißt auf die Anzahl astrologischer Mondhäuser, und indem die Gesamtzahl von verwendeten Steinen der Zahl von Tagen eines Jahres entspricht. Allerdings ist der Name «Tschomsong-dae» (der Ort, der den Sternen näher liegt) erst neueren Datums; auch werden die koreanischen Quellen erst für die Zeit nach 1000 ergiebig.

Der langobardische Geschichtsschreiber, Paulus Diakonus, der im 8. Jahrhundert lebte, überliefert in seiner *Historia Langobardorum*, daß während des Pontifikats Benedikts II. (684–685) «ein Stern so hell wie der Mond hinter einer Wolke zwischen dem 25. Dezember und 6. Januar in der Nähe der Plejaden erschien». Bei dieser Erscheinung handelt es sich sicher um das gleiche Objekt, das die Japaner aufzeichneten, aber da Halleys Komet im Winter nicht in die Plejaden kommen kann, bedarf es hier keiner weiteren Betrachtung.

In der großen Weltchronik von Hartmann Schedel, die schon 1493 in Nürnberg gedruckt wurde, erwähnt der Autor einen Kometen des Jahres 684, von dem er sogar einen phantasievollen Holzschnitt abbildet, der vermutlich die erste Kometenabbildung in einem gedruckten Buch darstellt. Es ist unklar, woher Schedel die Information bezog. Möglicherweise schmückte er einfach die Angaben des Paulus Diakonus aus, denn ein großer Teil seines nachfolgenden Berichtes spiegelt deutlich den Zeitgeist des späten 15. Jahrunderts wieder: «Dieser Zeit erschien ein Komet drei Monate aneinander; der zeigte großen nachfolgenden Jammer an, denn es kamen große Regen und Donnerschläge dergleichen vorher ungesehen; die Elemente stellten sich als ob sie zur Austilgung der Stadt Rom und welschen Landes sich verschworen hätten; viel Vieh starb.., viele Menschen wurden von den Blitzen angewehet und starben, und viel Getreide verwelkte auf dem Felde ...» (Die Orthographie ist modernisiert).

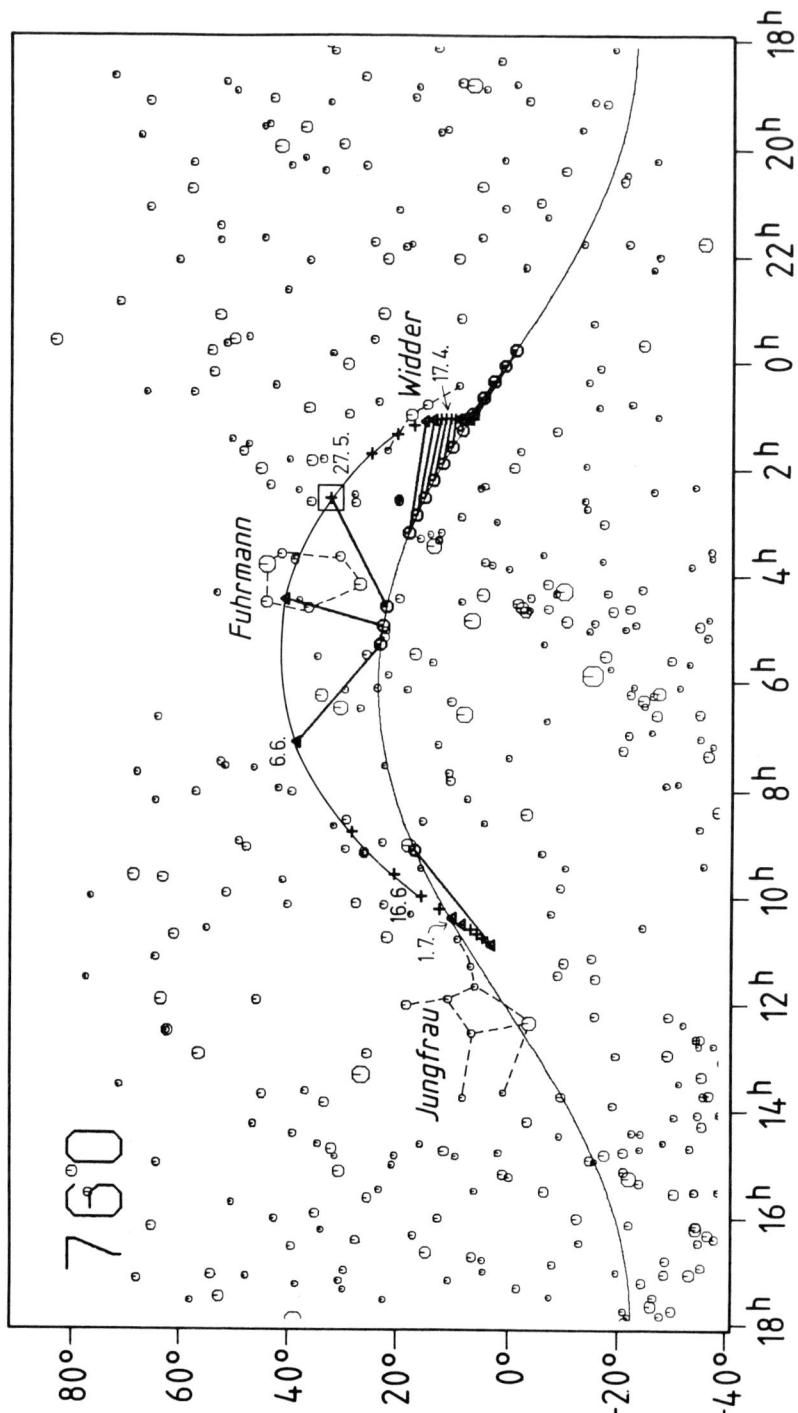

760 n. Chr.

Chinesische Beobachtungen
Die Bahnrekonstruktion
Ein Bericht aus Byzanz

Die *Alte* und die *Neue Geschichte der Thang-Dynastie* verzeichnen einen Kometen, der am Morgen des 16. Mai im Widder mit einem Schweif von 6 Grad Länge erschien, der sich dann schnell nach Nordosten an den Plejaden vorbei durch den Stier, den Orion (?), die Zwillige, den Krebs, die Wasserschlange (?) und den Löwen bewegte, innerhalb eines Grades des Sterns Beta Virginis anlangte und nach mehr als 50 Tagen verschwand.

In dieser Beschreibung schon 1846 Halleys Kometen erkannt zu haben ist Laugiers Verdienst. Die moderne Bahnberechnung, die als Periheldatum den 20.7 Juli annimmt, befriedigt diese Beobachtungen nicht nur sehr gut, sondern sie wird durch diese erheblich gestützt. Bei der Entdeckung war der Komet schon etwa von der 3. Größenklasse. Die Chinesen konnten ihn dann bis über die Vollmondnächte um den 3. Juli verfolgen und verloren ihn erst um den 10. Juli, als seine Helligkeit bereits unter die 6. Größenklasse abgesunken war.

Für Europa ist trotz der besonders quellenarmen Zeit eine ungewöhnlich gute Beschreibung des Kometen überliefert. Theophanus der Bekenner, der diesen als Knabe gesehen haben muß, berichtet in seiner berühmten *Chronographia*, in der er auch das «griechische Feuer» – eine explosive Mischung – erwähnt, mit der die Byzantiner die arabische Flotte 674/8 vernichteten, daß «im 20. Regierungsjahr des Kaisers Konstantin V. Kopronymus (741–775) ein sehr heller Komet in der Form eines Balkens für 10 Tage am Morgen und anschließend für 21 Tage am Abend erschien». Da der Komet um den 2. Juni vom Morgen- an den Abendhimmel wechselte, muß er am 23. Mai kurz vor seinem größten Glanz in Byzanz entdeckt und hierauf bis zum 23. Juni, das heißt bis etwa zur 4. Größenklasse, verfolgt worden sein.

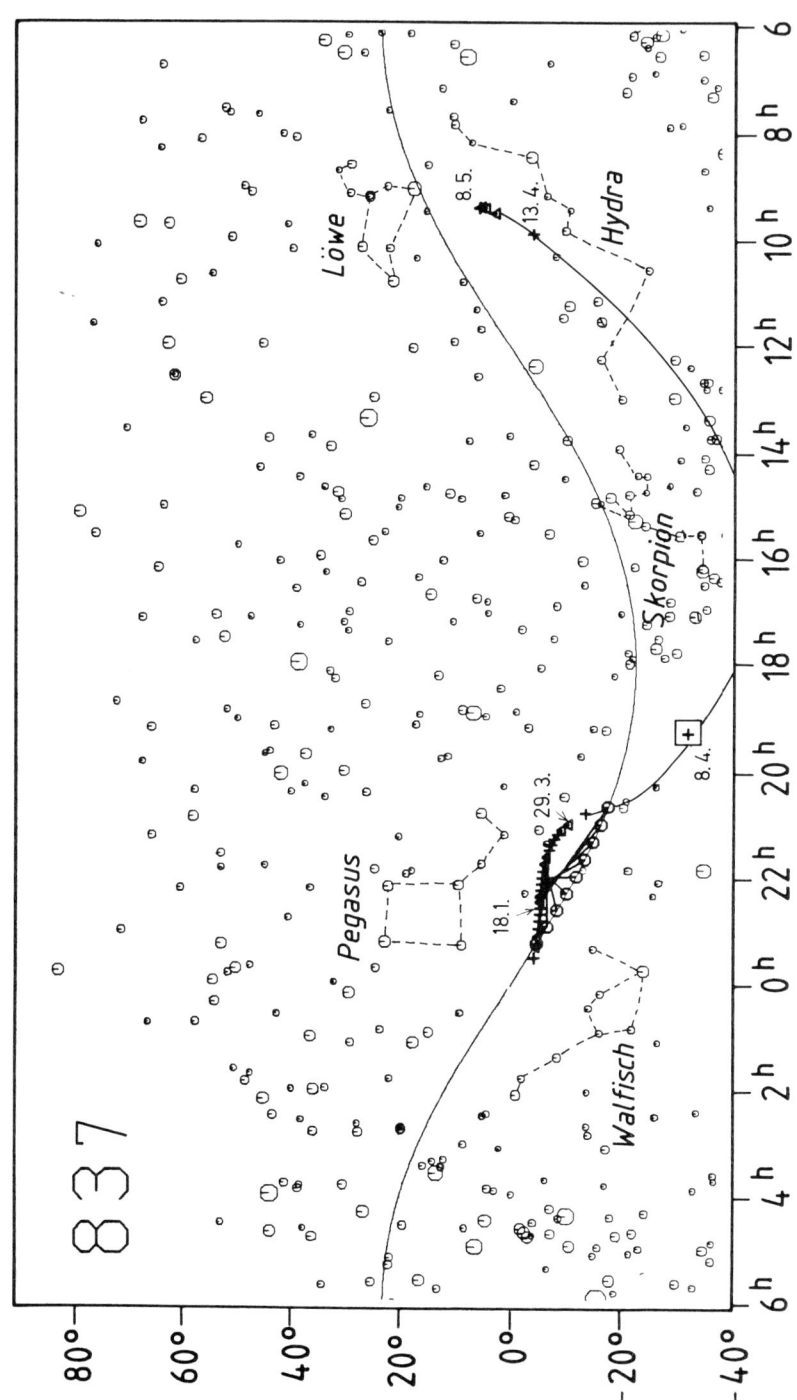

837 n. Chr.

Halleys Komet in Erdnähe
Chinesische, japanische und europäische Quellen
Christliche Kometenfurcht
Arabische Kometenastrologie

Es war das Rekordjahr des Halleyschen Kometen, denn nie ist er der Erde näher gekommen, und dementsprechend war er nie heller und trug nie einen längeren Schweif. Nur drei- oder viermal hat die Erde einen noch näheren Besuch durch einen Kometen erfahren, nämlich 1770 durch P/Lexell, 1366 durch P/Tempel-Tuttle, 1983 durch den Kometen IRAS-Araki-Alcock, und vielleicht noch 1491 wo ein Komet, dessen Bahn allerdings schlecht bestimmt bleibt, sich der Erde möglicherweise bis auf 1.5 Millionen Kilometer näherte.

Wegen der großen Erdnähe war die Gravitationswirkung der Erde auf Halleys Kometenbahn erheblich. Die große Schwierigkeit, diese Störwirkung exakt zu bestimmen, ist erstmals 1981 von Yeomans und Kiang gemeistert worden. Nach ihnen erreichte der Komet am 28.3 Februar sein Perihel und am 10.5 April kam er bis auf 5 Millionen Kilometer an die Erde heran. Das ist fast 13mal näher als im Jahre 1986. Dementsprechend muß der Komet um den 10. April oder kurz danach fünf Größenklassen heller gewesen sein als während seiner größten Helligkeit 1986. Da diese auf 2.2 Größenklassen vorausberechnet wird, dürfte er damals die Größenklasse −3 erreicht haben.

Für China läßt sich mit Hilfe der *Alten* und der *Neuen Geschichte der Thang-Dynastie* fast ein Tagebuch des Kometen aufstellen. Als er am 22. März entdeckt wurde hatte er bereits einen Schweif von 10 Grad Länge. Dieser wuchs bis zum 6. April auf über 15 Grad, bis zum 9. April auf 75 Grad und am 14. April maß er 120 Grad, so daß er zwei Drittel des Himmels überspannte. In ungewöhnlich schnellem Lauf kam der Komet am 13. und 14. April zu Deklinationen südlich von −40 Grad; trotzdem verloren die Chinesen und Japaner wegen ihrer geographischen Breite ihn kaum aus den Augen. Schon drei Tage später stand er wieder nahe des Himmelsäquators, aber bereits kurz nach dem Vollmond vom 21. April, nämlich am 28. April, wurde er zum letzten Mal gesehen; seine berechnete Helligkeit war damals noch nicht einmal auf die 4. Größenklasse abgefallen.

In den japanischen Annalen kommt der Komet nur vom 12. bis 17. April vor; an letzterem Datum war seine Sichtbarkeit bereits durch den Mond beeinträchtigt.

Auch in verschiedenen europäischen Quellen wird des Kometens vom 11. April bis angeblich zum 7. Mai (was durchaus möglich ist, da sich seine Helligkeit zu dieser Zeit auf etwa die 6. Größenklasse berechnet) Erwähnung getan.

Der Chronist Aginard (770–840) überliefert, daß während des heiligen Osterfestes (1. April) ein unheilvolles und ominöses Zeichen am Himmel erschien. Der Kaiser Ludwig der Fromme, Sohn Karls des Großen, ließ Aginard rufen und fragte ihn nach der Bedeutung des Zeichens. Dieser versuchte ihn mit den Bibelworten «Fürchte nicht die Zeichen des Himmels, denn sie erschrecken nur die Narren» zu beruhigen, worauf der Kaiser erwiderte: «Ich weiß, daß es Änderungen anzeigt in den Königreichen und den Tod von Herrschern». Daraufhin fastete und betete der Kaiser, spendete Almosen und baute Kirchen und Sanktuarien, bis er im Jahre 840 starb.

Wir finden hier eine noch milde Form der sich entwickelnden, christlichen Kometenfurcht, die bis ins 17. Jahrundert eine dominierende Rolle im Abendland spielte. Das Christentum hatte wenig Verständnis für die «wissenschaftlichen» Kometenfolgen des Aristoteles, und die schicksalhafte, unentrinnbare Verstrickung des Menschen mit den Lehren der Astrologen lag ihm wohl noch ferner, wie denn diese Lehren auch später in den päpstlichen Bullen durch Sixtus V. (1586) und Urband VIII. (1631) ausdrücklich verurteilt wurden. Aber damit war noch keine Erklärung der Kometen gefunden. Diese mußten durch Gottes Willen entstehen und einen tieferen Sinn haben. Die Interpretation, daß dieser Sinn in einer Warnung der Menschen vor ihren Sünden liegt, wurde, da Kometen in der Bibel nicht direkt genannt werden, vor allem mit Lukas 21, 11: «Und es werden geschehen große Erdbeben hin und wieder, teure Zeit und Pestilenz; auch werden Schrecknisse und große Zeichen vom Himmel geschehen». Und Lukas 21, 25–26 «Und es werden Zeichen geschehen an Sonne und Mond und Sternen; und auf Erden wird den Leuten bange sein, und sie werden zagen; und das Meer und die Wasserwogen werden brausen; Und die Menschen werden verschmachten vor Furcht und vor Warten der Dinge, die kommen sollen auf Erden; denn auch der Himmel Kräfte werden sich bewegen» belegt. Nur die Reuigen und Bußfertigen würden vor der Strafe Gottes gerettet werden. Die großen Kirchenväter wie Origenes, der Heilige Beda (ca. 672–735), Johannes von Damaskus (ca. 700–754) und Hrabanus Maurus (ca. 776–856) sahen in den Kometen Gotteszeichen, und Kirche und Volksglauben folgten ihnen hierin.

Aber etwa zur gleichen Zeit wurde auch die Kometenastrologie gefördert. In Bagdad schrieb Albumasar (786–886) sein Buch über Konjunktionen *(De magnis conjunctionibus)*, in dem die Bedeutung von Kometen in den 12 Tierkreiszeichen erläutert wird. Im 13. Jahrhundert kam seine Lehre über Spanien nach Europa und rivalisierte hier mit dem christlichen Kometenbild.

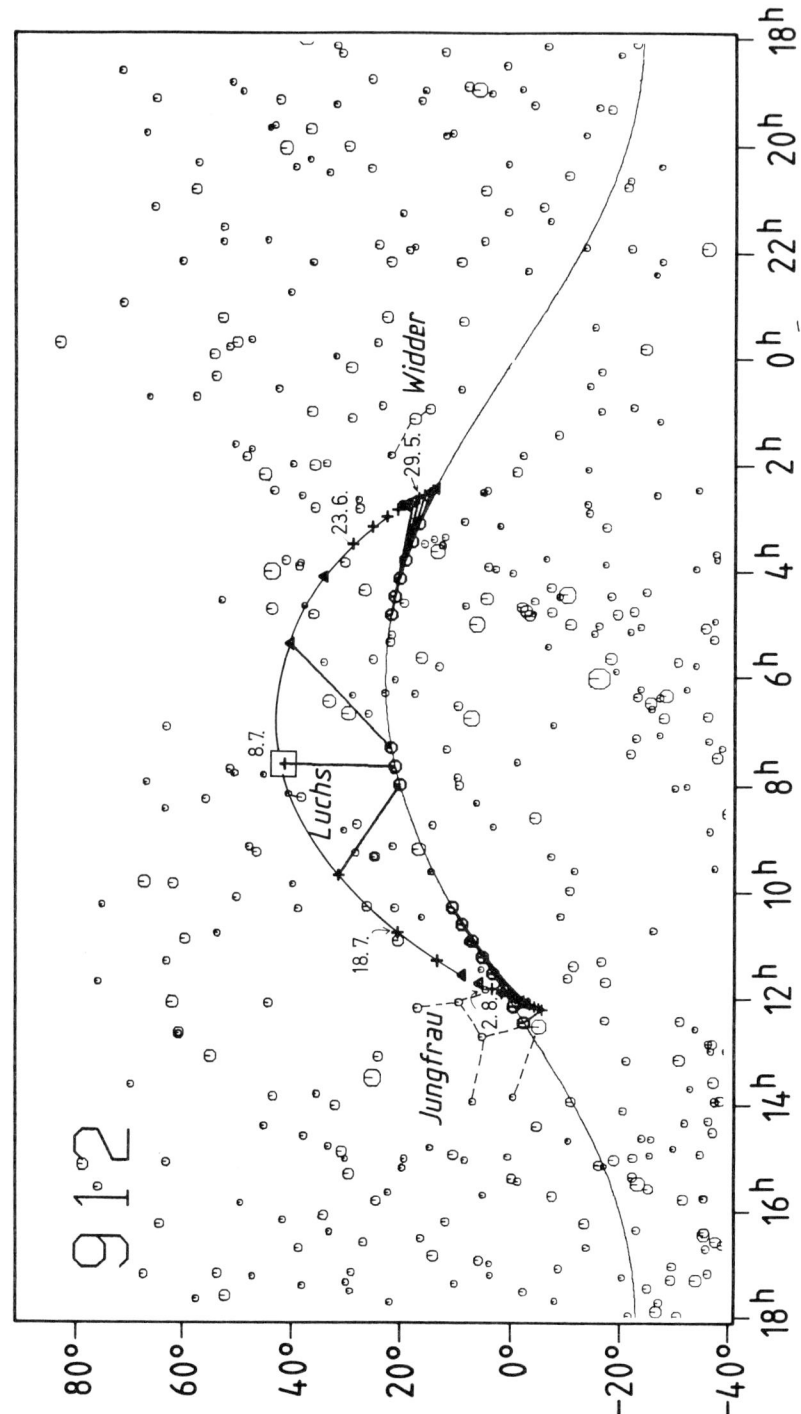

912 n. Chr.

Die berechnete Bahn
Schweigen aus China
Berichte aus Japan, Byzanz und St. Gallen

Während Hind 1850 noch glaubte, die Perihelzeit fiele bei dieser Wiederkehr in den Anfang des Aprils, zeigte Kiang 1972, daß sich die meisten überlieferten Beobachtungen gut erklären lassen, wenn man die Perihelzeit auf den 9.5 Juli verlegt. Auf dieser Annahme beruht die nebenstehende Zeichnung. Yeomans und Kiang haben dann 1981 gezeigt, daß die globale Lösung für die Kometenbahn ein Periheldatum vom 18.7 Juli verlangt. Entsprechend müssen die in der nebenstehenden Figur angegebenen Daten um etwa 9 Tage angehoben werden.

Die Chinesen haben diese Wiederkehr des Halleyschen Kometen offenbar nicht registriert. Zwar berichten sie von einem Kometen während der Mitte des Mais, aber hierbei muß es sich um einen sonst unbekannten Kometen gehandelt haben.

Aber das japanische *Dainihonshi* überliefert einen Kometen, der am 19. Juli im Nordwesten stand. Am 24. Juli tauchte er zusätzlich im Südosten (?) auf, am 25. Juli erschien er wiederum (d. h. immer noch) im Nordwesten, und am 28. Juli wurde er im Westen gesehen.

Da der Komet im maximalen Glanz um den 17. Juli eine Deklination von +40 Grad hatte, konnte er tatsächlich um diese Zeit am Abend im Nordwesten und am Morgen im Nordosten (allerdings nicht im *Südosten!*) gesehen werden. Nachdem er am 28. Juli bereits tief im Löwen angelangt war, stand er schon so weit östlich der Sonne, daß er nur noch abends im Westen gesehen werden konnte.

Es ist wohl einem Zufall zuzuschreiben, daß wir über diese Wiederkehr ausnahmsweise mehr aus Byzanz als aus China erfahren. Leo Grammaticus vermerkt in seiner *Chronographia*, daß während der Herrschaft des Kaisers Alexander (11.5.912–6.6.913) ein Komet für 15 Tage erschien. Nach einem anderen byzantinischen Chronisten, Symeon, währte der Komet sogar 40 Tage, was nicht unmöglich erscheint, wenn er gleich nach dem Vollmond vom 2. Juli entdeckt wurde. Weil er die Form eines Schwertes hatte, nannten die Byzantiner ihn *Xiphias*.

Auch aus dem Kloster St. Gallen, das damals ein Zentrum des frühmittelalterlichen Geisteslebens war, ist die Kunde von dem Kometen auf uns gekommen.

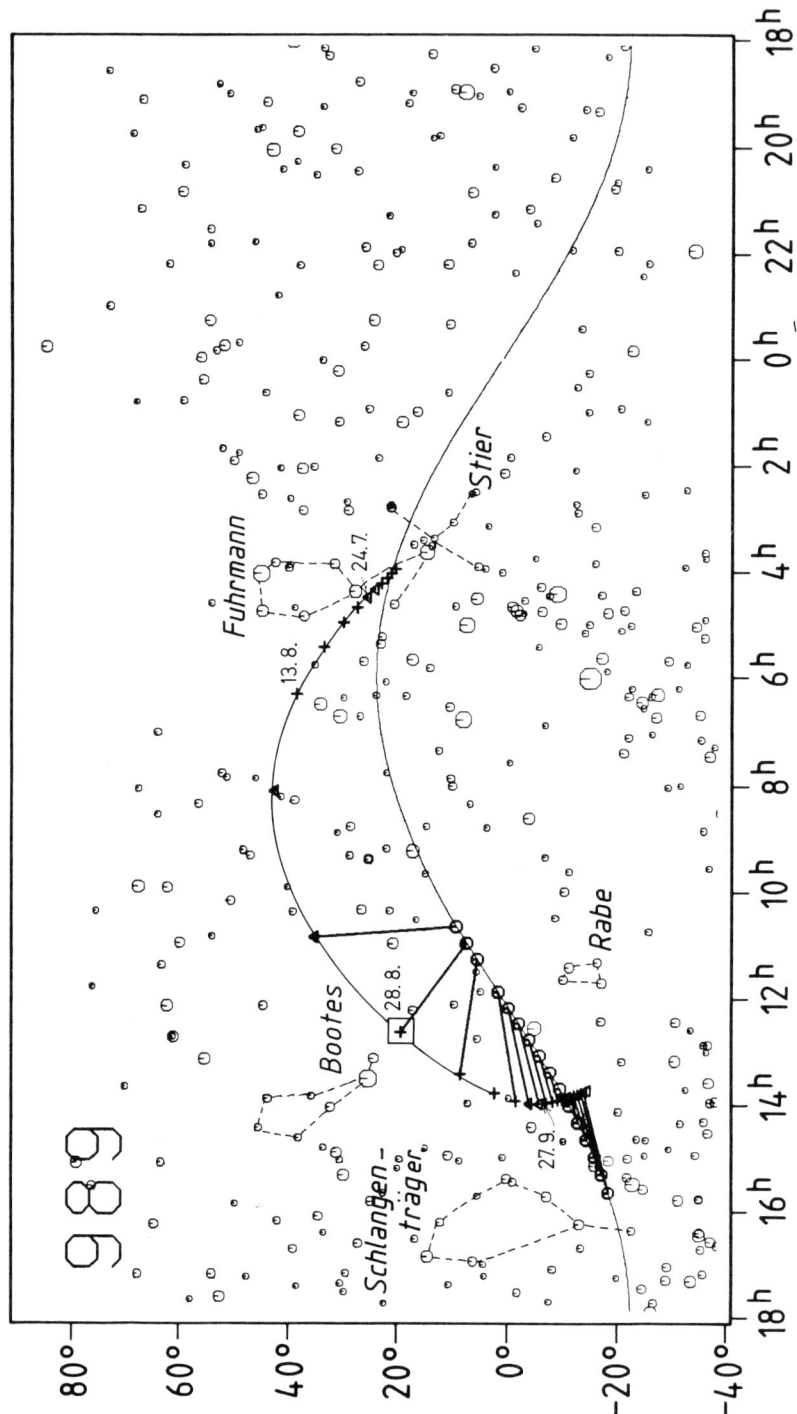

989 n. Chr.

Die berechnete Bahn
Berichte aus China, Japan und Korea
Sarazenen und St. Galler Mönche
al-Bīrūnī

Die integrale Bahnbestimmung von Yeomans und Kiang gibt für diesen Durchgang eine Perihelzeit vom 5.7 Sept. Vorher glaubte man, die Perihelzeit liege 3 Tage später. Da die nebenstehende Figur mit dem Lauf des Kometen am Himmel für das spätere Periheldatum gerechnet ist, sollten die angeschriebenen Daten jeweils um 3 Tage vorgerückt werden.

Für diese Wiederkehr gibt es eine Reihe von überlieferten Beobachtungen, in denen übrigens Hind 1850 zuerst Halleys Kometen erkannte, nachdem schon Burckhardt 1804 die chinesischen Beobachtungen für eine Bahnberechnung verwendet hatten, ohne aber den Zusammenhang mit dem Halleyschen Kometen zu erkennen.

Nach der *Geschichte der Sung-Dynastie,* die erst 1345 geschrieben wurde, erschien am 13. August (mit einer berechneten Helligkeit von fast 3 Größenklassen) zwischen dem Fuhrmann und den Zwillingen ein bläulich-weißer Komet, der (wegen seiner nördlichen Stellung) 10 Tage lang – mit wachsendem Schweif – sowohl am Morgen im Nordosten wie am Abend im Nordwesten gesehen werden konnte. Er durchlief den westlichen Teil des Bootes und entschwand nach dreißig Tagen in der Jungfrau.

Während der chinesische Bericht ausgezeichnet mit der berechneten Bahn übereinstimmt, stellt die japanische Überlieferung Probleme. Nach dem *Dainihonshi* sahen die Japaner schon am 6. Juli einen Kometen im Osten und im Westen. Da damals Halleys Komet noch hoffnungslos schwach war, muß ein Datierungsfehler vorliegen. Auf jeden Fall sahen die Japaner dann am 16. August im Osten Halleys Kometen mit einem 8 Grad langen Schweif, – ohne allerdings zu bemerken, daß derselbe auch abends im Westen gesehen werden konnte.

Vielleicht liegt für diese Wiederkehr auch der erste Hinweis aus Korea vor. Die Chronik *Koryô-sa* meldet einen Kometen für den 18. Oktober; aber hier muß es sich wiederum um einen Datierungsfehler handeln, denn zu dem genannten Datum war Halleys Komet dem unbewaffneten Auge längst entschwunden.

Die Zeitperiode dieser Wiederkehr wird auch in der Weltchronik *Majmu'-al-Mubarak* des Jirjis al-Makin Ibn-al-'Amid (1205–1273), eines christlichen Arabers in Spanien, der in Europa unter dem Namen

Georg Elmacin bekannt wurde, behandelt. Er berichtet, daß ein Komet am 28. Juli im Westen (?) erschien und mehr als 20 Tage gesehen wurde. Das Datum vom 28. Juli ist erstaunlich früh, da der Komet damals kaum heller als die 6. Größenklasse war. Auch die Angabe «im Westen» ist unmöglich, da der Komet Ende Juli so weit im Westen der Sonne stand, daß er ausschließlich morgens im Osten gesehen werden konnte. Schließlich ist sonderbar, daß nach Elmacin die Sarazenen den Kometen bereits um den 20. August verloren haben sollen, als seine Helligkeit und sein Schweif sich immer noch vergrößerten. Man möchte annehmen, daß auch hier wieder ein Datierungsfehler vorliegt, indem das Entdeckungsdatum um ungefähr 30 Tage zu früh angesetzt ist, womit dann auch die unverständliche Himmelsrichtung erklärt wäre.

Etwa 80 Jahre nach dieser Erscheinung schrieb in St. Gallen der Mönch Hepidanus eine Heiligengeschichte und andere Aufzeichnungen. Nach ihm wurde ein Komet am 10. August 995 (?) entdeckt. Trotz des falschen Jahres handelt es sich hier sicher um Halleys Kometen, denn Hepidanus Jahresangaben aus jener Zeit sind durchweg um 6 Jahre zu spät angesetzt. In diesem Falle haben die Mönche in St. Gallen den Kometen noch vor den Chinesen entdeckt.

Als Halleys Komet über den Himmel zog, war einer der nachmals hervorragendsten Astronomen des Orients, al-Bīrūnī, gerade 16 Jahre alt. Wir wissen, daß er schon im Jahre darauf die Höhe der Mittagssonne in Kath (Uzbekistan) mit einem graduierten Ring maß. Es ist denkbar, daß er auch schon 989 die Position des Kometen bestimmte.

1066

Die berechnete Bahn
Fernöstliche Quellen
Europäische Quellen
Ein Ausbruch des Kometen?
Ein Bericht aus Viterbo
Wilhelm der Eroberer und der Teppich von Bayeux
Die Supernova von 1054

Viele Zeitgenossen in Europa waren sich des Zusammentreffens dieser Wiederkehr mit den umwälzenden Ereignissen in England gewahr, wodurch die ungewöhnlich zahlreichen europäischen Berichte, die auf uns gekommen sind, erklärt werden. Aber auch die Aufzeichnungen aus China sind ausführlicher als bei den meisten übrigen Erscheinungen des Halleyschen Kometen. Der letztere Umstand kann nur erklärt werden, wenn man sich vergegenwärtigt, daß diese Wiederkehr überdurchschnittlich günstig war.

In der Tat muß der Komet im Jahre 1066 einen großartigen Anblick geboten haben. Es war wiederum Hind, der 1850 zuerst realisierte, daß es sich bei der Erscheinung um Halleys Kometen gehandelt haben muß. Eine gute Bahnrekonstruktion lieferte 1972 Kiang, der einen Periheldurchgang am 23.8 März annahm; auf seiner Bahn beruht auch die umstehende Figur, die den Lauf des Kometen über den Himmel zeigt. In ihr müssen die angeschriebenen Daten noch um 3 Tage vorverlegt werden, um besser mit der Perihelzeit vom 20.9 März übereinzustimmen, welches Datum nach der globalen Bahnberechnung von Yeomans und Kiang das wahrscheinlichste ist.

Nach der berechneten Bahn erwartet man, daß der Komet wegen mangelnder Helligkeit und Sonnennähe nicht vor dem 1. April gesehen werden konnte. Bis zum 23. April bewegte er sich vom Pegasus in die Zwillinge, wo er etwa mit der 0. Größenklasse seine größte Helligkeit erreichte. Er rückte dann immer weiter von der Sonne weg, so daß er eindrücklich hoch am Abendhimmel gesehen werden konnte. Ende Mai wurde er so schwach, daß er sich dem bloßen Auge entzog.

In China wurde der Komet tatsächlich schon am Morgen des 2. Aprils, vermutlich wegen seines bereits 10 Grad langen Schweifes entdeckt. Am 25. April war der Schweif auf 15 Grad Länge und am 26. auf über 20 Grad angewachsen. Seit dem 24. April war der Komet am Abendhimmel zu sehen. Er wurde dann erstaunlich lang bis zum 7. Juni verfolgt. Wegen einer detaillierten Wiedergabe der fernöstlichen Beobachtungen sei hier und für die späteren Erscheinungen des Kometen auf die große Arbeit von Ho Peng Yoke (1962) verwiesen.

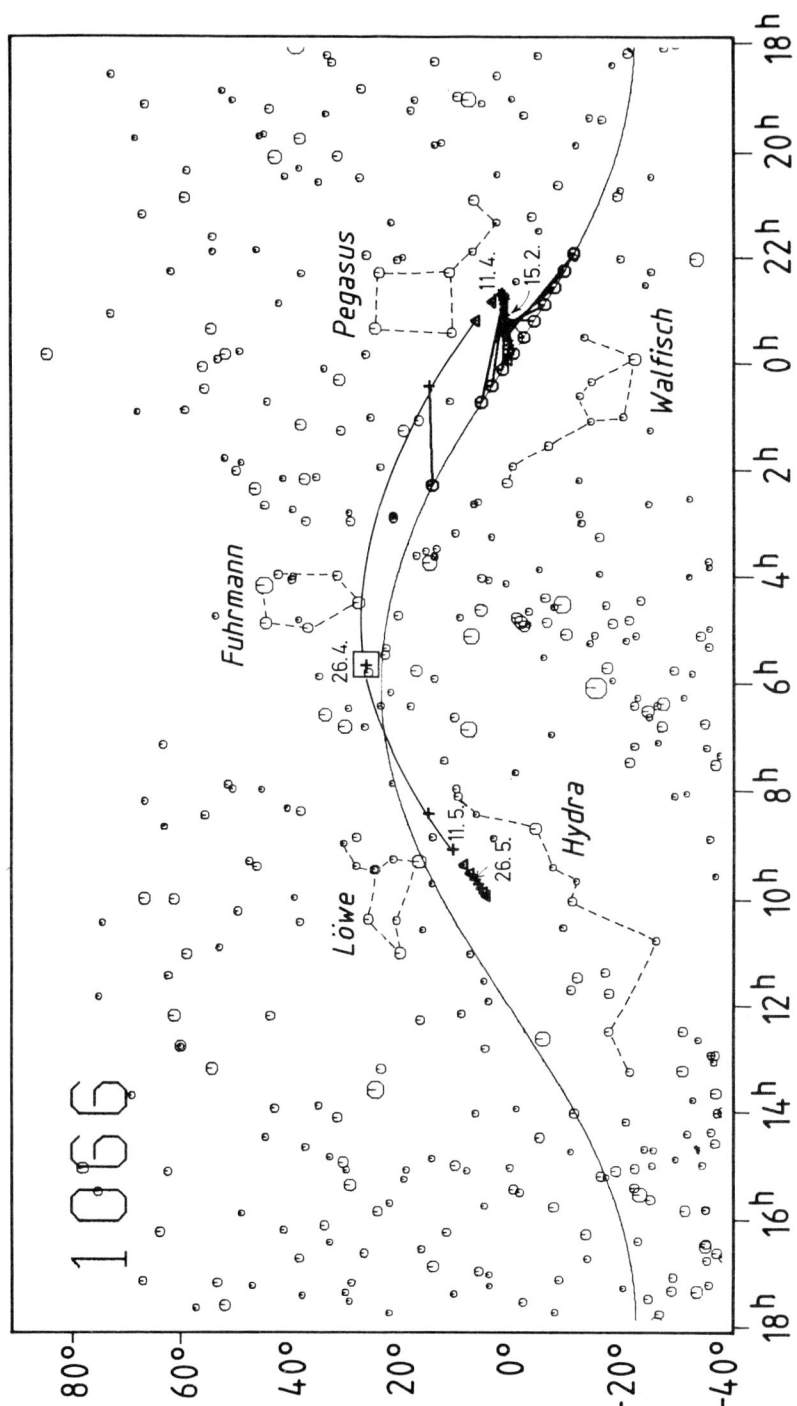

Die Koreaner beobachteten den Kometen erst am 19. April und zwar im Nordwesten; diese Angabe scheint glaubhaft. Die Japaner fanden den Kometen im Osten (?) sogar erst am 22. April mit einem Schweif von 10 Grad Länge; sie verloren ihn – vermutlich wegen Wolken – am 12. Mai, fanden ihn aber von neuem am 17. Mai im Westen.

Die Beobachtungen aus China, die hier und bei den übrigen Erscheinungen des Halleyschen Kometen aufgeführt werden, werfen die Frage auf, wie die entsprechenden Aufzeichnungen nach Europa gekommen sind, so daß sich auch die bereits mehrfach zitierten Bahnberechner wie Laugier und Hind schon im letzten Jahrhundert auf diese stützen konnten. Der Jesuitenpater Antoine Gaubil schickte im Jahre 1759, seinem Todesjahr, ein Manuskript *Catalogue des comètes vues en Chine* von Peking nach Frankreich, in dem er alle Kometenerwähnungen aus dem großen Geschichtswerk von Ma Tuan-Lin (geschrieben 1254) und seinem Supplement (geschrieben 1586) zusammengefaßt und übersetzt hatte. Außerdem übersetzte de Guignes kurz nach 1780 den ganzen Hauptteil des Ma Tuan-Lin, und kurz vorher hatte der Pater de Mailla ein anderes chinesisches Geschichtswerk, das 1476 von einer kaiserlichen Kommission verfaßt worden war, ins Französische übertragen. Diese Quellen standen Pingré, auf den wir unter dem Jahr 1456 zurückkommen werden, zur Verfügung, als er 1783/84 seine *Cométographie* veröffentlichte. Weitere Angaben mit neuen Funden, Ergänzungen und Verbesserungen wurden schließlich 1962 durch Ho Peng Yoke gekrönt, dessen äußerst wertvoller Kometenkatalog neben allen Überlieferungen aus China und Korea auch solche aus Japan enthält.

Nach Pingré kennt keine europäische Chronik den Kometen vor dem Osterfest (16. April), ja manche Chronik erwähnt ihn erst im letzten Drittel des Aprils. Der byzantinische Chronist Johannes Zonaras spricht sogar – vielleicht der Kürze wegen – nur von einem Kometen im Mai. Die Berichte über die Sichtbarkeitsdauer sind sehr unterschiedlich und unzuverlässig. Während eine deutsche Quelle ihn nur für eine Nacht erwähnt, überliefert das *Historiae Francicae fragmentum* drei Monate, was klarerweise übertrieben ist. Drei französische Quellen wissen von 5, 9 und 12 Tagen, eine englische Quelle von 7 Tagen, zwei deutsche Quellen von 14 und 30 Tagen, eine normannische Quelle von ebenfalls 14 Tagen und eine italienische Quelle von 20 Tagen; die Byzantiner schließlich sind sich einig, daß die Erscheinung 40 Tage gedauert hat. Mehrere Autoren vergleichen die ‹Größe› (nicht die Helligkeit!) des Kometen mit derjenigen des Vollmondes, was nichts anderes bedeutet, als daß die Koma einen Durchmesser von $\frac{1}{2}$ Grad hatte.

Eine besonders wichtige Quelle, die es punkto Klarheit und Präzision mit manchem chinesischen Bericht aufnehmen kann, wurde erst 1910 von dem Kanoniker G. Bevilacqua in der Kathedrale von Viterbo gefunden und von dem Jesuitenpater J. Stein publiziert. Aus ihr erfährt man, daß der Komet (schon) am 5. April als Morgenstern im Osten erschien, daß er bis zum 19. April sichtbar blieb, um dann in den Sonnenstrahlen zu verschwinden, daß er abends am 24. April im Westen wieder auftauchte und aussah wie der verdunkelte (!) Mond, und schließlich daß sein Schweif wie Rauch halbwegs zum Zenith aufstieg, und daß er bis anfangs Juli (!) sichtbar blieb. Dieser Bericht allein würde ausreichen, um eine zuverlässige Bahnkonstruktion zu ermöglichen.

Eine sonderbare Beobachtung in der Überlieferung muß noch speziell erwähnt werden. Die Chinesen berichten für die Zeit zwischen dem 24. und 25. April recht unverständlich: «Der Komet bewegte sich weiter nach Osten. Dann war da ein Dampf mit einer Weite von 4.5 Grad, der in die.. (nördlichsten Gebiete) trat und sich mit dem Skorpion vereinte und mit Kopf und Schweif unter den Horizont gelangte». Man würde dies als Phantasie abtun, wenn nicht die Byzantiner auch etwas ganz Ungewöhnliches beobachtet hätten. So schreibt Zonaras (*Annales*, Ausgabe Paris 1687, S. 274), daß der Komet im Mai für 40 Tage beobachtet wurde. Da dies nicht gut möglich ist, muß dies wohl notwendigerweise dahin interpretiert werden, daß der Komet in Byzanz schon seit dem letzten Drittel des Monats April beobachtet wurde, was bei der großen Helligkeit des Kometen auch kaum anders zu verstehen wäre. Also kann Zonaras sich sehr wohl auf die Tage um den 24./25. April beziehen, wenn er fortfährt: «Ein Komet erschien, der der Abendsonne nachfolgte, und der am Anfang die Größe des Vollmondes hatte; daraufhin verkleinerte sich die herausgewachsene Koma, und sie schrumpfte so viel, wie sie (vorher) anwuchs». Und der Byzantiner Michael Glycas (*Siculi Annales*, Ausgabe Paris 1660, S. 325) notierte: «Der Komet... glich in Größe dem Mond, und wirklich wurde er am Anfang gesehen, wie er Dampf und Rauch ausstieß» Pingrés Versuch, diese Berichte durch einen Sternschnuppenschwarm zu erklären, scheint – obwohl die Zeit für die Eta-Aquariden günstig wäre – untauglich. Wahrscheinlich handelt es sich hier um einen kometaren Ausbruch, wie er gelegentlich bei Kometen beobachtet wird.

In diesem Falle wären die Texte der Chronisten der Versuch, die plötzlich vom Kometenkern ausgestoßene, helle Materiewolke, die langsam wegexpandierte, zu erklären. Ein derartiger Ausbruch könnte den Kometen bis in den Juni hinein überhell gemacht haben und damit erklären, warum er in China und in Viterbo bis zu einem Zeitpunkt beobachtet wurde, an dem die nach der allgemeinen Helligkeitsformel berechnete Helligkeit von 6.5 Größenklassen eine solche Beobachtung an sich höchst unwahrscheinlich erscheinen läßt.

Am berühmtesten ist der Komet von 1066 wegen der anschließenden Invasion Englands durch die Normannen geworden. Am 5. Januar war Eduard der Bekenner gestorben; ihm folgte als letzter angelsächsischer König von England Harold II. Am 25. September besiegte und tötete dieser seinen feindlichen Bruder Tostig und Harald Hardraade, König von Norwegen. Aber schon drei Tage später landete der Normannenherzog Wilhelm der Eroberer in England. In der anschließenden Schlacht bei Hastings fiel Harold am 14. Oktober. Diese Ereignisse sind in 58 Bildern dargestellt auf einem einzigartigen, gestickten Bildteppich aus grobem Leinen, der vermutlich entweder von Mathilde, der Frau von Wilhelm dem Eroberer, oder von Odo, Bischof von Bayeux, in Auftrag gegeben wurde. Dieser Teppich, der sich heute

Abb. II.8
Der Teppich von Bayeux mit der Darstellung des Halleyschen Kometen. (Reproduktion mit spezieller Erlaubnis der Stadt Bayeux).

im Rathaus von Bayeux befindet, hat eine Höhe von 50 cm und eine Länge von 70 m. In dem 32. und 33. Bild (Abb. II.8) erkennt man eine Gruppe von Männern, die erschreckt Halleys Kometen betrachten; über ihnen stehen die Worte:

Isti mirant(ur) stella(m)
(Diese staunen über den Stern),

während rechts daneben ein Bote die schlechte Nachricht König Harold überbringt; dieser sieht als Vision zu seinen Füßen schon die feindlichen Schiffe. Das Fazit dieser geschichtlichen Ereignisse faßte Henry von Huntingdon etwa 90 Jahre später in den Versen

Caesariem, Caesar, tibi si natura negavit,
Hanc, Willelme, tibi stella cometa dedit.
(Die Krone, Caesar, die Dir die Natur verweigerte,
Ist Dir, Wilhelm, von dem Kometenstern gegeben worden)
zusammen.

Es ist verwunderlich, daß Halleys Komet von 1066 in Europa so überaus gut belegt ist, daß aber die Supernova, die in China am 4. Juli 1054 entdeckt wurde, und die etwa 2 Wochen später mit −4 Größenklassen ein mindestens ebenso großartiges Schauspiel geboten haben sollte, bei den europäischen Chronisten keinerlei bleibenden Eindruck hinterlassen hat. Auch ein historischer Aufhänger wäre für die Zeit des maximalen Glanzes der Supernova gegeben gewesen, weil in jenen Tagen der spätere Kaiser des Heiligen Römischen Reiches Deutscher Nation, Heinrich IV., zum Deutschen König gekrönt wurde. Sollte die Bevorzugung des Halleyschen Kometen durch die europäischen Chronisten einfach ihren Grund darin haben, daß der oben erwähnte Ausbruch den Kometen viel heller machte als normalerweise und dieser dadurch die Supernova von 1054 relativ unerheblich erscheinen ließ?

1145

Erste Beobachtung in Italien (?)
Der Mönch Eadwine
Ein japanisches Tagebuch
Späte Beobachtungen in China und Korea
Kometenbeobachtung in Persien
Die berechnete Bahn
Arabische Astrologie in Europa

Die früheste Beobachtung des Halleyschen Kometen bei dieser Wiederkehr ist in einem Kalendarium der Biblioteca Ambrosiana in Mailand überliefert; das Datum vom 15. April, als der Komet die an sich durchaus mögliche Helligkeit von 3 Größenklassen gehabt haben dürfte, ist die einzige erhaltene Beobachtung *vor* dem Periheldurchgang. Allerdings wurde das Kalendarium erst 130 Jahre nach dem Ereignis geschrieben. In Europa sind im weiteren zwei oder drei unzweifelhafte Berichte aus jenem Jahr überliefert. Der englische Mönch Eadwine hinterließ ein schönes Psalmenbuch, in dem er eine stark stilisierte Abbildung eines Kometen gab (Abb. II.9). Obwohl nicht mit Sicherheit gesagt werden kann, daß ihm hierbei Halleys Komet Modell gestanden hat, ist dies sehr wahrscheinlich, da das Psalmenbuch aus anderen Gründen auf das Jahr 1145 oder kurz danach datiert wird.

In Japan wurde der Komet seit dem 24. April, also erst nachdem er durch sein Perihel gegangen war, vom Volk beobachtet. Für die Zeit vom 9. Mai, als der Komet einen 30 Grad langen Schweif hatte, bis zum 18. Juni gibt es zehn wertvolle Beschreibungen desselben in dem Tagebuch des Hudiwara-no-Yorinaga. Um die Zeit des letztgenannten Datums erwartet man tatsächlich, daß er unter die 6. Größenklasse fiel.

Es ist merkwürdig, daß der Komet in China erst vom 26. April an erwähnt wird, obwohl er damals schon nahezu sein Helligkeitsmaximum von etwa 2 Größenklassen erreicht haben muß. In der dort typischen Weise wird sein Weg durch die Sternbilder beschrieben und erwähnt, daß er anfänglich am Morgen und vom 14. Mai an abends gesehen wurde. Die Angabe, daß er bis zum 9. Juli verfolgt werden konnte, ist erstaunlich, da er zu diesem Zeitpunkt schon auf die 8. Größenklasse hätte abgefallen sein sollen. Daraus zu schließen, daß der Komet 1145 wiederum wie schon 1066 heller als gewöhnlich gewesen wäre, ist nicht wirklich gerechtfertigt, da er nach einer anderen chinesischen Quelle bereits am 14. Juni verschwand, also noch etwas früher, als er dies für die Japaner tat.

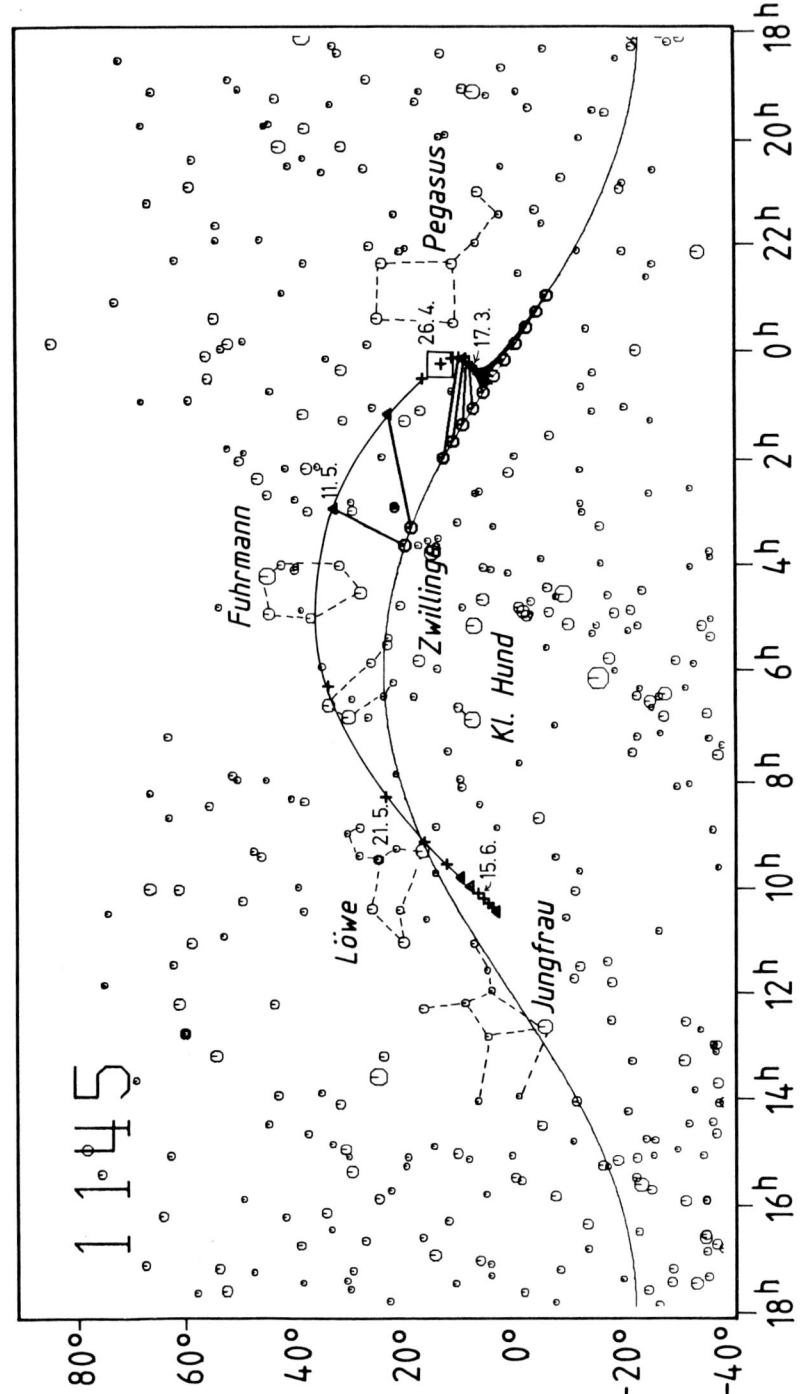

Abb. II.9
Das *Eadwine-Psalmenbuch* wurde vom Mönch Eadwine wahrscheinlich 1145 oder kurz danach nach dem älteren Utrecht-Psalmenbuch kopiert. Neben Halleys Kometen eine Legende bezüglich der Helligkeit des «Haarsterns» und nach der Kometen selten erscheinen und «Zeichen» sind. Über dem Bild des Kometen drei lateinische Versionen des 5. Psalms: Hebraicum, Romanum und Gallicanum.

Die Koreaner überliefern die Wiederkehr nur für die Tage zwischen dem 14. und 29. Mai.

Daß der Komet auch im damaligen Persien Beachtung fand, kann aus der Tatsache gemutmaßt werden, daß der außerordentlich fruchtbare persische Astronom al-Khāzinī in einem seiner Werke die Himmelspositionen von «al-Kayd» aufzeichnete. Bei diesem Objekt dürfte es sich um einen Kometen handeln; allerdings ist das Werk schon im Jahre 1115 geschrieben worden, so daß sich hinter ihm nicht Halleys Komet verbergen kann, – wohl eher der Komet vom Jahre 1110, der im Fernen Osten für 20 Tage gesehen wurde.

Nachdem schon Hind in den chinesischen Beobachtungen Halleys Kometen erkannt hatte, haben Yeomans und Kiang gefunden, daß alle Beobachtungen ausgezeichnet mit dem Periheldatum vom 18.6 April übereinstimmen.

Zur jener Zeit erhielt die Astrologie in Europa neuen Aufschwung. Im arabisierten Spanien übersetzten zwischen 1135 und 1153 Johannes Toletanus (Salomon ben David) und Domenico Gondisalvo mehrere astrologische Texte der Araber ins Lateinische.

1222

Beobachtungen in Europa, in Korea, Japan und China
Die Bahn des Kometen
Dschingis Khan
Die Kometen von 1232 und 1264
Reiches Schrifttum
Kometomantik

Wie schon im Jahre 1145 ist es wieder das Kalendarium in der Ambrosiana, das den Kometen bei seiner Rückkehr 1222 zuerst erwähnt; da zu dem genannten Datum, dem 15. August, derselbe aber kaum heller als die 6. Größenklasse sein konnte, melden sich Bedenken, ob die Daten des Kalendariums nicht in beiden Fällen um etwa einen Monat zu früh angesetzt sind. Unverständlich bleibt in derselben Quelle auch die Bemerkung «der Mond war wie tot, er hatte keinen Glanz mehr und er vereinigte sich mit dem Kometen». – Es besteht aber kein Zweifel, daß der Komet, nachdem er heller geworden war, in Europa weiterum gesehen wurde; in fast einem Dutzend von Quellen ist er überliefert. Die Chronik von Bologna, in dem zu jener Zeit Franz von Assisi predigte, spricht von einem sehr roten Kometen mit langem Schweif. Die englischen Waverley-Annalen und die Chronik von Rouen teilen dem Kometen eine (maximale) Helligkeit von der 1. Größenklasse zu, was nach der Helligkeitsformel gut mit unseren Erwartungen übereinstimmt.

Die erste unzweifelhafte Überlieferung vom 3. September stammt aus dem koreanischen Werk *Koryô-sa;* der Schweif war damals 4.5 Grad lang und wuchs bis zum 8. September auf 30 Grad an. Am 9. September sahen die Koreaner den Kometen auch am Tage!

In Japan wurde der Komet am 7. September im Nordwesten und am 14. September im Westen gesehen.

Der große chinesische Historiker Ma Tuan-Lin, der diese Erscheinung selbst erlebt haben muß, kennt den Kometen seit dem 10. September. Am 25. September erstreckte sich sein Schweif über 45 Grad (nach anderer Quelle unglaubhaft nur über 4.5 Grad) und hatte «eine Struktur (Helligkeit?) wie Jupiter». Er zog durch die Konstellationen des chinesischen Himmels und verschwand – als seine berechnete Helligkeit unter die 6. Größenklasse sank – am 23. Oktober.

Erst 1908 realisierten Cowell und Crommelin, daß diese Beobachtungen sich auf Halleys Kometen beziehen. Die moderne Bahnberechnung von Yeomans und Kiang ergibt den 28.8 September als Periheldatum. Die umstehende Figur zeigt die entsprechende Bahn des Kometen.

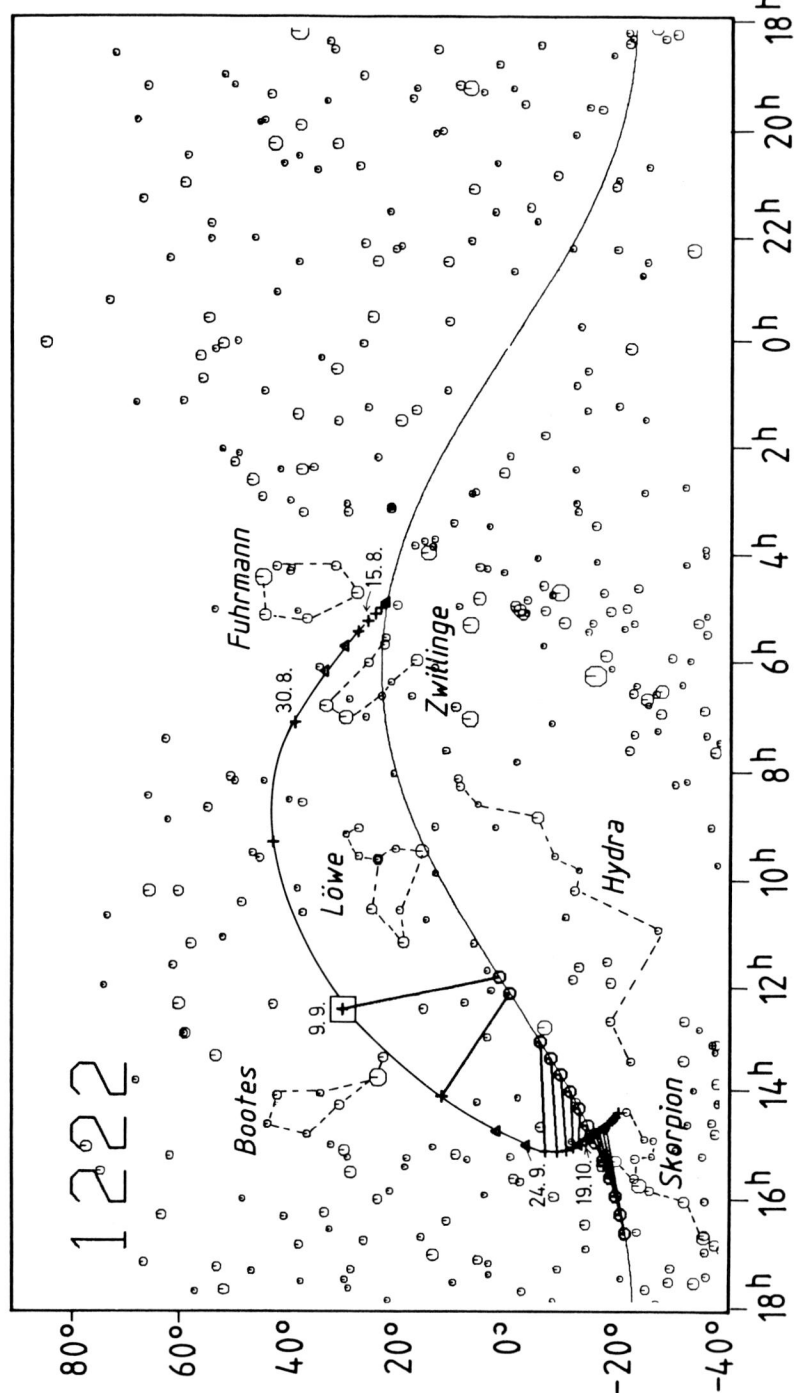

In der Legende ist diese Erscheinung des Halleyschen Kometen als besonderes Omen eingegangen: damals soll Dschingis Khan im afghanischen Herat eine Million Menschen geschlachtet haben. Die wahren, *vorausgehenden* Verhältnisse waren etwas anders. Um den Tod seines Enkels Mutugen zu rächen, eroberte Dschingis-Khan um 1220 die blühende Stadt Bamian und ließ in ihr alle Lebewesen töten; im Jahre 1221 besiegte er dann endgültig Jalal ad-Din, den Herrscher von Bamian.

Innerhalb eines Menschenlebens folgten dieser Wiederkehr zwei andere große Kometen: der Komet von Oktober/Dezember 1232, der nach den Chinesen eine Schweiflänge von 60 Grad erreichte, und der einzigartige Komet von 1264, dessen Schweif fast den ganzen Himmel überspannte und der vier Monate lang sichtbar blieb. Diese ungewöhnlich eindrücklichen Erscheinungen sind vermutlich die Ursache dafür, daß das Kometen-Schrifttum im 13. Jahrhundert einen reichen Zuwachs erfuhr.

Abb. II.10
Islamische Miniatur mit dem großen Kometen von 1577 und einem türkischen Astronomen, der dessen Position mit einem Sextanten mißt. Aus dem *Nusrat-nāmah,* einer arabischen Lebensbeschreibung des Sultans Murad III.

So lehrte der englische Naturphilosoph Robert Grosseteste (1168–1253) in seiner Schrift *Von den Kometen und ihren Ursachen,* daß Kometen sublimiertes Feuer seien, und daß sie durch die himmlische Kraft der Planeten von ihrer irdischen Natur getrennt und angezogen würden, wie ein Stück Eisen durch einen Magneten. Auch der Heilige Albertus Magnus (1200–1280) verfaßte ein Kapitel über Kometen, in dem er die Natur der Kometen ganz im aristotelischen Sinn erklärte, in ihnen aber gleichzeitig von Gott gesandte Zeichen sah. Eine für das hohe Mittelalter ungewöhnlich ausgeglichene Abhandlung über Kometen hinterließ der Heilige Thomas von Aquin (1225–1274), der betonte, wie wenig tatsächlich über Kometen bekannt sei.

Den Kometen von 1264 beobachtete der Dominikanermönch Aegidius von Lessines nicht nur, sondern er zeichnete von diesem in seiner Schrift *Über die Natur, Bewegung und Bedeutung von Kometen* auch genügend gute Positionen auf, daß Richard Dunthorne 1751 nach diesen eine brauchbare Kometenbahn berechnen konnte. Die Bedeutung der Kometen war für Aegidius hauptsächlich eine astrologische. Vielleicht war er bereits von dem Werk über Kometen-Astrologie beeinflußt, das nach dem Erscheinen des Kometen von 1232 im östlichen Spanien verfaßt wurde. Dessen anonymer Autor, der vermutlich auf Lateinisch schrieb, war mit der arabischen und griechischen astrologischen Literatur gut vertraut. Abschriften dieser Kometomantik verbreiteten sich über Europa, und sie wurden allgemein zugänglich, nachdem sie erstmals 1540 in einer gekürzten, französischen Ausgabe gedruckt wurde.

Ein süddeutscher Spruchdichter und Meistersinger, der unter dem Namen Meister Boppe bekannt ist, schrieb um 1280 unter dem deutlichen Einfluß sowohl von Albertus Magnus wie auch der damaligen astrologischen Doktrin die folgenden Verse (hier freundlicherweise von M. Stern ins Neuhochdeutsche übersetzt):

Der Komet, obwohl er so hellen Glanz aussendet
und obwohl er leuchtet, wie wenn er ein Stern wäre,
ist doch nichts als ein Dunst, der von der Kraft
eines in seiner Nähe befindlichen Feuers entzündet wurde;
das bewirkt, daß man ihn für einen Stern hält.

Dieser Glanz verkündet jedem (Betrachter) Merkwürdiges:
Wer ihn so vollendet schön in seiner Kraft glitzern
und leuchten sieht, der muß wissen, daß diese Vollendung
(des Kometen) der Welt große Katastrophen verkündet,

den Tod der hohen und mächtigen Könige
oder ein allgemeines Sterben im Land,
Krieg oder große Kriegsgefahr,
oder eine schlimme Hungersnot,
oder den unbarmherzigen Verlust großer Reichtümer:
Ihm vergleiche ich einen Mann,
der schön von Gestalt
und doch dabei außen und innen betrügerisch ist.

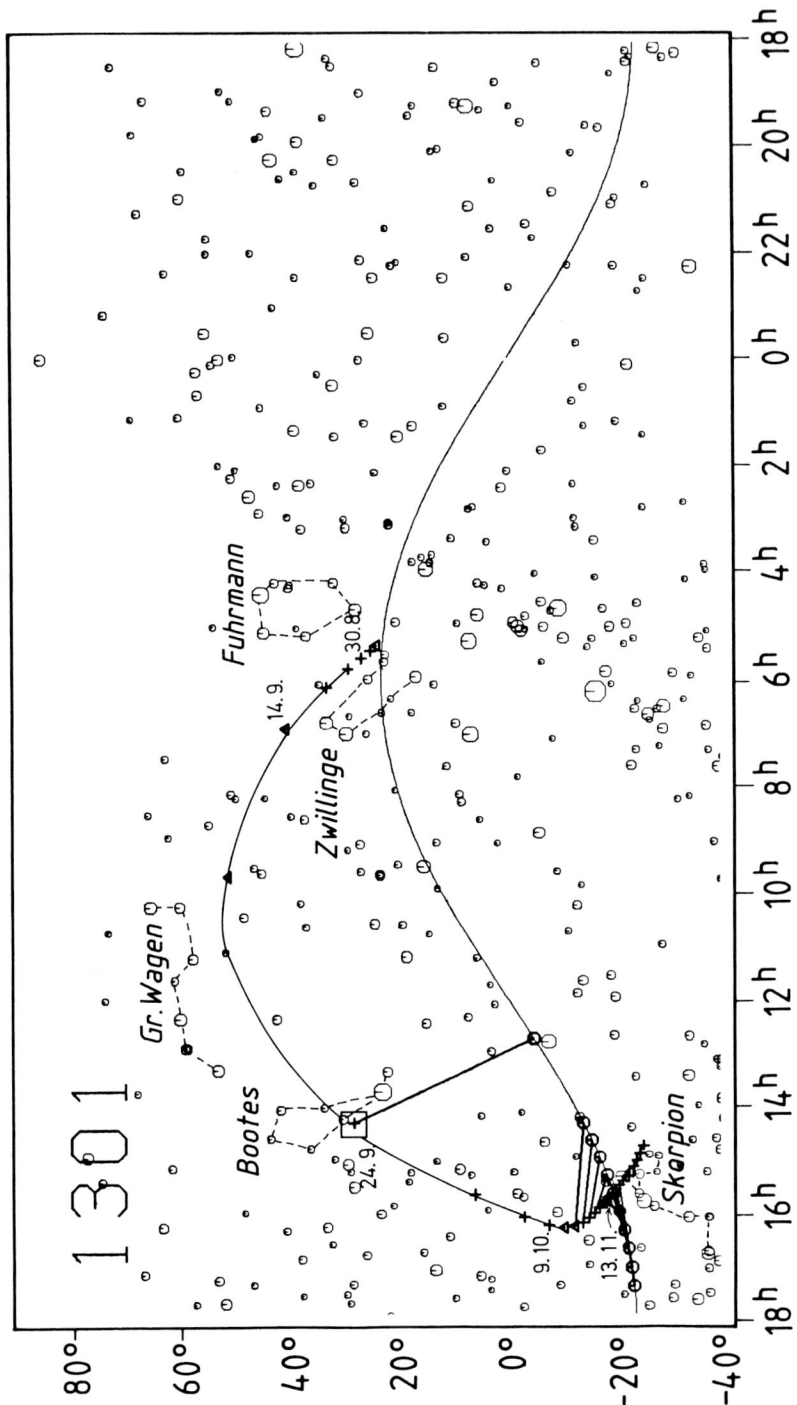

Europäische Quellen
Der Komet im Fernen Osten
Die Bahn
Giottos Anbetung der Heiligen drei Könige
Die Ansichten über Kometen im 14. Jahrhundert

In der Bibliothek des Pembroke Colleges in Cambridge wird ein Manuskript über den Kometen von 1301 verwahrt, hinter dessen anonymen Autor sich vermutlich Peter von Limoges, Kanonikus von Evreux, verbirgt. Nach diesem Manuskript erschien ein Komet, der kein anderer als der Halleysche ist, schon am 1. September; dies ist schwer zu akzeptieren, da derselbe damals kaum heller als die 6. Größenklasse sein konnte. Wesentlicher als diese frühe Erwähnung ist jedoch, daß der Autor den Ort des Kometen zwischen dem 30. September und dem 6. Oktober mit einem einfachen Winkelmeßinstrument, dem sogenannten Torquetum, maß. Seine Positionsangaben allein würden für eine gute Bahnrekonstruktion genügen.

Aus Europa sind mindestens zehn weitere Quellen für diese Kometenerscheinung bekannt. Hier soll nur erwähnt werden, daß der zeitgenössische byzantinische Chronist Georgios Pachymeres ein Gedicht über den Kometen verfaßte, und daß die Edda Beobachtungen aus Island überliefert.

Die Koreaner sahen den Kometen vom 14. September bis zum 9. Oktober. Am 15. September erschien er den Japanern mit einem Schweif von 4.5 Grad, der anschließend auf 15 Grad anwuchs. Die chinesischen Quellen erwähnen den Kometen erst am 16. September, als seine Helligkeit schon etwa 2 Größenklassen betragen haben muß; er war damals weiß – wobei bemerkt werden sollte, daß die Farbangaben durchwegs unzuverlässig sind – und hatte einen Schweif von 7.5 Grad. Im Anschluß an eine Beschreibung des Laufs des Kometen am Firmament behaupten die chinesischen Quellen, daß er bis zum 31. Oktober verfolgt wurde. Da er nur sechs Tage vorher durch das Perihel gegangen war, muß die Angabe bezweifelt werden: bei bereits stark verminderter Helligkeit dürfte seine Wiederentdeckung in der Nähe der Sonne äußerst schwierig gewesen sein.

Die erste unzweideutige Identifizierung der chinesischen Beobachtungen mit Halleys Kometen gelang Hind 1850. Die moderne Bahnbestimmung ergibt als Periheldatum den 25.6 Oktober; die entsprechende Kometenbahn ist in der nebenstehenden Himmelskarte eingezeichnet. Aus ihr ist ersichtlich, daß der Komet nach seiner Entdeckung sich zunächst in den Nordosten bewegte. Um den 20. September stand er so weit im Norden, daß er im nördlichen Europa zirkumpolar wurde, das heißt, daß er während der ganzen Nacht über dem Horizont stand. Anschließend bewegte er sich nach Südosten. Um den 24. September dürfte er die 1. Größenklasse als Maximalhelligkeit erreicht haben. Sonderbarerweise wird er in Europa und in Korea nach dem 6., beziehungsweise 9. Oktober nicht mehr erwähnt; da er damals noch kaum auf die 3. Größenklasse abgeklungen war, ist vermutlich schlechtes Wetter die Ursache.

Halleys Komet von 1301 hat die inzwischen vielleicht berühmteste Darstellung eines Kometen in der Kunst veranlaßt. Nachdem Jacobus de Voragine, der spätere Erzbischof von Genua, in seiner *Legenda Aurea* von 1275 eine Identifizierung des Sterns von Bethlehem mit einem Kometen von neuem vorgeschlagen hatte, mehrten sich entsprechende Darstellungen in der Kunst. So befindet sich in der Apsis der Kirche Santa Maria in Trastevere in Rom ein Mosaik, in dem der Maler Pietro Cavallini im Jahre 1291 die Geburt Christi mit einem Kometen darstellte. Kurz darauf besuchte der Maler Giotto di Bondone, einer der großen Wegbereiter der Frührenaissance, die Stadt Rom und wurde dort durch die Werke Cavallinis beeinflußt. Als Giotto im Auftrag von Enrico Scrovegni – welcher offenbar Sühne leisten wollte für seinen Vater, den Dante in der *Divina comedia* in die Hölle versetzt hatte – eine Kapelle in Padua mit Fresken ausschmückte, malte er in den Jahren zwischen 1302 und 1305 einen Kometen über der Szene mit der Anbetung der Heiligen drei Könige (Abb. II.11). Die Darstellung des Kometen übertrifft an Naturgetreue alles Bisherige – trotz seiner wohl zu roten Färbung, die auch der Beschreibung der Chinesen widerspricht – und es kann kein Zweifel bestehen, daß Giotto mindestens einen echten Kometen beobachtet haben muß. In Frage kommt hier in erster Linie Halleys Komet, dessen Erscheinung Giotto nicht entgangen sein kann. Allerdings mag er weitere Eindrücke von den Kometen in den Jahren 1297 und 1299 und im Dezember 1301 mitverwertet haben; ob hierfür die zwei Kometen von 1304 noch rechtzeitig erschienen, bleibt ungewiß.

Die Ansichten über Kometen lassen sich für das 14. Jahrhundert mehrfach belegen. Unter dem Einfluß von Thomas von Cantimpré, einem Schüler des Albertus Magnus, schrieb Konrad von Megenberg in den Jahren 1349/50 das *Buch von der Natur*, das das erste Werk eines Naturphilosophen war, das nicht in lateinischer sondern in deutscher Sprache verfaßt war. Konrad stand damals noch unter dem Eindruck des Kometen von 1337, von dem er glaubte, daß er den Ausbruch des Hundertjährigen Krieges im Jahre 1339 bewirkt habe. So schrieb er mit dem ausgeprägten Bestreben, alle Kometenfolgen auf natürliche Ursachen zurückzuführen, über den «geschopften Stern» (freundlicherweise von M. Stern ins Neuhochdeutsche übersetzt):

«Der Stern bedeutet Hungerjahre für das Land, gegen das er sein

Abb. II.11
Die *Anbetung der Weisen aus dem Morgenland* von Giotto di Bondone in der Scrovegni-Kapelle in Padua. Das Fresko wurde ca. 1304 vollendet. Zu dem Kometen über dem Stall lieferte vermutlich Halleys Komet von 1301 ein Vorbild.

Haupt richtet, und zwar deshalb, weil die Feuchtigkeit aus der Erde gezogen wurde und die Fruchtbarkeit (eig. Fettigkeit), woraus süßer Wein und Getreide und andere Früchte der Erde hätten erwachsen sollen; und diese sind dann oft befallen von viel Ungeziefer und Heuschrecken. Der Komet bedeutet auch Streit und Verräterei und Untreue und den Tod etlicher großer Fürsten und allgemein viel Blutvergießen.

Nun magst du fragen, warum der Stern Streit und Blutvergießen bedeute? Das ist deshalb der Fall, weil bisweilen die Kräfte der Sterne dem Menschen die Lebensgeister entziehen und bewirken, daß das pulsierende Blut aus dem menschlichen Körper verdunstet. Wenn nun der Mensch ausgetrocknet und hitzig ist, so ist er leicht erzürnbar und streitsüchtig. Wir sehen das bei den hitzigen Menschen: wenn sie fasten, so sind sie unbeherrscht und zornig... wenn aber die Meister sagen, der Stern weise mehr auf Todesfälle unter Fürsten als unter armen Leuten hin, so hat das (nur) darin seinen Grund, daß Fürsten wichtiger sind als arme Leute und die Nachricht ihres Todes weiter verbreitet wird als jene des Todes von armen Leuten.»

Ähnlich argumentierte Johannes von Legnano in seiner Abhandlung über den Kometen von 1368. Nach ihm können Kometen natürlicherweise Stürme, Überschwemmungen, Kriege, den Tod von Fürsten und religiöse Änderungen bringen. Die Kriege kommen, weil Kometen die Menschen cholerisch machen. Fürsten sind wegen ihres ausschweifenden Lebens besonders cholerisch, und da diese überdies so viel Zeit in Kriegen verbringen, sind sie dem Tode besonders ausgesetzt. Aber selbst dieser Versuch zum Rationalen war dem Gelehrten Heinrich von Hessen nicht genug, indem er umgehend widersprach: selbst die «natürlichen», auf Kometen beruhenden Prognostizierungen sind wertlos.

Schlechtes Wetter in Europa?
Fernöstliche Beobachtungen
Die berechnete Bahn
Nicole Oresme
Die Pest und Kometen

War ganz Europa nach dem Herbstanfang im Jahre 1378 unter Wolken? Zu diesem Schluß ist man praktisch gezwungen, denn Halleys Komet zog damals unter ungewöhnlich günstigen Umständen über den Himmel, und doch taten seiner in Europa nur zwei Chroniken – eine bayerische und eine polnische – Erwähnung, und dies auch nur in äußerst knapper Weise.

So kommt es, daß die chinesischen Astronomen bei dieser Wiederkehr des Kometen noch ein letztes Mal Beobachtungen sammeln konnten, deren Wert den der europäischen Aufzeichnungen bei weitem übertrifft. In China wurde der Komet in der Nähe des Fuhrmanns am 26. September entdeckt, als seine berechnete Helligkeit etwa 3 Größenklassen betrug. Die Chinesen verzeichneten dann seinen Lauf über den Himmel recht genau. Auch ohne Wolken hätten sie ihn trotz seiner Helligkeit, die immerhin noch 3 Größenklassen betragen haben muß, nicht mehr lang sehen können, denn er rückte anschließend der Abendsonne immer näher.

Nur vier Tage nach den Chinesen wurde der Komet auch von den Japanern «im Norden» entdeckt; tatsächlich stand er damals extrem nördlich. Wiederum einen Tag später setzen die koreanischen Überlieferungen ein, die den Lauf des Kometen durch verschiedene Konstellationen beschreiben.

Erst im Jahre 1843 konnte Laugier diese Beobachtungen dem Halleyschen Kometen zuordnen. Dieser muß nach modernen Rechnungen, die die fernöstlichen Beobachtungen widerspruchsfrei erklären, am 10.7 November durch das Perihel gegangen sein. Dieses Datum bewirkt einen in geschichtlicher Zeit einzigartigen Lauf des Kometen über den Himmel, wie die umstehende Karte zeigt: nie sonst ist der Komet so weit nördlich gekommen. Um den 1. Oktober konnte er daher in Europa und Nordamerika während der ganzen Nacht gesehen werden. Allerdings blieb er nur kurz zirkumpolar, denn er bewegte sich dann ungewöhnlich schnell nach Südosten in die Richtung des Herkules, wo er am 5. Oktober oder kurz danach sein Helligkeitsmaximum von etwa 1 Größenklassen erreicht haben muß.

Zur Zeit dieser Erscheinung lebte ein hervorragender normanni-

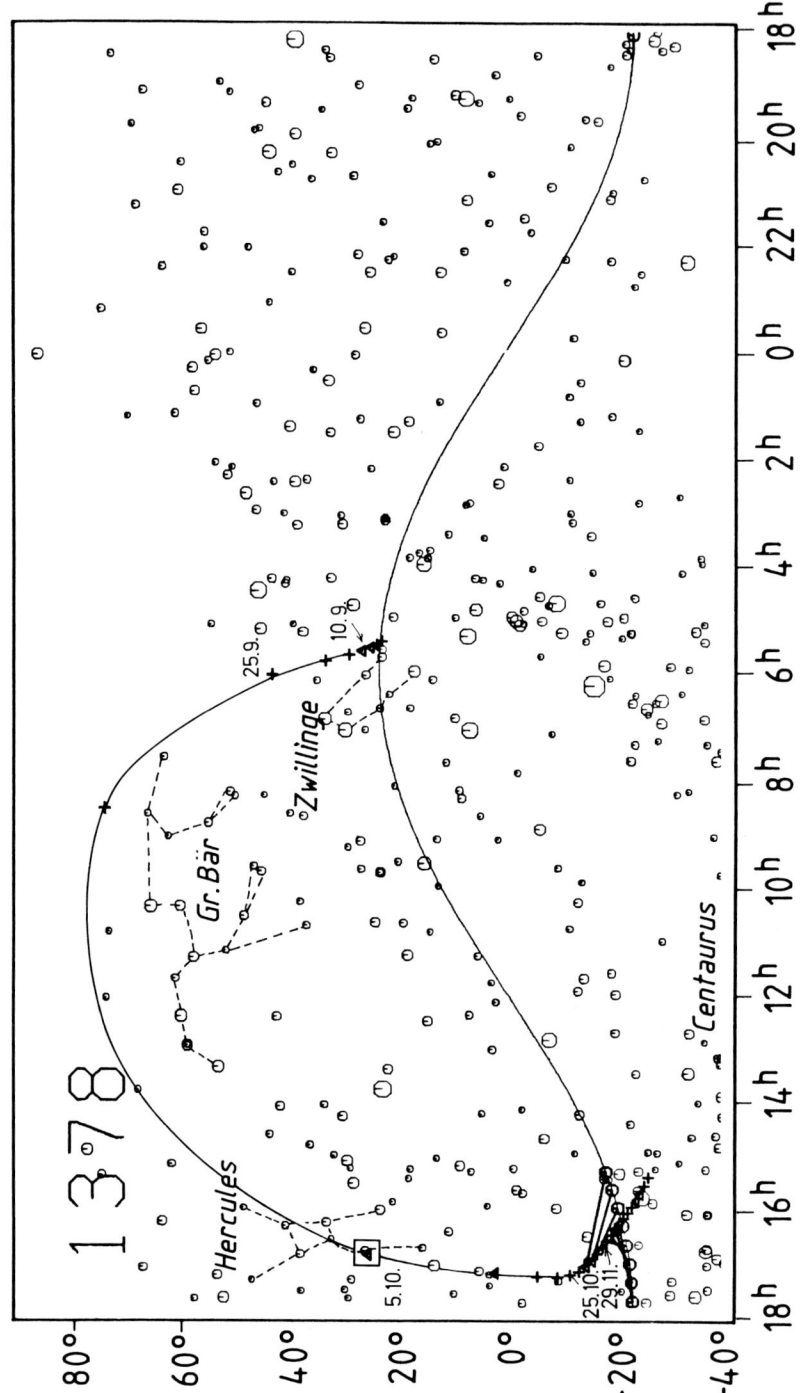

scher Gelehrter, Nicole Oresme (ca. 1320–1382). Er glaubte nicht, daß
Kometen notwendigerweise Übel brächten; er räumte zwar ein, daß
sie Änderungen auf der Erde verursachten, aber er bezweifelte, daß
diese sich genau voraussagen ließen.

Trotzdem erhielt die Kometomantik seit der Mitte des 14. Jahrhunderts eine wichtige Erweiterung. Damals wurde über das Mittel-
meer die Pest nach Europa eingeschleppt. Sie wurde hier für Jahrhunderte die schwerste Geißel: zwei Drittel aller Stadtbewohner und ein
Achtel aller Landbewohner wurden fortan von ihr hinweggerafft. Aber
ihre Ausbreitung über Europa verlief zunächst nur schrittweise. Daher
ereignete es sich oft, daß während einer Kometenerscheinung die Pest
gerade ein neues Gebiet eroberte. In naiver Kausalität verbanden sich
so Kometen und Pestausbrüche eng im astrologischen Volksglauben.
Auch das Jahr 1378 wird in manchen regionalen Quellen als ein besonders verheerendes Pestjahr genannt.

Abb. II.12
Der *Zhou Gong-Turm* für die Messung des Sonnenschattens, auch als
«Sternbeobachtungsplattform» bekannt, in Dengfeng, Prov. Henan.
(Mongolische Yuan-Dynastie 1260–1368).

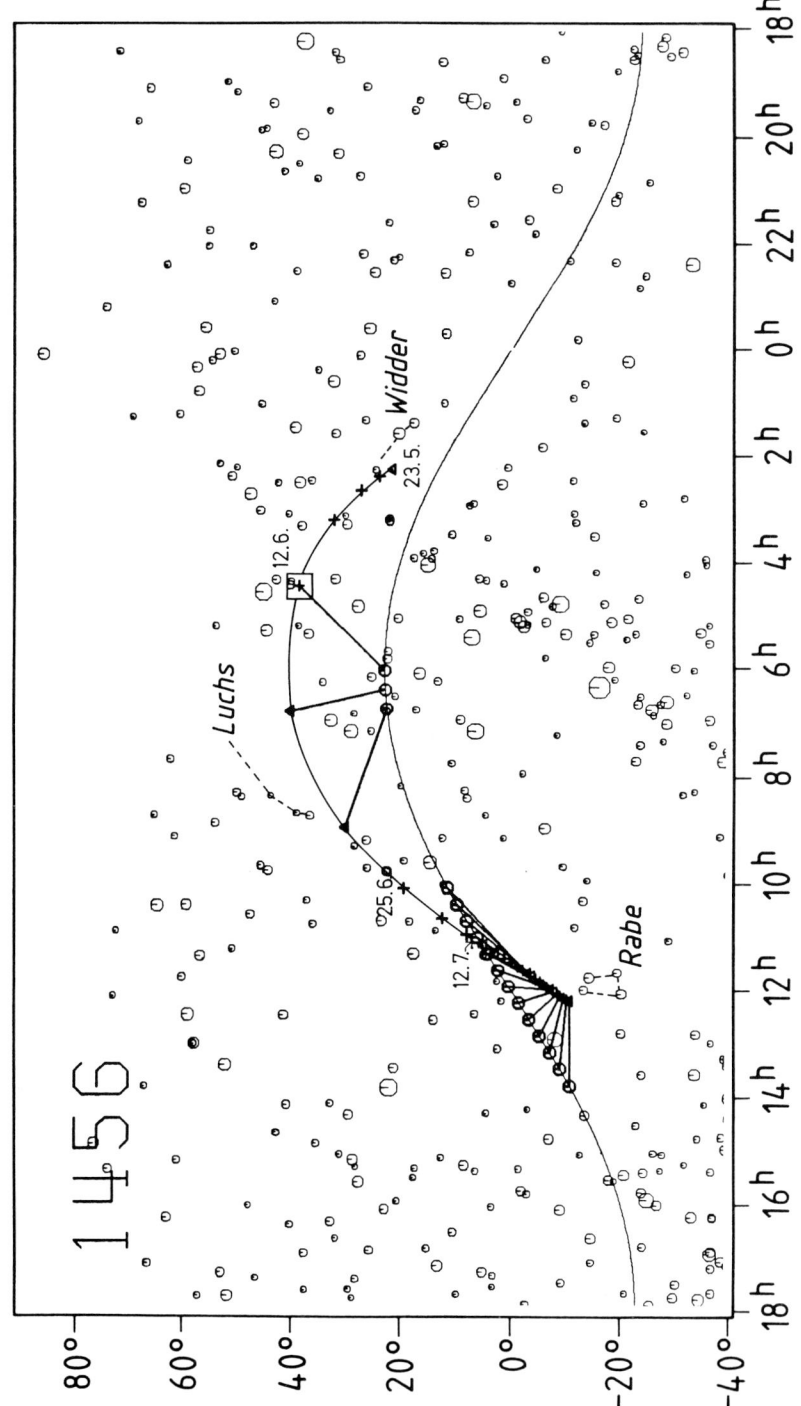

1456

Die berechnete Bahn
Frühzeitige Entdeckung und anschließende Beobachtungen
Pingrés *Cométographie*
Toscanelli, Peurbach und Regiomontanus
Calixtus III. und die Türkengefahr
Kometomantik

Die moderne Bahnberechnung ergibt für diese Wiederkehr des Halleyschen Kometen als Periheldatum den 9.6 Juni. Wie die nebenstehende Karte zeigt, liefert dieses Datum für die Sichtbarkeit in nördlichen Breiten recht günstige Bedingungen. Der Komet war vor, während und nach dem Periheldurchgang sichtbar und dürfte im Maximum am 12. Juni oder kurz danach die 1. Größenklasse erreicht haben. In der anschließenden Woche konnte er mit vermutlich maximal entwickeltem Schweif wegen seiner nördlichen Lage sowohl abends wie morgens gesehen werden – nördlich von 48° Breite sogar während der ganzen Nacht.

Nach der berechneten Helligkeit des Kometen bleibt es allerdings unverständlich, daß der Komet in China schon am 27. Mai entdeckt wurde, als seine Helligkeit normalerweise noch von der 8. Größenklasse gewesen sein sollte. Das in China überlieferte Entdeckungsdatum kann kaum ein Fehler sein, denn der byzantinische Historiker Michael Dukas erwähnt den Kometen auch bereits für den 29. Mai, und in Japan wurde er am 31. Mai gesehen. Selbst das Entdeckungsdatum in Korea scheint anormal früh; dort wurde er vom 6. bis 29. Juni mit großer Regelmäßigkeit beobachtet. Es muß aus diesen frühen Beobachtungen geschlossen werden, daß im Jahre 1456 der Komet bei seinem Auftauchen überhell war, vermutlich wegen eines vorausgegangenen Ausbruchs.

Aber die übermäßige Helligkeit hat während seiner Sichtbarkeit nicht angedauert, denn als er in Japan (3. Juli) und China (6. Juli) verloren wurde, betrug seine «normale» Helligkeit noch immer 5 Größenklassen, und selbst als Toscanelli, von dem unten noch die Rede sein wird, ihn als Letzter aus den Augen verlor, war er noch kaum auf 5.5 Größenklassen abgefallen. – Für den 6. Juni wird eine Schweiflänge von rund 20 Grad angegeben, die anschließend noch gewachsen ist, nach einer Quelle sogar bis auf 60 Grad.

In seiner großartigen *Cométographie* hat der Domherr Pingré schon 1783 sämtliche Quellen für alle damals bekannten Kometen zusammengetragen. Während das ihm zugängliche außereuropäische

Material inzwischen veraltet ist, sind seine Nachweise europäischer Quellen noch immer von größtem Wert. Für Halleys Kometen im Jahre 1456 trug Pingré neben den chinesischen Beobachtungen über dreißig Literaturstellen aus Europa zusammen. Dieses reiche Material erlaubte es ihm, eine Bahnbestimmung durchzuführen, und er konnte beweisen, was Halley nur vermutet hatte, daß es sich bei dem Kometen um den Halleyschen handelt. Pingrés Bahn war übrigens erstaunlich gut; so lag seine Perihelzeit nur neun Stunden früher als nach der modernen Bahn.

Pingré kannte noch nicht eine besonders wichtige Quelle, ein Manuskript von Toscanelli, das erst 1864 in der Biblioteca Nationale in Florenz gefunden wurde. Das Manuskript, das Beobachtungen der Kometen von 1433, 1449, 1456, 1457 und 1472 mit Sternkarten und dem eingezeichneten Lauf der Kometen enthält, gibt für Halleys Kometen für die Zeit vom 8. Juni bis 8. Juli 28 Positionsbestimmungen (Abb. II.13), die an Systematik und Qualität alles Bisherige weit in den Schatten stellen. Der mittlere Fehler seiner Positionen ergibt sich zu nur ± 1 Grad. Mit seiner schönen und überaus klaren Schrift und mit seinen markanten Zügen (Abb. II.14) erweckt er den Eindruck eines hervorragenden Mannes. In der Tat war er auch der Autor einer bedeutsamen Karte des Atlantiks, mit der er Kolumbus direkt oder indirekt zur Westpassage motivierte.

Das Manuskript eines anderen hervorragenden Mannes über die Erscheinung von 1456 blieb sogar bis 1960 unbekannt. Es wurde von dem Astronomen Georg Peurbach in Wien verfaßt, der den Kometen zusammen mit seinem aus Königsberg stammenden Schüler, Johannes Müller, beobachtet hatte. Neben Positionsbestimmungen schätzte Peurbach die Entfernung des Kometen auf mindestens tausend deutsche Meilen (1 dt. Meile = 7.42 km); wenn er die Länge des Schweifes mit 80 Meilen angab, so meinte er damit nach dem damaligen Sprachgebrauch 80 Grad! Der Form nach ist diese Schrift ein Vorläufer der Kometentraktate, wie sie nach 1500 in unterschiedlichster Qualität und in ungezählten Mengen gedruckt wurden; allein über den sehr großen Kometen von 1680 gibt es über 200 solcher Traktate.

Der eben genannte Johannes Müller (Abb. II.15), der sich nach seinem Herkunftsort Regiomontanus nannte, wurde für die folgenden zwanzig Jahre der führende Mann auf dem Gebiete der Astronomie. So scheint er in einem leider verlorenen Brief die Ansicht vertreten zu haben, daß die Fixsterne sich ein bißchen bewegen müssten wegen der

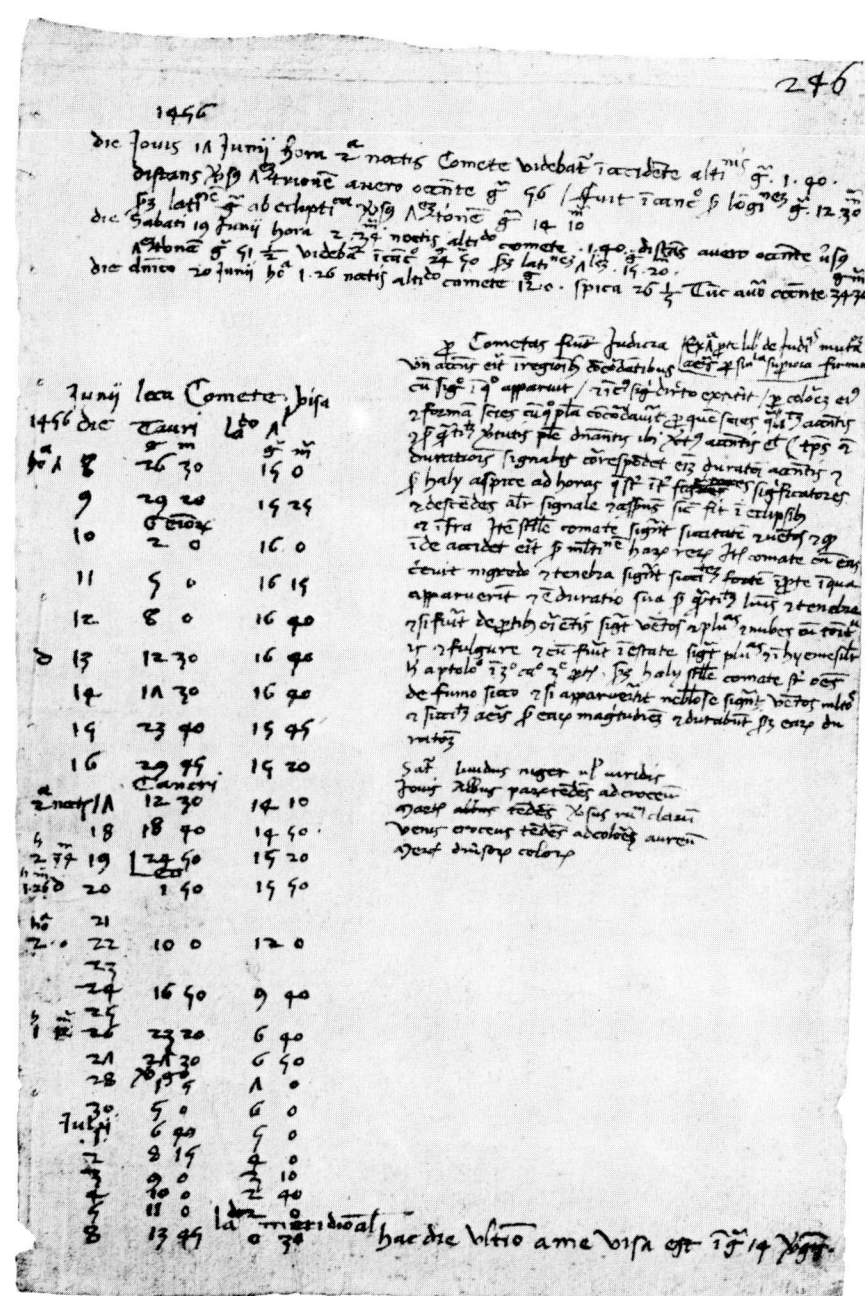

Abb. II.13
Handschrift Toscanellis mit den von ihm bestimmten Positionen des
Halleyschen Kometen von 1456.

Bewegung der Erde. Danach hätte er an ein heliozentrisches Sonnensystem geglaubt, und er wäre Kopernikaner gewesen vor Kopernikus! Auf jeden Fall maß er für den großen Kometen von 1472 die tägliche Parallaxe, und aus dem Resultat, daß diese weniger als 6 Grad betrug, schloß er folgerichtig, daß der Komet weiter als 8200 deutsche Meilen (= 61 000 km) entfernt sein müsse. Seine Meßgenauigkeit erlaubte es ihm noch nicht, mit seiner Methode zu beweisen, daß Kometen jenseits der Mondbahn liegen – dieser Durchbruch ließ noch einmal hundert Jahre auf sich warten – aber die Frage nach der Entfernungsbestimmung von Kometen war erstmals richtig gestellt.

Eine hartnäckige, aber grundlose Mär knüpft sich an die Wiederkehr von 1456. Nach dieser soll der Papst Calixtus III. in seiner Bulle *Missa contra paganos* den Kometen exkommuniziert haben. Aber in Wirklichkeit kommt der Komet in der Bulle gar nicht vor, wie Pater J. Stein 1909 nachgewiesen hat. Der Hintergrund zu der Geschichte ist, daß die Türken unter dem Sultan Mohammed II. 1453 Konstantinopel erobert hatten und anschließend über den Hellespont gedrungen waren. Im Jahre 1456 näherten sie sich Belgrad, das von Johann Hunyadi verteidigt wurde. Die Christenheit schien bedroht, und die

Abb. II.14
Paolo dal Pozzo Toscanelli (1397–1482)
nach einem Gemälde von Giorgio Vasari,
das er nach einer älteren Vorlage von
Alessio Baldovinetti malte.

Abb. II.15
Johannes Müller aus Königsberg gen.
Regiomontanus (1436–1476).

Nachricht von der großen Gefahr drang wie ein Lauffeuer durch ganz Europa. Als im Juni Halleys Komet am Himmel stand, war er für sehr viele die Bestätigung ihrer Ängste. In jener Zeit erließ der Papst seine Bulle, in der er unter anderem anordnete, daß mittags die Kirchenglocken zu einem speziellen Ave Maria zu läuten hätten, damit in gemeinsamem Gebet die Gefahr durch die Heiden gebannt würde. Dieses Mittagsläuten hat sich bis heute in dem Angelus-Läuten erhalten. Am 4. Juli, als der Komet bereits verschwunden war, umzingelten die Türken die Stadt Belgrad, und am 22. Juli kam es zur Schlacht, in der 40 000 Mann gefallen sein sollen. Obwohl Hunyady siegreich blieb, wurden Kometen für die nächsten 230 Jahre im Volksglauben zusätzlich auch die Boten drohender Türkengefahr.

Die astrologische Bedeutung der Kometen war in der Mitte des 15. Jahrhundert allem Anschein nach tief im Volksglauben verwurzelt. Auch in zahlreichen gelehrten Schriften werden die unheilvollen Folgen der Kometen als eine Selbstverständlichkeit behandelt. Selbst für Peurbach bedeutete Halleys Komet von 1456 Trockenheit, Pest und Krieg, vor allem in den Ländern, wo der Komet im Zenith gestanden hatte, und Unheil für die im Stier Geborenen. Toscanelli verwahrte einen Brief, in dem ihn der Mathematiker und Astrologe Avogaro aus Ferrara über die astrologischen Folgen des Halleyschen Kometen unterrichtete, und in der Tat hat er selber sich mit der Astrologie dieses Kometen beschäftigt, obwohl der Humanist Pico della Mirandola und andere zu verstehen geben, daß Toscanelli später ein Gegner der Astrologie war. Auch Regiomontanus beschäftigte sich mit Astrologie, aber er ließ nichts von dieser Tätigkeit in seine wissenschaftliche Arbeit über den Kometen von 1472 fließen.

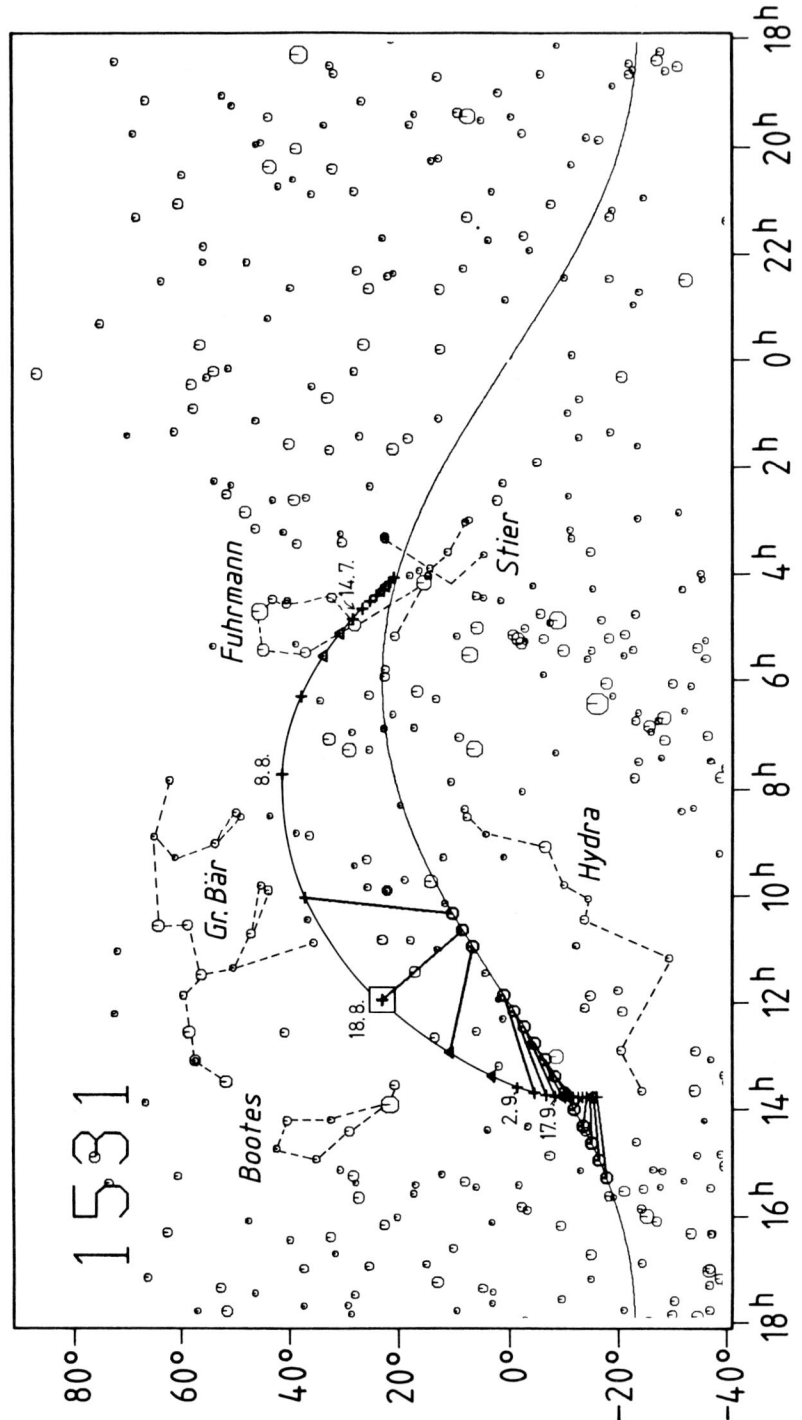

Die Bahn und Sichtbarkeit des Kometen
Apians Gesetzmäßigkeit der Schweifrichtung
Darstellungen des Kometen
Christlicher, aristotelischer und astrologischer Kometenglauben
Kometen im Volksglauben

Das berechnete Periheldatum vom 26.2 August bewirkt für den Kometen eine recht weit nach Norden reichende Himmelsbahn, die entsprechend die Beobachtungen in Europa und China begünstigte. Am 18. August dürfte er seine größte Helligkeit von etwa 0.9 Größenklassen erreicht haben. Der Florentiner Lodovico Guicciardini erwähnt ihn als Erster Ende Juli; damals war seine berechnete Helligkeit etwa von der 4. Größenklasse. Als die Chinesen ihn am 5. August entdeckten, hatte er bereits einen Schweif von ein oder zwei Grad. In Japan und Korea wurde er etwas später entdeckt. Die am 10. und 13. August beobachtete Schweiflänge von 15 Grad dürfte den Maximalwert darstellen. Obwohl die Helligkeit noch von der 3. Größenklasse gewesen sein muß, fällt die letzte Beobachtung in Europa auf den 3. September. Der Grund für dieses frühe Verschwinden liegt darin, daß der Komet nicht nur in die Nähe der Sonne rückte sondern sich nun auch schnell nach Süden bewegte. Die südlicher gelegenen Chinesen sahen ihn noch bis zum 8. September.

Bei dieser Rückkehr fand Halleys Komet eine völlig veränderte, geistige Situation in Europa vor. Der Buchdruck war erfunden, Amerika entdeckt, und die Neuzeit hatte begonnen. Die Erscheinung von 1531 veranlaßte mehr als zwanzig gedruckte Kometentraktate und die ersten zwei Kometeneinblattdrucke. Damit wurde die gesamte gedruckte Kometenliteratur mehr als verdoppelt; vorher waren nur 15 Traktate erschienen, von diesen beziehen sich fünf auf den Kometen von 1472 und vier auf den von 1506. Bei den Kometeneinblattdrucken handelt es sich um einseitig bedruckte, oft großformatige Blätter, die auf den Straßen verkauft wurden und – als Vorläufer der Zeitungen – Informationen über den jeweiligen Kometen verbreiteten. Die Zahl dieser Blätter, deren Autoren höchst unterschiedlichen Bildungsgrad aufwiesen, schwoll im 17. Jahrhundert stark an und verebbte im 18. Jahrhundert. Die beiden Einblattdrucke von 1531 sind von dem Arzt A. P. Gasser (Abb. II.16), einem nahmhaften Astronomen in Lindau, und von dem Nürnberger Mathematiker und Astrologen Johann Schöner (Abb. II.19) verfaßt; beide Autoren befassen sich fast ausschließlich mit der Bedeutung des Kometen.

13.

Von dem Cometen oder Pfawen schwantz/ so in etlichem hochteütschen land vn̄ den
X.tag des Augsten sich zü erst erzaygt/ vnd darnach vil nächt ob aines raißspieß lang/ anderthalb schüch brayt/
am himel gesehen ist worden/ nach der gepurt Christi M.D.xxxj.jar.

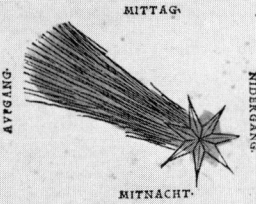

MITTAG.

AVFGANG.

NIDERGANG.

MITNACHT.

¶ Was es sey.

Er weyß fewrig glantz oder strich/ so yetz ain zeit alweg nach der Sonnen nidergang gegen Occident wertz bey aim stern am himel gesehen ist worden/ haißt bey den natürlichen maistern Cometa/ das ist als vil/ als ain hariger oder partheter stern/ die nennt das gmain volck ain Pfawen schwantz/ darum das er seines liechtes stromen vnnd schein von jm wirfft gleich als wenn der pfaw seinen schwantz vßpait/ vnd ain wanne damit macht rc. Dises aber ist an jm selbs nit ain stern/ der an dem Firmament stand/ wie die andern vnd rechten/ sunder ain niw zufellig ding/ das nach art des wetters vnd götlicher warnung sich zü zeitten also in den lüfften erzaigt.

¶ Wie es werd.

Vnd wirdt diser Comet/ wie dann vnns Aristoteles am ersten büch Meteorologicon schreibt/ also/ Die son sampt den planeten vnd grössesten sternen erhebt/ vnnd zeücht durch jr krafft von der erden vnd vß der groben dicken vn̄ faissten thunst mit hauffen/ der von seiner natur hitzig vnnd dürr/ zech vnd klebich/ auch wol zusamen gepackt ist/ wölcher so er gar vß obiegt in des lüffts zirckel hinauff grad biß vnden an des fewrs himel kumpt/ als dann sich von der grossen hitz vnd auch schnellen rumden weltzungen oder lüfften der sphären daselbst entzünd vnd pünnend wirdt/ das er darnach vnns ainen harigen zerstrewten stern/ der wie ain roßschwantz lanng liecht stromen von jm gibt/ gleich beduenckt/ vnd also in der höhe scheinbarlichen schwebend mit dem gestirn lauff volbringt. Di ser vergät darum/ das sein materi keck vnd vil nit leichtlich verzert noch bald erlöscht/ vff wenigst in siben tagen nit/ mag etlich Mo nat bleyben/ dann auch täglich ye lenger ye mer thunst dazu sich samlend/ solche incension lang zübehalten vnd erheben. Wölche im pression/ als Aratus vnd ander sagend/ gmainglich in den truckinen jaren sich manigfältig begibt. Aber heür von wegen des gwalts vnd regiment Martis so ain herr über die element diß jars ist/ geschichts nit on vrsach/ das solche vnnd ander fewrzaichen offt in den lüfften die zeit das menschlich gschlecht sampt etlichen hochstresen junckern erschröckt. Vnd wiewol der prophet Hieremias vnns trewlich ermant/ wir sollen kain zaichen des himels fürchte/ wil mich doch für gut ansehen/ in ain sum kurtz/ was die haidnischen vnd natürlichen lerer von disem Cometen haltend zü verfassen vnd stellen/ Dann auch Christus Luce 21. solche vnnd grössere wunder an der Sonnen/ Mon/ gestirn vnd himel zewerden nit nur geweissagt/ sunder sie ernstlich zübetrachten/ vnd jr Bedeutnuß vor augen zü haben gebeut. Derhalben ich diß mein iudicium nit dahin gestelt wil haben/ das ich dem almechtigen in sein fürsehung greiffen/ sunder yederman hiemit zü dem besten durch sölcher erschröcklicher mirackel außlegung/ in disen gefärlichen zeitten seines rüffs vnd stades vermanen möchte.

¶ Sein außlegung vnd wircken.

Erstlich ist zu wissen nach der leer Ptolomei in quadripartito/ das deren Cometen wirckung vnd Bedeutung/ so zü abendt vnnd ge gen dem nidergang erscheinend/ langsam oder spat hernach auff erden erfüllet werden/ das dann gemeiklich bey allen volgenden pun cten zünetnemen ist. Demnach vn̄ Michaelis/ Simonis vnd Jude erst/ vnd noch weitter hinauß vil mechtig groß vnd starck wind sich erheben/ die stöck vnd böm außreissen/ manch gebäw niderwerffen oder vmkeren werdent/ Darzü die weyer/ teych/ fluß/ seb/ vnd andre wasser fast schweinen machen vnd außtrucknen/ dann er auch seer lützel regens/ aber vil schöner tag sampt einer nit zcheffti gen theüre nach jm lassen wirt/ dadurch die menschen grosse forcht der armüth lang zeit vmbgehe/ vn̄ sy zümerlichen engsti gen wirt. Sunst bedewt er in ainer gemain vil übels vnder den leütten/ als brennen/ rauben/ diebstal/ morden/ lästerliche vngehorsamkait der vndterthonen oder knecht gegen jren herren/ Vnd als Albumasar in dem büch der grossen Coniunction spricht/ ainen vergifften sch lichen lufft/ der zü letscht pestilentz erweckt.

Also zaigt diser Comet (Got von himel geb es glücklicher) auch an zwietracht/ krieg/ blütuergiessen/ vnd gar vil widerwertigkait vnder den Christen/ wölches des merern tails (wie Guido Bonatus sagt) von den pfaffen oder gaistlich genanten weitter vnder fangen vn̄ auff brachtwirt/ daß jrem stand billich noch zimlich ist. Dergleichen nach den regulis Hali aben Ragell ernstlich zü besorge stät/ das vil Edel/ hoch/ treffenlich herren vnd Fürsten vmkumen oder erschlagen sollen werden/ Dann Pontanus vnd Leupoldus Austriacus schreiben/ das nach gelegenhait dises Cometen die künig vn̄ Asia vn̄ von Orient überauß ergrimet mit höchster vngerech tigkait die Occidentischen künigln übersehen vnd angreiffen werden. Welches in sunderhait dem land Östereych sampt seinem an stossen grawsamlichen tröwen thüt/ zü vor auß vor dem blüthundt/ vnd gmaines Christlichen namens erbfeind dem Türcken/ der sich nach aller gestalt der sachen darzü nach gmainer vrtail der gestirnseer farrnen natürlichen maistern in jars frist auff ebegemelte land von wegen des zaichens Libre/ darin vnd vnder wölchem diser vnnser Comet laider gefunden/ nit mit klainem hötzig wütigklichen erheben wirdt/ darum das auch der schwantz des sternen dahin zü kört/ das doch allein ains haupts tode daselbst/ oder sonst yämer liche angst vnd mühe anzürichten gnügsam were/ wölches Got gnadigklich überal in seiner vnendlichen barmhertzigkait für kü men vnd zum besten schicken wöll.

Dise prognostication hab ich in güter mainung den vnuerstendigen zü lieb/ auff der gelerten vnd mer erfarnen in diser kunst ver besserung/ nach meinem verstand in eyl auß natürlichen schüfften gezogen/ vnd nit verhalten wöllen/ damit solche zünaigung oder inclination durch das getrüwlich gebet der frumen gotsäligen menschen etwa vnderstanden vnd gemiltert werd/ Amen.

Achilles P. Gassarus physicus Lindöe.

F. F. STAPVLENSIS.

Tu steriles agros, & inania vota coloni,
Siccus & efferuens seue Cometa facis.
Cum crinem ostentas, tunc uentorum impetus urget
Oppida:tu bellasaeue Cometa moues.
Principibus letum, tu seditiosa minaris:
Sic uariis mundus duceris auspiciis.

Abb. II.16
Einblattdruck auf Halleys Kometen von 1531 von Achilles Pirmin
Gasser (1505–1577).

Aber das Jahr 1531 deckte auch ein erstes physikalisches Gesetz auf, dem Kometen unterliegen, nämlich daß der Schweif jeweils von der Sonne weggerichtet ist. Vielleicht hat schon 1500 Jahre vorher Seneca an dieses Gesetz gedacht, wenn er sagte ‹Comae radios solis effugiunt› (die Strahlen der Koma entfliehen der Sonne). Auch haben wir im Jahre 607 gesehen, daß dieses Gesetz den Chinesen einst bekannt war; im 13. Jahrhundert scheint es ferner bei Robert Grosseteste angedeutet zu sein. Aber nun wurde es in aller wünschbaren Deutlichkeit demonstriert. Es ist lange nicht klar gewesen, wem die Priorität dieser (Wieder-) Entdeckung gehört. Fracastoro publizierte es in Verona im Jahre 1538; der kaiserliche Astronom Apian (Abb. II.22) demonstrierte das Gesetz an fünf Kometen (1531, 1532, 1533, 1538 und 1539) in seinem *Astronomicum Caesareum*, das erst 1540 erschien und vielleicht das aufwendigste und schönste astronomische Werk ist, das je gedruckt wurde. Es existiert aber auch ein Traktat von 1532, in dem Apian das Gesetz für den Kometen aus diesem Jahre darlegte. Dann allerdings hätte er die Entdeckung nicht an Hand des Halleyschen Kometen gemacht. Jedoch in einem kleinen, bisher wenig beachteten, 1531 gedruckten Kalender (Abb. II.17) gibt Apian eine graphische Darstellung des Gesetzes, wobei er Halleys Kometen in der Augustmitte 1531 abbildet. Der Kalender ist auch darum interessant, weil Apian klar verstanden hat, wie wichtig es wäre, eine gute Kometenparallaxe zu messen; er schreibt, daß es hierfür nötig gewesen wäre, daß (sprachlich modernisiert): «ihrer zwei gleichzeitig in einem Augenblick, ungefähr hundert Meilen mehr oder weniger von einander entfernt, die Höhe über dem Horizont observiert hätten».

Apian hinterließ auch die wichtigsten Positionsbestimmungen für diese Wiederkehr. Obwohl ihre Genauigkeit enttäuschend ist und nicht an die von Toscanelli herankommt, sind sie später für Edmond Halley von entscheidender Bedeutung geworden.

Wie die hier gegebenen Abbildungen zeigen, waren die zeitgenössischen Darstellungen des Kometen noch recht schematisch. Unter den Astronomen schneidet hier am besten auch wieder Apian ab (Abb. II.17). Unter den künstlerischen Darstellungen von Kometen aus der ersten Häfte des 16. Jahrhunderts sind diejenigen von Dürer (Abb. II.24), von dem Schweizer Chronisten Diebold Schilling (Abb. II. 25) und von dem großen Maler Hans Baldung (Abb. II.26) bemerkenswert. Die Darstellung des Letztgenannten kann sehr wohl von Halleys Kometen geprägt sein, weil das Bild aus stilistischen Gründen 1531 oder kurz danach entstanden sein muß; allerdings mag Hans Baldung

Abb. II.17
Practica auff dz 1532. Jar, ein 1531 in Landshut gedruckter Kalender von
Peter Bienewitz gen. Apianus. Der Autor stellt hier am Halleyschen
Kometen zum ersten Mal das von ihm gefundene Gesetz dar, daß
Kometenschweife immer von der Sonne weggerichtet sind.

in jenen kometenreichen Jahren auch von einem späteren Kometen beeinflußt worden sein.

Die tiefe Kometenfurcht jener Jahre weist alle möglichen Schattierungen auf: Kometen als Gottes Drohfinger, als natürlicherweise schädliche Erscheinungen und als astrologisch wirksame Gebilde. Besonders rein tritt die Interpretation der Kometen als «Zucht- und Strafruten Gottes» bei den Reformatoren hervor. Luther (Abb. II.23) hielt nichts von der Astrologie; er sagte von den Astrologen: «Es ist ein Dreck mit ihrer Kunst». Aber in einem Adventgebet predigte er: «Die Heiden schreiben, daß Kometen von natürlichen Ursachen kommen, aber Gott schafft keinen, der nicht ein sicheres Unglück anzeigen würde», und anderswo: «Was immer sich in ungewöhnlicher Weise am Himmel bewegt, ist ein sicheres Zeichen von Gottes Zorn». Es gibt weitere Luther-Zeugnisse über Kometen; speziell über Halleys Kometen schrieb er am 18. August 1531 an Wenzel Link in Nürnberg (aus dem Lateinischen): «Bete für mich, mein Wenzel. Bei uns erscheint gegen Westen ein Komet in dem Winkel zwischen dem Wendekreis des Krebses und der Kolur der Äquinoktien (wie die Astronomie mich lehrt), dessen Schweif reicht bis zur Mitte zwischen dem Wendekreis und dem Schwanz des Bären. Das bedeutet nichts Gutes. Christus möge herrschen. Amen».

Eine ganze Reihe von Reformatoren korrespondierte untereinan-

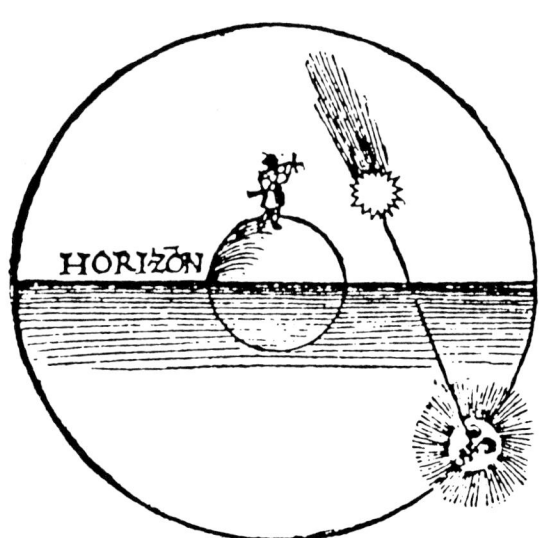

Abb. II.18
Eine besonders anschauliche Darstellung des Gesetzes über die Schweifrichtung von Apian aus dem Jahre 1532.

Außlegung Johannis Schoners vber den
Cometen so im Augstmonat/des.M.D.XXXj.jars erschinen
ist/zu Ehren einem Erbarn Rath/ vñ gemeyner Bürgerschafft
der Stat Nürmberg/außgangen.

J. Die wolt ich lieber schweigen dann dieses Cometen bedeutung anzeig
en/wiewol seine bedeutunge nicht so krefftig vnd starck werden erscheinen
als vorzeitten ettlicher anderer Cometen der proportion seiner grösse nach
gegen andern erschinen zurechen. Derhalben hat er auch seine bedeutung
seiner grösse gemäs/Vnd sag/das sein bedeutüg in der gemeyn ist/vbrige
trückenheit des Erdpodems/vnd allen thieren abgang on wasser/grosse
winde/erdpidem/groß vñ schnelle pestilétz/viel fewer/grosse somer hitze
schwere wintter kelde/der boum vñ früchte vorterbung/gros zorn/kriegk
blutuorgiessung/mörderey/groß yrrsal in allen dingen/grosser vñ alder
dinger newerung/kleine freuntschafft vnter den menschen/eines mechtig
en vnd grossen herrens tode.Sölchs ist bewert durch natürliche vrsachen
der natürlichen meister/welche hie anzuzeigen/würde zulangk . Doch so
herschet Gott vnser heyland öber das gestirn vnd seine einflüsse/vnd mag
solche bedeuttunge durch fromer menschen bitte in guthes vorwandeln.
Das aber Gott der almechtige durch wunderbarliche zeichë der Son-
nen/des mondes/vnd der stern/zuzeitten seinen strengen zorn vber die sun
de anzeigë woll/auff das meniglich wisse mit busfertigem leben der straff
zuentfliehen/mag man aus den worten Christi vnd.da er von
der andern seiner zukunfft redet/vñ zeiget an/wie zurselbigen zeit alles vbel
auff erden eyn ende werde nemen.Nemlich so werden zuuor komen kriege
vnd kriegsgeschrey/vnd dergleichen jamer vnd not.Dornach balde werden auch die Sonn vnd der monde yren schein vorlieren/wie das Math.
24.Mar.13.Lu.23.gnugsam angezeigt ist.   Dieweil nu zu vnsern zeitten
so manigfaltig zeichen erscheinen / mag ein yeder kluger wol abnehmen/
das auch die züchtigung des herren nicht weyt von dannen ist.Dann so
man der geschichte der vorgangen zeitten mit vleys warnimpt /so findt
man das alwege nach solchen zeichen Gott auch mit seiner gryschel hernach ist kömen / vnd ist alwege weltliche frewde in traurikeit vorwandelt
worden/Denn durch solche zeichen eröffnet sich zum offtermal das vor-
borgen vrteil Gottes rc.

Welchen Regionen vnd Steten dieser Comet
droen ist.

Welchen Regionen vñ gegenten dieser Comet/vber den öbirsten punct
yres kopffs gangen ist / nach dem lauff des hymels / den man den ersten
lauff/aber die erste bewegunge nennet/Sölchen Regionen wirt dieses Co
meten bedeutunge ereygnet. Vnd das sein alle Region so do sein vnter des
polns höhe.48.49.50. Auch alle so dem zeichen des lawen vnterworffen
sein/als do sein das grösser teyl welsches landes/Italia genant/ Behem
die Türckey/Sicilia/Apulia/Schotlandt/das teyl Franckreichs gegen
Italia zu/auch wollen ettlich Hispaniam. Die Stethe auch als Rhoma
Mantua / Rauenna/ Cremona/Pauia/Pariß/Meylandt/Damascus/
Praga/Ulm/ vnd sonderlich den Steten/welche das zeichen des lawen
in yren wappen füren. Sölche bedeutunge in sonderheit werden allein dise
land fülen/welcher anfang yres bawens gescheen ist/do das zeichen des
lawens in der mitte des hymels gestanden ist.

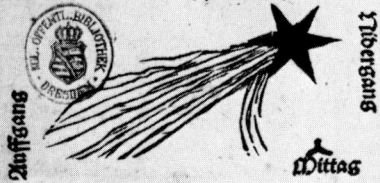

Gedruckt zu Dreßden
durch Wolffgang
Stöckel

Abb. II.19
Einblattdruck auf Halleys Kometen von 1531 von Johann Schöner
(1477–1547); trotz seiner Neigung zur Astrologie war dieser ein sehr
früher Förderer der kopernikanischen Lehre.

Ußlegung des Cometen erschynen im hochbirg/ zů mitlem Augsten/ Anno 1531. Durch den hochgelertenn Herren Paracelsum.2c.

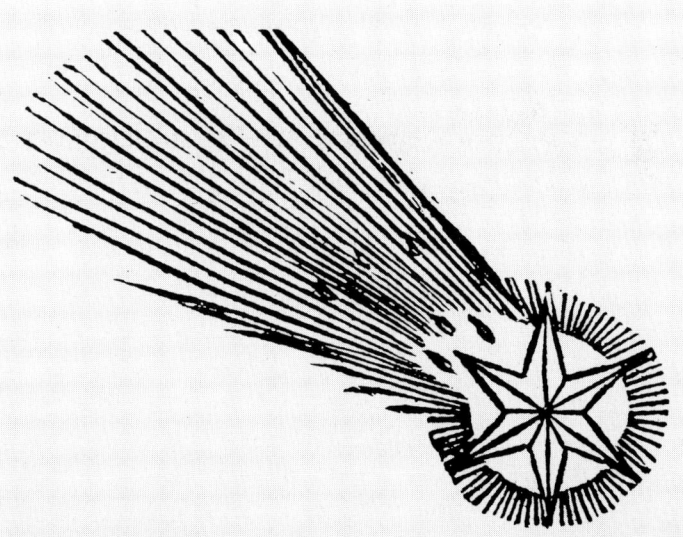

Abb. II.20
Titelblatt eines Traktats auf Halleys Kometen von 1531 von
Theophrastus v. Hohenheimb gen. Paracelsus.

der über diesen Kometen. So schrieb zum Beispiel Melanchthon an Camerarius und Johann Agricola an Melanchthon über ihn. Zwingli war dem Aberglauben besonders abhold. Trotzdem waren ihm Kometen göttliche Zeichen; nach zwei allerdings nicht über alle Zweifel erhabenen Quellen soll er beim Anblick des Halleyschen Kometen seinen baldigen Tod vorausgeahnt und gesagt haben: «Mein Jörg, mich und manchen ehrbaren Mann wird es kosten ...». Besonders gelassen reagierte Vadian, der Reformator St. Gallens, auf den Anblick von Halleys Kometen: «Ich bin im Herzen so bereit, daß ich gern annehmen will, was Naturkundige über den Stern sagen .. wer aber der Urheber der Natur ist, das weiß ich». Einer der Naturkundigen, deren Rat Vadian einholte, war der Zürcher Arzt Christophorus Klauser. Dieser galt als Experte für den Halleyschen Kometen, weil er in einem Kalender für das Jahr 1531 vorausgesagt hatte: «Es wird auch dieses Jahr ohne einen Kometen oder gehaarten Stern kaum hergehen, insbesondere gegen die Sommerzeit». Es mag manchen Anhänger der Reformation hart getroffen haben, daß gleich zwei ihrer Führer kurz nach dem Erscheinen von Halleys Kometen gestorben sind, nämlich außer Zwingli auch der Reformator Basels, Johann Ökolompadius.

Die christliche Kometenfurcht war keineswegs auf die Protestanten beschränkt. Sie läßt sich ebenso in der katholischen Kirche nachweisen. So widmete der vortreffliche Friedrich Nausea, der spätere Erzbischof von Wien, das ganze sechste Buch seiner *Sieben Bücher der Wunder* dem Halleyschen Kometen. Er war überzeugt, er werde Unheil

Abb. II.21
Theophrastus von Hohenheimb gen. Paracelsus (1493/94–1541).

Abb. II.22
Peter Bienewitz gen. Apianus (1495–1552).

Abb. II.23
Martin Luther (1483–1546).

Abb. II.24
Albrecht Dürers *Melencolia I* mit einem Kometen als Symbol der
Trübsal (Kupferstich von 1514).

Abb. II.25
Darstellung des Kometen von 1506 aus der *Schweizer Bildchronik* (1513)
von Diebold Schilling. Der Autor bringt den Kometen in
Zusammenhang mit schwerem Unwetter und dem plötzlichen Tod von
Herzog Phillipp dem Schönen von Kastilien, dem Sohn von Kaiser
Maximilian I.

Abb. II.26
Die *Geburt Christi* (ca. 1531) von Hans Baldung gen. Grien. Als Vorbild
für den «Weihnachtsstern» diente vermutlich der Halleysche Komet
1531.

bringen, er drohe Geistlichen und Laien, und er zeige den Unbußfertigen Gottes Rache an. Und Thomas Cranmer schrieb, ein Jahr bevor er der erste anglikanische Erzbischof von Canterbury wurde, beim Anblick des Kometen von 1532 an Heinrich VIII.: «Gott weiß, welch sonderbare Dinge diese Zeichen bedeuten, denn sie erscheinen nicht von ungefähr, sondern wegen einer großen Sache».

Auf der anderen Seite gab es zu jener Zeit Vertreter der streng aristotelischen Interpretation von Kometen. Ein besonders klares Beispiel hierfür gibt der etwas spätere Thomas Lieber gen. Erastus, Professor in Heidelberg und Basel. Nach ihm handelt der Himmel nach einem allgemeinen Plan und wirkt nicht auf den Ablauf von Geschehnissen ein, die für ein einzelnes Objekt spezifisch sind. Kometen künden daher kein Unheil, wie Krieg, Pest und Fürstentod an sondern sie *erzeugen* Trockenheit und Hitze. Einen Schritt weiter ging der Arzt und Mathematiker Cardanus, der um 1550 argumentierte, daß die natürliche Trockenheit ihrerseits Stürme, Revolutionen, Kriege, Todesfälle usw. verursachten. Später trieb Fortunius Licetus, Professor in Padua, die natürlichen Folgen bis zur Absurdität: die trockenen, heißen, schweflingen Kometendämpfe werden von den Menschen eingeatmet und machen diese reizbar; dies führt zu Haß, Streit und Krieg – die durch den Kometen erzeugte Trockenheit bewirkt Mißernten und Heuschrecken – Fürsten und wichtige Personen unterliegen den Kometen stärker weil sie mehr Geflügel essen!

Auch der rein abergläubisch-astrologische Glaube an Kometen, bei dem die Stellung des Kometen in den Sternbildern und Zeichen und die Schweifrichtung interpretiert wurden, ist bei manchem Autor jener Zeit nachweisbar. So war der junge Hagecius, ein ausgezeichneter Astronom im Prag des ausgehenden 16. Jahrhunderts, ein Anhänger der Kometomantik, der in älteren Jahren allerdings sehr viel kritischer wurde. Wegen der nördlichen Bahn des Kometen bezogen offenbar viele ihn auf den glücklosen König Christian II. von Dänemark und seinen Kampf um die Krone. Auf der anderen Seite fand die astrologische Kometenfurcht auch ihre ausgesprochenen Gegner, so etwa in dem bereits genannten Erastus und in dem ungarischen Gelehrten Dudith sowie in dem beißenden Schriftsteller Rabelais, der in seiner *Pantagrueline prognostication*, die erstmals 1532 erschien, diese Furcht verhöhnte.

Natürlich vermischten sich auch die verschiedenen Formen des Kometenglaubens bei vielen Zeitgenossen. Der bereits als Aristoteliker genannte Cardanus zum Beispiel wurde gefangen gesetzt, weil er als gleichzeitiger Astrologe das Horoskop Christi aufgestellt und dessen Schicksal auf den Einfluß der Sterne zurückgeführt hatte. Ein interessantes Beispiel für den gesamten Kometenglauben lieferte auch der höchst einflußreiche Arzt Paracelsus (Abb. II.21); er ließ bereits Ende August 1531 ein mantisches Traktat über Halleys Kometen in Zürich drucken (Abb. II.20), in dem er eine Vielzahl von unheilvollen Wirkungen und Folgen des Kometen diskutierte. Da er die Schrift neben Christophorus Klauser auch Zwingli widmete, ist vorgeschlagen worden – unserer Ansicht nach grundlos – Paracelsus habe mit ihr den Tod Zwinglis im zweiten Kappeler Krieg am 11. Oktober 1531 prophezeit.

Es gab zu jener Zeit also keine Doktrin über die Bedeutung von Kometen. Ja selbst die wenigen hier beispielhaft genannten Männer waren untereinander in erstaunlichem Ausmaß zerstritten. Für das Volk war dies verwirrend, und es hielt sich, ohne sich um Theorie und Weltanschauung zu besorgen, noch mindestens für die nächsten 150 Jahre an die klassischen acht Kometenfolgen, die J.J. Pontanus um 1500 in einem lateinischen Gedicht zusammenfaßte und das wir hier auszugsweise in einer Übersetzung von 1605 wiedergeben:

1. Viel Fieber, Krankheit, Pestilenz und Todt,
2. Schwere Zeiten, Mangel und große Hungers-Noth,
3. Große Hitze, dürre Zeit und Unfruchtbarkeit,
4. Krieg, Raub, Brand, Mord, Auffruhr, Neid, Haß und Streit,
5. Frost, Kälte, Sturmwind, böse Wetter, Wassers-Noth,
6. Viel hoher Leute Untergang und Todt,
7. Feuers-Noth und Erdbeben an manchem End
8. Große Veränderung der Regiment.

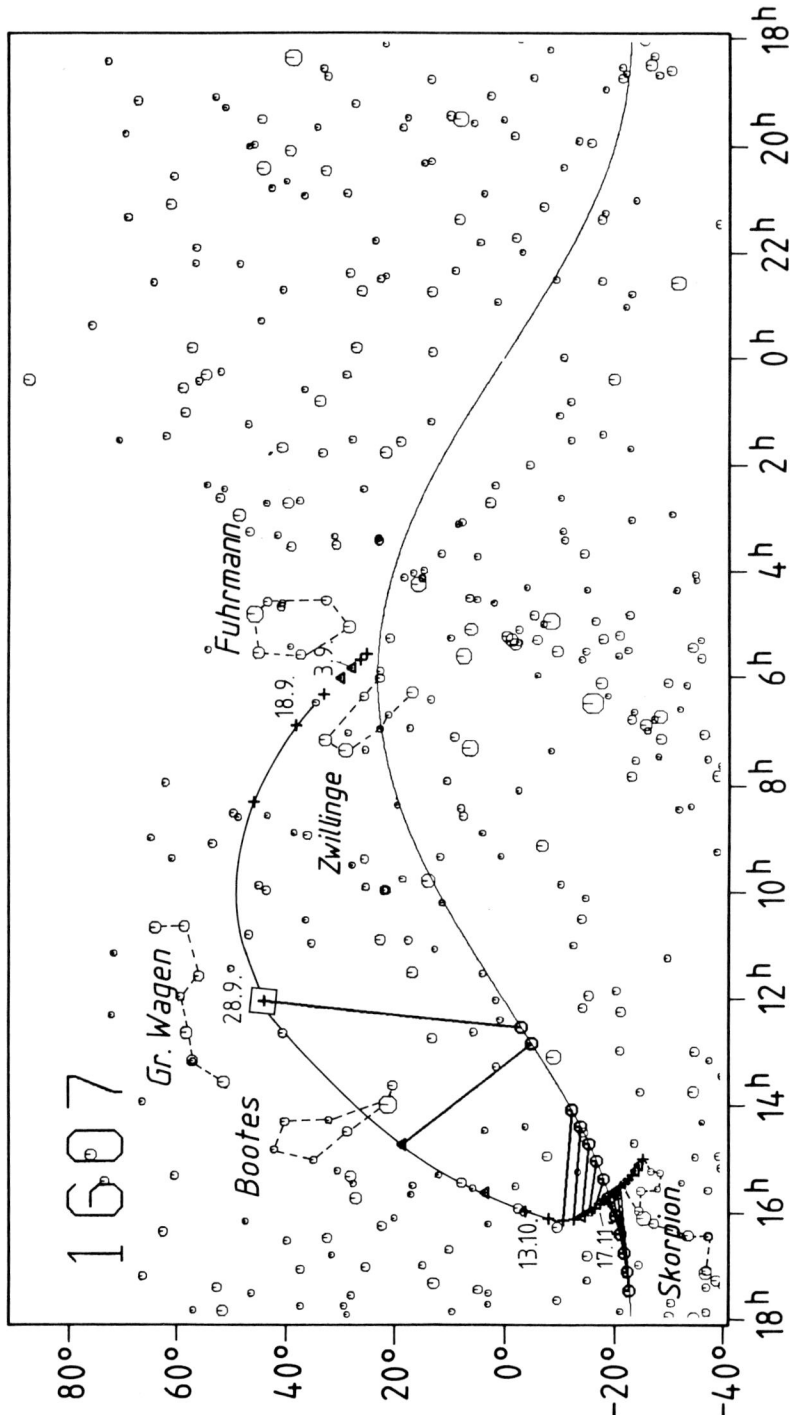

Sichtbarkeit
Beobachtungen
Der Komet von 1577
Das neue Weltbild
Keplers Bahnbestimmung
Galilei und der Komet von 1618
Nordlichter
Die goldene Zeit der Astrologie
Aberglaube und Shakespeare

Bei dieser Wiederkehr fällt der berechnete Periheldurchgang auf den 27.5 Oktober 1607; dadurch ergaben sich für den Kometen sehr ähnliche Sichtbarkeitsbedingungen wie 1301, in welchem Jahre der Periheldurchgang am 25.6 Oktober erfolgte. Die Ähnlichkeit des Kometenlaufs gilt, wie ein Vergleich der entsprechenden Himmelskarten zeigt, obwohl 1582 bei der Kalenderreform 10 Tage übersprungen worden waren und die Ähnlichkeit der Periheldaten täuscht. Zwischen dem 20. und 29. September stand der Komet so weit nördlich, daß er abends *und* morgens beobachtet werden konnte; für Beobachter nördlich des 50. Breitenkreises war er damals sogar zirkumpolar. Die Helligkeitsangaben verschiedener Zeitgenossen stimmen innerhalb ± 0.5 Größenklassen mit den berechneten überein. Wir können daher mit einiger Zuversicht schließen, daß der Komet bei der Entdeckung am 21. September in China von der 2.5 Größenklasse war, und daß er im Helligkeitsmaximum um den 28. September von der 1. Größenklasse – oder etwas heller – war. Sofern der Angabe des niederländischen Pfarrers Gottfried Wendelin Glauben zu schenken ist, daß er den Kometen am 5. November nach dem Periheldurchgang in der Nähe der Sonne noch einmal gesehen habe, muß dieser damals auf die 4. Größenklasse abgeschwächt gewesen sein. Dies war die letzte Wiederkehr von Halleys Kometen, die noch ohne Teleskop beobachtet worden ist. Erst 1609 wurde ein Teleskop auf ein Objekt am Himmel gerichtet.

In Europa wurde der Komet erstmals am 23. September von einem Mönch in Schwaben gesehen. Dieser gab Kepler davon Nachricht, aber letzterer hatte ihn wohl unabhängig seit dem 26. September beobachtet und er verfolgte ihn bis zum 26. Oktober; zu dieser Zeit kam der recht weit im Süden stehende Komet in die Nähe der Sonne. So wie Toscanelli seinen Namen an die Wiederkehr von 1456 und Apian den seinen an diejenige von 1531 heftete, so verband Kepler seinen Namen mit der Rückkehr von 1607, und mit seinen Positionsbestimmungen, die von großer Genauigkeit waren, schuf er die Grundlage dafür, daß Halley bei der nächsten Wiederkehr seinen Namen für immer mit dem Kometen verbinden konnte. Aber auch andere Beobachtungen waren von bleibendem Wert. In Dänemark hatte der einzige Schüler Tycho Brahes, Christian Severin gen. Longomontanus, die Erscheinung von 1607 beobachtet. In England sammelte der vielseitige Thomas Harriot, der damals gerade wegen seiner Assoziation mit Sir Walter Raleigh das Gefängnis verlassen hatte und nicht nur ein Pionier des Tabakrauchens sondern auch des Fernrohrs war – letzteres gleichzeitig mit Galilei, aber zu spät für Halleys Kometen – sehr wertvolle Be-

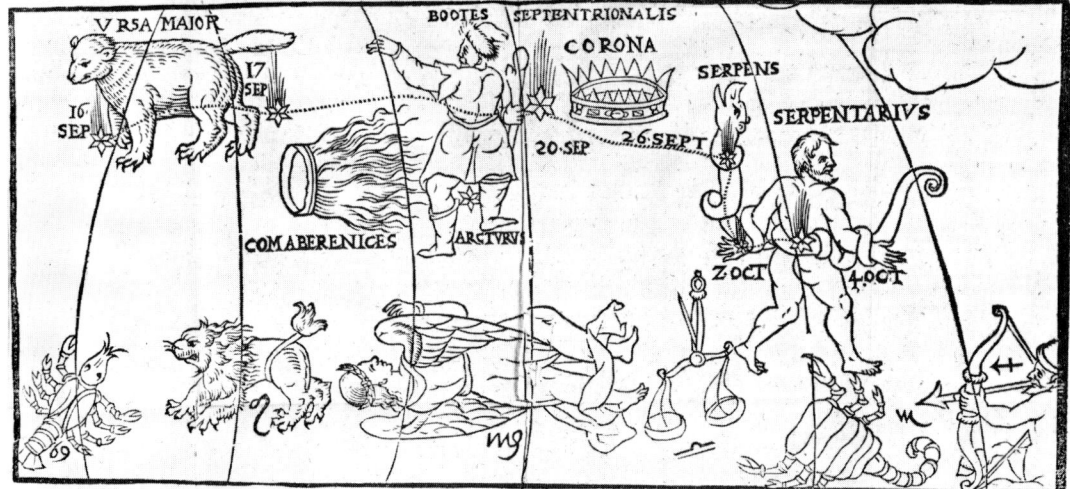

Abb. II.27
Einblattdruck von David Herlicius auf Halleys Kometen von 1607.

obachtungen von dem Kometen. Allerdings wurden diese erst 1793 von dem Freiherrn von Zach, dem damals neben Bode und Olbers führenden Astronomen in Deutschland, publiziert, nachdem er sie in einem Familienarchiv in England gefunden hatte. Wir werden unter dem Jahr 1835 darauf zurückkommen, welche Rolle diese Beobachtungen für das Leben eines hochbegabten Jünglings spielen sollten. Auch wenn es eine Reihe weiterer Beobachtungen aus dem Jahre 1607 gibt – übrigens auch aus Japan und Korea – so kann dies nicht darüber hinwegtäuschen, daß diese Rückkehr trotz der günstigen Sichtbarkeit im Schatten anderer Kometen jener Jahrzehnte blieb. Die wenigen zeitgenössischen Darstellungen und die Tatsache, daß nur 17 Traktate und ein einziger Einblattdruck (Abb. II.27) von ihm bekannt wurden, legen davon deutliches Zeugnis ab.

Bevor wir etwas näher auf die Arbeiten Keplers über den Kometen von 1607 (Abb. II.28 – 30) eingehen können, muß der ungewöhnlich großartige Komet vom Jahresende 1577 erwähnt werden, der für die Kometenforschung umwälzende Bedeutung erlangte. Tycho Brahe (Abb. II.31), der damals wie ein Fürst auf seiner Insel Hven lebte und sich dort ein Observatorium von vorher unerreichter Qualität gebaut hatte, bestimmte die Positionen dieses Kometen mit größter Genauigkeit. Gleichzeitig maß Hagecius in Prag dessen Positionen, und aus der Tatsache, daß beide trotz ihrer verschiedenen Standorte praktisch die gleiche Kometenbahn bezüglich der Fixsterne fanden, schlossen sie, daß die Parallaxe des Kometen unmeßbar klein ist, und daß er daher viel weiter entfernt sein muß als der Mond. Andere, die den Kometen beobachteten, so zum Beispiel Michael Mästlin (Abb. II.33) und der Landgraf Wilhelm von Hessen, kamen zum gleichen Schluß. Sie wurden auch von dem einflußreichen Helisäus Röslin unterstützt, aber für sehr viele Zeitgenossen war das Resultat zu revolutionierend, und es dauerte noch eine Generation, bis es allgemein akzeptiert wurde. Die Konsequenz der Tatsache, daß Kometen nicht sublunar sondern supralunar sind, widersprach nämlich Aristoteles nicht nur in einem Punkt, sondern sie zerschlug das gesamte Bild der aristotelischen Kristallsphären. War doch da nun ein Objekt, das nicht Schritt hielt mit den dem Mond und jedem Planeten säuberlich zugeteilten Kristallsphären. Wohl hatte Brahe schon vorher für die Supernova von 1572 gezeigt, daß sie supralunar war, aber bei ihr beschränkte sich die Veränderlichkeit auf die Helligkeit. Bei dem ortsveränderlichen Kometen war die Verletzung des aristotelischen Prinzips viel gravierender. Der Nachweis, daß Aristoteles sich irren konnte, eröffnete erst den Weg zu

wissenschaftlicher Forschung im modernen Sinn. Über die historische
Bedeutung des Kometen von 1577 hat Doris Hellmann eine hervorragende Monographie verfaßt. Wir geben hier von dem Kometen vier
zum Teil unbekannte, zeitgenössische Darstellungen (Abb. II.34 – 36,
II.38).

Der bereits genannte Mästlin glaubte nicht nur an die supralunare
Natur der Kometen, sondern er war auch nach dem Brahe-Gehilfen
Paul Wittich einer der ersten, die das Kopernikanische Weltbild an-
nahmen. Für die Kopernikaner war auch klar, daß das Universum
außerordentlich groß sein muß, denn die Bewegung der Erde um die
Sonne müßte ja im Laufe des Jahres eine Verschiebung der Fixsterne
am Himmel verursachen, – es sei denn sie sind noch wesentlich weiter

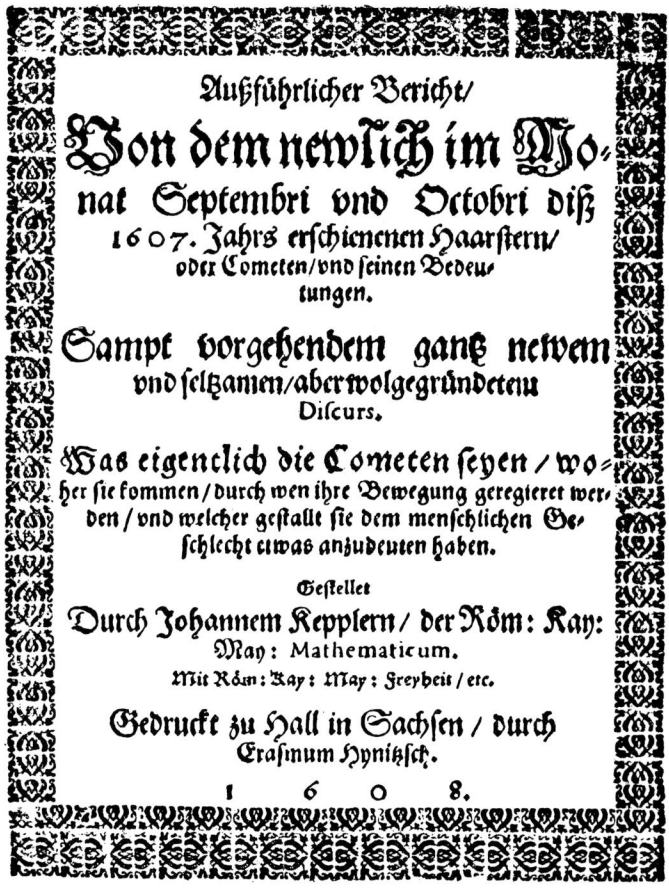

Abb. II.28
Titelblatt von Johannes Keplers Schrift auf Halleys Kometen von 1607.

als die Kometen entfernt. Als Professor in Tübingen lehrte Mästlin das neue Weltbild seinem Schüler Kepler (Abb. II.32).

Für Kepler muß es ein Hauptanliegen gewesen sein, nachdem Kometen nun nicht mehr einfach irdische Dämpfe waren und er Halleys Kometen beobachtet hatte, dessen Bahn zu bestimmen. In seinem ersten, deutsch verfaßten Bericht von 1608 (Abb. II.28) über den Kometen befriedigte er allerdings zunächst die in ihn gesetzte Erwartung, die *Bedeutung* des Kometen zu erklären. Er entledigte sich der Aufgabe in einer recht unkompromittierenden Weise, indem er alle möglichen Bedeutungen und Folgen diskutierte, ohne selber klar Stellung zu nehmen. Diskussionslos gab er hier auch eine Zeichnung der Kometenbahn, die deutlich zur Sonne hin gekrümmt ist (Abb. II.29). Diesen höchst vernünftigen Ansatz zu einer Bahnrekonstruktion ‹korrigierte› er dann in seiner wissenschaftlichen Arbeit von 1619 (Abb. II.30), in der er den Kometen von 1607, und die beiden Kometen von 1618 gemeinsam diskutierte, zu einer geradlinigen Bahn! Es ist heute schwer verständlich, wie dieser geniale Mann, der bei der Ableitung der Keplerschen Gesetze über die Bewegung der Planeten die moderne wissenschaftliche Arbeitsmethode überhaupt erst einführte, zu einem solchen, den Beobachtungen widersprechenden Fehlschluß kommen konnte. Die einzige Erklärung ist, daß er so stark unter dem Eindruck stand, daß alle Kometen scheinbar nur einmal sichtbar werden, daß er den Halleyschen Kometen möglichst schnell aus dem Bereich der Erde hinausführen wollte.

Brahe hatte angenommen, daß Kometen sich auf kreisförmigen oder ovalen Bahnen bewegen, auf die sie irgendwie aus den Tiefen der Milchstraße gekommen sein müssten. Letztere Annahme kritisierte der Tübinger Professor Schickard 1619, denn die Tatsache, daß Kome-

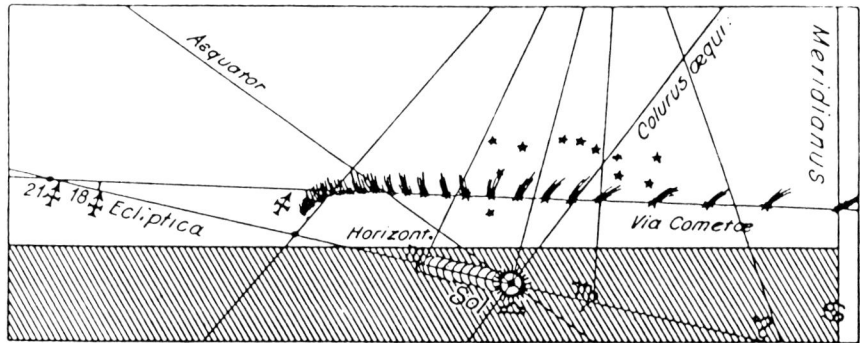

Abb. II.29
Keplers Darstellung von 1608 der zur Sonne gekrümmten (!), allerdings *scheinbaren* Himmelsbahn des Halleyschen Kometen von 1607.

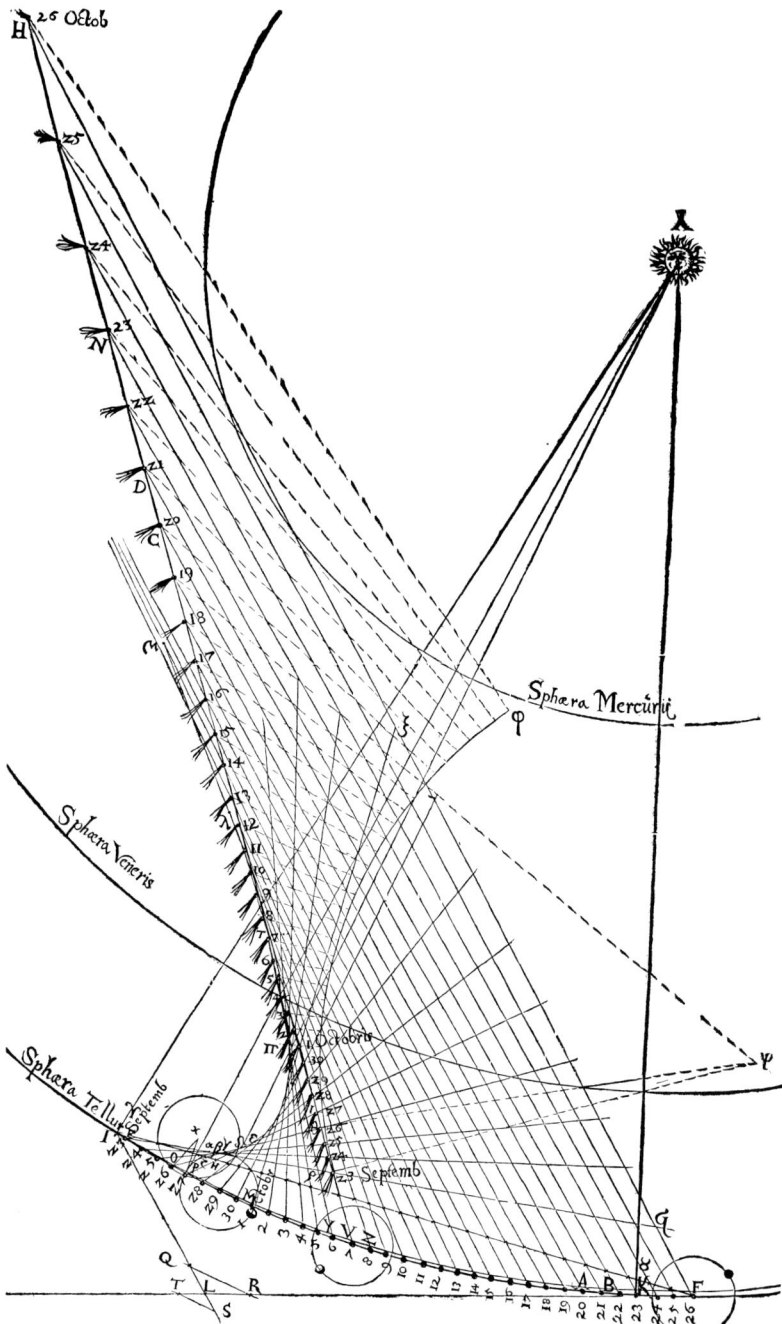

Abb. II.30
Keplers geradlinige (!) Bahnrekonstruktion des Halleyschen Kometen
von 1607. Aus: Johann Kepler, *De cometis libelli tres,* Augsburg 1619

ten und die Milchstraße milchig erschienen, sei kein Beweis, daß die einen aus der anderen entstanden seien; er schrieb: «Es ist nit beschaffen mitt diser himmlischen Milch, wie mit einer Kühmilch, die der Schweitzer gerinnen läßt, coaguliert und ein Käss drauss macht... Sonder die himmlische Galaxia ist nichts anders als ein Versamlung viler gar kleinen Sternlin, welche... von unserem blöden gesicht nit mögen voneinander underscheiden werden... Aber mit hilff der newen Spiegelrohr köden sie gesehen und underschiden werden». – Mästlin nahm an, daß Kometen sich in der Gegend der Venus-Bahn bewegten und rief die Autorität eines großen iranisch-arabischen Astrologen an: «nach Albumasar (Abu Ma'shar), der um 844 lebte, wurde ein Komet oberhalb der Venussphäre gesehen». Wir wissen nicht, wie Abu Ma'shar zu dieser Aussage kam, aber Mästlin kam es gelegen, daß er seine eigene Ansicht untermauern konnte. – Anläßlich des zweiten Kometen von 1618, der vom 18. November bis in den Januar des nächsten Jahres beobachtet wurde und wesentlich größer als Halleys Komet im Jahre 1607 war, führte der Luzerner Johann Baptist Cysat in Ingolstadt Positionsbestimmungen durch, und er schloß aus diesen, daß der Komet sich entweder auf einer Kreisbahn bewegt, oder daß er einer geradlinigen Bahn folgt. Das Problem der Bahnbestimmung sollte endgültig erst um die Zeit der nächsten Wiederkehr von Halleys Kometen gelöst werden.

Abb. II.31
Tycho Brahe (1546–1601).

Abb. II.32
Johannes Kepler (1571–1630).

Abb. II.33
Michael Mästlin (1550–1631), der Lehrer Keplers.

Am Rande darf hier bemerkt werden, daß der genannte große Komet von 1618 Galilei in eine berühmte Kontroverse riß. Wir lernen aus dieser aber nur wenig von Galileis Ansichten über Kometen, weil er – der damals schon nicht mehr über die Bewegung der Erde sprechen durfte – die Affäre offenbar benützte, um sein heliozentrisches System in versteckter Weise zu verteidigen.

Für die skandinavischen Länder hatte übrigens der Beweis, daß Kometen supralunar sind, eine zusätzliche Konsequenz. Bis dahin hatte man geglaubt, daß die dort ungleich viel häufigeren Nordlichter ein und dasselbe sind wie Kometen. Diese Ansicht läßt sich zum Beispiel bei Olaus Magnus (1550) und selbst noch bei Flemløse (1591) nachweisen. Nachdem Tycho Brahe von seiner dänischen Insel Hven aus seit dem Jahr 1582 die Nordlichter als ein separates, atmosphärisches Phänomen beobachtet und registriert hatte, bestand für die Verwechslung kein Grund mehr.

Als Halleys Komet 1607 am Himmel erschien, herrschte für die Astrologie eine goldene Zeit. Die aristotelischen, in einander rotierenden Kristallsphären, die die Planeten auf ihren Bahnen fixieren sollten, waren zerschlagen, und Newtons Gravitationsgesetz (1686), das die Planeten tatsächlich auf ihren heliozentrischen Bahnen hält, war noch unbekannt. Es gab zu jener Zeit also keine Erklärung dafür, warum die Planeten die Sonne in ewigem Reigen umlaufen. Irgendeine geheimnisvolle Kraft mußte sie zurückhalten und am Entweichen hindern. Für die großen Denker damals, die um ein neues einheitliches Weltbild rangen – wie es einst Aristoteles geliefert hatte – muß es attraktiv gewesen sein, die Wirkung dieser geheimnisvollen Kräfte auch auf den Menschen wenigstens in Betracht zu ziehen. Tatsächlich haben sich Brahe und Kepler ernsthaft mit der Astrologie beschäftigt und sich als astrologische Ratgeber zur Verfügung gestellt. Aber gleichzeitig haben sie sich eine gehörige Dosis von Skepsis bewahrt. Typisch ist etwa, was Kepler 1608 über den Halleyschen Kometen schreibt: «Ich sollte auch sagen, in welchem (astrologischen) Hause ich jhne zum ersten gesehen.. (aber weil sich das auf die Astrologie bezieht) halte ichs nicht allein für vnrecht, sondern gar für kindisch vnd nichtig».

Im Volksglauben erhielt die unheilvolle Bedeutung von Kometen neue Nahrung durch den großen Kometen vom Jahresende 1618, dessen Erscheinen mit dem Ausbruch des Dreißigjährigen Kriegs zusammenfiel: Aber auch schon 18 Jahre vorher ließ Shakespeare in dem Drama *König Heinrich IV.* den Herzog von Bedford die landläufige Meinung vertreten:

Abb. II.34
Nürnberger Einblattdruck auf den Kometen von 1577.

Abb. II.35
Der große Komet von 1577 über
Konstantinopel aus einem
türkischen Manuskript von 1581, das
ein persisches Epos zu Ehren des
Sultans Murad III. (1574–1595)
enthält.

Abb. II.36
Aus dem gleichen Manuskript wie
Abb. II.35. Die Abbildung zeigt das reich
mit Instrumenten ausgestattete Observatorium, das Taqī al-Dīn 1575 in Istanbul
errichtete. Obwohl das Observatorium
schon bald auf Befehl des Kalifen, der über
eine astrologische Voraussage verärgert war,
zerstört wurde, hat es möglicherweise
Einfluß auf Tycho Brahes Sternwarte
Uranienburg gehabt.

Abb. II.37
Darstellung des großen Kometen von 1577 in einem türkischen
Manuskript von ca. 1578.

وعلى الاردن لا بد ترى · وقعة كالنار ترد اد ضرما · دنحا ردن او زرننى كو دمك

لا زمدر · برجنك عظمى كه يا لكى او دكى زياده او لمقى و زره دز · وبل حوران

ومن جل بها · ود مشق بلتقى خوفا مقيما · وبل حورانه واهلنه مقردرد · وشهد

Abb. II.38
Der große Komet von 1577 im *Buch der Wahrsagungen* des Arabers Sams
al-Dīn Mohammed ibn Salīm al-Hallāl, hier in einer türkischen
Übersetzung von Serif ibn Mohammed ibn Burkan; Manuskript von
1597.

Beflort den Himmel, weiche Tag der Nacht!
Kometen, Zeit- und Staatenwechsel kündend,
Schwingt die krystallnen Zöpf' am Firmament,
Und geißelt die empörten bösen Sterne,
Die eingestimmt zu König Heinrichs Tod.

Jedoch seine eigene Meinung über die Astrologie legte Shakespeare im
König Lear (1606) dem Bastard Edmund in den Mund:

Das ist die ausbündige Narrheit dieser Welt, daß, wenn wir an
Glück krank sind, – oft durch die Übersättigung unsres Wesens –
wir die Schuld unsrer Unfälle auf Sonne, Mond und Sterne schie-
ben, als wenn wir Schurken wären durch Notwendigkeit; Narren
durch himmlische Einwirkung; Schelme, Diebe und Verräter
durch die Übermacht der Sphären; Trunkenbolde, Lügner und
Ehebrecher durch erzwungene Abhängigkeit von planetarischem
Einfluß.

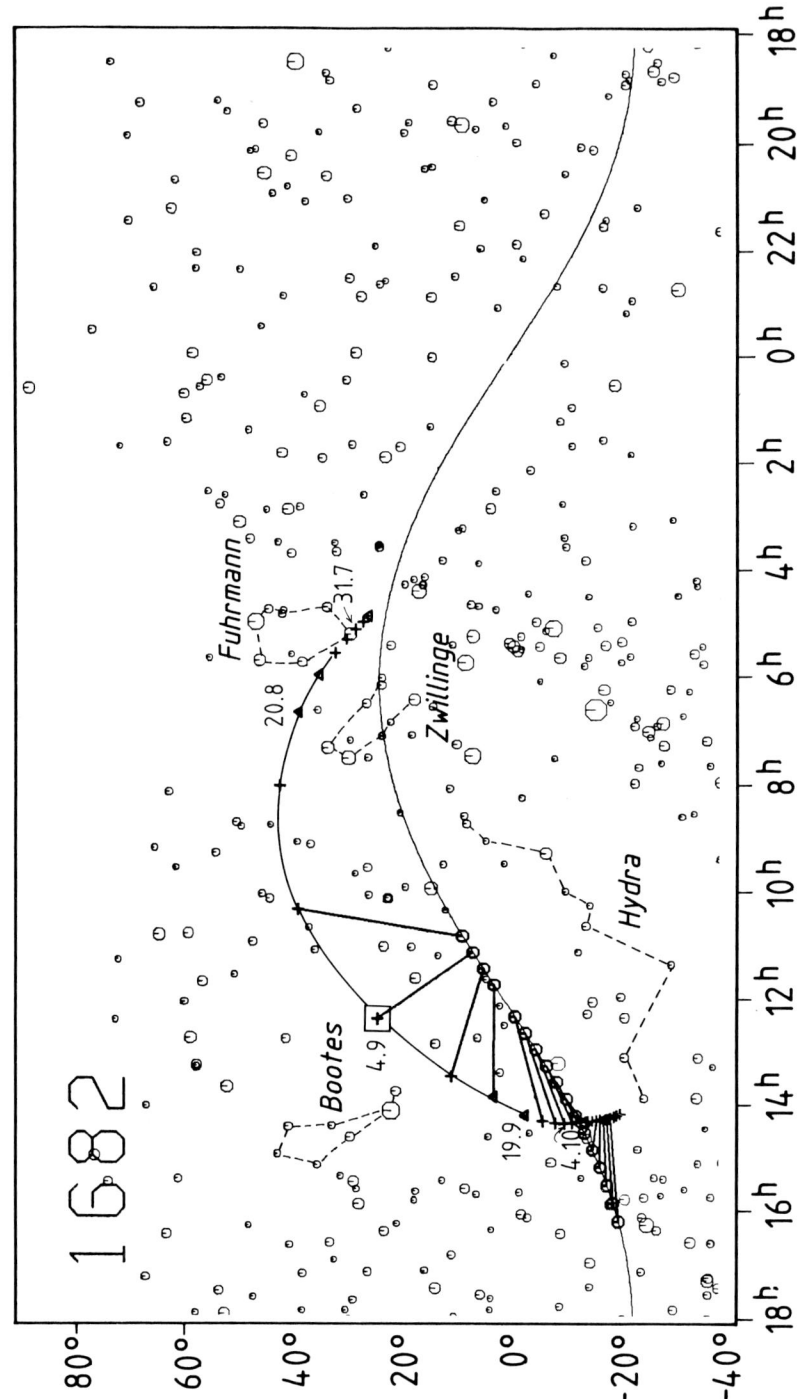

Sichtbarkeit und Beobachtungen des Kometen
Bemühungen um Kometenbahnen im 17. Jahrhundert
Der Jahrhundertkomet von 1680
Dörffels parabolische Bahn
Halley und Newton
Kometen als vermeintlich massereiche Körper
Einflüsse auf den Kometenglauben

Als habe es den Kometen gedrängt, das Geheimnis seiner Bahn preiszugeben, eilte er früher zu seinem Perihel am 15.3 September zurück als je zuvor: nur 74 Jahre und 323 Tage waren seit dem letzten Periheldurchgang im Jahre 1607 verstrichen. Auf seinem Wege zur Sonne wurde er zuerst am Morgen des 15. August von dem Pfarrer Dörffel, von dem weiter unten noch die Rede sein wird, gesehen. Kurz darauf, am 18. August, wurde der Mond voll, und in den hellen Nächten scheint der Komet nicht gesehen worden zu sein. Erst mit dem 23. August beginnen sich die Berichte von dem Kometen zu häufen. Am 26. August war seine Helligkeit fast von der 1. Größenklasse, und er trug einen zwei Grad langen Schweif. Bis zum 31. August blieb er morgens und abends sichtbar, später nur noch abends. Am 30. August war sein Schweif bis auf 30 Grad angewachsen; um den 9. September hatte sich dieser bis auf drei Grad reduziert. Selbst während der maximalen Helligkeit um den 5. September herum dürfte er kaum heller als die 1. Größenklasse geworden sein. Mitte September kam er der Sonne immer näher, so daß er schwer zu beobachten wurde. Am 20. September sah Halley ihn noch durch Wolken, und am 22. September soll er noch ein letztes Mal in Paris gesehen worden sein.

Die Erscheinung war in Europa sehr eindrücklich. Davon zeugen schon die 48 Traktate und die 11 Einblattdrucke, die von diesem Kometen bekannt sind. Der Komet wurde weiterhin beobachtet. Gute Positionsbestimmungen lieferten unter anderem aus England Flamsteed, Halley und der streitbare Robert Hooke, aus Frankreich Cassini, La Hire und Picard, der kurz nach den Beobachtungen verstarb, aus Deutschland Hevelius, Dörffel und Kirch in Leipzig, sowie aus Italien der Padovaner Montanari und Marchetti in Pisa. Als im 19. Jahrhundert Rosenberger die Bahn des Kometen aus diesen Beobachtungen neu berechnete, fand er, daß die genauesten Positionen von Flamsteed stammen und daß diesem Hevelius und dann Picard und La Hire folgen. Allerdings waren Rosenberger die erst 1759 publizierten Beobachtungen von Cassini unbekannt geblieben.

Wie wir bei der Wiederkehr im Jahre 1607 gesehen haben, war die Bestimmung der kometaren Bahnen ein vordringliches Problem geworden, und während des ganzen 17. Jahrhunderts verlor es nichts an seiner Aktualität. Einen scheinbaren Schritt zu seiner Lösung leistete Descartes, der im Jahre der Urteilssprechung gegen Galilei (1633) sein großes Werk *Le Monde* schrieb, das aus Furcht vor der Inquisition aber erst 1662 nach seinem Tode gedruckt wurde. In ihm postulierte Descartes einen unendlich ausgedehnten, turbulenten Äther, der

Eygendtliche Abbildung
Des
In dem Augst-vnd Herbstmonat dieses 1682. Jahrs durch gantz
Europam gesehenen

Cometen.

ES ist dieser Wunderstern anfänglich zwar in Straßburg / Franckfurt am Mayn/vnd anderen Orten den 14. 24. vnd 15. 25. Aug. in dem Zeichen des ♌ zwischen den vorderen Tatzen des grossen Bären/vnd dem Gestirn des Fuhrmans entdeckt worden. Allhier in Basel aber/wurde man desselben erst den 17.27.Aug.gewahr. Den 18. 28. Aug. sahe man jhne Morgens vor der Sonnen auffgang / vnd befande daß er seinen Lauff nach dem Tatzen des grossen Bären gerichtet / vnd beyläuffig schon 4. grad dem Löwen erreichet / vnd in stei- ner Ecclipticâ aber gegen Norden ohngefehr 23. gr. entfernet stunde. Den 19.29.Aug. Morgen früh gegen Tag / hatte er sich vnder den lincken vorderen Tatzen bemelten Bärens gesetzet/vnd hiemit in seiner Longitudine schon in den 10. grad/ 26.:min.des ♌ fortgerucket. Den 21.31. Augusti ware seine Longit.24.gr.15.min. ♌ vnd Latit. Sept. 25.grad./30.min. Den 23. Augusti vnd 2. Septemb. hatte er 13.gr.34.min. der Jungfrau vnd 25.gr. 4. min.Latit. Sept. Den 29. Aug. vnd 8.Sept.stunde er in dem 11.gr.50. min.der Waag/vnd 18.gr.37.min.Lat.Sept. Hierauff

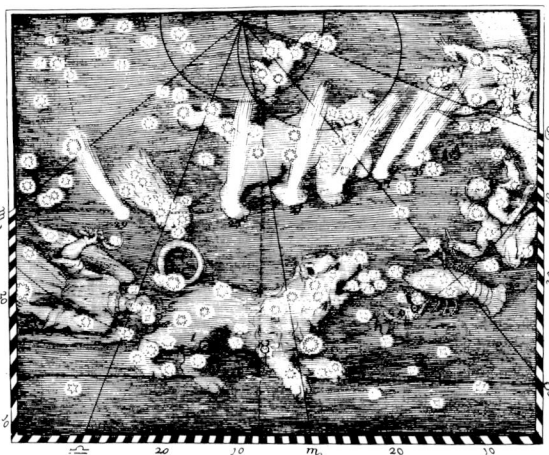

rauff ist er also gegen dem Zeichen des Scorpions fortgewandert / bey dessen anfang er sich vnseren Augen widerumb entzogen. Warauß erhellet/daß er jnnert 18.Tagen himmlische Zeichen / nemlich des Löwen/der Jungfrawen/vnd der Waag durchloffen. Der Stern dieses Cometen war sehr hell / vnd gabe an grösse dem Venus = stern wenig bevor. Sein schweiff glänßte als Silber/vnd erstreckte sich der länge nach biß auff die 25. grad. In seinem täglichen Lauff errichtete er vnserem Gesicht nach anfänglich über 5.grad nicht ; in etlichen Tagen aber stiege er wol biß auff 9.grad. darauff er seinen Lauff widerumb minderte / biß daß er endlich zu anfang des Herbstmonats/über 3.gr.nicht mehr fortruckte. In den ersten Tagen seiner Erscheinung wurde er so wol Abends als Morgens gesehen / vnd verlohre sich über ein oder die andere Stund nicht vnder vnserem Horizont, nachdem er aber sich dem Æquatori näherete /wurde er nur Abends / des Morgens aber gar nicht mehr gesehen. ~ Bey Erscheinung eines solchen vngewohnten Sternens/hätte ich anlaß genug von dem Vrsprung vnd Natur / sonderlich aber von Bedeutung desselben/ vmb einige annoch von heydnischem Aberglauben eingenommene Gemüther zu vergnügen/

gnügen / auch meine wenige Gedancken beyzufügen. Jnmassen der veränderliche Lauff dieses/ so wol als anderer hiebevor entstandenen Cometen mich/ verursachet fast den jenigen beyzufallen / welche darfür halten / daß alle solche Sterne von anfang der Welt zwischen Saturno vnd den Fixsternen erschaffen / vnder die Zahl der Planeten können gerechnet werden/ welche vmb jhr eigenes Centrum also herumb lauffen/daß sie nur zu gewissen Zeiten/sonderlich wann der Allwissende Gott sein Volck zur Buß erinneren will / erscheinen müssen. Den Lauff aber deroselben sambt dem Vrsprung jhres Schweiffes pünctlich außzuzucken / ob es wol nicht ohnmöglich / halte ich doch darfür / es vielleicht alßdann erst ge- schehen dörffte / wann die scharffsinnige Gedancken eines subtilen Cartesii die Gränßen des Vorticis Solaris werden völliger erreichet / vnd fleissiger außgezirklet haben. Die Be- deutung endlich so gemeinlich vorzumahlen / ist eben so ohnmöglich als vermessen. Weilen dieser Comet an Farbe bleich / Abends vnd Morgens anfänglich erschienen/hernach dem Löwen / in welchem die grosse Zusammenkunfft des Saturni vnd Jupiters dieses Jahr gesehen / die Jungfraw vnd die Waag von Norden gegen Vndergang hin durchwandert/ dörffte wol ein Welt-erfahrner Stern-deuter grosse Empörungen/grausames Blut-vergiessen/Zerstörung eines Occidentalischen Reichs von Nordischen Völckeren / Aufferstehung Orientalischer Prinßen Dapfferkeit/erschröckliche Mordthaten grosser Herßen/vnvermeidliche Pestilenßen vnd darauff erfolgenden vnbeschreiblichen Hunger / sonderlich in denen Ländern/ über welche der Comet gelossen/als Teutschland/Franckreich/Engelland/Niderland/Schweiß/2c.vorsagen. Obwolen aber auff solche Astrologische Wahrsagungen eben nichts zu halten / so ist doch zu glauben/daß ein jeder rechtgesinnter Christ jhme solche gewohnte Himmels-gesichte / als Vorbilde des zornigen Gottes fürstelle / nicht zweiffelnd / daß/so die schnöde Verachtung des Evangeliums vnd desselben Verkünderen nicht abgethan/ der Eyfer für die Ehre Gottes nicht gemehret / das verruchte Leben vieler nicht abge- legt/ja auch die so groben Laster der hochmütig-reichen Volcks/welches die des Tituls wahrhaffter Christen rühmet / nicht mit gewissenhafftterem Ernst abgestraffet werden / bald ja vielleicht allzubald solche Plagen erfolgen dörfften / welche keine Seufftzen/geschweige weltsicherere Klugheiten mehr abwenden möchten. Der Höchst verlehe vns die Gnad / daß wir solche Dräuwungen mit büßfertigem Herßen erkennen/damit vnser Vatterland annoch viel Jahr in vnveränderter Freyheit/ vnd vnangefochtenem Frieden/ durch vnsere Beke- rung ruhmlich bestehen möge !

Abb. II.39
Einblattdruck auf Halleys Kometen von 1682 von dem Basler Arzt Theodor Zwinger, dessen Text für die damalige Zeit ungewöhnlich rational ist.

Wider neu-scheinende entsetzliche
Zorn- und Wunder-Ruthe Gottes
Oder:
Cometen-Fackel/
Welche zu Nürnberg allhier ♂ den 15. Augusti Alter Zeit/und so folgend beyde Tage hernach/in diesem mit GOtt lauffenden 1682. Jahr/ mit Erstaunen vieler Leuthe sich erwiesen und sehen lassen.

Darvon ein gelehrtes und hochreiffes Sentiment/folgendermassen gegeben worden:

Locus primæ, Phœnomeni hujus; apparitionis, prout & observatio ruditer colligi poterat, fuit in 18. long. ♐ latit. bor. 20. Hinc inter Stellas in Horizonte nostro Norico nunquam occidentes deprehensus, sub pedib. anterioribus Ursæ majoris. Discus hujus Cometæ, stellas primæ magn. facilè superat, nucleo claro, ovali figurâ inclinato, capillitio undique nimis latè circumsparso, caudam præferens satis latam, longitudinis ultrà 6.gr.

Dessen Gestaltung und Stand/ wie er Erstesmal beobachtet worden/ machet gegenwärtige Kupffer-Bildnüs darstellig.

Es ist kein Wunder/ daß der Allmächtige GOTT abermalen der Welt einen neuen Schrecken-Boten/ oder Cometen-Fackel an dem klaren Himmel/ als eine Drau-Ruthe aufgestecket/ und zwar dem Sternen-Stand nach/ zwischen dem Zeichen der Zwillinge/ und den vordern Füssen/des sogenannten grossen Beeren. Alldieweilen man so gar sicher und unbußfärtig in den Tag hinein lebt/ und die leidige Straff- und Seuchen-Wirckung/ (welche nach Erscheinung deß so erschröcklichen und entsetzlichen Cometen vor einigen Jahren/ sich aller Orten in unserm lieben Teutschen Vatterlande hin und wieder ereignet) so gar schlecht uñ leichtsinnig von vielen beobachtet und beherziget worden. Dann gewißlichen/ daß solche aufgehende rare Sternen-Liechter/ rechte Drau-Ruthen GOttes seyn/ haben von allen Zeiten die darauf leidige Erfolgungen genugsam erwiesen und bekräftiget. Und ist dahero gantz leicht und unschwer/ aus dem so bösen und verkehrten Wandel/ der meisten Sünden-sicheren rohen Welt-Hertzen/ in allen Orten und Enden/ zuschliessen und abzumercken: Daß eben auch gegenwärtiger Stella Crinita oder Krause Feuer-Ruthe/ uns nicht viel Gutes mitbringen und anzeigen werde. Es erzeiget sich aber solcher seiner Gestaltung nach/ (das Corpus selbst betreffend) als ein ovalicher oder ablänglicht eingebogener heller Feuer-Glumpen/welcher rings herum weit ausschweiffig/gleichsam haarichte Zäsern oder/inen duncklen Schein von sich giebet/ und einen zimlich langen Schweiff/ dem erstmaligen erschienenen Augen-Maß und wahrgenommener Länge nach/ bey Sechs Graden erstreckend vor sich herführet; zu dessen Ende/auch ein klein dunckles Sternlein annoch in dem Schweiff sich ereignet und sehen lässet. Wolte GOtt aber/daß diese gleichsam gedoppelte und dicke Feuer-Ruthe/uns nicht mit ihrem Stand unweit des Beeren/unsere rohe/ wilde/ unbändige und offtmals Viehische Sitten und Lebens-Wandel mit andeutete und zu verstehen gebe. Welche so gezuckt und erhebte Straff-Ruthe dann/der allgute und gnädige GOtt/ nochwohl wieder zu ruck ziehen/ und eingestellet lassen würde/ wann wir als böse Kinder/ ihme bey Zeiten in die Ruthe fielen /und durch Buß-Wässerung unseres sündlichen Lebens/ ihme solcher Gestalt einen Einhalt thäten.

Sichrer Sünder schaue hier/ abermal eine neue Ruthen/

Leucht und drauet über dir/ so die GOttes Straff-Hand weist/

Stemme deinen Sünden-Schwall/ mit den Buß- und Thränen-Fluthen/

Dann so glaube daß er dir/ ein Liebreicher Vatter heißt:

Der die Ruthe ein wird ziehen/ und sich wieder gnädig zeigen/

So muß man zur Busse fliehen/und die Straff-Hand Gottes beugen.

Nürnberg/zu finden bey Leonhard Loschge/ an der Fleisch-Brucken.

Abb. II.40
Nürnberger Einblattdruck auf Halleys Kometen von 1682; der Text endet mit einem Kometen-Bußgedicht.

Abb. II.41
Augsburger Einblattdruck auf den großen Kometen von 1680;
Halleys kleinerer Komet von 1682 ist nachträglich in den
Kupferstich gestochen worden und gibt einen guten Vergleich
zwischen den beiden Kometen.

«Wirbel» (auch «Vortices» genannt; französisch: *tourbillons*) bilden sollte, durch die unter anderem auch die Planeten auf ihren Bahnen gehalten würden. Die Anhänger dieser Theorie, die Kartesianer, lebten bis ins 18. Jahrhundert weiter, und sie wurden die Hauptgegner der Newtonschen Gravitationstheorie.

Vor der Jahrhundertmitte kam der bereits genannte Cassini (Abb. II.45) auf die nahe bei Bologna gelegene Privatsternwarte des Marchese Malvasia, der sich auf die Astrologie spezialisiert hatte. Cassini selbst war von diesem Aberglauben durch das Studium der Schriften von Pico della Mirandola geheilt worden, und er nutzte die Ruhe auf der Privatsternwarte, sich zu einem hervorragenden Astronomen weiterzubilden. Nachdem er 1660 nach Paris gegangen und Direktor des dortigen Observatoriums geworden war, übte er einen enormen Einfluß auf die astronomische Forschung in Frankreich aus. So lieferte er Ole Römer die Anregung und die Beobachtungen für den Nachweis, daß die Lichtgeschwindigkeit nicht unendlich groß ist. Noch in Italien hatte Cassini den Kometen von 1652/3 beobachtet; er äußerte bei diesem Anlaß, daß die Erde im Zentrum des Sonnensystems ruhe, daß Kometen sich außerhalb der Erdbahn bewegten, und daß die Kometen Ausdünstungen der Erde und der Planeten seien. Aber diese Ansichten gab er bald darauf auf, und er nahm stattdessen an, daß Kometen ähnlich wie Planeten sind, sich aber auf Bahnen großer Ekzentrizität bewegen. Noch einen Schritt weiter ging Pierre Petit, ein vertrauter Freund von Descartes, der 1665 die periodische Wiederkehr von Kometen vermutete.

Zur gleichen Zeit führte in Florenz G. A. Borelli Entfernungsbestimmungen an dem großen Kometen von 1664/5 durch. Bei der Diskussion derselben kam er dem kopernikanischen Weltbild gefährlich nahe, und er publizierte seine Resultate nur unter dem Pseudonym Pier Maria Mutoli. Selbst das war im damaligen Italien eine mutige Tat, was sein Freund Antonio Oliva beweist, der unter dem Druck der Inquisition wenig später Selbstmord beging. Im Mai 1665

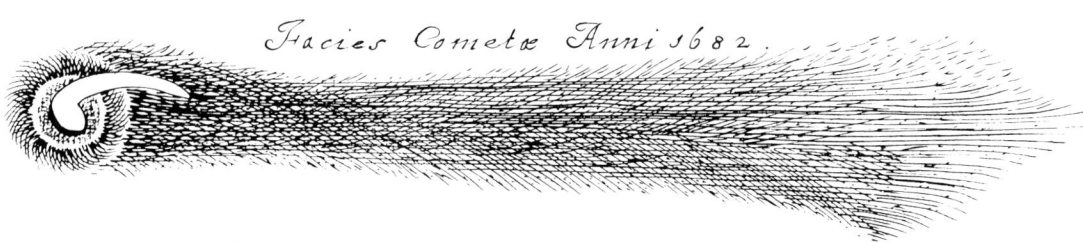

Abb. II.42
Johannes Hevelius Zeichnung des Halleyschen Kometen von 1682 aus *Annus Climactericus* (1685); die Zeichnung zeigt zum ersten Mal eine Strömungslinie im oberen Teil des Schweifes. Admiral W. H. Smyth, der in Bedford die bestausgerüstete Privatsternwarte in England besaß, notierte beim Anblick des Halleyschen Kometen am 10. Oktober 1835, daß es unmöglich sei, nicht an die Zeichnung von Hevelius zu denken.

schrieb Borelli an seinen treuen Beschützer, den Kardinal Leopoldo di’ Medici, daß Kometen sich auf *Parabeln* bewegten. Er versprach dem Kardinal auch ein Kometarium (vgl. Abb. II.49) und die mathematische Ableitung seiner Behauptung, aber leider sind diese – sofern sie überhaupt zustande gekommen sind – heute nicht mehr auffindbar.

Im Anschluß an den Kometen von 1664/5 ließ Hevelius (Abb. II.43) seine prächtige *Cometographia* (1668) erscheinen (Abb. II.46). Er war ein hoch gebildeter, reicher Ratsbürger in Danzig, dem sein zeitweiliger Lehrer, Peter Crüger, auf dem Totenbett das Versprechen abgerungen hatte, sein Leben ganz der Astronomie zu widmen. Er erfüllte dieses Versprechen in großartiger Weise, indem er auf seiner vorzüglichen Sternwarte unablässig beobachtete und die Resultate publizierte. In der *Cometographia* sammelte er alle Daten über Kometen, deren er habhaft werden konnte, und er setzte sich dabei dem Vorwurf aus, dieses Sammeln recht unkritisch betrieben zu haben. Als Kartesianer glaubte er, daß Kometen die Ausdampfung der Planeten seien, und daß jene von den himmlischen Wirbeln auf parabelähnlichen Bahnen davongetragen würden. Obwohl sein ganzes Observatorium 1679 ein Raub der Flammen geworden war, hatte er sich bis 1682 wieder genügend Instrumente beschafft, daß er die Wiederkehr des Halleyschen Kometen beobachten konnte. In der Tat lieferte er bei dieser Gelegenheit die wohl erste objektive Zeichnung von der physischen Beschaffenheit eines Kometen (Abb. II.42).

Noch vor dem Erscheinen der *Cometographia* von Hevelius ließ ein polnischer Edelmann, Lubienietzky, ein zweibändiges Prachtwerk über Kometen in Amsterdam drucken, das *Theatrum cometicum* (1667).

Abb. II.43
Johannes Hevelius
(1611–1687).

Abb. II.44
Jacob I. Bernoulli
(1654–1705).

Abb. II.45
Gian Domenico Cassini
(1625–1712).

Wenn auch sein Material noch stärker aus dem Bereich der Phantasie borgt, so kommt seinem Autor doch das Verdienst zu, gegenüber der Kometomantik ein gehöriges Maß an Kritik bewiesen zu haben.

Im Jahre 1680 erschien einer der größten Kometen in historischer Zeit. Er bewirkte eine Flut von Druckschriften über Kometen; in weit über 200 Einzelpublikationen wurde allerhand Gereimtes und Ungereimtes über ihn verbreitet. Die Sichtung dieser Literatur würde eine große Monographie füllen. Es muß hier genügen, auf drei besonders interessante Arbeiten einzugehen, die dieser Komet veranlaßte.

In Basel versuchte Jakob I. Bernoulli (Abb. II.44) in seinem Erstlingswerk (deutsch 1681, lateinisch 1682) die Bahn des Kometen von 1680 zu bestimmen. Die zeitgeschichtliche Ausgangslage war ungünstig für ihn; noch 1662 hatte die Basler reformierte Kirchensynode die kopernikanische Lehre ausdrücklich verboten. Aber unter dem Einfluß seines Lehrers Megerlin und während eines Aufenthaltes in Frankreich hatte sich Bernoulli zum Kopernikaner und Kartesianer gemausert. Er nahm nun an, daß es außerhalb des Saturns noch einen weiteren Planeten gäbe, und daß die Kometen um diesen kreisten. Er glaubte, die Beobachtungen für den Kometen von 1680 mit dieser künstlichen Theorie in Einklang bringen zu können, und er fand für diesen eine Periode von 37.4 Jahren, so daß er dessen Wiederkehr auf den Mai 1719 voraussagte. In Wahrheit bewegt sich dieser Komet auf einer Parabel oder allenfalls auf einer extrem langgestreckten Ellipse mit der Sonne in einem Brennpunkt. Bernoulli war also ebenso im Irrtum wie der Pater Anthelme, ein Karthäusermönch in Dijon, der in dem Kometen von 1680 die Wiederkehr des Kometen von 1665 sah. In der wissenschaftlichen Welt stieß Bernoulli auf scharfe Ablehnung; so fragte sich La Montré in einer Erwiderung, ob es Bernoulli ernst gewesen sein könne. Im Ganzen verrät die Kometenarbeit des jungen Jakob I. Bernoulli noch nicht, daß von ihm und seinem Bruder, Johann I. Bernoulli, später gesagt werden konnte, daß nie ein Mensch so viel mathematisches Genie in sich vereinigte wie die beiden verfeindeten Brüder zusammen.

Mit gewiß sehr viel weniger mathematischem Genie ausgerüstet beschäftigte sich damals im sächsischen Plauen der Pfarrer Georg Samuel Dörffel, den wir oben schon als Entdecker des Halleyschen Kometen im Jahre 1682 kennen gelernt haben, mit Kometen. Bei demjenigen von 1680 realisierte er, daß die beiden Bahnäste, die vor dem Verschwinden des Kometen hinter der Sonne und nach dessen Wiederauftauchen beobachtet worden waren, zu ein und demselben

JOHANNIS HEVELII
COMETOGRAPHIA.

Andr Stech delin. *L. Vischer Sculps.*

Abb. II.46
Titelblatt aus der *Cometographia* (1668) von J. Hevelius. Links im Bild stellt
Aristoteles seine «subluminaren» Kometenbahnen vor; rechts im Bild zeigt
J. Kepler seine geradlinige Kometenbahn; sitzend erklärt Hevelius, daß sich
Kometen aus Planeten (in diesem Fall Saturn) herauslösen und sich
zunächst auf spiralförmigen, dann auf parabelähnlichen Bahnen durch das
Sonnensystem bewegen. Im Hintergrund ist eines der drei Häuser von
Hevelius, auf deren Dächern er sein reich ausgestattetes Observatorium hatte.

Kometen gehören, und daß dieser offenbar auf einer gekrümmten Bahn um die Sonne gelaufen war. Ohne eine physikalische Theorie und speziell noch ohne Newtons Gravitationsgesetz leitete er die geometrische Bahn des Kometen ab und fand, daß diese eine *Parabel* ist, in deren Brennpunkt die Sonne steht. Er und seine Zeitgenossen – sofern diese sich überhaupt seiner Arbeit bewußt waren – begriffen damals die historische Tragweite seines Resultates noch nicht. Wohl aus Rücksicht auf sein kirchliches Amt hat Dörffel sich nie zu der kopernikanischen Lehre bekannt, aber aus historischer Sicht hat er mit seiner Leistung Wesentliches zu ihrem Durchbruch beigetragen.

Jedoch die entscheidensten Fortschritte der Kometenforschung und überhaupt der modernen Naturwissenschaften wurden damals in England errungen. Die Hauptpersonen dieser Ereignisse sind Halley (Abb. II.47) und der unvergleichliche Newton. Edmund Halley war der hochbegabte, vielseitige Sohn eines wohlhabenden Londoner Seifensieders. Schon früh zu Anerkennung gekommen, reiste er 1679 zu dem um 45 Jahre älteren Hevelius nach Danzig, um einen Streit zwischen diesem und Hooke zu schlichten. Der letztere hatte Hevelius angegriffen, da dieser in der Tradition Tycho Brahes es ablehnte, Positionsbestimmungen mit dem Fernrohr durchzuführen. Hevelius war dank seiner hervorragenden Augen durch diesen Verzicht gegenüber seinen Zeitgenossen kaum ins Hintertreffen gekommen, aber prinzipiell war er im Irrtum. Halley gewann wenigstens die persönliche Freundschaft des älteren Mannes, und dieser schenkte ihm ein Exemplar seiner schönen, zweibändigen *Machina Coelestis.* Halleys Exemplar, in das er einige eher kritische Bemerkungen eintrug, gehört heute zu den großen Seltenheiten der astronomischen Literatur, denn fast die ganze Auflage des zweiten Bandes ging während des Brandes von 1679 verloren. Halley war zur Erscheinung des Kometen von 1680 zurück in England. Hier machte sich Newton an dessen Bahnbestimmung und nahm zunächst an, daß es sich um zwei verschiedene, gegenläufige Kometen gehandelt habe. Erst Flamsteed, der erste Astronomer Royal, konnte ihn davon überzeugen, daß die beiden separaten Bahnstücke tatsächlich zu einem einzigen Kometen gehörten. Dies erlaubte es Newton nun, für den Kometen eine parabolische Bahn zu finden, in deren Brennpunkt die Sonne steht. Insofern war sein Resultat demjenigen von Dörffel sehr ähnlich, aber Newton zeigte zusätzlich, daß eine solche Bahn sich notwendigerweise ergibt, wenn man eine von der Sonne ausgehende, *anziehende Kraft* annimmt, deren Größe mit dem Quadrat der Entfernung abnimmt. Newton scheint dieses fundamentale Ergebnis auf die Seite gelegt zu haben, denn als Halley ihn 1684 nach der Bewegung eines Planeten unter dem Einfluß einer ebensolchen Kraft fragte, konnte Newton seine Notizen nicht mehr finden. Bis zum Ende des Jahres sandte er dem drängenden Halley eine Neufassung des Verlorenen, jedoch war Newton mit dem Ergebnis keineswegs zufrieden. In nahezu übermenschlicher Anstrengung verallgemeinerte er seine Theorie, und er legte diese in den *Principia* nieder, deren erste Ausgabe 1687 auf Kosten Halleys gedruckt wurde. Damit war das Gesetz von der gegenseitigen Anziehung von zwei Massen, das Gravitationsgesetz, geboren.

Halleys zahlreiche Arbeiten und Verpflichtungen erlaubten es ihm erst 1695 mit der Bahnberechnung von 24 historischen Kometen unter Berücksichtigung der Gravitationstheorie zu beginnen. Im Laufe dieser Rechnungen bemerkte er, daß einige Kometen auffallend ähnliche Bahnparameter besitzen. Besonders die Kometen von 1531, 1607 und 1682 hatten sich auf sehr ähnlichen Bahnen um die Sonne bewegt. Er schloß daraus, daß es sich hier um einen einzigen Kometen handelt, der auf einer *elliptischen* Bahn etwa alle 75 Jahre zur Sonne zurückkehrt, und daß seine *nächste Wiederkehr im Jahre 1758* stattfinden müsse. Er nahm keinen Anstoß an der Tatsache, daß die Zeitintervalle zwischen den drei ihm bekannten Erscheinungen etwas verschieden waren, sondern er erklärte diese Tatsache richtig durch mögliche gravitationelle Störungen, die von den Planeten auf den Kometen ausgeübt werden. Halley publizierte seine Ergebnisse im Jahre 1705 in den *Philosophical Transactions,* und er schrieb später, daß, wenn der Komet «im Jahre 1758 zurückkehren sollte, eine ehrliche Nachwelt sich nicht weigern werde zu anerkennen, daß dies zuerst von einem Englischmann entdeckt wurde». Tatsächlich hat die Nachwelt sich dankbar erwiesen und Halleys Namen fortan mit «seinem» Kometen verbunden.

Die Anschauung über Kometen wurde durch den Nachweis, daß sie der Gravitationskraft unterliegen, zunächst in merkwürdiger Weise geprägt, und zwar wurde aus dieser Tatsache offenbar der Fehlschluß gezogen, daß Körper, die von der Sonne angezogen werden, selber viel Masse besitzen müßten. Ein typisches Beispiel hierfür ist der Theologe und Mathematiker William Whiston. Erst Freund, dann erbitterter Feind Newtons, versuchte er wie dieser – Newton beschäftigte sich nicht nur mit theologischen Fragen, sondern im Geheimen verbrachte er die Hälfte seiner Zeit mit Alchemie – die Prophezeiungen in der *Offenbarung des Johannes* zu interpretieren. Nun hatte Halley auch für

Abb. II.47
Edmond Halley (1656(?)–1743) im Jahre 1721 nach seiner Ernennung zum *Astronomer Royal*.

den Kometen von 1680 eine (irrtümliche) Periode von 575 Jahren gefunden, und Whiston bemerkte zu seiner Freude, daß dieser auch im Jahre 2343 v. Chr. erschienen sein müßte. Da dieses Jahr bis auf sechs Jahre mit dem von ihm bevorzugten Datum der Sintflut übereinstimmte, war es für ihn selbstverständlich, daß der Komet die Sintflut verursacht habe. Er ging noch weiter: ursprünglich zur Zeit des Chaos war die Erde selber ein Komet auf einer sehr exzentrischen Bahn, bis Gott diesen Kometen in seine derzeitige Erdgestalt verwandelte und auf die jetzige Bahn verwies. Diese wirren Spekulationen fanden in der Öffentlichkeit begeisterte Aufnahme. Nach 1696 ging sein Werk durch sechs Auflagen. Anfang des 17. Jahrhunderts wurde es ins Deutsche übersetzt, und noch 1742 propagierte ein gewisser Johann Heyn die Whistonschen Ideen. In Frankreich brachte Buffon unfreiwillig Whiston noch 1749 zu spätem Ansehen, indem er dessen Theorien durch seine scharfen Angriffe überhaupt erst bekannt machte. Überdies mißbrauchte Buffon die Kometen auf seine Art. Als typisches Kind der Aufklärung nahm er Anstoß an der Tatsache, daß die Bahnen aller Planeten nahezu in einer Ebene, der Ekliptik, liegen, und daß sie den gleichen Umlaufssinn haben. Das roch zu sehr nach einem schöpfenden Gott. Er nahm daher an, daß ein sehr massereicher Komet die Sonne gestreift habe und aus dieser genügend Materie herausgerissen habe, so daß dieselbe sich nachträglich zu den Planeten kondensieren konnte. Damit wäre die Vorzugsebene der Ekliptik und der gemeinsame Umlaufssinn erklärt gewesen, aber leider zeigte Leonhard Euler schon bald, daß die Theorie aus dynamischen Prinzipien unhaltbar ist.

Während Halleys Komet 1682 für die Wissenschaft einen großartigen Erkenntnisgewinn brachte – die endgültige Bestätigung durch die Erfüllung der *vorausgesagten* Wiederkehr stand allerdings noch aus – brachte er dem Volksglauben eine Verarmung. Die Kometen und auch die Planeten wurden nun nicht mehr durch geheimnisvolle Kräfte an die Sonne gebunden, die möglicherweise auch auf die Menschen wirken konnten, sondern sie waren seelenlose Materieklumpen geworden, die blindlings dem Gravitationsgesetz unterliegen. Dies entzieht der Astrologie jede intellektuelle Basis und verweist sie in den kümmerlichen Bereich des Aberglaubens. Auch als Warnungs- und Zuchtruten eines zürnenden Gottes waren die Kometen kaum mehr zu gebrauchen, denn wie sollte der himmlische Zorn mit den mathematischphysikalisch bestimmten Kometenbahnen oder gar mit der Periode des Halleyschen Kometen Schritt halten? Es blieb dem Kometenglauben also nur noch die dritte Säule, nämlich die natürlichen Folgen von

Kometen im aristotelischen Sinn. Und diese Möglichkeit wurde bis weit in unser Jahrhundert hinein weidlich ausgeschöpft. Zwar waren die Kometen keine schädlichen Ausdünstungen unserer Erde mehr, aber sie hatten Masse, und – wie viele zunächst irrtümlich glaubten – viel Masse. Man mußte sich also vor Zusammenstößen vorsehen, und daß auch noch andere Katastrophen ausgedacht werden konnten, werden wir unter dem Jahre 1910 sehen.

Die grundsätzlich veränderte Situation wurde von der Öffentlichkeit aber nur langsam erkannt, obwohl die verschiedensten Autoren versuchten, wenigstens den astrologischen Kometenglauben der Lächerlichkeit preiszugeben. So prophezeite Jacob I. Bernoulli in seiner bereits genannten Kometenarbeit, daß der Komet die Frösche im Rhein vermehrt quaken lassen werde. Der skeptische Pierre Bayle zog gegen den Kometenwahn schonungslos ins Feld, und Fontenelle mokierte sich 1681 über denselben in der Komödie *La Comète.* Aber auch viele kleinere Geister fochten mannhaft gegen die Kometomantik, so der Jenaer Theologieprofessor Johann Friedrich Wucherer (1722) und der Celsius-Schüler Floder (1743). Der Tübinger Doktorand Christian Carl Müller stellte schon 1714 eine Reihe von in- und ausländischen Äußerungen gegen den Kometenwahn zusammen.

Besonders schwierig war es, der christlichen Kometenfurcht Herr zu werden, da diese mit dem Kometen von 1680 gerade einen Höhepunkt erreicht hatte. Ein besonders typisches Beispiel hierfür liefert die Stadt Baden bei Zürich. Der Rat von Baden verordnete nämlich im Januar und April 1681, daß die Bewohner «zur Versöhnung Gottes» in einer ganzen Reihe von Punkten einen christlicheren Lebenswandel zu führen hätten. Die Kometenfurcht war so verbreitet, daß beim Erscheinen von Halleys Kometen selbst ein so klarer Kopf wie der Basler Arzt Theodor Zwinger ihr nicht offen zu widersprechen wagte (Abb. II.39).

Das Absurdeste ist vielleicht, daß Halleys Komet wirklich zu einer Gefahr für Europa wurde. In einer Art psychologischer Kriegsführung hatten nämlich die Türken gelernt, ihre Angriffe nach Kometen zu richten. Sie mögen das von Tamerlan übernommen haben, der nach dem Frühjahrskometen von 1402 den türkischen Sultan angriff und besiegte. Für das Jahr 1682 belegt der Arzt Antonio Benetti, der mit einer venezianischen Gesandtschaft nach Konstantinopel kam, daß der Kriegsrat des Sultans das Erscheinen des Kometen als Allahs Fanal zum Angriff ansah, und daß dies zum Sturm auf Wien im Jahre 1683 führte.

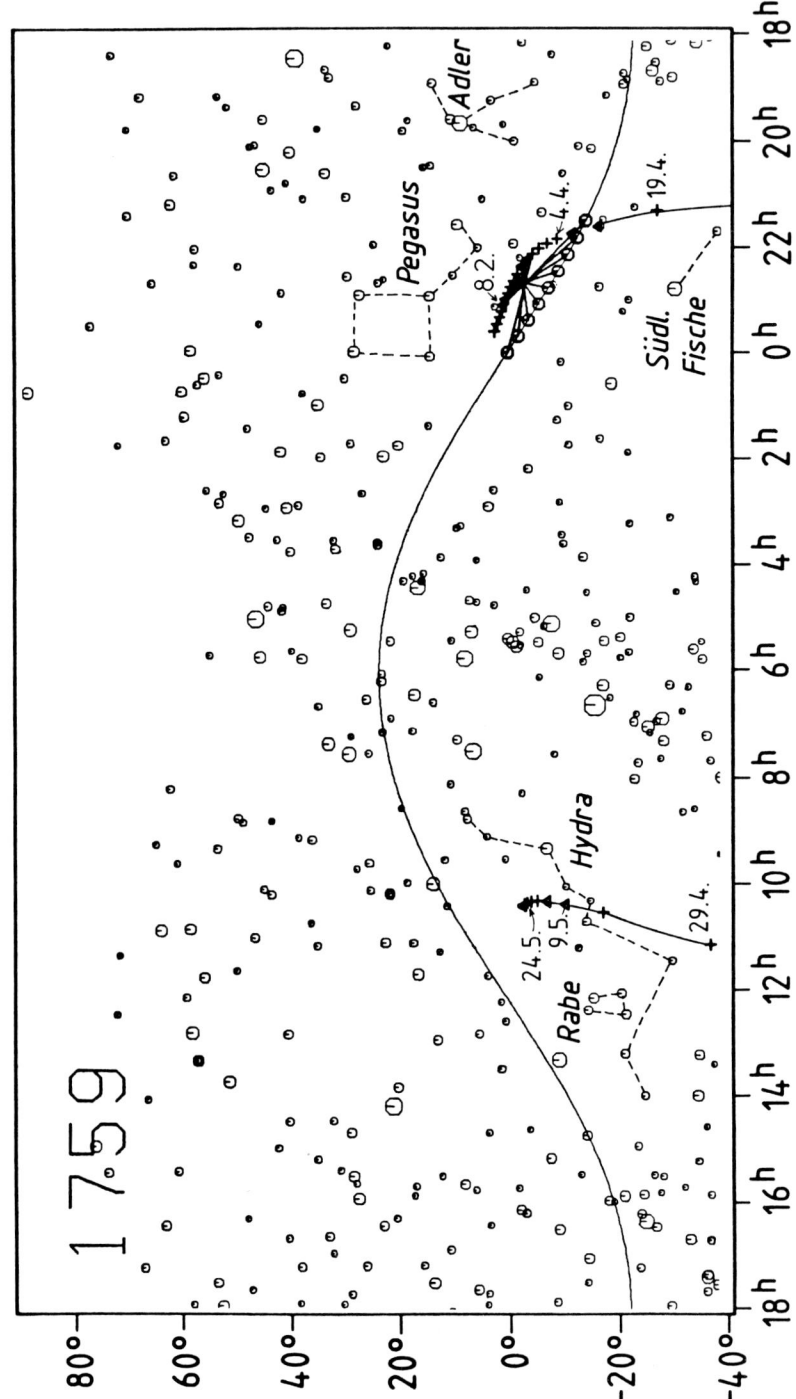

1759

In Erwartung des Halleyschen Kometen
Clairault und die Berechnung der Wiederkehr
Entdeckung und Sichtbarkeit
Messier und Delisle
Weitere Beobachter
Ansichten über Kometen
Zusammenstöße und Weltuntergang
Kometenglaube

Für einige, die die Zusammenhänge verstanden, gehörte die Newtonsche Gravitationstheorie zum festen Wissen, lang bevor Halleys Komet zu seinem vorausgesagten Periheldurchgang zurückkehrte. Selbst in dem kartesianischen Frankreich war Maupertius 1732 als Verfechter der Newtonschen Lehre aufgestanden. Bald folgte auch Voltaire ihm nach; dieser schrieb das folgende Gedicht, *Epitre à Madame du Châtelet sur la Philosophie de Newton* (1738), an die Marquise du Châtelet, die Newtons *Principia* ins Französische übersetzt hatte (nach der uns von Frau Rhea Lüst freundlicherweise überlassenen Übersetzung):

Kometen, lang gefürchtet wie Blitz und Donnerschlag,
hört auf uns zu erschrecken in unsrem Erdentag.
Vollendet euren Lauf in der Ellipsenbahn,
die euch aus fernen Räumen läßt unsrem Tagstern nahn.
Fliegt grüßend fort – und stets in ewger Wiederkehr
bringt neues Leben ihr den alten Welten her.

Und Sonnenbruder du, der du mit falschem Licht
geblendet hast so lang der Weisen Angesicht,
Newton hat deines Laufs Gesetz und Grund entdeckt
und dir, du Licht der Nacht, die Grenzen abgesteckt.

Und der schriftstellerisch tätige Abraham Gotthelf Kästner, Mathematik- und Physikprofessor in Leipzig und Göttingen, rief 1755 in seinem großen *Philosophischen Gedichte von den Kometen* aus:

Du, der unendlich mehr, als Menschen sonst gelang,
Ins Innre der Natur mit kühnen Blicken drang,
O Newton! möchte doch, erfüllt von deinen Sätzen,
Mein Lied der Deutschen Geist belehren und ergötzen.

Jedoch grundsätzlich ist die höchste Prüfung, die eine wissenschaftliche Theorie zu erbringen vermag, die erfolgreiche Beobachtung eines

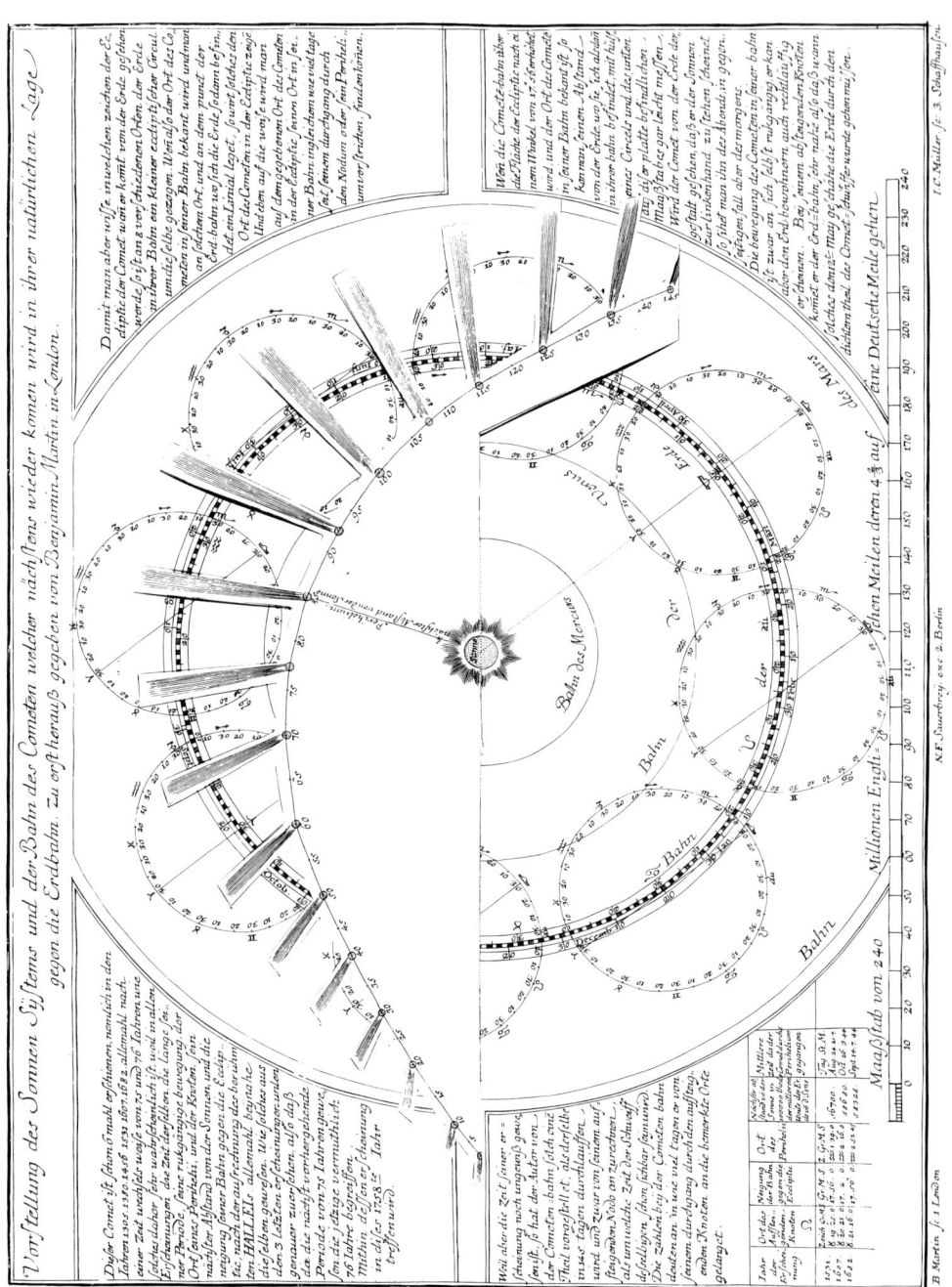

Abb. II.48
Modell von 1757 der Bahn des erwarteten Halleyschen Kometen. Im Original
kann die Kometenbahn um 17°36′ aufgeklappt werden, um deren
Neigung zur Ekliptik zu realisieren. Das ursprünglich englische Blatt stammt
von Benjamin Martin in London. Eine deutsche Übersetzung erschien in
Berlin. Die hier benutzte Vorlage ist eine dritte, in Schaffhausen 1758
herausgegebene Version.

vorausgesagten Effektes. Im Falle der Gravitationstheorie war sich ein überraschend weiter Kreis der gebildeten Zeitgenossen bewußt, daß die Wiederkehr des Halleyschen Kometen das *experimentum crucis* war. So schrieb d'Alembert, der selbst von Newtons Theorie überzeugt war, in der großen *Encyclopédie* kurz vor dem Erscheinen des Kometen: «Die Frage nach der Wiederkehr von Kometen ist eine von denen, die nur unsere Nachkommen lösen können werden». Auch die Öffentlichkeit war auf das bevorstehende Ereignis gespannt; das läßt sich vielfältig belegen. Ein Beispiel gibt der Instrumentenmacher Martin in London, der nicht nur sehr gute populärwissenschaftliche Bücher schrieb, sondern der auch ein dreidimensionales Modell und ein Kometarium (Abb. II.49) zur Veranschaulichung der Bahn des erwarteten Kometen herstellte. Er tat dies mit einer kommerziellen Absicht, denn er lebte von dem Verkauf derartiger wissenschaftlicher Geräte. Daß zumindest

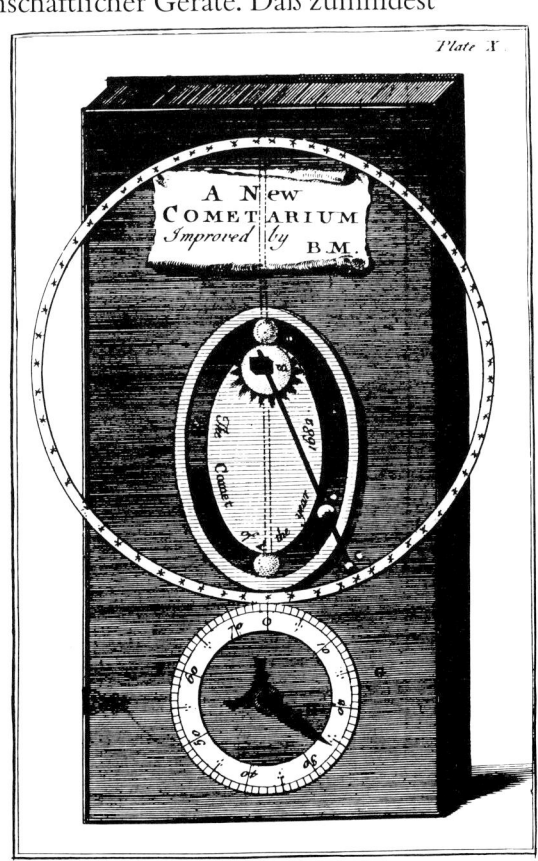

Abb. II.49
Das «Cometarium» von Benjamin Martin, das die Bahn des Halleyschen Kometen von 1682 darstellt. (Aus: B. Martin, *The Young Gentleman and Lady's Philosophy*, Bd. 1, London 1759).

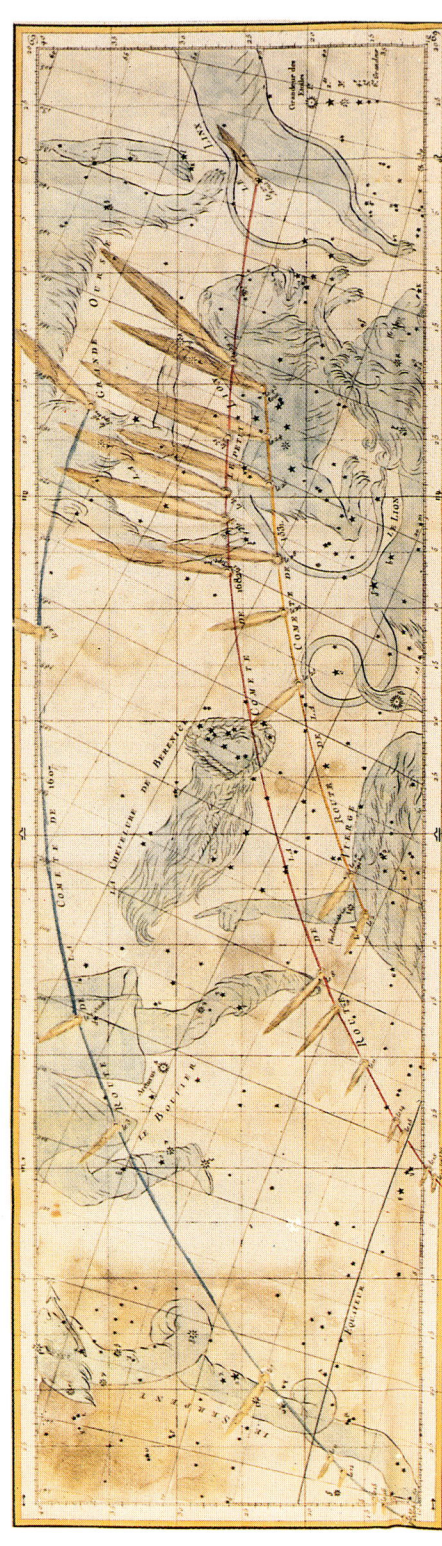

Abb. II.50
Darstellung der Bahnen des
Halleyschen Kometen von 1531,
1607 und 1682 mit einer
Beschreibung im Text, wo sich der
Komet «1757 oder spätestens 1758»
befinden wird, von dem Pater T.
Jamard (Aus: *Mémoire sur la
Comète...*, Académie des Sciences,
Paris (1757).

seinem dreidimensionalen Modell der Kometenbahn ein Verkaufser-
folg beschieden war, läßt sich durch wenigstens zwei deutschsprachige
Ausgaben desselben belegen (Abb. II.48). Der Pater Jamard gibt ein
weniger kommerzielles Beispiel für Frankreich (Abb. II.50); der Ver-
merk in seiner Schrift über den kommenden Kometen «Presentée au
Roi le 17 avril 1757» (Dem König vorgelegt...) kann sich auf die
bloße Druckerlaubnis beziehen und muß nicht notwendigerweise bedeuten, daß Ludwig XV. von Halleys Kometen unterrichtet war.

Die wissenschaftliche Situation der damaligen Zeit wurde später
von dem Astronomiehistoriker J.H. v. Mädler treffend beschrieben:
«Das Menschengeschlecht hatte die Zeit zweier Generationen gebraucht, um sich von seinem Anstaunen von Newtons Riesenwerk so
weit zu erholen, daß es den Muth fassen konnte, es weiter fortzufüh-
ren». Einer der ersten, der sich mit dem Zuspruch des Astronomen
Lalande erholt hatte, war der höchst begabte Clairault (Abb. II.51). In
einem Wettrennen gegen die Zeit machte er sich daran, die Wiederkehr des Kometen genauer zu bestimmen. Die gewaltige Schwierigkeit hierbei war, die gravitationellen Störeinflüsse von Jupiter und
Saturn in die Theorie mit einzubeziehen. Clairault löste das Problem
so glänzend, daß er sogar einem Leonhard Euler Bewunderung abnö-
tigte, aber es galt nun noch, eine unabsehbare Flut von numerischen
Rechnungen durchzuführen. Hier sprang Lalande ein zusammen mit
seiner großartigen Mitarbeiterin, Nicole-Reine Etable de la Brière. Sie
war die Frau des berühmten Uhrmachers Jean-André Lepaute, und
während Clairault von ihr sagte, sie sei nicht hübsch aber habe eine

Abb. II.51
Alexis-Claude Clairault
(1713–1765).

Abb. II.52
Charles Messier
(1730–1817).

Abb. II.53
Johann George Palitzsch
(1723–1788), Bauer und
Astronom, Wiederent-
decker des Halleyschen
Kometen von 1759.

elegante Figur und einen hübschen kleinen Fuß, waren ihre geistigen
Gaben über alle Zweifel erhaben. Während vieler Monate machte sie
sich mit Lalande daran, die Rechnungen durchzuführen. Sie arbeiteten
Tag und Nacht und gönnten sich nur ein Minimum an Schlaf. Die
Arbeitslast war so schwer, daß Lalande sich einen bleibenden Gesund-
heitsschaden zuzog. Endlich war es so weit, daß Clairault am 14. November 1758 der Pariser Akademie mitteilen konnte, daß bis auf 30
Tage genau der Komet am 13. April 1759 durch sein Perihel gehen
werde. Das tatsächliche Datum war der 13.1 März 1759. Clairault hat
später das richtigerweise zu erwartende Datum in einer Arbeit, die
1762 einen Preis der St. Petersburger Akademie gewann, auf den 31.
März verbessert. Wir verstehen heute den verbleibenden Unterschied.
Erstens waren die Massen Jupiters und Saturns noch viel zu wenig
scharf bestimmt, erstere zu klein, letztere zu groß. Dann waren Uranus
und Neptun noch nicht entdeckt, obwohl Clairault bereits die Existenz eines Trans-Saturn vermutete. Schließlich waren die nichtgravitationellen, auf Kometen wirkenden Kräfte noch völlig unbekannt.
Trotz Clairaults Meisterleistung wurde er aus dem Kreise um d'Alembert unerwartet angegriffen, woraus sich eine häßliche Debatte ergab,
die Clairault schließlich abbrach, indem er d'Alembert zu seinen Arbeiten *nach der Rückkehr* des Kometen gratulierte. – Übrigens stand die
Vorausberechnung der Kometenbahn insofern unter einem Glück-
stern, als Jupiter die Rückkehr um nicht weniger als 518 Tage und
Saturn um 100 Tage verspätet hatten; ohne diese Verzögerung wären
die Rechnungen erst lang nach dem Erscheinen des Kometen abgeschlossen worden.

Am Abend des 25. Dezember 1758 richtete der Bauer Johann
Georg Palitzsch (Abb. II.53) in Prohlis bei Dresden sein Fernrohr mit
2.4 Metern Brennweite an den klaren Himmel. Als Autodidakt hatte
er sich sehr erstaunliche Kenntnisse in der Astronomie, der Botanik
und in anderen Wissensgebieten angeeignet, und an jenem Abend
wollte er den veränderlichen Stern Mira Ceti beobachten. Es ist nicht
ganz klar, ob er von der bevorstehenden Wiederkehr des Halleyschen
Kometen wußte oder nicht. Jedenfalls fand er im Sternbild der Fische
einen Kometen, und er sah ihn wieder am 27. Dezember. Der Komet
muß damals etwa von der 8. Größenklasse gewesen sein. Er teilte
seinen Fund einem Liebhaberastronomen, dem Steuerkommissar D.
Hoffmann mit, der den Kometen am 28. Dezember selber beobachtete, und der Palitzschs Entdeckung in den *Dresdner Gelehrten Anzeigen*
(Nr. 2, 1759) publizierte. So erhielt ein anonymer «Liebhaber der

Sternwissenschaft» in Leipzig Kenntnis von dem Ereignis, und er erkannte an den Positionen sofort Halleys Kometen. Nachdem er selbst diesen wegen ungünstiger Witterung erst am 18. Januar 1759 gesehen hatte, veröffentlichte er am 24. Januar eine *Anzeige daß der ... Vorherverkündigte Comet wirklich sichtbar sey* und gab in dieser Schrift eine populäre aber exakte Beschreibung von dem weiteren Lauf des Kometen.

Der weitere Lauf war sehr ungewöhnlich, denn nie sonst ist der Komet so weit in den südlichen Himmel vorgestoßen. Seine Sichtbarkeit läßt sich für Europa daher in drei Abschnitte einteilen. Während des ersten Abschnittes, der von der Entdeckung bis zum 15. Februar dauerte, wurde der Komet an vielen Orten teleskopisch beobachtet. Vom 15. Februar bis zum Ende des März war er in zu enger Sonnen-

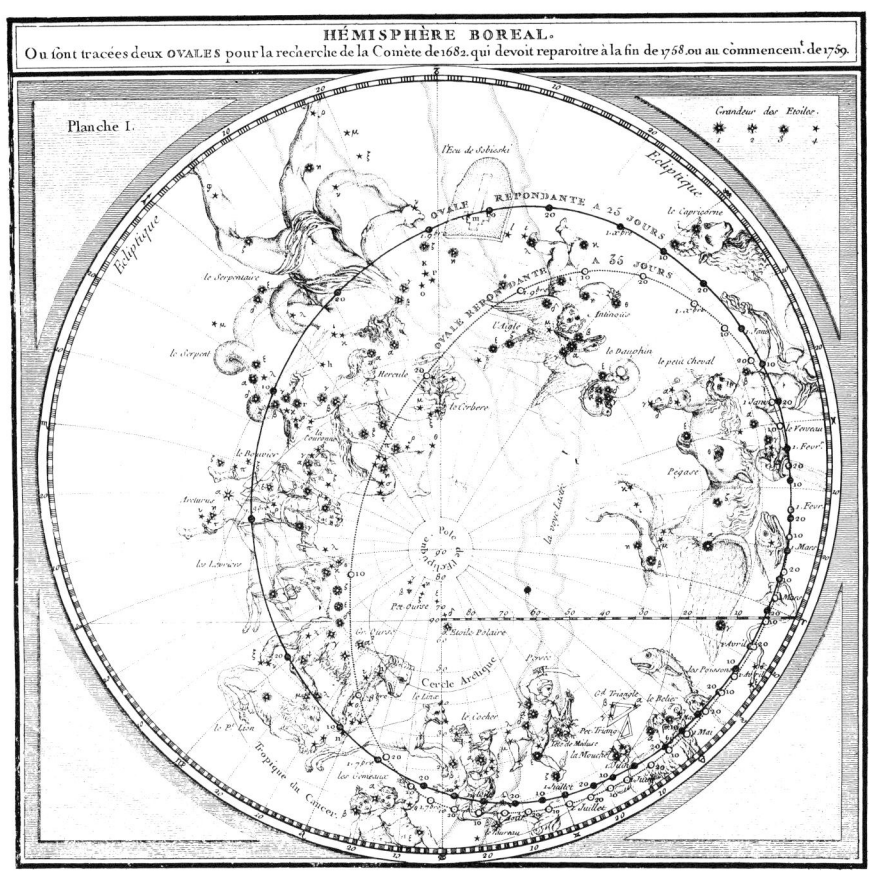

Abb. II.54
Messiers Suchkarte für Halleys Kometen mit der von Delisle vorausberechneten, aber nutzlosen Bahn vom 1. September 1758 bis 1. September 1759 (Aus: *Mémoires de l'Académie des Sciences*, Paris, 1760).

nähe, um gesehen zu werden. Während des zweiten Abschnitts vom 31. März bis 22. April war er morgens dem bloßen Auge sichtbar; in dieser Zeit nahm seine berechnete Helligkeit von der 4. bis auf die 1. Größenklasse zu. Dann verschwand er im Südhimmel, um im letzten Abschnitt für Europa erst wieder am 28. April am Abendhimmel aufzutauchen. Obwohl er an Helligkeit bereits wieder abnahm, wird seine größte Schweiflänge von 47 Grad für den 5. Mai überliefert; es muß aber angemerkt werden, daß die Angaben über die Schweiflänge je nach dem Standort stark schwanken. Spätestens am 24. Mai muß der Komet sich dem unbewaffneten Auge entzogen haben. Anscheinend die letzte teleskopische Beobachtung vollzog der Abbé Chevalier in Lissabon am 22. Juni.

Für den berühmten Kometensucher, den jungen Messier (Abb. II.52) wurde die Tatsache, daß er nicht der erste Entdecker des Kometen wurde, eine große Enttäuschung. Der Ablauf dieses Mißgeschickes läßt sich recht deutlich rekonstruieren. Messiers Arbeitgeber und Lehrer, Delisle, der die Sternwarte in St. Petersburg aufgebaut hatte und nach seiner Rückkehr nach Paris im Jahre 1747 schließlich Direktor des Marine-Observatoriums im Hotel de Cluny geworden war, hatte eine ingeniöse Methode entwickelt, den zu erwartenden Ort des Kometen vorauszuberechnen. Er nahm in vernünftiger Näherung einfach an, daß die Störwirkungen von Jupiter und Saturn die Bahnform und die Lage der Bahn im Raum viel weniger betreffen als den Zeitpunkt des Periheldurchganges. Demnach mußte der Komet etwa entlang der Bahn von 1682 zurückkehren, aber der exakte Zeitpunkt der Wiederkehr blieb unbekannt. Unter der Annahme eines ganzen Bereiches von möglichen Periheldaten und unter Berücksichtigung, daß der Komet erfahrungsgemäß 25 bis 35 Tage vor dem Perihel sichtbar wird, konnte er 1757 einen Satz von Positionen publizieren, an denen der Komet – wenn überhaupt – zu verschiedenen Daten auftauchen mußte.

Als er seine Hilfskraft Messier an die Arbeit schickte, den Kometen zu suchen, zeichnete dieser zunächst Delisles Positionen in eine Himmelskarte (Abb. II.54). Aber auch mit Hilfe dieser Karte konnte Messier den Kometen nicht finden. Der Grund ist offenbar: zur Zeit um den 25. Dezember 1758, an welchem Datum Palitzsch den Kometen in den Fischen fand, suchte Messier ihn zwischen Widder und Wassermann. Warum? Delisles Methode war zwar ingeniös aber ohne jeden praktischen Wert, weil die vorausgesagten Positionen des Kometen überaus stark von der willkürlichen Annahme abhängen, daß der Komet gerade 25 bis 35 Tage vor dem Periheldurchgang entdeckt

werden könne. Da - wie sich später erwies - der wahre Periheldurchgang am 13.1 März stattfand, beschränkte er mit dieser Annahme den
Entdeckungsspielraum auf den 6. bis 16. Februar. Speziell für diesen
Zeitraum war Delisles Voraussage bis auf 5 Grad genau, aber für jedes
andere Datum war die Abweichung viel größer. In den Jahren 1531,
1607 und 1682 war Halleys Komet im Durchschnitt 27 Tage vor dem
Perihel mit dem *bloßen Auge durch Zufall* entdeckt worden. Ohne guten
Grund hatte Delisle diese Frist als typisch auch für 1759 angenommen,
und dieses obwohl der Komet jetzt erwartet wurde und überdies mit
einem Fernrohr gesucht werden sollte. Er hätte sich ein wesentlich
ehrgeizigeres Ziel setzen müssen, um Palitzsch zuvorzukommen, der
den Kometen 78 Tage vor dem Perihel entdeckte! Anstatt eine Hilfe
zu sein, verunmöglichte die Karte praktisch eine frühe Entdeckung des
Kometen. Nachdem Messier den Kometen am 21. Januar 1759
schließlich doch noch gefunden hatte – übrigens unabhängig von Palitzsch – führte er eine lange, ausgezeichnete Reihe von Positionsbestimmungen durch, die für die spätere Bahnberechnung sehr wertvoll

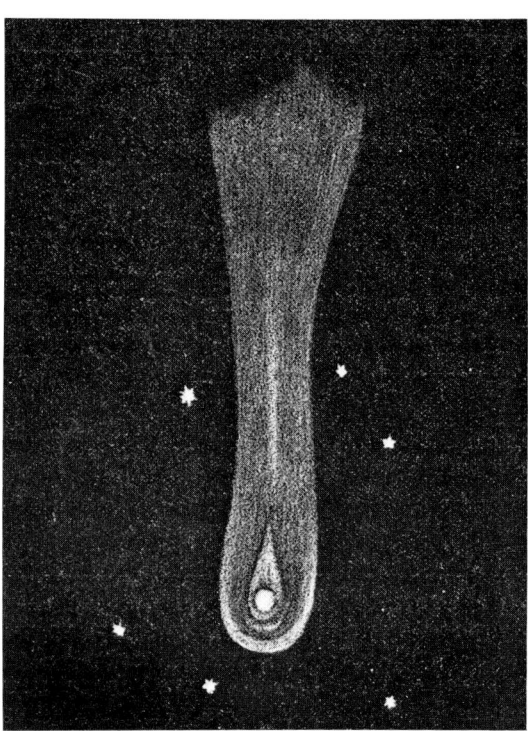

Abb. II.55
Zeichnung des Halleyschen Kometen
von 1759 mit außergewöhnlich
reichem Detail. Die Originalpublika-
tion konnte bisher nicht lokalisiert
werden. (Aus: *Himmel und Erde*, Jg. 23,
S. 51, 1911).

werden sollten. Aber hier griff Delisle ein zweites Mal sehr unglück-
lich ein: er verbot Messier, die Zweitentdeckung bekannt zu geben. So
mußte der arme Messier bis zum 1. April in aller Stille beobachten,
ohne seine Kollegen benachrichtigen zu dürfen, die in dieser Zeit
zusätzliche wichtige Beobachtungen hätten gewinnen können. Wegen
der Dummheit Delisles kamen er und Messier später sogar in den
sicher ungerechtfertigten Verdacht, die Beobachtungen aus den ersten
Wochen nachträglich gefälscht zu haben. – Als Messier 1760 in seinem
langatmigen, naiven Stil seine gesamten, höchst präzisen Beobachtungen vor der Académie des Sciences in Paris vortrug, gab er in vollkom-
mener Ehrlichkeit zu, nicht der Erstentdecker des Kometen zu sein.
Aber Delisle hatte noch nichts gelernt: in seinen begleitenden Worten
hatte er die Unverschämtheit zu sagen (aus dem Französischen): «Die
Akademie ist hinlänglich über die Arbeit informiert, die ich gemacht
habe . . . wie auch über die neue Methode, die ich erfunden habe, um
ihn am Himmel zu entdecken, sowie er mit Teleskopen sichtbar wird.
Diese Methode ist mir gelungen, indem Herr Messier den Kometen
lang vor den anderen Astronomen bemerken konnte . . .». Den Gedanken, daß Palitzsch ihn zuerst gesehen haben könnte, wies er mit dem
Hinweis zurück, daß es für einen Bauern unmöglich gewesen sein
muß, den damals noch sehr schwachen Kometen mit dem bloßen
Auge – wovon nie die Rede gewesen war – zu sehen.

Es ist erstaunlich, daß bis in die ersten Apriltage niemand außer
den Beobachtern in Sachsen und Messier in Paris den Kometen gesehen hatte. Dann fanden ihn auch Matrosen in Lissabon. Von diesen
unterrichtet, nahm der Abbé Chevalier dort am 5. April seine Beobachtungen auf, die er, wie bereits erwähnt, länger fortsetzen konnte
als alle übrigen Beobachter. Nachdem die Entdeckung des Kometen
allgemein bekannt geworden war, nahmen auch andere Astronomen
Messungen an ihm vor, so der unendlich fleißige und wegen seines
Charakters gerühmte Abbé La Caille in Paris, der Pater Morand in
Avignon und der Privatmann Darquier in Toulouse. – Als der Komet
auf seinem Wege zum Südhimmel den Himmelsäquator fast erreicht
hatte, wurde er am 26. März ein weiteres Mal unabhängig entdeckt.
Sein Entdecker hieß de la Nux; als Rat der französischen Kolonialver-
waltung arbeitete er auf den Kerguelen im Indischen Ozean und seine
Beobachtungen wurden für die Zeit, in der der Komet in Europa
unsichtbar blieb, höchst wertvoll. Ein weiterer wichtiger Beobachter
auf der Südhalbkugel war der Pater Coerdoux in Pondicherry, der den
Kometen vom 28. März an verfolgte.

Nachdem der Komet in Europa im driten Sichtbarkeitsabschnitt wieder aufgetaucht war, gesellten sich zu den bereits genannten viele weitere Beobachter; dies waren in Paris Pingré, Cassini de Thury, der Enkel des unter dem Jahr 1682 genannten Cassini, Maraldi, Jeaurat, und Lalande, in Rouen der Prior Bouin zusammen mit Dulague, in Montpellier de Ratte, in Rom die Minoriten Le Seur und Jacquier, in Holland Dirk Klinkenberg im Haag und Lulofs in Leiden, vermutlich auch der Professor am amerikanischen Harvard College, John Winthrop, und schließlich der Pater Hell in Wien. Der Letztere ist später durch seine schwierige Expedition nach Lappland, während der er den Durchgang der Venus vor der Sonnenscheibe beobachtete, berühmt und ungerechtfertigterweise kontrovers geworden, nachdem Lalande ihm irrtümlich die Fälschung seiner Beobachtungen vorgeworfen hatte.

Es ist gut zu verstehen, daß bei dieser Wiederkehr die physischen Beobachtungen über das Aussehen und die Form des Kometen eher zu kurz kamen (vgl. aber Abb. II.55), denn das Hauptgewicht lag auf guten Positionsbestimmungen für eine exakte Bahnbestimmung.

Abb. II.56
Wedgwood-Medaillon von Isaac Newton (1642–1727) mit Halleys Kometen (ca. 1780).

Blazing=Stars
Meſſengers of GOD's Wrath:

In a few ſerious and ſolemn Meditations upon
the wonderful

COMET:

Which now appears in our Horizon, *April*, 1759 : Together with a ſolemn
Call to Sinners, and Counſel to Saints ; how to behave themſelves when
GOD is in this wiſe ſpeaking to them from Heaven.

CANST thou by ſearching find out *God*,
  The high and Holy one,
  Or th' almighty Majeſty,
Unto Perfection.
Where waſt thou, ſaith th'eternal GOD,
  To *Job*, that holy Man,
When I the Earth's Foundations laid,
  Declare now if you can.
When th'Morning Stars together ſang,
  With glorious Melody,
And all the Sons of GOD did ſhout
  With loud triumphant Joy ?
Where is the Place where Light doth dwell,
  And as for Darkneſs, where ?
If thou doſt know its vaſt Receſs,
  My Servant now declare.
The lovely Pſalmiſt, when he'd ſpread
  The great JEHOVAH's Fame,
Declares,—He numbers all the Stars;
  And calls them all by Name.
That Fire, and Miſt, and Hail, and Snow,
  Whirlwinds with one Accord,
Obey the holy juſt Command
  Of their moſt glorious Lord.
And in the Time of *Iſrael's* Straights,
  That — *twixt Day*,
The Stars in martial Order ſought,
  'Gainſt wicked *Siſera*.
Theſe are among the wond'rous Works
  Of the eternal ONE,
Who alſo chearfully obey,
  When he ſpeaks, lo ! 'tis done,
He bids them ſtand o'er Kingdoms, Towns,
  All in a flaming Fire ;
And great Attention to his Voice,
  The Lord doth now require.
The ancient Fathers learn'd and wiſe,
  When they did ſee them burn,
Prognoſticated evil Things,
  Soon on the World would come.
Heralds of GOD his Meſſengers,
  The World to preach unto,
And learn'd and wiſe and holy Men
  Fully agree thereto.
O what amazing Changes, have
  A ſinful World oft ſeen ?
And Nations, Kingdoms, Cities too
  Where theſe great Sights have been.
Great Griefs and ſore Calamities,
  Have oft ſucceeded them,
And ſore Deſtruction overtook
  A World of ſinful Men,
But to relate, one, two, or three,
  At this time may ſuffice,
Together with the one you ſee
  Now blazing in your Eyes,
When this our World was young in Years
  Not ſeventeen Hundred quite,
A large and blazing Comet was
  Preſented in their Sight.
Soon after which *Methuſhlah*
  The oldeſt Man on Earth,
Surrendred up his Life into
  The Hands of potent Death.
And lo ! the Year, the very Year
  After that he was dead,
The old World all, except eight Souls,
  By Water periſhed.

An hundred Inſtances or more
  I might have added here,
But by own faithful Witneſſes
  Great Truths eſtabliſh'd are.
In ſixteen hundred ſixty four
  Behold in loſty Sky,
A flaming Comet did appear
  Large and conſpicuouſly.
Soon after which moſt awful Sight
  A bloody War began
'Twixt *England* and the *Hollanders*
  Moſt violent did become.
An awful Plague in *England* too
  As ever had been known,
Near Seven Thouſand in one Week,
  Unto the Pit went down.
That in the Space of but one Year,
  An hundred thouſand fell,
Victims unto voracious Death,
  An awful Spectacle.
Soon after which, even the next Year,
  The *Papiſts* do conſpire,
And by their Craft and Subtilty,
  London they ſet on Fire.
Behold vaſt Clouds of Smoke aſcend,
  And in the City ſee,
By means whereof Moon was dark
  And Sun became like Blood.
In ſixteen Hundred ſixty five
  In our Hemiſphere,
A burning blazing Comet did
  For many Nights appear.
Which follow'd was with ſcorching Drought
  In *Britain*, and this Land,
And might have ſoon deſtroy'd us all,
  Hadn't GOD witheld his Hand.
Thus we were ſpar'd ; but O behold,
  What awful Trouble fell,
On many Places in the World
  No Tongue can fully tell.
To name but one or two dear Soul's
  Or thoſe if you require,
In *Hungary* four hundred Towns
  Deſtroy'd by Sword and Fire.
Great Floods o'erflow'd the *Netherlands*,
  That in one fatal Night,
Thouſands, ye *Thouſands* there were drown'd
  Before the Morning Light.
But to return, wiſe holy Men
  They verily have Thought
That thoſe great flaming Meſſengers,
  Where never ſent for nought.
No, no, Dear Soul's they don't think ſo
  But rather that they are,
The Signs of GOD's moſt dreadful Wrath
  And ſad Events declares
As ſome dreadful, bloody Wars,
  Plagues, Peſtilence and Storms,
'Mongſt Nations great, and mighty they
  Portend awful Alarms.
That they are Meſſengers of Death,
  Sent by the mighty GOD,
And therefore he that ſees and views,
  Should bow before the LORD.
Floods they may cauſe, and Droughts likewiſe
  And Earthquakes ſtrong and great,
So that the Earth's Foundations,
  May tremble, ſhake, and quake,

A fam'd Philoſopher of old,
  Conjectur'd that before
The mighty GOD to Judgment comes
  In his majeſtick Power ;
Comets and fearful Sights more brief
  Then ever yet have been,
More frequently and commonly
  Would in the World be ſeen,
And are not we now Witneſſes,
  Let all our Fathers ſay,
ever GOD before them paſt
  In ſuch awful Way.

IMPROVEMENT.

AND now O Earth, O Earth attend
  The mighty Voice of GOD,
Who in his Wrath is coming down
  By Sickneſs ; Fire and Sword.
GOD calls aloud, awake, awake,
  And from your Slumber riſe,
When in the Heavens he ſets ſuch Signs,
  Of Wonder and Surprize.
Adore the mighty ſovereign LORD
  And bow before him low,
Who ſends his timely Warnings forth
  Before he ſtrikes the Blow.
Prepare, O Land, prepare, for what
  The LORD's about to do,
For what awful Events are nigh
  The LORD alone doth know.
Unto your Chambers enter ſtrait
  GOD's Folk, and ſhut the Door,
Till all the Storms of his fierce Wrath
  Shall all be paſt and o'er.
And O you chaſtleſs graceleſs Souls,
  Can you abide GOD's Power ?
When out of *Zion* he will ſhout
  And as a Lion roar.
When all his Wrath ſet in array
  Againſt your Souls will blaze,
O tell me Sinner, tell me where
  You'll find a ſecure Place.
If Death o'ertakes you in your Sins
  Then down to Hell you muſt,
And with the Priſoners there in Chains
  Eternally be curs'd.
And lo the Guilt of your Soul's Blood
  On your own Head will lie,
And ſo ſolorn and helpleſs be
  To all Eternity.
But O dear Sirs, there yet is Hope,
  Cry mightily to GOD,
To turn away his dreadful Wrath,
  And his devouring Sword.
Zion's Son's and Daughters now return
  Return unto the Lord,
Or elſe prepare to meet him ſoon
  With flaming Fire and Sword.
Caſt off your fooliſh vain Attire,
  With Sackcloth now be clad,
Which at this Day becomes a Land
  Who have provok'd their GOD.
Awake ye Prieſts of GOD the LORD,
  'Twixt Porch and Autarxry,
Spare, ſpare thy People bleſſed GOD,
  Let not *New-England* die.
Add Prayer and Faſting hereunto
  It may be GOD will hear,
And out of *Zion* ſend us Help
  And yet his People ſpare.

BOSTON: Printed and ſold by *R. Draper* in *Newbury*-Street ; and by
Fowle & Draper in *Marlborough*-Street. 1759.

Abb. II.57
Seltener amerikanischer Einblattdruck auf Halleys Kometen von 1759.

Dabei stellte die numerische Berechnung der Bahn noch immer ein gewaltiges Problem dar, und zahlreiche Astronomen und Mathematiker nahmen sich der Aufgabe an. Schon Euler hatte ein Theorem (1743) entwickelt, das die Bahnberechnung erleichterte. Der Elsässer Lambert hat dieses Theorem 1761 erweitert. Ihnen folgten Bailly, der spätere Bürgermeister von Paris, und mit mehr Erfolg Lagrange, der 1783 während seiner letzten Arbeit zum Thema noch Direktor der mathematischen Klasse der Berliner Akademie der Wissenschaften war. Den Preis, den diese Akademie 1778 für dasselbe Problem aussetzte, teilten sich der Marquis de Condorcet und der preußische Offizier, spätere General Tempelhoff. Schließlich hat Olbers, der tagsüber Arzt und während der Nacht ein äußerst fruchtbarer und einflußreicher Amateurastronom war, die Aufgabe im Jahre 1797 zu einem vorläufigen Abschluß gebracht.

Die ausgewogensten Ansichten über Kometen in der zweiten Hälfte des 18. Jahrhunderts entwickelte der bereits genannte Lambert in seinen *Cosmologischen Briefen* (1761), sofern man diese aus der Sicht der damaligen Zeit beurteilt. Nach Lambert sind die Kometen planetenartige Körper, die sich auf Ellipsen, Parabeln und vielleicht auch Hyperbeln um die Sonne bewegen. Ein Zusammenstoß zwischen ihnen und der Erde ist nicht anzunehmen. Seine Ansicht, daß Kometen bewohnt sind, ist von vielen späteren Astronomen übernommen worden; sie wurden auch von dem Amerikaner Andrew Oliver (1772) geteilt. Lamberts Ansatz, die Gesamtzahl der Kometen im Sonnensystem zu schätzen, ist sehr vernünftig. Während Kepler gemeint hatte, sie seien so zahlreich «wie die Fische im Meer», glaubte man im 18. Jahrhundert nur an einige Hundert, und Lamberts Resultat von fünf Millionen stieß zunächst auf Skepsis. Nach der Vergrößerung des Sonnensystems durch die Entdeckung des Uranus, erhöhte der württembergische Lehrer Wurm (1787) diese Zahl auf den merkwürdig realistischen Wert von 64 Milliarden. Um 1855 schätzte der einflußreiche Arago die Zahl auf mehr als 17 Millionen.

Die einzige verbleibende Furcht vor Kometen, der eine gewisse rationale Basis nicht abzusprechen ist – wie schon unter dem Jahre 1682 bemerkt wurde – war die Möglichkeit eines Zusammenstoßes mit der Erde. Diese Grundlage genügte, daß im Frühjahr 1773, als man in Paris hörte, der berühmte Lalande gedenke der Akademie einen Vortrag über Kometen, die mit der Erde zusammenstoßen könnten, zu halten, sich das Gerücht verbreitete, Lalande habe auf den 12. Mai den Weltuntergang voraussagen wollen. Die sich entwickelnde Panik konnte auch durch die schnelle Veröffentlichung von Lalandes Arbeit nicht mehr beeinflußt werden.

Über eine interessante Umkehrung des Kometenaberglaubens, nach der Kometen nicht Kriege anzeigen, sondern wo Kriege die Vorboten von Kometen sind, berichtet der Göttinger Physikprofessor und Schriftsteller Georg Christoph Lichtenberg (in dem Göttinger *Städtischen Wochenblatt* vom 28. 2. 1778):

«Etwas über den fürcherlichen Kometen, welcher, einem allgemeinen Gerücht zufolge, um die Zeit des ersten Aprils unsere Erde abholen wird.

Einige Personen von nicht geringer Einsicht, namentlich verschiedene Ackerleute und Taglöhner in und außerhalb der Stadt, die sich in den Feierstunden, und zuweilen auch außer denselben, mit Zeitungslesen und Astronomie beschäftigen, haben in diesen Tagen angefangen, den bekannten Schluß von Kometen auf Krieg nicht ungeschickt umzudrehen, und erwarten jetzt, da die Kaiserlichen immer tiefer in Baiern eindringen, einen Kometen von schrecklicher Größe. Ja ich habe sogar vernommen, daß sie sich, wie es klugen Hausvätern zukommt, bereits durch rühmlichste Vernachlässigung ihrer Arbeit, und schleunige Aufzehrung ihres kleinen Vorraths zu einem gehörigen

Abb. II.58
Gemälde von Samuel Scott mit Halleys Kometen von 1759 über der Themse.

Empfang desselben hier und da vorbereiten. Es ist nicht zu läugnen, daß der letztere Schluß ziemlich richtig ist; denn sollte ein Komet an unsere Erde anrennen, so sehe ich selbst nicht ein, was wir nöthig hätten, zu säen und zu pflanzen, oder Dinge, die wir jetzt schon gerne äßen, auf die Zeit aufzusparen, da wir sie nicht mehr genießen können...»

In weniger satirischem Ton fährt Lichtenberg fort, den Unsinn des Kometenglaubens zu entlarven, und er führt unter anderem aus, daß der damals gerade bekanntgewordene Komet Lexell mit einer Periode von 6 ½ Jahren der Erde in der Vergangenheit periodische Katastrophen gebracht haben müßte.

Neue Nahrung erhielt der Aberglaube durch den Kometen von 1811, der dem Rußland-Feldzug Napoleons vorausging, und den Napoleon selbst zu einem guten Omen umfunktionierte. Der Schriftsteller Karl v. Holtei erzählt in seinen Erinnerungen *Vierzig Jahre,* wie er als junger Mann mit sich selbst gegen den Glauben an einen Zusammenhang zwischen dem Kometen und den Kriegszeiten kämpfen mußte. Leichter ist dies Johann Peter Hebel gefallen, der im gleichen Jahr im *Schatzkästlein des rheinischen Hausfreundes* schrieb:

«Allein es geschieht auf dem weiten Erdenrund, irgendwo, diesseits oder jenseits des Meeres, alle Jahre so gewiß ein großes Unglück, daß diejenigen, welche aus einem Cometen Schlimmes prophezeihen, gewonnen Spiel haben, er mag kommen, wann er will».

Mit dem Kometen von 1811 verbindet sich übrigens auch der merkwürdige Glaube, daß er den besonders guten Wein des Jahres verursacht habe. Dieser Gedanke findet sich erstmals bei Melanchthon und dann 1556 bei Ludwig Lavater, während Konrad von Megenberg um 1350 noch erwähnt hatte, daß Kometen verdorbenen Wein brächten.

Daß der Kometenaberglaube zu jener Zeit noch immer florierte, geht auch daraus hervor, daß Schiller sich in seinem Gedicht *Rousseau* über diesen lustig machte, und Goethe spottete in seinen *Drohenden Zeichen* (1820/22):

Tritt in recht vollem klaren Schein
Frau Venus am Abendhimmel herein:
Oder daß blutroth ein Komet
Gar ruthengleich durch Sterne steht:
Der Philister springt zur Thüre heraus:
Der Stern steht über meinem Haus!
O weh! das ist mir zu verfänglich! –
Da ruft er seinem Nachbar bänglich:

Ach seht, was mir ein Zeichen dräut.
Das gilt fürwahr uns arme Leut'!
Meine Mutter liegt am bösen Keuch,
Mein Kind am Wind und schwerer Seuch',
meine Frau, fürcht' ich, will auch erkranken,
Sie thät schon seit acht Tag nicht zanken:
Und andere Dinge nach Bericht!
Ich fürcht' es kommt das jüngste Gericht.

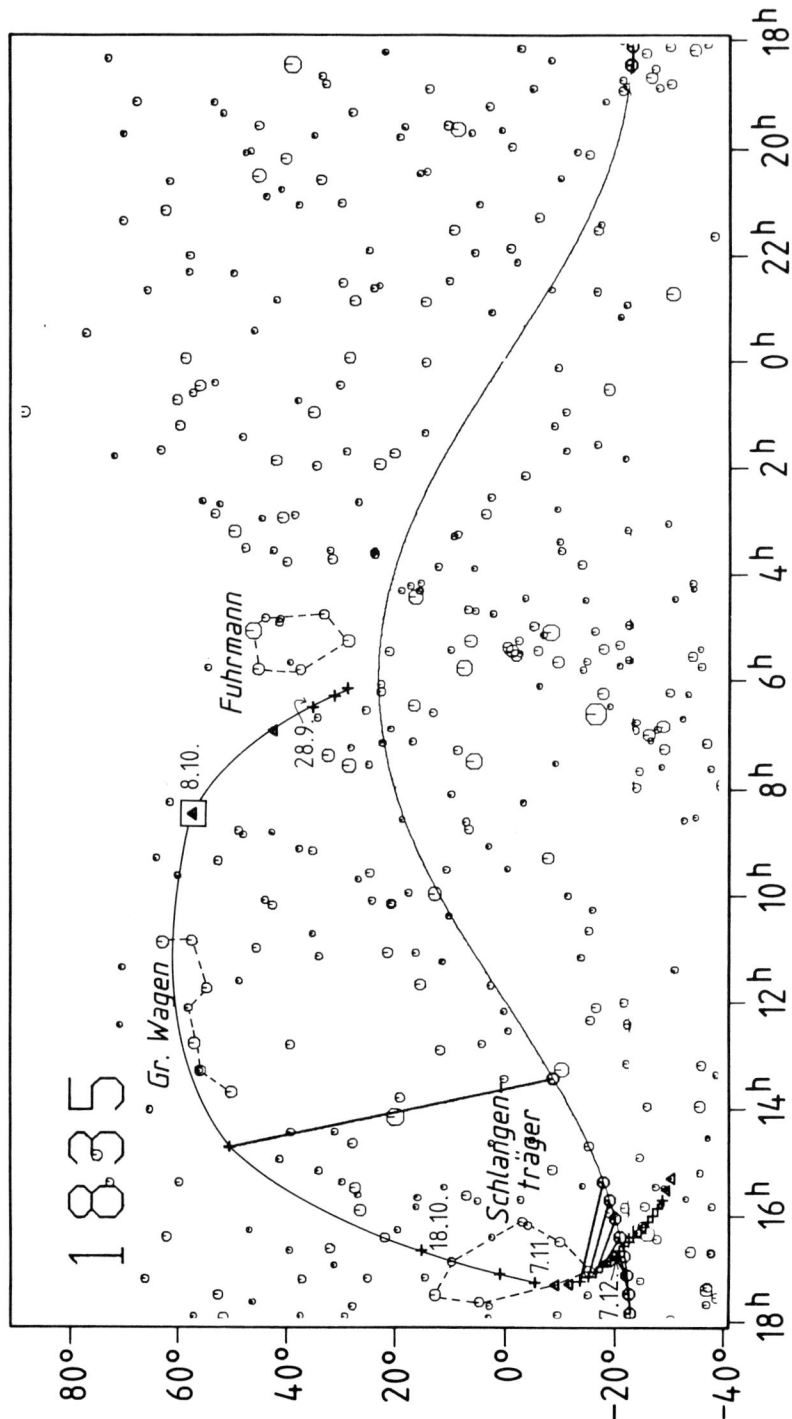

Bahnberechnung, Entdeckung und Sichtbarkeit des Kometen
Positionsbestimmungen und physische Beobachtungen
Bessel und Halleys Komet
Enckes und Bielas Kometen
Wichtige Kometen des 19. Jahrhunderts
Zusammenstöße mit Kometen
Kometen in der Literatur

Schon 18 Jahre vor der erwarteten Wiederkehr des Halleyschen Kometen hatte die Akademie in Turin einen Preis für eine verbesserte Bahnberechnung ausgesetzt. Diesen gewann ein französischer Artillerieoberst, der Baron de Damoiseau, der den 4. November als Periheldatum fand. Ein anderer Artillerieoberst aus Frankreich, Graf de Pontécoulant, verbesserte dieses Datum auf den 15. November anläßlich des großen Preisausschreibens der Pariser Akademie. Auf Grund der Elemente Pontécoulants – der ursprünglich den 7. November als Periheldatum erhalten hatte – berechnete der Mathematiker Möbius die Ephemeride des Kometen während seiner Sichtbarkeit und publizierte sie in einer populären Schrift. Die sorgfältigste Analyse der Bahn lieferte 1834 der Kurländer Rosenberger, der den 11. November als Periheldatum fand. Auch Lehmann in Berlin und der Holländer Kaiser, der spätere Gründer der neuen Sternwarte in Leiden, errechneten die zukünftige Bahn des Kometen. Es sollte sich später erweisen, daß Pontécoulant dem wahren Periheldatum vom 16.4 November am nächsten gekommen war. – Es ist selbstverständlich, daß nachdem die neuen Beobachtungen 1835/36 gewonnen worden waren, die Bahn des Kometen weiter verbessert wurde. Hier sind der Amerikaner Loomis und dann vor allem der Franzose Laugier (1846) und der bereits vielfach genannte Engländer Hind (1850) zu nennen.

Die Nachricht, daß Boguslawski in Breslau den Kometen am 20. April entdeckte, beruht auf einer Verwechslung. Wohl fand dieser an dem genannten Datum den ersten Kometen des Jahres, aber der Halleysche war erst der dritte, der 1835 entdeckt wurde. Seine erste Sichtung am 5. August im Sternbild des Stiers ist Dumouchel, dem Direktor der Sternwarte des Collegio Romano in Rom, zu verdanken. Vielleicht unabhängig sah Struve (Abb. II.63) den Kometen am 20. August in Dorpat (heute Tartu): dort stand eines der damals besten Teleskope der Welt, der berühmte 9zöllige Refraktor, den Fraunhofer 1824 geliefert hatte. Bis zum Monatsende war der Komet an vielen Sternwarten gesehen worden. Am 23. September sahen Wilhelm Struve und sein

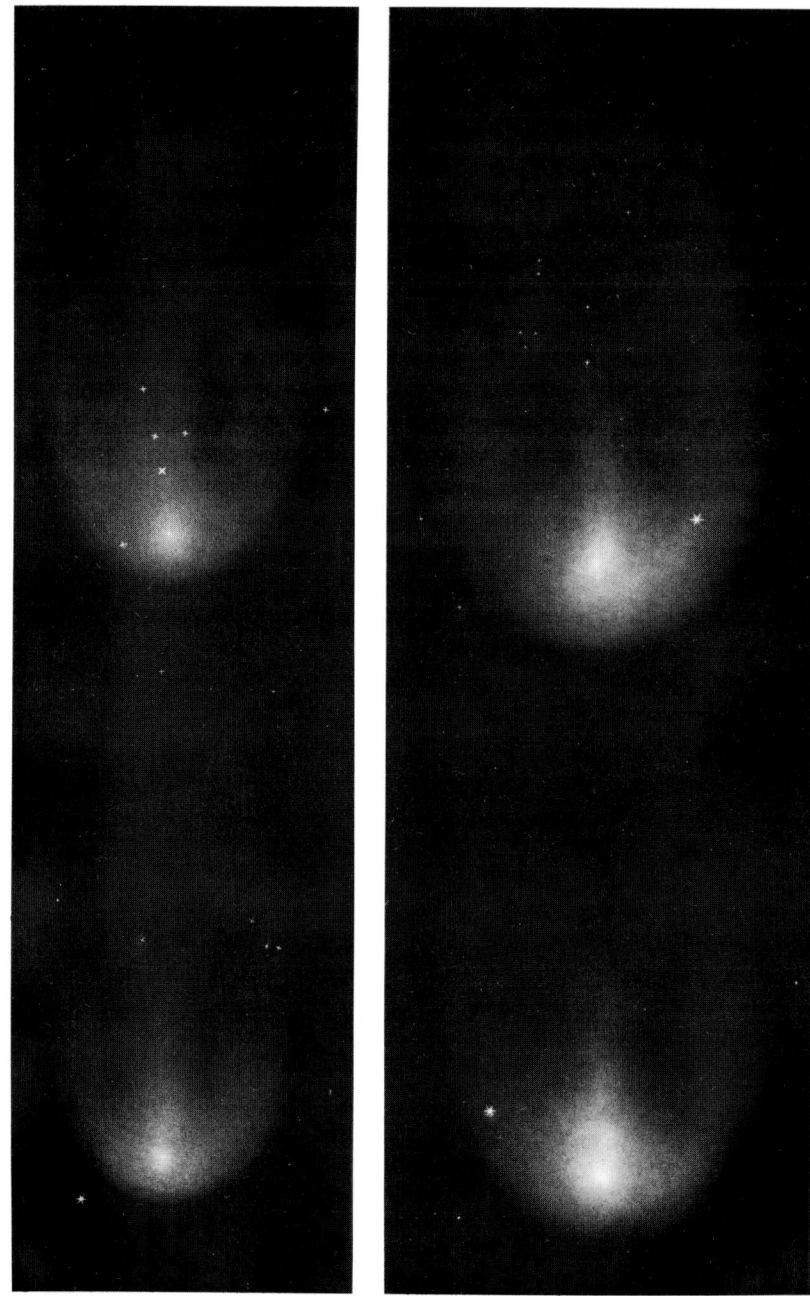

Abb. II.59
Zeichnungen des Halleyschen Kometen am Kap der Guten Hoffnung
von Charles Piazzi Smyth. Die Beobachtungsdaten sind (im Uhrzeiger-
sinn von unten links nach unten rechts): 5., 7., 10. und 12. Februar
1836. (Aus: *Memoirs of the Royal Astronomical Society*, X, 1838).

Sohn Otto ihn zum ersten Mal mit dem unbewaffneten Auge. Am folgenden Tag zeigte er erstmals einen kleinen Schweif. Die Beobachtungsbedingungen wurden nun von Tag zu Tag günstiger: die Helligkeit wuchs bis etwa zum 8. Oktober auf die 1. Größenklasse an, der Schweif erreichte mit etwa 20 Grad seine größte, übrigens stark variierende Länge am 14. Oktober – der Komet war am 12. Oktober mit einem Abstand von 28.4 Millionen Kilometern in Erdnähe gekommen –, und da der Komet mehr und mehr in den Norden rückte, wurde er zwischen dem 8. und 13. Oktober für ganz Europa zirkumpolar, so daß er während der ganzen Nacht gesehen werden konnte. Anschließend verschlechterte sich seine Sichtbarkeit wieder: er rückte schnell in den Süden, von wo er nur noch abends sichtbar war. Außerdem kam er der Sonne so nahe, daß er um den 15. November zum letzten Mal mit dem bloßen Auge und am 22. November letztmals teleskopisch von Koller in Kremsmünster gesichtet wurde. Nachdem der Komet hinter der Sonne durchgegangen war, entdeckte Kreil in Mailand ihn am 30. Dezember von neuem. Schon recht weit im Süden stehend wurde der

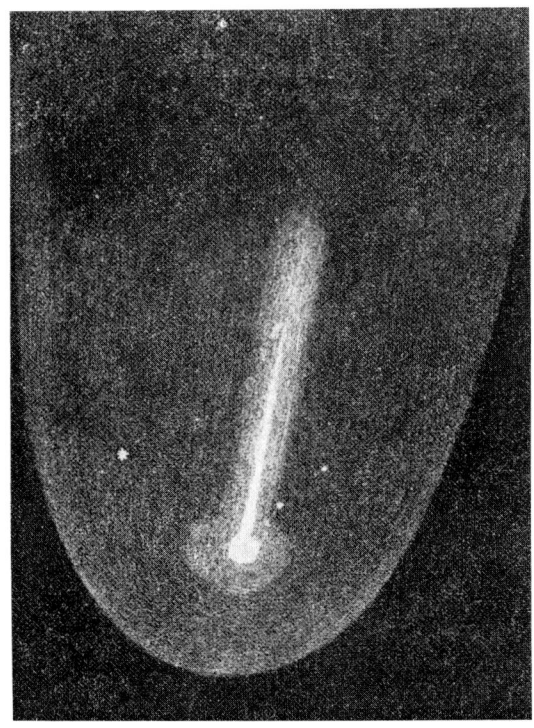

Abb. II.60
Herschels Zeichnung von Halleys Kometen, die er am 11. Februar 1836 mit seinem Spiegelteleskop von ca. 50 cm Öffnung in Feldhausen (Kap der Guten Hoffnung) anfertigte. (Aus: J. Herschel: *Results of astronomical observations made ... at the Cape of Good Hope ..., London 1847).*

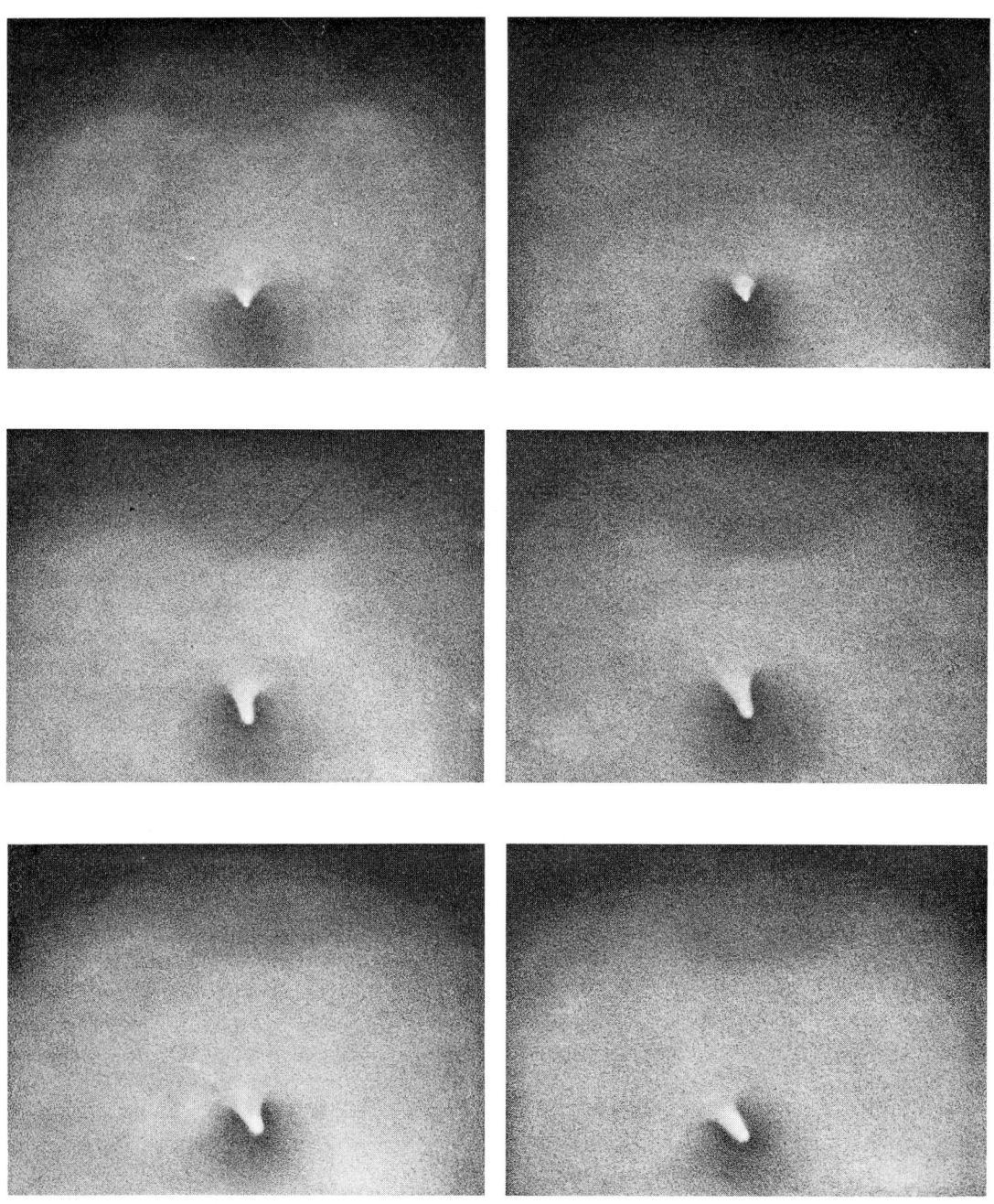

Abb. II.61
Zeichnungen der Koma des Halleyschen Kometen von F. W. Bessel. Die
Beobachtungsdaten sind: 2., 8. und (für die vier unteren Zeichnungen)
12. Oktober 1836. (Aus: *Astronomische Nachrichten* 13, 1836).

Komet ein günstiges Objekt für die Astronomen am Kap der Guten Hoffnung. Dort sah Maclear ihn erstmals wieder am 25. Januar 1836, und dieser bemerkte, daß er recht viel schwächer als die 2. Größenklasse war. Diese Angabe ist erstaunlich, da die berechnete Helligkeit etwa die 6. Größenklasse erwarten läßt, und der ganz in der Nähe beobachtende John Herschel (Abb. II.62) notierte aus jenen Tagen «daß wir uns alle die Augen nach Halleys Kometen ausgestarrt haben», was auch für ein bereits recht schwaches Objekt plädiert. Siebzig Tage nach dem Periheldurchgang und bei einer Distanz von der Erde von 1.7 AE war damals nur noch ein Rest eines Schweifes zu sehen, und dieser Rest variierte von Nacht zu Nacht. Maclear bestimmte am 5. Mai zum letzten Mal die Position des Kometen; am 19. Mai sah ihn Boguslawski noch einmal, während ihn Herschel bis «ungefähr zum 20. Mai» verfolgte. Herschel bemerkte: «Um ehrlich zu sein, bin ich froh, daß er verschwunden ist», denn die Arbeit an dem Kometen hatte die Vollendung seiner großen Durchmusterung des südlichen Himmels verzögert.

Die Positionsbestimmungen des Halleyschen Kometen 1835/36 sind viel zu zahlreich, als daß sie hier im Einzelnen aufgeführt werden könnten. An 27 Observatorien wurden nicht weniger als 1517 Einzelmessungen gewonnen. Die verbesserten Instrumente erlaubten eine bisher unerreichte Genauigkeit: die Messungen von den 22 besten Observatorien weisen einen mittleren Fehler von nur 30 Bogensekunden auf. Dank der Einführung photographischer Beobachtungen konnte dieser Fehler bei der Erscheinung von 1910 noch einmal um einen Faktor 8 verringert werden. – Für die Kometenforschung war aber eine noch wichtigere Entwicklung bei der Wiederkehr von 1835, daß erstmals systematische Beobachtungen zur Astrophysik der Kometen angestellt wurden. C. P. Smyth, der Assistent Maclears am Kap, zeichnete den fast schweiflosen Kometen nach dem Perihel während einer Anzahl von Nächten und wies Änderungen des Aussehens von Nacht zu Nacht nach (vgl. Abb. II.59), was auf eine variierende Aktivität des Kometen selbst schließen läßt. Auch Herschel beobachtete diese variable Aktivität und hielt sie in einer Reihe von Zeichnungen fest (Abb. II.60); er und Maclear gaben überdies sehr interessante Beschreibungen von den Veränderungen, die sich in der Koma abspielten. Schon vor dem Perihel fertigte der Apotheker Schwabe in Dessau, der Entdecker des Sonnenzyklus, gute Zeichnungen des Kometen, und Struve verglich dessen Aussehen am 12. Oktober mit einem Feuerstrom, der aus der Öffnung einer Kanone bei der Entladung austritt, und dessen Funken durch einen starken Wind zurückgetrieben werden. Dieses Bild stimmt überein mit einer bereits früher geäußerten Meinung von Olbers, der annahm, daß Materie auf der Sonnenseite des Kometenkerns ausströmt, und daß diese dann von der Sonne nach hinten gedrängt wird. Von besonderem Interesse sind Bessels (Abb. II.64) Zeichnungen der inneren Koma (Abb. II.61), aus denen hervorgeht, daß im innersten Teil des Kometen Veränderungen innerhalb weniger Stunden vorgingen. Er deutete dies richtig als die Folge eines variablen Materiestroms, der auf der Sonnenseite aus dem Kometenkern austritt, und er belegte seine Annahme zusätzlich mit alten Zeichnungen von Heinsius des Kometen von 1744. – Herschel stimmte im Wesentlichen mit dem austretenden Materiestrom überein, aber er implizierte noch die Wirkung elektrischer Ladungen (1847, aus dem Englischen): «... ich kann nicht umhin zu bemerken, daß die Annahme eines hohen Grades elektrischer Erregung der Schweifmaterie ... das Problem in seinen wesentlichen Zügen befriedigend zu erklären vermag. Es kann wohl kaum ein Zweifel darüber bestehen, daß infolge der Sonnenhitze im Perihel ein Teil der Kometensubstanz verdampft. Daß bei einem derartigen Verdampfungsprozeß eine Aufspaltung der vorhandenen Elektrizität in positive und negative Ladungen erfolgt, wobei sich etwa der Kern negativ und der Schweif positiv aufladen könnten, steht im Einklang mit einer Reihe von physikalischen Tatsachen».

In Bessels Leben hat der Halleysche Komet eine besondere Rolle gespielt. Er hatte das Gymnasium seiner Vaterstadt Minden frühzeitig verlassen und war als kaufmännischer Lehrling in Bremen tätig. Dort nutzte er die späten Abendstunden, sich weiter zu bilden, so auch in Mathematik und Astronomie. Als ihm die Harriotschen Positionen von Halleys Kometen von 1607 in die Hände fielen, bestimmte er die Bahn desselben nach der neuen Methode von Olbers. In tiefster Ehrfurcht sprach er 1804 Olbers auf der Straße an und überreichte ihm die Ergebnisse. Dieser war auf das Höchste beeindruckt von der Leistung des erst Einundzwanzigjährigen und verschaffte ihm eine erste Anstellung als Astronom. Mit der weiteren Förderung von Olbers wurde Bessel einer der Großen der Astronomie, indem er einen zweitausendjährigen Traum der Menschen zur Erfüllung brachte und erstmals die Entfernung eines Fixsternes direkt maß. Olbers äußerte später, daß sein größter Beitrag zur Astronomie der gewesen sei, Bessel in dieses Gebiet geführt zu haben.

Nachdem Bessel Halleys Kometen 1835/36 beobachtet hatte, entwickelte er ein sehr erfolgreiches Modell für die Entstehung der Schweife von Kometen (vgl. Fig. I. 5). Er nahm an, daß Materie auf der Sonnenseite des Kometenkerns verdampf, und daß auf diese Materie eine von der Sonne weggerichtete Kraft wirkt, die mit dem Quadrat der Sonnenentfernung abnimmt. Er konnte dann zeigen, daß die zu verschiedenen Zeiten aus den Kern austretende Materie sich zu jedem Zeitpunkt längs einer Kurve anordnet, die gerade dem beobachteten Schweif entspricht. Diese Theorie ist später von Bredichin weiterentwickelt worden und hat in moderner Zeit einen hohen Grad von Perfektion erreicht. In seiner ursprünglichen, einfachen Form ist Bessels Modell aber ein besonders eindrückliches Beispiel für die Arbeitsmethode des Astrophysikers geblieben. Es räumte mit der Vorstellung auf, daß die Schweife den Kometen wie Bärte anhängen, – eine Vorstellung, von der Faye wenig später sagte, sie sei ebenso falsch, wie wenn man glauben würde (aus dem Französischen): «der Rauch eines Dampfers, den man bei der Abfahrt in Le Havre und bei der Ankunft in New York sieht, habe mit dem Schiff den ganzen Atlantik überquert».

Noch in einem weiteren Fall haben sich Bessels Gedanken über Kometen als richtungsweisend erwiesen. Im November 1818 hatte der erfolgreiche Kometenjäger Pons einen schwachen Kometen entdeckt, von dem Encke bald darauf zeigen konnte, daß er sich auf einer elliptischen Bahn bewegt, und daß seine Periode nur 3.3 Jahre beträgt. Encke beobachtete «seinen» Kometen im Folgenden bei jeder Rückkehr und bestimmte dessen Bahn mit großer Genauigkeit. Dabei bemerkte er

Abb. II.62
Sir John Herschel, Bt.
(1792–1871).

Abb. II.63
Georg Friedrich Wilhelm
v. Struve (1793–1864).

Abb. II.64
Friedrich Wilhelm Bessel
(1784–1846).

Änderungen der Bahn, die er keinem Störeffekt durch einen Planeten
zuschreiben konnte, und er postulierte einen interplanetaren Äther
durch dessen Bremswirkung der Komet die beobachteten Bahnänderungen erfährt. Bessel wies nun darauf hin, daß statt eines wenig
glaubhaften Äthers auch der Rückstoßeffekt der vom Kometenkern
abgedampften Materie die Bahnänderungen verursachen könne. Mit
diesem Vorschlag hat er die Grundlage zum heutigen Verständnis der
nichtgravitationellen Kräfte, die auf Kometen wirken, gelegt.

Hier muß noch eines anderen von Pons im Jahre 1805 entdeckten
Kometen gedacht werden, der sehr berühmt geworden ist. Um seine
Bahnbestimmung haben sich keine Geringeren als Legendre, Bessel
und Gauss vergeblich bemüht. So blieb es um 1820 einem sonst wenig
bekannten Privatastronomen in Prag namens Morstadt vorbehalten,
den Kometen als einen periodischen zu identifizieren und seine Periode auf 6.6 Jahre zu bestimmen. Während seiner nächsten Wiederkehr wurde derselbe von dem Hauptmann Biela unter der Mithilfe
von dessen Wachtposten gesucht und schließlich am 27. Februar 1826
gefunden. Bei seiner dritten Wiederkehr zerfiel der Komet im Januar
1846 in zwei Stücke, und diese kehrten 1852 als zwei getrennte Kometen zurück. Seither sind die beiden Kometen nie mehr gesehen
worden, und es besteht kein Zweifel, daß sie ihrerseits zerfallen sind.
Offenbar hat der Komet schon vor seiner Zweiteilung angefangen, sich
aufzulösen, denn viel von seinem Material hat sich entlang seiner
Bahn angesammelt, und zu verschiedenen Malen, wenn die Erde Mitte
November jeweils die Bahn des Kometen kreuzt, wurde im 18. und 19.
Jahrhundert ein spektakulärer Meteorschauer beobachtet; dieser
Meteorschauer, die Andromediden, sind heute weitgehend erlahmt.
Der Zusammenhang zwischen Kometen und Sternschnuppenschwär-
men wurde um die Mitte des letzten Jahrhunderts mehrfach vermutet
und dann von Schiaparelli im Fall des periodischen Kometen Swift-
Tuttle und den Perseiden nachgewiesen.

Das physikalische Verständnis der Kometen wurde im 19. Jahrhundert durch eine ungewöhnlich große Zahl von sehr eindrücklichen
Kometen begünstigt. Der erste große Komet des Jahrhunderts erschien
im Jahre 1807. Der schöne Komet von 1811 wurde bereits erwähnt; er
wurde vom 26. März 1811 bis zum 17. August 1812 beobachtet und
war damit für lange Zeit der am längsten beobachtete Komet. Während seiner Wiederkehr von 1835/36 war der Halleysche Komet besonders gut zu beobachten; und damals gelang es Arago zum ersten
Mal, die Polarisation seines Lichtes nachzuweisen. Die Polarisation,

Abb. II.65
Französischer Einblattdruck (Flugblatt) auf Halleys Kometen von 1835.

das heißt die Ausrichtung der Schwingungsrichtung des Lichtes, ist noch heute ein wichtiges Diagnostikum für die Strahlungsmechanismen im Kometen. Der Bielasche Komet ging 1835 sehr nahe am Merkur vorbei; dabei wurde er in seiner Bahn deutlich gestört, während der Merkur eine unmerklich kleine Bahnstörung erfuhr. Diese beiden Tatsachen erlaubten es Encke, eine genaue Masse des Merkur zu bestimmen und nachzuweisen, daß die Masse des Kometen um viele Zehnerpotenzen geringer ist. 1843 erschien ein großer Komet, der mit einem Perihelabstand von nur 830 000 Kilometern durch die äußeren Schichten der Sonnenatmosphäre ging und damit zur Familie der «sonnenstreifenden» Kometen gehört; dessen Schweif erreichte die extreme Länge von 320 Millionen Kilometern (rund 2 AE!). Einer der schönsten Kometen in den letzten Jahrhunderten muß Donatis Komet im Jahre 1858 gewesen sein. Unter der damals vernünftigen Annahme, daß die Masse des Kometenkerns gerade so groß sein müsse, um die Koma an den Kometen zu binden, fand Faye in Paris für Donatis Kometen eine Masse von 4.3 Milliardstel Erdmassen ($2.6 \cdot 10^{19}$ Gramm). Natürlich konnte er die von außen auf den Kometen wirkenden Kräfte noch nicht berücksichtigen, und sein Resultat ist fast sicher noch zu hoch; aber für seine Zeitgenossen muß der enorme Massenunterschied zwischen Kometen und Planeten doch sehr eindrücklich gewesen sein. – 1861 fand der Amateur Tebbutt in Australien einen Kometen, der sich wiederum zu einem großen Objekt entwickelte. Während seines Erscheinens lief die Erde offenbar durch seinen Schweif, ohne daß irgendwelche Effekte bemerkbar wurden. Dies sprach von neuem dafür, daß Kometenschweife aus sehr verdünnter Materie bestehen, worauf ohnehin geschlossen worden war, weil die Schweife die Helligkeit von bedeckten Sternen kaum beeinträchtigen.

Ein für die Öffentlichkeit weniger schöner, für die Wissenschaft umso wichtigerer Komet war der Komet 1864 II. Donati beobachtete visuell dessen Spektrum, das er mit Hilfe eines Prismas, das am Teleskop angebracht war, erzeugte, und er bemerkte, daß das Licht des Kometen nicht nur aus reflektiertem Sonnenlicht bestehen kann, weil gewisse Charakteristika im Sonnenspektrum nicht vorkommen. Besonders charakteristisch im Kometenspektrum sind drei Emissionsbanden, die Huggins 1868 mit den sogenannten Swan-Banden identifizierte. Man weiß heute, daß diese Banden durch das Kohlenstoffmolekül C_2 erzeugt werden. Der sehr schöne September-Komet von 1882 wurde dann bereits mehrfach spektroskopisch beobachtet, und Sir David Gill in Südafrika gelang die erste ausgezeichnete Photographie von dem Kometen. Bis zum Erscheinen des großen Kometen von 1887 waren Photographie und Spektroskopie Standardmethoden der Kometenbeobachtung geworden.

Wenn man die besten Einzelergebnisse der Kometenforschung des 19. Jahrhunderts herausgreift, könnte man meinen, daß sich damals schon ein erstes brauchbares Arbeitsmodell für einen Kometen herausgeschält hätte. Dies ist tatsächlich nicht der Fall, da die richtigen Erkenntnisse noch zu unsicher und überdies mit so vielen Fehlergebnissen vermischt waren, daß das Phänomen des Kometen ein Rätsel blieb. So erstaunt es zum Beispiel, daß der Physiker Ångström 1862 versuchte, die unregelmäßigen Zeitintervalle zwischen den Periheldaten von Halleys Kometen durch die Überlagerung von drei Perioden zu erklären – einer von 76.9 und zwei anderen von 782 beziehungsweise 2650 Jahren, – wo doch die Störeinflüsse der Planeten mit all ihren

Abb. II.66
Französisches Flugblatt von A. Lund auf den fiktiven Kometen von 1857 und das «Ende der Welt».

verschiedenen Perioden, die in keiner Beziehung zur Periode des Kometen stehen, eine so einfache Beziehung a priori nicht erwarten lassen. Sein Versuch erwies sich endgültig als Spielerei, als der Komet 1910 fast drei Jahre später durch sein Perihel ging, als Ångström vorausgesagt hatte.

Natürlich blieb auch die Frage nach der Herkunft der Kometen offen. Lagrange hatte am Anfang des Jahrhunderts propagiert, daß sie von Jupiter ausgestoßen seien, und später (1813) sah er ihren Ursprung in einem auseinandergeplatzten, großen Planeten, der einst zu unserm Sonnensystem gehört haben soll. Laplace hingegen glaubte, daß die Kometen auf ursprünglich hyperbolischen Bahnen aus den Tiefen des interstellaren Raumes zu uns kämen. Die sich widersprechenden Theorien dieser beiden großen Männer konnten später gleichzeitig anscheinend gestützt werden, als sich mehrere kurzperiodische Kometen fanden, die etwa die gleiche Periode wie Jupiter haben. Die Anhänger Lagranges konnten sagen, daß dies eben den Ursprungsort der Kometen verrate, während die Anhänger Laplaces argumentieren konnten, daß Jupiter diese Kometen aus ihren ursprünglich hyperbolischen Bahnen eingefangen habe.

Um das Jahr 1800 herum war die Möglichkeit noch nicht widerlegt, daß Kometen erhebliche Masse besitzen könnten. Die Frage nach einem möglichen Zusammenstoß mit der Erde hatte demzufolge noch einiges wissenschaftliches Interesse. Selbst ein Leonhard Euler hat sie 1775 behandelt, und 1787 setzte die Akademie in St. Petersburg einen Preis für eine Arbeit aus, die die Folgen für die Erdbahn und für die Ozeane im Falle einer Begegnung mit einem Kometen behandeln würde; der Preis wurde allerdings nie vergeben. Noch 1796 glaubte auch Laplace, daß der Zusammenstoß eines Kometen mit der Erde katastrophale Folgen haben könne, und er spekulierte, daß das Ende gewisser Tierarten und von Zivilisationen durch Kometen bedingt worden sei. Aber die sich mehrenden Indizien für die sehr geringe Masse von Kometen ließ die Frage nach den Folgen eines Zusammenstoßes wenigstens für die Erde immer weniger aktuell erscheinen. Umso lieber aber wurde das Problem von einigen Publizisten und Zeitungen aufgegriffen. Etwa als Olbers darauf hinwies, daß Bielas Komet am 29. Oktober 1832 die Erdbahn kreuzen würde, wurde sofort der Weltuntergang auf dieses Datum verkündet, – obwohl damals die Erde 11 Millionen Kilometer von diesem Kreuzungspunkt entfernt war. Der Wiener Astronom Littrow konnte mit einer eilig publizierten Schrift die Panik etwas dämpfen. – Ebenso absurd ist die Ge-

Abb. II.67
La Comète, tableau de la fin du monde, 13 juin 1857 (Der Komet, Bild des
Endes der Welt, 13. Juni 1857), Flugblatt von M. Mettais. Dasselbe
wurde auch abgedruckt in der Illustrierten *L'illustration, journal universel*
(21. März 1857, S. 185). Das Faß unten im Bild spielt auf den
Kometenwein von 1811 an.

schichte des vermeintlichen Kometen von 1857. Die irrtümliche Vermutung Pingrés, daß die Kometenerscheinungen von 1264 und 1556 auf denselben Kometen zurückgehen, führte nach mehreren Publikationen verschiedener Autoren zu dem ebenfalls irrtümlichen Resultat, daß – unter Berücksichtigung der planetaren Störeinflüsse – der Komet zwischen 1856 und 1861 wiedererscheinen müsse. Aus diesem weiten Zeitintervall machte ein deutscher Astrologe, aus welchem Grund auch immer, den 13. Juni 1857, und zwar sollte der Komet an diesem Datum mit der Erde zusammenstoßen und diese vernichten (Abb. II.66, Abb. II.67). In Deutschland konnte der Astronom Jahn mit einer Aufklärungsschrift noch die größten Dummheiten abwenden, während in Paris eine Massenhysterie ausbrauch, die Daumier in einer Reihe von Karikaturen verewigte. Es erübrigt sich beizufügen, daß der Komet von 1857 nie erschien.

Die geistige Verarmung des übrigen Kometenglaubens im Vorfeld des Halleyschen Kometen von 1835 hat Johann Nestroy in seiner Posse *Der böse Geist des Lumpacivagabundus* (1833) treffend eingefangen, wenn er in ihr den Schuhmacher Knieriem sagen läßt:

«Die glaubt net an den Kometen, die wird Augen machen. Ich hab' die Sach' schon lang heraus. Das Astralfeuer des Sonnenzirkels is in der goldnen Zahl des Urions von dem Sternbild des Planetensystems in das Universum der Paralaxe, mittelst des Fixstern-Quadranten, in die Elipse der Ekliptik geraten; folglich muß durch die Diagonale der Approximation der perpendikulären Zirkeln der nächste Komet die Welt zusamm'stoßen. Diese Berechnung is so klar wie Schuhwichs. (Freilich hat net jeder die Wissenschaft so im klein' Finger als wie ich; aber auch der minder Gebildete kann alle Tag Sachen genug bemerken, welche deutlich beweisen, daß die Welt net lang mehr steht.) Kurzum, oben und unten sieht man, es geht rein auf'n Untergang los.»

Im folgenden Jahr nahm Nestroy das Thema noch einmal auf mit seinem weniger erfolgreich gebliebenen Volksstück *die Familien Zwirn, Knieriem und Leim oder der Weltuntergang.* – Eine phantastische Note gab Edgar Allan Poe seinem *Gespräch zwischen Eiros und Charmion,* in dem zwei Getötete sich über die Geschehnisse während des Zusammenstosses der Erde mit einem Kometen unterhalten. Vergnüglicher sind die Ereignisse, die Jules Verne seinem Titelhelden *Hector Servadac* (1877) nach dem Einschlag eines Kometen erleben läßt. Ausschließlich gute Einflüsse schreibt H. G. Wells einem nahenden Kometen in seinem sozialkritischen Roman *In the days of the comet* (1906) zu.

Das Vergnügen an einem Weltuntergang bestand durch das ganze 19. Jahrhundert. So dichtete Rudolf Baumbach 1878 in jenem bekannten Studentenlied aus den *Gedichten eines fahrenden Gesellen*:

Kommt ein Stern mit einem Schwanz,
Will die Welt zertrümmern, . . .

Aber kein Komet wollte ihm den Gefallen tun. In einer gewissen Frustration über die Wirkungslosigkeit von Kometen wurde das Spiel und Geschäft mit *la fin du monde* auf die Jahrhundertwende 1899/1900 verlegt. Und als auch diese nicht wirksam werden wollte, wurden die weltuntergangsverheißenden Kräfte von neuem Halleys Kometen zugeschrieben. Hiervon im nächsten Abschnitt.

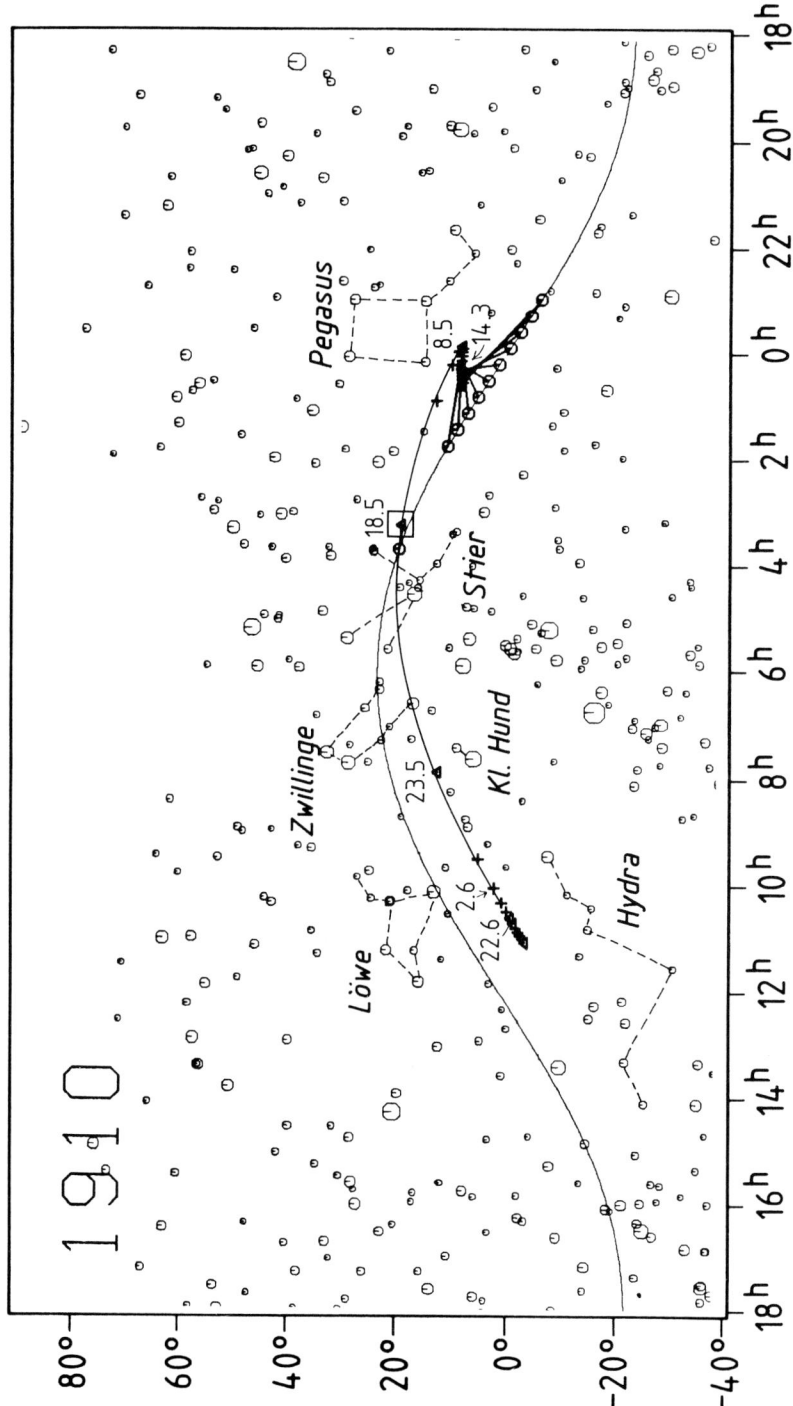

1910

Die instrumentellen Voraussetzungen
Wolfs Wiederentdeckung
Lauf und Sichtbarkeit des Kometen
Der Komet 1910 I
Wissenschaftliche Ergebnisse
Weltuntergangsstimmung
Science Fiction

Für die Wiederkehr von 1910 war die Astronomie instrumentell wesentlich besser vorbereitet als im Jahre 1835. Eine neue Generation von Teleskopen war erstellt: im hervorragenden Klima Kaliforniens versah auf dem Mt. Hamilton der Crossley-Reflektor der Lick-Sternwarte mit 91 cm Öffnung seit 1895 seine Dienste, und auf Mt. Wilson war das 1.5m-Spiegelteleskop, damals das größte moderne Teleskop der Welt, gerade in Betrieb genommen worden. Die Yerkes-Sternwarte besaß einen Refraktor von 102 cm Öffnung und die Lick-Sternwarte einen solchen von 91 cm Öffnung; diese beiden Linsenfernrohre sind noch heute die beiden größten ihrer Art. Die Registrierung photographischer Bilder und Spektrogramme hatte einen hohen Grad von Perfektion erreicht. Und auch die Vorausberechnung der Kometenbahn ermöglichte einen neuen Grad an Genauigkeit. Unter Berücksichtigung auch der Störeinflüsse von Uranus und Neptun lieferten die besten Rechnungen zwei Astronomen am Royal Observatory in Greenwich, der Engländer Cowell und der aus einer Hugenottenfamilie stammende Crommelin. Als sich später herausstellte, daß sie die Bahn des Kometen bis auf vier Tage genau vorausgesagt hatten, verlieh ihnen die *Astronomische Gesellschaft,* die damals einzige internationale Berufsassoziation der Astronomen, den Lindemann-Preis.

Man sollte meinen, daß mit einer so gut vorausberechneten Ephemeride es sehr leicht gewesen sein sollte, den Kometen zu finden. Aber die Astronomen reagieren in besonderer Weise, wenn sie in den Besitz neuer Möglichkeiten kommen. So setzten sie ihren Ehrgeiz darein, den Kometen umso früher, das heißt mit Hilfe der Himmelsphotographie, zu finden. Wegen des kleinen Gesichtsfeldes von Photographien, die mit einem konventionellen Teleskop gewonnen werden, war die Positionsunsicherheit von einigen Bogenminuten noch immer eine erhebliche Schwierigkeit. So blieben die bereits im Winter 1907 einsetzenden Versuche, den Kometen zu finden, zunächst erfolglos. Schließlich wurde nach besonders systematischen Bemühungen der Direktor der Heidelberger Sternwarte, Max Wolf (Abb. II.70), ein

Pionier der modernen Astronomie, fündig. Auf einer photographischen Platte, die er mit dem Waltz-Reflektor von 72 cm Öffnung am 11. September 1909 aufgenommen hatte, fand er den Kometen von etwa der 16. Größenklasse in der Nähe des Sterns Gamma Geminorum. Später wurde der Komet auch auf bereits früher aufgenommenen Platten gefunden, nämlich auf einer vom 9. September aus Greenwich und auf einer anderen vom 24. August aus dem ägyptischen Helwan; erst seit neuestem ist sicher, daß der Komet auch auf einer Platte Wolfs vom 28. August abgebildet ist. Wolf schrieb am 12. September lakonisch in sein Tagebuch: «Komet Halley früh gefunden und nach Kiel gemeldet, große Aufregung gewesen».

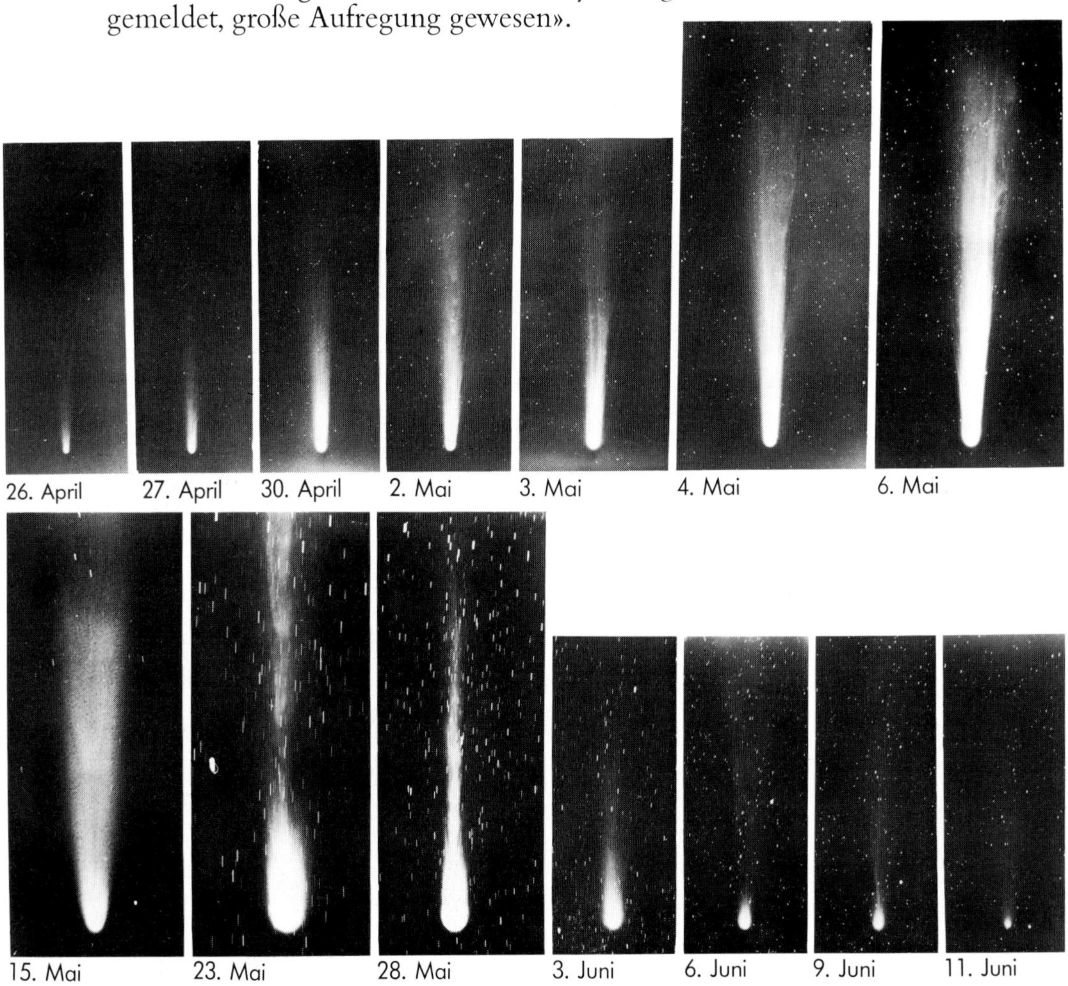

Abb. II.68
Photographische Aufnahmen des Halleyschen Kometen, die
F. Ellerman während seiner Expedition nach Hawaii gewann.

Von den Zwillingen bewegte sich der Komet von September bis Dezember 1909 durch den Orion und den Stier, von Januar bis März 1910 durch den Widder und die Fische. Nachdem Burnham ihn am 15. September und Barnard (Abb. II.69) ihn am 17. des Monats mit Hilfe des 1m-Refraktors visuell beobachten konnten, gelang dies Wolf mit dem unbewaffneten Auge erst am 11. Februar. Die Helligkeit des Kometen nahm damals nur langsam zu, und sein Schweif war ganz unscheinbar. In der Zeit vom 11. März bis etwa 11. April konnte er wegen zu großer Nähe zur Sonne überhaupt nicht beobachtet werden; am 25. März ging er durch die obere Konjunktion mit der Sonne, das heißt, daß die Sonne sich gerade zwischen dem Kometen und der Erde befand. Vom 12. April bis zum 17. Mai – also auch während seines Periheldurchganges am 20.2 April – war er am Morgenhimmel sichtbar, zuletzt erreichte er etwa die 1. Größenklasse und eine erhebliche

Abb. II.69
Edward Emerson Barnard (1857–1923) am 1 m-Refraktor des Yerkes Observatory.

Schweiflänge. Am 17. Mai wurde der Schweif in Bamberg visuell auf 60 Grad Länge geschätzt, während ihn Curtis auf Lick photographisch bis auf 100 Grad Länge nachweisen konnte. Am folgenden Tag trat der Komet in die untere Konjunktion zur Sonne, so daß Sonne-Komet-Erde in einer Linie aufgereiht waren, und man sah den Kometen vor der Sonnenscheibe vorbeiziehen, – oder besser gesagt, man sah ihn nicht. Der Komet blieb vor der Sonnenscheibe unsichtbar. Dies bedeutet, daß dessen Kern weniger als 100 Kilometer Durchmesser haben muß, und daß die Koma und der Schweif tatsächlich aus äußerst dünnem Material aufgebaut sind. Da natürlich der Schweif auch während der unteren Konjunktion von der Sonne weggerichtet war, wies dieser in die Richtung der Erde; aber wegen der Krümmung des Staubschweifes dürfte die Erde erst etwas später, das heißt am 20. Mai, demselben am nächsten gekommen sein. Der Abstand Erde-Komet maß damals 21 Millionen Kilometer, während die Länge des Gasschweifes wesentlich mehr als das Doppelte betrug. Die Erde dürfte also in den Schweif eingetaucht sein, jedoch wegen verbleibender Unsicherheiten der Schweifkrümmung und -Lage ist die Frage nie mit Sicherheit beantwortet worden. Am Morgen des 20. Mai jedenfalls erschien der Schweif dem auf Mt. Hamilton beobachtenden Campbell unter einem Winkel von mindestens 140 Grad! Weltweit wurden um den 20. Mai geophysikalische und meteorologische Messungen angestellt, ohne daß sich ein sicherer Einfluß des Schweifes feststellen ließ. Jedoch ein so erfahrener Beobachter wie Max Wolf schrieb in sein

Abb. II.70
Max Wolf (1863–1932).

Abb. II.71
Karl Schwarzschild
(1873–1916).

Abb. II.72
Nicholas Fedorowitsch
(später: Nicholas Theodor)
Bobrovnikoff (Aufnahme
in Russland 1923).

Abb. II.73
Aufnahme vom 9. Mai 1910 des Halleyschen Kometen von G. W.
Ritchey mit dem 1.5 m-Teleskop auf Mount Wilson. Das kleine, links
unten eingefügte Bild ist eine Kopie mit minimalem Kontrast von der
gleichen Aufnahme, um die innerste Koma abzubilden.

Tagebuch: (18.5.1910) «20 Zeitungen! Die Zeitungen und das Telephon und der Halley, das Rabenaas. – Kometennacht. – (19.5.1910)...
Komet vor der Sonne nicht gesehen... Aber die Bewölkung ist ganz unsagbar merkwürdig. Vulkandämmerung!!!! Sonnen- und Mondring. (Wolf spielt hier auf die Erscheinungen nach dem Krakatau-Ausbruch 1883 an). – (20.5.1910) Noch niemals auch nur annähernd ähnliche Bewölkung gesehen. Jeder Blinde sieht den Einfluß des Halley. – (21.5.1910) die merkwürdige Bewölkung nimmt ab.» An anderer Stelle berichtete Wolf, daß die Erscheinung (trotz der eben erwähnten Einmaligkeit) bis auf Einzelheiten analog zu jener war, die er am 1. Juli 1908 beobachtet hatte, und er vermutete, daß auch damals die Erde mit einer kometaren Wolke in Berührung gekommen sei, und er hoffte, daß es in späterer Zeit einmal möglich sein werde, den Urheber des damaligen Phänomens nachzuweisen. Dies ist umso bemerkenswerter, als Wolf damals noch nichts von der Kometentheorie des Tunguska-Ereignisses vom 30. Juni 1908 wissen konnte. – Nach dem 20. Mai entfernte sich der Komet schnell von der Erde und von der Sonne. Anfänglich war seine Helligkeit noch von der 2. Größenklasse; um den 1. Juli sank diese aber unter die 6. Größenklasse, so daß er sich dem unbewaffneten Auge entzog. Die Angaben nach dem 20. Mai über den visuell beobachtbaren Schweif schwanken je nach den lokalen Gegebenheiten stark. Manche Beobachter konnten den Schweif in jener Zeit nicht mehr ausmachen, während andere für den 22. Mai eine Länge von 6 Grad und danach sogar noch höhere Werte meldeten. Die Zunahme der Schweiflänge ist an sich nicht unglaubhaft, weil der Blickwinkel, unter dem der Schweif erschien, günstiger wurde. Teleskopisch konnte der Komet noch lange bis in das Jahr 1911 beobachtet werden. Die letzte photographische Aufnahme wurde von Curtis am 15. Juni 1911 gewonnen.

Im Ganzen war die Erscheinung von 1910 für die Astrnomen eine recht ungünstige, und für die Öffentlichkeit war sie eine ausgesprochene Enttäuschung, wozu das schlechte Wetter in Europa noch das Seine tat. Viele Menschen in den frisch angeschwollenen, lichtüberfluteten Großstädten haben den Kometen nie gesehen. Die Situation ist bündig von der späteren Astrophysikerin Cecilia Payne-Gaposchkin beschrieben worden (aus dem Englischen): «Als ich 10 Jahre alt war, wurde ich hinausgeführt, Halleys Kometen zu sehen, – ein sehr enttäuschender Anblick! Er konnte nicht mit dem großen «Tages-Kometen» verglichen werden, der früher im Jahr seinen Schweif über den Westhimmel lodern ließ, ein wirklich furchteinflößendes Erlebnis».

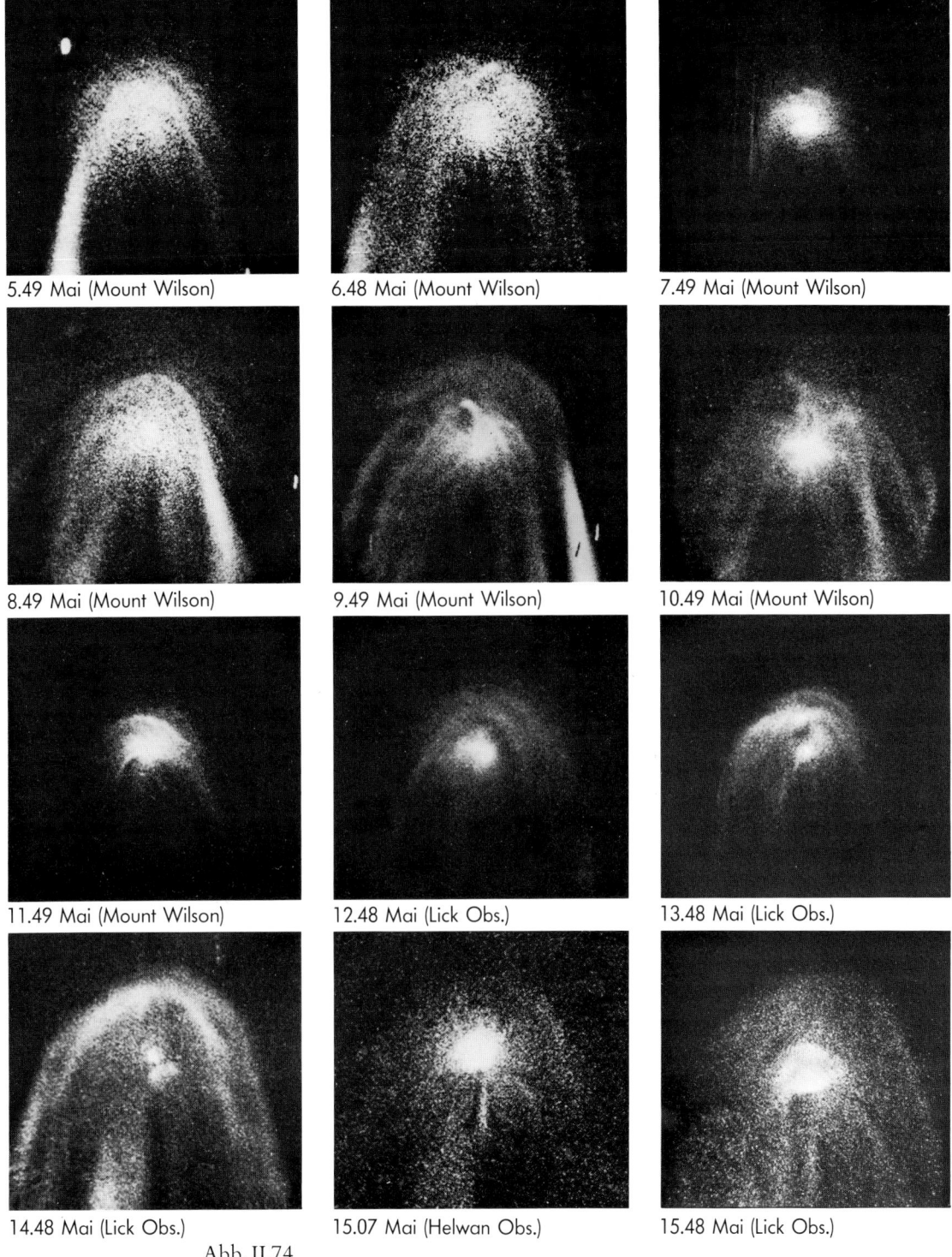

5.49 Mai (Mount Wilson)

6.48 Mai (Mount Wilson)

7.49 Mai (Mount Wilson)

8.49 Mai (Mount Wilson)

9.49 Mai (Mount Wilson)

10.49 Mai (Mount Wilson)

11.49 Mai (Mount Wilson)

12.48 Mai (Lick Obs.)

13.48 Mai (Lick Obs.)

14.48 Mai (Lick Obs.)

15.07 Mai (Helwan Obs.)

15.48 Mai (Lick Obs.)

Abb. II.74
Aufnahmen des Halleyschen Kometen vom 5.–15. Mai 1910 von
verschiedenen Observatorien. Die Photographien wurden von S. M.
Larson und Z. Sekanina einem modernen Bildverarbeitungsverfahren
unterworfen. Der Gewinn an Detail wird deutlich durch einen
Vergleich des Bildes vom 9. 49 Mai, das von der gleichen
photographischen Platte gewonnen wurde wie die konventionelle
Kopie in Abb. II.73.

Ja, hier muß noch des spektakulären Kometen gedacht werden, der im Januar 1910 völlig unerwartet auftauchte. Er überrundete Halleys Kometen nicht nur an Schönheit sondern auch mit seinem Perihel-durchgang, der am 17.6 Januar stattfand. Er trägt daher im Gegensatz zu P/Halley (1910 II) die wissenschaftliche Bezeichnung 1910 I. Er wurde am 12. Januar in Südafrika entdeckt und wurde so schnell heller, daß er am 18. und 19. Januar auch am Tage gesehen werden konnte. Vom 20. Januar an wurde er weltweit am Abend gesehen mit einer Helligkeit von der 1. Größenklasse und mit einem Schweif, der in der Nacht vom 29./30. Januar bis auf eine Länge von etwa 40 Grad an-wuchs. Danach wurde er schnell wieder schwächer und dürfte nach dem 5. Februar kaum mehr mit dem unbewaffneten Auge gesehen worden sein. Teleskopisch wurde er aber noch bis zum 15. Juli photo-graphiert. – Viele ältere Menschen unter uns, die sich noch an eine große Kometenerscheinung aus dem Jahre 1910 erinnern, haben tat-sächlich nicht Halleys Kometen gesehen sondern den Kometen 1910 I. Eine nachträgliche Abklärung, um welchen von beiden es sich gehan-delt hat, ist oft sehr schwierig. Immerhin mag die Tabelle II.2 hierfür eine Stütze sein. Wer sich aus seiner Kindheit erinnert, den Kometen in der nördlichen Hemisphäre abends fröstelnd beobachtet zu haben, der hat den Kometen 1910 I gesehen. Halleys Komet war entweder morgens oder dann abends in lauen Frühsommernächten sichtbar. Im Zweifelsfall war es eher der Komet 1910 I !

Um die wissenschaftliche Ausbeute von Halleys Kometen zu opti-mieren, hatte der amerikanische Astronom Barnard schon früh darauf gedrungen, daß der Komet weltweit, rund um die Uhr beobachtet werden müsse (vgl. S. 283). Besonders ungünstig schien der Längen- und damit auch Zeitunterschied zwischen den Observatorien in Kali-fornien und jenen in Japan. Deshalb sandte die damalige *Astronomical and Astrophysical Society of America* einen Astronomen, F. Ellerman, nach Hawaii, der dort Beobachtungen von dem Kometen sammeln sollte. Zu dem gleichen Zweck wurden J. Mascart vom Observatoire de Paris sowie G. Müller und E. Kron vom Astrophysikalischen Observatorium in Potsdam nach Teneriffa entsandt. Aus Japan gingen die Professoren Sotome und Hoasi nach Dairen in der Mandschurei. Überdies ver-stärkten viele Observatorien ihre Außenstationen, – und daß an fast allen Observatorien ein Teil der zur Verfügung stehenden Beobach-tungszeit dem Kometen gewidmet wurde, versteht sich von selbst.

So kam ein schier unübersehbares Beobachtungsmaterial von dem Kometen aus den Jahren 1909/11 zusammen. An 60 Observatorien

Tabelle II. 2
Die Sichtbarkeit der Kometen 1910 I und 1910 II.

	visuelle Sichtbarkeit	Umstände
1910 I	12. - 16. Jan.	morgens
	18., 19. Jan.	am Tag
	20. Jan. - ca. 5. Febr.	abends, Ende Januar sehr eindrücklich
1910 II (P/Halley)	11. Febr. - 11. März	abends, anfänglich sehr schwach
	12. April - 16. Mai	morgens, heller werdend
	um 18. Mai	morgens, extrem langer Schweif
	21. Mai - ca. 1. Juli	abends, anfangs ziemlich hell, Schweif nur mässig

wurden insgesamt 3085 Positionsbestimmungen durchgeführt. Als 1931 der Russe Bobrovnikoff (Abb. II.72), der erst 1927 aus Rußland an die Lick-Sternwarte gekommen war, eine Monographie mit den Beobachtungen dieser Sternwarte und einiger auswärtiger Sternwarten erscheinen ließ, standen ihm nicht weniger als 709 Photographien und 77 Spektrogramme von Objektivprismen-Kameras und Spaltspektrographen zur Verfügung. Die gesamte Literatur über die Wiederkehr von 1910 umfaßt Tausende von Titeln, von denen allerdings nur ein Teil wirklich Wertvolles enthält. Ein vermutlicher größerer Teil gibt nur Bekanntes und Allzubekanntes wieder, das unter dem Mantel des Vergessens sehr wohl ruht. Im Ganzen wurde über die erstaunlich variable Aktivität des Kometen – wenn diese auch in ihrer Intensität hinter derjenigen des Kometen Morehouse zurückblieb – eine sehr vollständige Dokumentation gewonnen. Nicht nur änderten sich die beiden Schweife des Kometen ständig, wobei Strömungslinien im Gasschweif erschienen und verschwanden (vgl. Abb. III. 2), sondern auch die Größe der Koma unterlag plötzlichen Änderungen, und zu verschiedenen Daten hatte man den Eindruck von explosiven Ereignissen im Kern. So wurde von der Sternwarte in Breslau für die Nacht vom 11./12. Mai gemeldet, daß die Helligkeit plötzlich um eine Größenklasse heller wurde, und in der nächsten Nacht erschien der Kern in einer rötlichen Hülle. Eines der vielen weiteren Beispiele lieferte Solá vom Observatorium Fabra bei Barcelona, auf dessen Photographie vom 2. Juni der Komet zwei getrennte zentrale Kondensationen zu besitzen scheint.

Das wissenschaftlich wohl bedeutendste Ergebnis, zu dem der Komet 1910 führte, ist zwei allzu früh verstorbenen Astronomen, Karl

Schwarzschild († 1916) und E. Kron († 1917), zu verdanken. Der letztere hatte von seiner Expedition nach Teneriffa 26 Photographien von dem Kometen zurückgebracht. Sie waren mit einer Kamera von nur 2.3 cm Öffnung gewonnen worden. Aber in Potsdam machten sich die beiden Autoren daran, die Photographien mit Hilfe der gleichzeitig (aber unscharf) abgebildeten Sterne bekannter Helligkeit zu kalibrieren. Die Kalibrierung photographischer Aufnahmen war damals noch eine Pionierleistung, die typisch für den Scharfsinn und Weitblick ist, die Schwarzschild (Abb. II.71) in vielen Arbeiten bewiesen hat. Nun war es möglich, den Helligkeitsabfall quer und längs des kometaren Gasschweifes *quantitativ* zu bestimmen. Das Gesetz des Helligkeitsabfalles ist von höchstem Interesse, da dieses ein ganz anderes ist, je nachdem ob das Leuchten der Schweifmaterie auf eine Energiequelle *im* Kometen zurückgeht oder nur von der Sonnenstrahlung stimuliert wird. Es ergab sich nun, daß nur die letztere Möglichkeit in Frage kommt: die Gase im Kometen absorbieren das Sonnenlicht, um es anschließend in einer anderen Wellenlänge wieder zu reemittieren. Diese *Fluoreszenz* oder *Resonanz-Fluoreszenz* genannten Prozesse erklären tatsächlich alle Emissions-Linien und -Banden im kometaren Spektrum. Das Beobachtungsmaterial für die 1911 publizierte Arbeit war noch nicht ganz überzeugend, aber der richtige Weg war aufgezeigt, und 1929 konnte Zanstra endgültig beweisen, daß die Koma und der Gasschweif dank des Fluoreszenz-Prozesses leuchten.

Abb. II.75
Medaille von Karl Goetz auf Halleys Kometen von 1910.

Wenn man glaubt, die Wiederkehr von Halleys Kometen im erleuchteten Jahr 1910 sei von der Öffentlichkeit hauptsächlich wegen seiner ästhetischen Schönheit und seines wissenschaftlichen Erkenntnisgewinnes begrüßt worden, so ist diese Meinung ebenso falsch, wie sie es bei allen früheren Kometenerscheinungen war, und wie sie es vielleicht auch 1986 bei der nächsten Wiederkehr sein wird. Tatsächlich ist der Komet 1910 von vielen mit Angst und Bangen erwartet worden. Wie es hierzu kommen konnte, sei im Folgenden kurz beschrieben.

Im Jahre 1908 entdeckten zwei französische Astronomen, de la Baume Pluvinel und Baldet, die Zyan-Banden im Kometen Morehouse (1908 III). Dies veranlaßte den ungemein einflußreichen Amateurastronomen Flammarion in der Wochenzeitschrift *l'Illustration* (24. Okt. 1908) zu schreiben, daß dieser Komet hauptsächlich aus Zyan (CN), einem tödlich giftigen Gas, aufgebaut sei, und daß derselbe, wenn er zufällig in die Nähe der Erde käme, unsere Atmosphäre mit einigen Millionen Kubikkilometern Giftgas anreichern könne. Als Flammarion realisierte, daß die Erde tatsächlich durch den Schweif des

Abb. II.76
Flaschen mit reinster Luft sollen vor den drohenden Vergiftungen durch Halleys Kometen schützen. Karrikatur aus dem *Corriere della Sera* vom 17. Mai 1910.

Abb. II.77
Eine Auswahl der zahlreichen Ansichtskarten mit Halleys Kometen von
1910.

Halleyschen Kometen gehen werde – am 18. Mai, wie er in erster Approximation glaubte – veröffentlichte er im Januar 1910 einen Artikel im *Bulletin de la Société astronomique de France,* in dem er ausführte, daß wegen der großen Verdünnung des Zyans nicht eine wirkliche Gefahr bestehe. Aber es war schon zu spät, und die Dinge nahmen ihren Lauf. Ende des Jahres 1909 fanden die Franzosen Deslandres und Bernard die Zyanbanden im Halleyschen Kometen, und ihr Resultat wurde von den Amerikanern Frost und Parkhurst mit einem nach Harvard gerichteten Telegramm des folgenden Wortlauts bestätigt (aus dem Englischen): «Prismenkamera zeigt, daß Licht von Halleys Kometen jetzt hauptsächlich durch drittes Zyan-Band verursacht». Kein Geringerer als der Direktor des Harvard College Observatory, Pickering, hat diesen objektiv richtigen Wortlaut weitergegeben. Dies genügte, die Lawine auszulösen, die das Material zu einer perfekten Fallstudie über

Abb. II.78
Kitsch-Ansichtskarten mit Halleys Kometen von 1910.

Zeitungsenten abgeben würde. Zuerst in Frankreich, bald aber auch in Italien, Deutschland, Rußland, Spanien, Südafrika, den U.S.A. usw. waren die Zeitungen voll von dem für den 18. Mai vorgesehenen Weltuntergang. Dabei entspricht nach einer modernen Schätzung von Brandt und Chapman die Gasdichte im Kometenschweif etwa der Dichte der Erdatmosphäre in 85 Kilomtern Höhe, und nur rund 1 Zyan-Atom wäre auf 10 Milliarden Atome der Erdatmosphäre gekommen. Obwohl zugegebenermaßen damals eine quantitative Rechnung noch nicht möglich war, war offensichtlich, daß es jedem Erdenbewohner schwergefallen wäre, auch nur ein einziges Zyan-Molekül zu erwischen.

Zu der Verwirrung trugen auch so angesehene Personen wie der Vizedirektor des *Bureau des Poids et Mesures* in Paris, C. Guillaume, bei, der Methoden publizierte, wie man die Luft vom Zyan reinigen könne, bevor diese die Häuser vergiften würde. Kein Wunder, daß im Anschluß daran das Geschäft mit Gasmasken, Flaschen mit reiner Luft (Abb. II.76) und Antikometenpillen florierte. Wenn der Bericht über eine Jungfrau in Oklahoma, die fanatische Sektierer opfern wollten, auch eine Mär ist, so gibt es doch relativ gut überlieferte Fälle von Selbstmördern, die dem Weltuntergang zuvorkommen wollten, und von einer Mutter, die ihr Baby in einen Brunnen warf. In den «Schicksalstagen» widmete selbst die *New York Times* dem Kometen Leitartikel. Die *Neue Zürcher Zeitung*, die damals noch fünfmal am Tage erschien, zeigte mehr Zurückhaltung: ihr Fazit in einem Leitartikel vom 19. Mai war jedoch, daß der Komet in den letzten Wochen die Menschheit viel mehr beschäftigt habe als alle Politik.

Die Art und Weise, wie die Menschen den Weltuntergang erleben wollten, ist sehr unterschiedlich gewesen. Den Ernst der Stunde beschreibt der Literatur-Nobelpreisträger Elias Canetti in seinen Jugenderinnerungen *Die gerettete Zunge*. Als Knabe in Bulgarien erlebte er den 18. Mai inmitten einer geängstigten Masse von Menschen, die zum Himmel starrten, «wo riesig und leuchtend der Komet stand». Im Kontrast hierzu stehen die nächtlichen Volksfeste, die ausgelassen in Florenz und Zürich und sicher an vielen anderen Orten zelebriet wurden. Besonders wagemutig war jener Inserent der *New York Times*, der nächtliche Ballonfahrten offerierte – und vermutlich seinen Kunden einen unvergeßlichen Eindruck vom Kometen vermittelte. Daß viele dem Weltuntergang nur eine humoristische Note abgewinnen konnten, beweisen zum Beispiel die zahlreichen Postkarten aus jenen Tagen (Abb. II.77 und II.78).

Abb. II.79
Titelseite einer Komposition *Halley's Comet Rag* von Harry J. Lincoln (1910).

Ein Teil des alten Aberglaubens ist heute durch die *Science-Fiction*-Geschichten abgelöst worden. In ihnen spielen auch Kometen eine gewisse Rolle. Schon zu Ende des letzten Jahrhunderte schrieb der amerikanische Advokat, Kongreßabgeordnete und Schriftsteller Ignatius Donnelly die Geschichte von *Ragnarök.* Hier sollten die Ereignisse aus dem *Ersten Buch Mose,* besonders während der Austreibung aus dem Paradies, auf einen Kometen, der der Erde zu nahe gekommen sei, zurückgeführt werden. Einen pseudo-historisch-wissenschaftlichen Aufguß dieser Ideen, die allerdings auf die Geschehnisse im *Zweiten Buch Mose* umfunktioniert wurden, brachte Immanuel Velikovsky in seinen *Welten im Zusammenstoß* (1951) zu einem Welterfolg. Arthur Clarke, Larry Niven und Jerry Pournelle sind weitere Autoren der kometaren *Science Fiction.* Eine Bereicherung auf diesem Gebiet ist auch der aus dem Jahre 1978 stammende Vorschlag, daß Kometen neben ihren einfachen organischen Verbindungen auch relativ komplexe Viren enthalten sollen; deren Möglichkeiten für eine ganze Epidemie von utopischen Romanen läßt sich noch gar nicht abschätzen. In das Umfeld der *Science Fiction* gehört auch *Nemesis,* ein winziger Stern, der die Sonne mit einer Periode von 27 Millionen Jahren umlaufen und jedesmal, wenn er die Oort-Wolke durchquert, so viele Kometen auf-

Abb. II.80
Zeichnung von L. Rudaux des Halleyschen Kometen anfangs Juni 1910. Der Komet war damals schon am Abklingen. Aus: A. Berget, *Le Ciel,* 1923).

wirbeln soll, daß deren Kollisionen mit der Erde das periodische Massensterben von biologischen Formen erklären könnten. Der Nutzen von *Nemesis*, für deren Existenz es natürlich keinerlei Hinweis gibt, ist etwas zweifelhaft geworden, da die Paläontologen heute eher zu einem allmählichen Aussterben der ohnehin erstaunlich langlebigen Saurier oder anderer Tierformen neigen, und überdies die Periodizität des Massensterbens mehr als fraglich ist.

Zum Schluß sei noch ein weiterer Gewinn erwähnt, den Halleys Komet 1910 mit sich brachte. Er betrifft seine Aussprache. Statt des gewöhnlichen «Halley» ist auch «Hawley» vorgeschlagen worden. Wie immer Halleys Name zu seinen Zeiten ausgesprochen worden sein mag, so haben wir die autoritative Antwort für das 20. Jahrhundert mit einer Tischrede erhalten, in der H. H. Turner, Savilian-Professor in Oxford, dichtete:

> "Of all the meteors in the sky
> There's none like Comet Halley,
> We see it with the naked eye
> And periodically.
> The first to see it was not he,
> But still we call it Halley,
> The notion that it would return
> Was his originally"

Zu allem Überfluß sollten diese Verse nach der Melodie *Sally in our Alley* gesungen werden.

Kapitel III
Halleys Wiederkehr 1986

Nicht vielen Menschen ist es vergönnt, den Halleyschen Kometen zweimal während ihres Lebens zu sehen. Bei einer Periode von 76 Jahren werden weitaus die meisten von uns nur eine einzige Gelegenheit haben, den Kometen zu beobachten, ja manch einer wird ihn nie zu Gesicht bekommen. Einen ganz besonderen Fall stellt Mark Twain dar, der 1835 geboren wurde, als der Komet tief am westlichen Abendhimmel noch gesehen werden konnte, und der später meinte, er wäre sehr enttäuscht, wenn dieser ihn nicht auch wieder mit sich fortführen werde, – tatsächlich starb der Schriftsteller 1910 nur einen Tag nach Halleys Periheldurchgang.

Vielleicht ist es gerade die Tatsache, daß die Periode des Kometen etwa der menschlichen Lebensspanne entspricht, daß er eine solche Faszination auf uns ausübt. Der amerikanische Astronom Brian Marsden, der sich unter anderem auch um die Kometen sehr verdient gemacht hat, hat dies einmal pointiert ausgedrückt: «Für den Mann auf der Straße besteht das Sonnensystem aus Mars, den Saturnringen und aus dem Halleyschen Kometen». Wir werden also 1986, wie schon 1910, eine wahre Kometenhysterie erleben, die die sonderbarsten Blüten treiben wird. Bereits füllen sich die Andenkenläden mit Kometen-Knöpfen, Kometen-Medaillen, Kometen-Tassen und Kometen-Aufklebern für Stoßstangen. In Amerika tragen die Aufkleber Aufschriften wie «Tue Buße, Halleys Komet kommt». Baumwollhemdchen mit dem Bild des Kometen gibt es in vielen Varianten und Größen; die Kindergrößen tragen die zusätzliche Aufschrift «Ich werde ihn auch im Jahre 2061 sehen!» In Anspielung auf die Kometen-Pillen von 1910, die Rettung vor den giftigen Zyan-Gasen versprachen, werden Gläser mit Sonnenblumensamen in Joghurt angepriesen, auf denen die Aufschrift prangt «Warnung! Zuviele Kometen-Sorgen können schädlich für Deine Gesundheit sein». Weniger lustig sind die Scharlatane, die kommen und aus Geldgier oder Geltungstrieb den Weltuntergang heraufbeschwören werden, und die Scharen der Astrologen, die versuchen werden, die alten Kometenängste wiederaufleben zu lassen und auszubeuten.

Nie bisher ist der Halleysche Komet so vermarktet worden wie bei seiner Wiederkehr im Jahre 1986. Da seine Beobachtungsbedingungen auf der südlichen Hemisphäre sehr viel günstiger sein werden als auf der Nordhalbkugel, werden zahlreiche Kreuzfahrten in der Karibik, Champagner-Flüge nach Neuseeland und andere Reisen in den Süden angeboten. Auch die angesehene Fachgesellschaft, die Astronomical Society of the Pacific organisiert Beobachtungsreisen nach Süd-

afrika. Ebenso werden europäische Amateurastronomen voraussichtlich Gruppenreisen auf die Südhalbkugel veranstalten. So werden Tausende den Kometen unter optimalen Bedingungen sehen. Überdies
wird nie zuvor der Komet eine solche Flut von Druckschriften verursacht haben.

Das Positivste aber ist, daß dem Kometen noch nie so viele Geheimnisse abgerungen wurden, wie dies aller Voraussicht nach 1986
der Fall sein wird. Beobachtungen des Kometen mit zahlreichen Teleskopen, die in allen möglichen Wellenlängenbereichen arbeiten, sind
im Voraus auf das Sorgfältigste geplant, und mehrere Satelliten werden
den Kometen aus größerer Nähe erforschen als dies je zuvor möglich
gewesen wäre. Die europäische Raumsonde ‹Giotto› wird sogar durch
die Koma des Kometen fliegen und dabei hoffentlich einzigartige
Meßergebnisse liefern.

Im Folgenden sollen die Beobachtungs-Möglichkeiten und -Pläne
näher erörtert werden.

Die Bahn des Kometen Halley steht mehr oder weniger fest im Raum. Zwar bewirken die Störungen durch die Planeten und die nichtgravitationellen Kräfte ständig kleine Bahnänderungen, die sich über lange Zeiten aufsummieren, und die, wenn der Komet seltenerweise einmal ganz nahe an Jupiter herankommt, dramatische Ausmaße annehmen können, aber im Fall des Halleyschen Kometen dürfen wir die Bahn für ein paar Hundert Jahre vor- oder rückwärts in erster Näherung als konstant annehmen. Diese Bahn ist in der Figur III.1 dargestellt. Sie ist eine langgestreckte Ellipse in deren einen Brennpunkt, wie wir schon wissen, die Sonne steht. Im sonnennächsten Punkt (Perihel) nähert sich der Komet der Sonne bis auf 0.59 AE; im Aphel steht er außerhalb der Neptunbahn und sein Abstand von der Sonne entspricht dann etwa dem mittleren Abstand des Pluto von der Sonne. Weitaus den größten Teil seiner Umlaufzeit verbringt der Komet in sonnenfernen Zonen, er ist dann inaktiv und entzieht sich jeder Beobachtungsmöglichkeit.

Wenn der Komet auf seiner Bahn der Sonne näher kommt, beginnt er nicht nur schneller und schneller zu laufen, sondern er leuch-

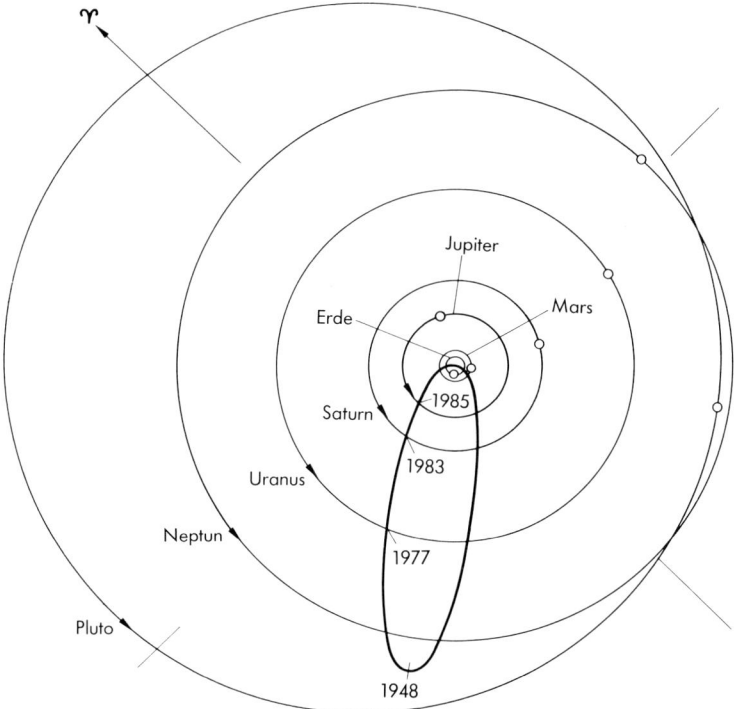

Fig. III.1
Schematische Darstellung der Bahn von Halleys Kometen. Die Bahnen der Planeten, mit Ausnahme der innersten Planeten Merkur und Venus, sind ebenfalls gezeigt. Das Zeichen ♈ markiert den Frühlingspunkt.

tet schließlich auch auf und beginnt, wenn er von der Sonne nur noch etwa 4 AE entfernt ist, seine Koma und seinen Schweif zu entwickeln. Während sich der Komet der Sonne nähert, bewegt sich die Erde natürlich auch weiter auf ihrer Bahn. Das führt dazu, daß die Beobachtungsbedingungen für den Kometen sich sehr schnell ändern: einmal steht er am Abendhimmel, dann am Taghimmel – nämlich dann, wenn die Sonne zwischen dem Kometen und der Erde steht – und endlich auch am Morgenhimmel. Diese unterschiedlichen Aspekte sind bei jeder Wiederkehr sehr verschieden aus dem einfachen Grunde, weil die Bahnumläufe des Kometen und der Erde nicht synchron sind. Wenn der Komet nach 76 Jahren, plus oder minus einige Monate,

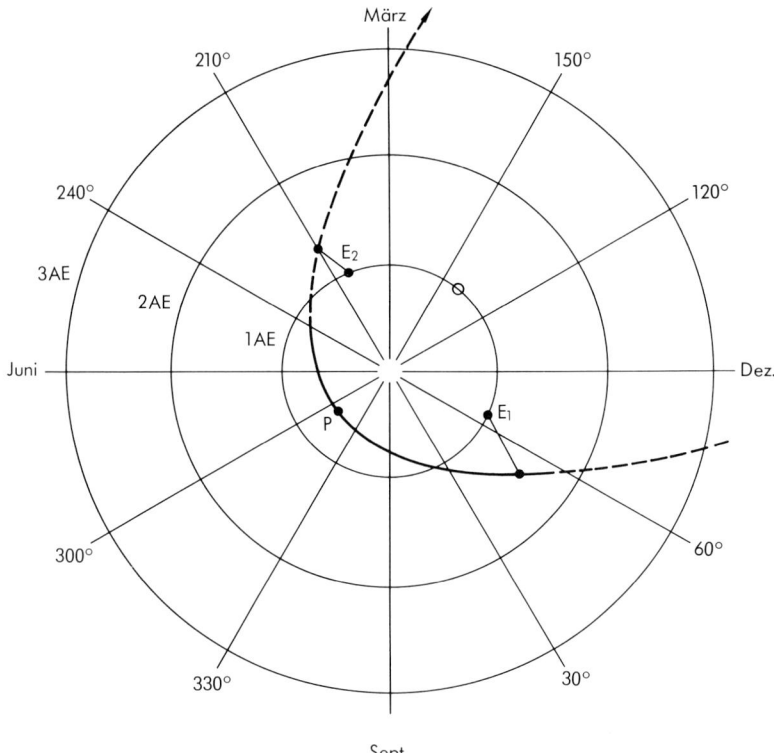

Fig. III.2
Schematische Darstellung der Bahn des Kometen Halley innerhalb des inneren Sonnensystems. Der Teil der Bahn, der unter der Papierebene (Ekliptik) liegt, ist gestrichelt gezeichnet. Der Komet durchstößt die Ekliptikebene von unten am 9. Nov. 1985 und dann von oben kommend am 11. März 1986. Der Komet hat in E_1 (27. Nov. 1985) einen Erdabstand von 0.62 AE und nähert sich der Erde in E_2 (11. April 1986) bis auf 0.42 AE. Der Komet erreicht das Perihel (P) am 9. Februar 1986; die gleichzeitige Position der Erde ist durch einen kleinen Kreis gekennzeichnet. Die Monatsnamen geben den Positionswinkel der Erde am 21. März, 21. Juni, 22. September bzw. 21. Dezember.

zurückkommt, ist es einmal Frühling, einmal Sommer und ein anderes Mal irgendeine andere Jahreszeit bei uns, und je nach Jahreszeit sind die Sichtbarkeitsbedingungen stark unterschiedlich.

Bei der Wiederkehr von 1986 durchläuft Halleys Komet am 9. Februar das Perihel. Die gegenseitige Lage Komet-Sonne-Erde geht für diesen Zeitpunkt aus der Figur III.2 hervor. Leider schafft diese Konstellation für den Beobachter auf der nördlichen Erdhalbkugel eine ungewöhnlich ungünstige Situation. Nur einmal in den letzten 2200 Jahren lag die scheinbare Bahn des Kometen noch südlicher; das war bei der historisch so bedeutsamen Wiederkehr im Jahre 1759, als der Komet sein Perihel am 13. März erreichte. Ebenfalls südlich der Ekliptik lag die scheinbare Kometenbahn während eines großen Teils der Sichtbarkeit sonst nur noch in den Jahren 66 (Perihel 25. Januar), 374 (16. Februar) und 837 (28. Februar). Das heißt, für den nördlichen Beobachter ist es ein Nachteil, wenn das Periheldatum in die Gegend des Februars fällt. Daß 1986 das Perihel in die erste Hälfte dieser kritischen Zeit fällt, ist ein weiterer Nachteil, weil die kleinste Distanz zwischen dem Kometen und der Erde etwa 18 mal größer bleibt als in dem Rekordjahr 837. Für die Wissenschaft ist der südliche Lauf des Kometen im Jahre 1986 kein wesentlicher Nachteil, da heute auch die südliche Hemisphäre mit hochmodernen Sternwarten ausgerüstet ist, aber für den Amateurastronomen auf der Nordhalbkugel ist der Umstand bedauerlich.

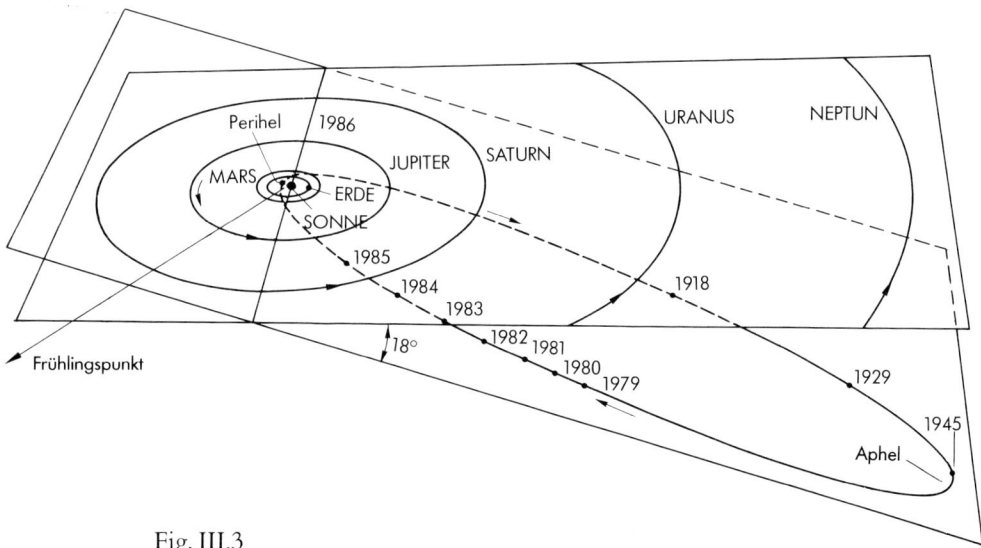

Fig. III.3
Die Lage der Bahn des Halleyschen Kometen im Raum. Die Bahn ist um ungefähr 18° gegenüber der Ekliptik geneigt. Der Umlaufsinn des Kometen ist retrograd, d. h. im Gegensinn zu den Planeten. Die Position der Erde ist eingezeichnet zum Zeitpunkt des Kometen-Perihels. – Die Bahnen von Merkur und Venus sind zu klein, um hier dargestellt zu werden.

Um die von Wiederkehr zur Wiederkehr unterschiedliche Sichtbarkeit des Kometen noch etwas besser zu verstehen, muß auch noch
auf die Neigung der Kometenbahn eingegangen werden. Die Bahn
des Halleyschen Kometen ist ja etwa um 18 Grad gegen die Ekliptik
geneigt (Figur III.3). Der größte Teil der Kometenbahn liegt südlich
der Ekliptik. Wenn der Komet sich der Sonne auf 1.8 AE genähert hat,
durchläuft er am 9. November 1985 seinen aufsteigenden Knoten, das
heißt er durchstößt die Ebene der Ekliptik von Süden nach Norden.
Bei einem Sonnenabstand von gerade einer AE ist er bereits «oberhalb» (d. h. nördlich) der Erdbahn, und auch beim Periheldurchgang
steht er nördlich der Sonne. Der absteigende Knoten der Kometenbahn, das heißt der Ort, wo der Komet mit einem Sonnenabstand von
0.85 AE am 11. März 1986 wieder ‹unter› die Ekliptikebene taucht,
liegt sehr nahe bei, aber nicht auf der Erdbahn. Der kleinstmögliche

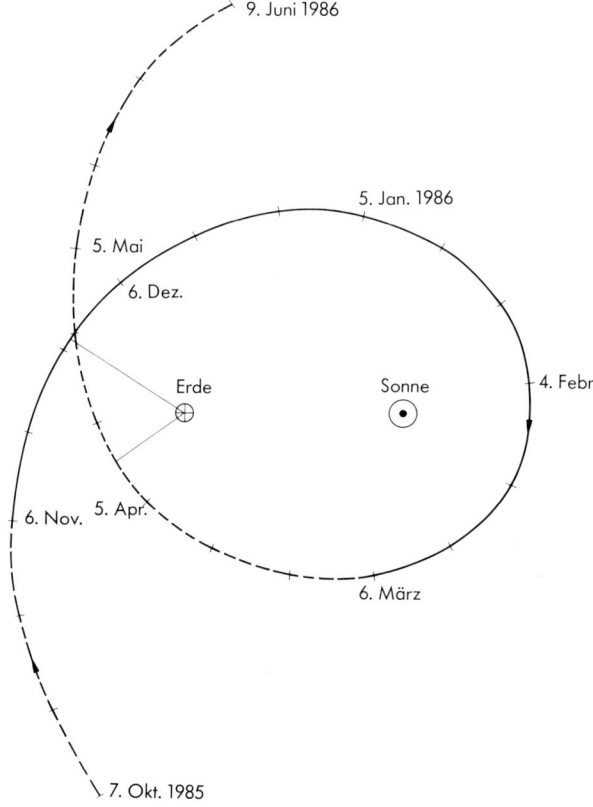

Fig. III.4
Die Bahn des Kometen Halley 1985/1986 in einem Referenzsystem, in
dem die Sonne (S) und die Erde (E) in Ruhe sind. Der Bahnteil, der
unterhalb der Ekliptik liegt, ist gestrichelt dargestellt. Die kleinste
Erddistanz vor und nach dem Perihel ist eingezeichnet.

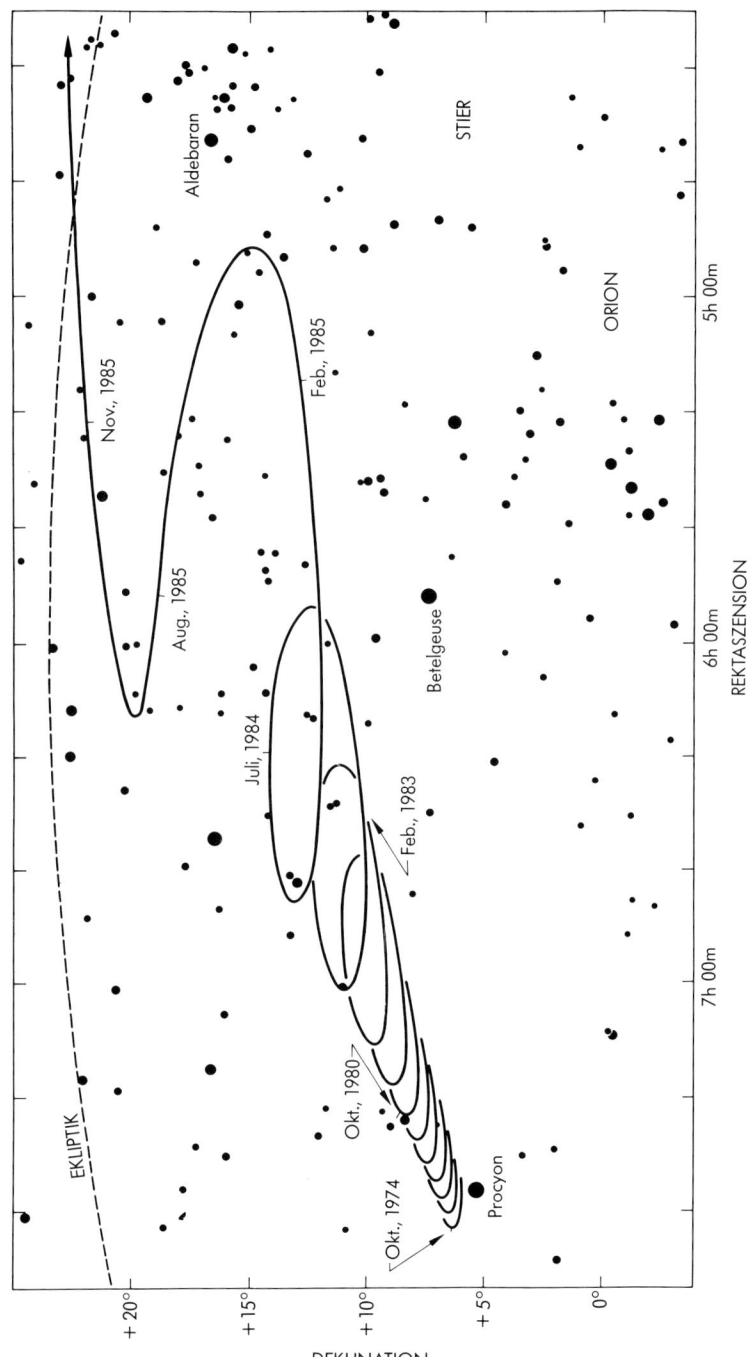

Fig. III.5
Die Bahn des Halleyschen Kometen am Himmel vom Oktober 1974
bis zum November 1985. Die spiralförmige Bahn wird durch die
jährliche Bewegung der Erde verursacht. Je näher der Komet kommt,
desto stärker fällt die Erdbewegung ins Gewicht, d.h. umso mehr öffnen
sich die Spiralwindungen. Dieser Bewegung überlagert sich die
anfänglich geringe Eigenbewegung des Kometen.

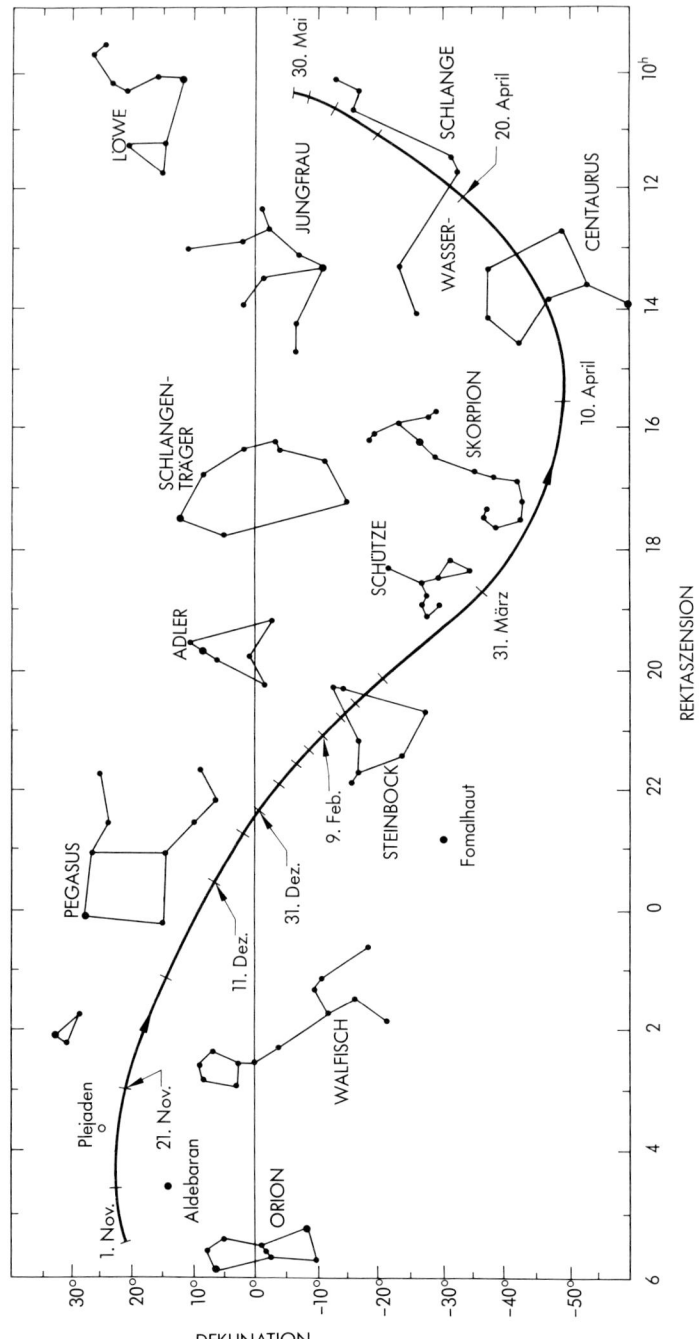

Fig. III.6
Die Bahn des Halleyschen Kometen am Himmel vom 1. November
1985 bis zum 30. Mai 1986.

Abstand zwischen dem Kometen und der Erde von rund 0.03 AE (= 4.5 Millionen km, das sind immerhin noch 12 Mondweiten) kann erreicht werden, wenn beide gerade gleichzeitig in der Nähe des absteigenden Knotens liegen, – wie dies im Jahre 837 tatsächlich der Fall war – aber ein Zusammenstoß zwischen den beiden Körpern ist nicht möglich, – jedenfalls nicht so lange die Kometenbahn und damit die Lage der Knoten sich nicht ändern. Wenn 1986 der Komet seinen absteigenden Knoten durchläuft, dann ist die Erde von diesem Punkt noch recht weit entfernt, und der kleinste Abstand Komet–Erde von 0.42 AE wird erst am 11. April 1986 erreicht. Die Bahn des Kometen bezüglich der Sonne und der stillstehend gedachten Erde ist in der Figur III.4 noch einmal dargestellt; aus ihr kann man die Abstände des Kometen von der Sonne und der Erde für verschiedene Daten ablesen.

Wenn Halleys Komet aus den Tiefen des Sonnensystems zu uns zurückkehrt, steht er jeweils im Sternbild des Kleinen Hundes in der Nähe des hellen Sternes Procyon (Figur III.5). Er befindet sich dann noch außerhalb der Bahn des Uranus, und seine Bahngeschwindigkeit beträgt dann nur einige km/Sek., so daß seine Bewegung am Firmament von der Erde aus gesehen wenig ausmacht. Aber der erdgebundene Beobachter verändert seine Position im Laufe des Jahres, während die Erde sich um die Sonne dreht, und dies verursacht eine parallaktische Verschiebung des Kometen gegenüber den sehr, sehr viel weiter entfernten Fixsternen. Je näher der Komet kommt, desto stärker wird dieser parallaktische Effekt, so daß derselbe am Himmel spiralförmige Schlaufen beschreibt, die von Jahr zu Jahr größer werden. Etwa zwei Jahre vor dem Perihel beginnt die eigentliche Bahnbewegung des Kometen, der jetzt näher liegt und eine größere Bahngeschwindigkeit hat, augenfällig zu werden und die Schlaufen von Mal zu Mal um einen größeren Betrag zu verschieben, und schließlich wird der Weg des Kometen am Himmel durch die Überlagerung der Kometen- und Erdbewegung so komplex, daß sie intuitiv nicht mehr zu erfassen ist, wohl aber berechenbar ist, wenn nur die Bahnelemente des Kometen bekannt sind. Bei der diesmaligen Rückkehr wird Halleys Komet im September 1985 beginnen, seinen Lauf über den Himmel drastisch zu beschleunigen. In schnellem Lauf eilt er durch die Sternbilder Stier, Widder und Fische (Figur III.6) und kreuzt am 23. Dezember den Himmelsäquator, um auf die südliche Himmelshälfte zu wechseln. Obwohl die lineare Bahngeschwindigkeit weiter auf das Perihel zu anwächst, verlangsamt sich jetzt der scheinbare Lauf unter den Fixsternen, da die Distanz Komet–Erde wieder zunimmt, und der Komet

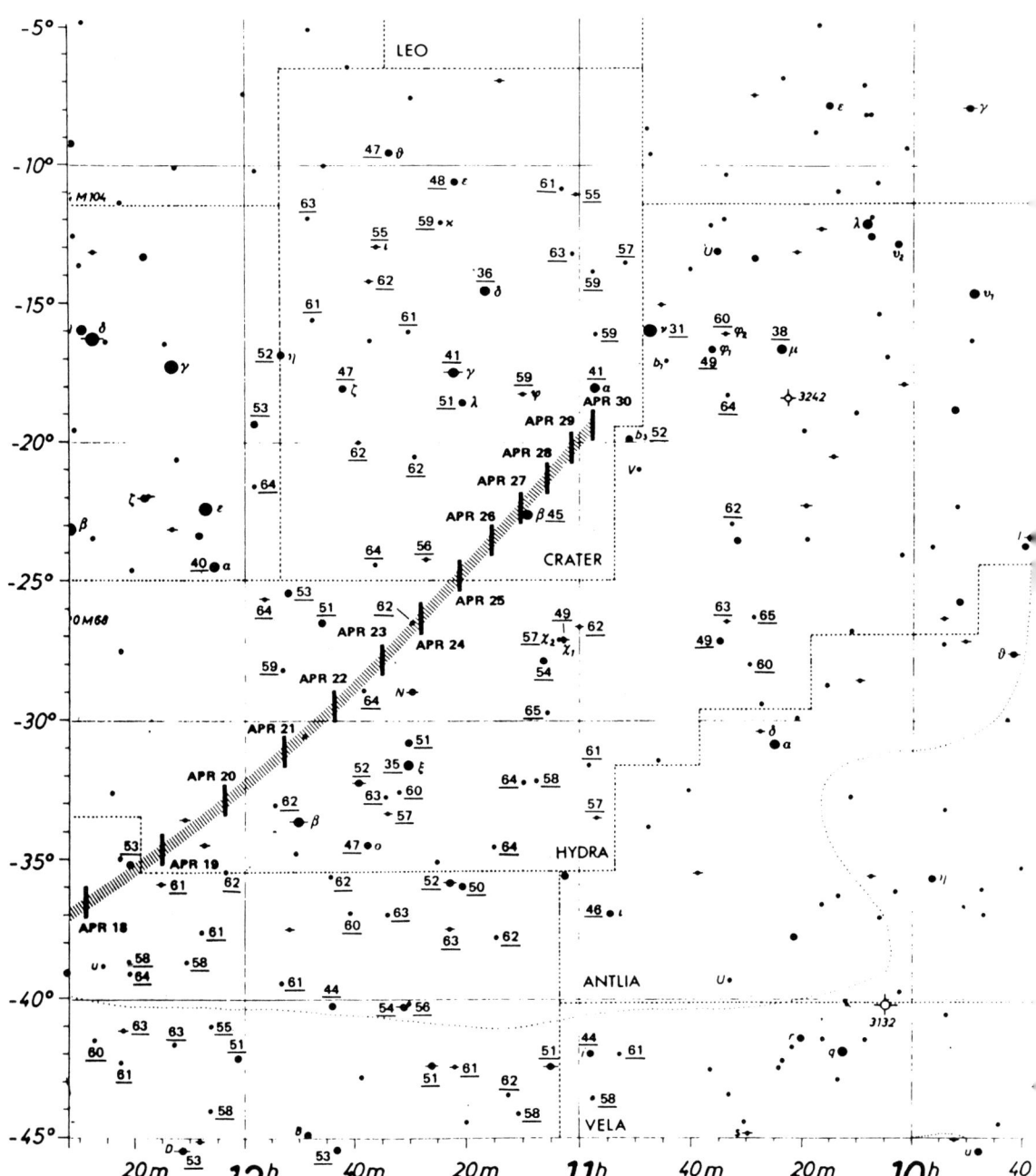

Fig. III.7
Detailkarte für die Position von P/Halley für die Zeit vom 18.–30. April
1986.

verweilt lange im Sternbild des Wassermannes (von Ende Dezember bis Ende Februar); in diesem Sternbild steht er auch, wenn er – von der Sonne hoffnungslos überschienen, – am 9. Februar 1986 um 10.32 Uhr mitteleuropäische Zeit (MEZ) durch sein Perihel läuft. In nun wieder beschleunigtem Lauf durchquert er den Steinbock, um Mitte März in den Schützen zu treten. Es folgen nun rasch aufeinander die dem nördlichen Beobachter zum Teil wenig vertrauten Sternbilder Südliche Krone, Skorpion, für ganz kurze Zeit der Altar (Ara), dann Winkelmaß (Norma), Wolf und Centaurus, und Mitte April erreicht er bereits die Wasserschlange (Fig. III.7). Sein Schritt am Himmel erlahmt nun wieder, und nach einem Abstecher in das Sternbild des Bechers, verschwindet er im nördlichen Teil der Wasserschlange und im Sextanten (Fig. III.8) in analoger Weise wie er aufgetaucht ist: in spiralförmigen Schlaufen, die jetzt aber umgekehrt immer enger und enger werden. Über 50 Jahre lang braucht er sodann, um in ganz kleinen Spiralen die geringe Distanz bis in die Nähe des Procyon zurückzulegen, von wo er – in Wiederholung des ganzen Schauspiels – den Anlauf zu seiner nächsten Rückkehr im Jahre 2061 nehmen wird.

In der Tabelle III.1 sind die entsprechenden Himmelskoordinaten von P/Halley in Fünf-Tages-Intervallen angegeben. Mit Hilfe dieser Positionen kann der Sternfreund, der sich etwas mit Sternkarten auskennt, den Ort leicht bestimmen, an dem er den Kometen suchen muß.

Die Sichtbarkeit des Halleyschen Kometen in den ersten Monaten des Jahres 1986 hängt von einer Reihe von Faktoren ab, das heißt von seiner scheinbaren Helligkeit, von seiner Schweiflänge, von seinem Winkelabstand von der Sonne, von seiner Lage am Himmel und schließlich von der Helligkeit des störenden Mondes und natürlich auch vom Standort, das heißt speziell von der geographischen Breite, und vom Wetter. Mit Ausnahme des letztgenannten lassen sich diese Faktoren im Voraus berechnen oder zumindest abschätzen.

Aus Beobachtungen vom Jahre 1910 läßt sich leicht berechnen, wie hell Halleys Komet für einen Beobachter auf der Sonne damals war (Figur III.9). Die Absurdität dieses Beobachtungsortes fällt hier nicht ins Gewicht, da es sich nur um ein Gedankenexperiment handelt. In erster Näherung darf man annehmen, daß die Helligkeitsentwicklung des Kometen 1985/86 den gleichen Verlauf nehmen wird wie 1910. Dann braucht man nur die jeweilige Distanz zwischen dem Kometen und der Erde zu kennen (Figur III.10), um vorauszusagen, wie hell der Komet zu verschiedenen Zeitpunkten sein wird. Die für

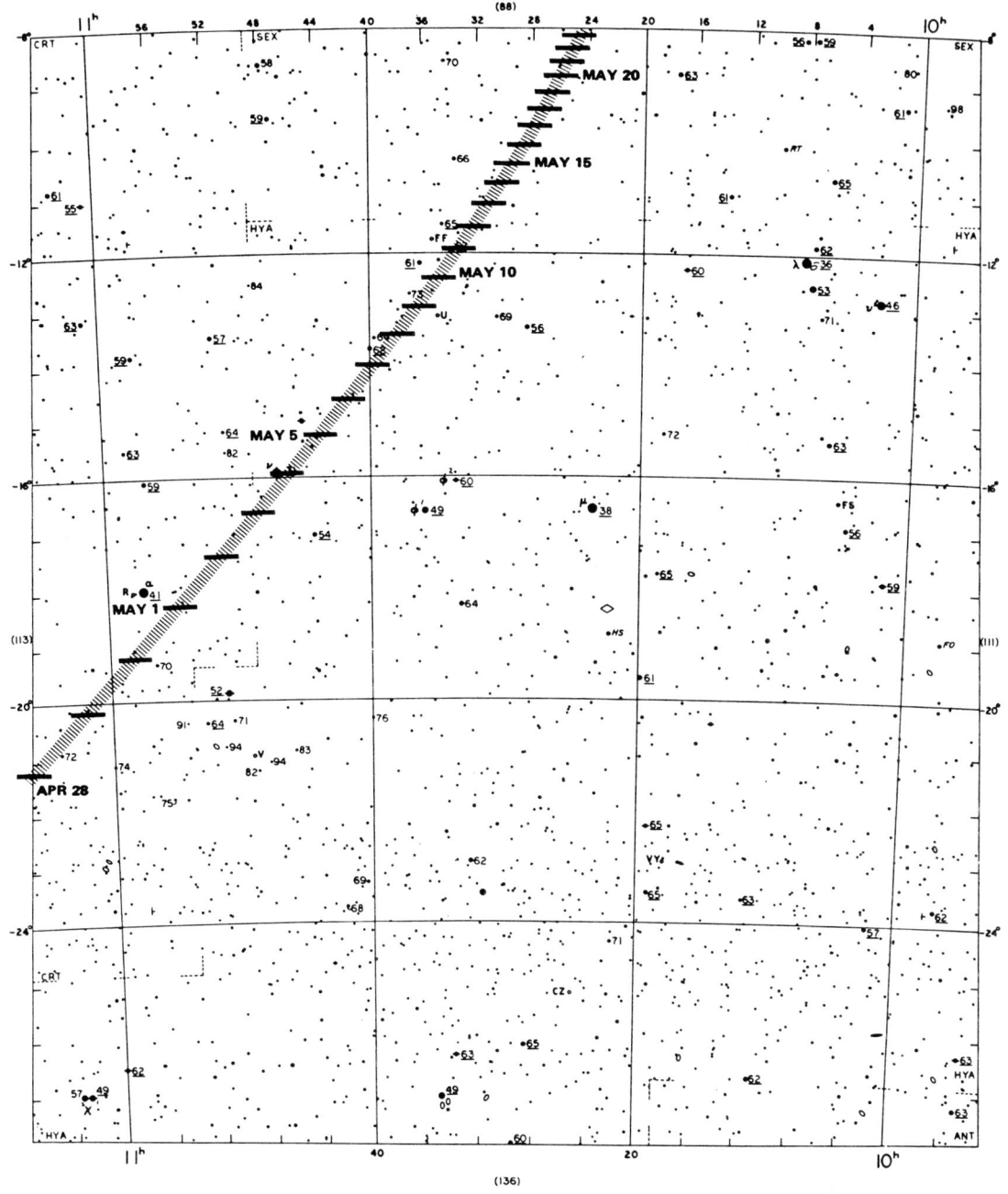

Fig. III.8
Detailkarte für die Position von P/Halley für die Zeit vom 28. April –
20. Mai 1986.

Tabelle III.1
Die Ephemeriden von P/Halley in Fünf-Tages-Intervallen vom 1. Oktober 1985 bis 29. Mai 1986. Die Distanzen zur Erde (Δ) und zur Sonne (r) sind in AE gegeben. Die scheinbaren Helligkeiten sind nach der speziell für P/Halley geltenden Formel vorausberechnet

1984/85		MEZ	Rektasz. α (1950)	Dekl. δ (1950)	Distanz (AE) Δ	T	Hell. m
		h m	h m s	° ′ ″			
Okt.	1	00 00	06 11 29.8	20 00 32	2.04	2.34	11.1
	6	00 00	06 09 12.3	20 11 36	1.88	2.28	10.8
	11	00 00	06 05 31.8	20 24 52	1.72	2.21	10.5
	16	00 00	06 00 03.6	20 40 43	1.56	2.14	10.1
	21	00 00	05 52 14.3	20 59 23	1.40	2.07	9.7
	26	00 00	05 41 17.3	21 20 43	1.25	2.01	9.3
	31	00 00	05 26 06.4	21 43 30	1.10	1.94	8.9
Nov.	5	00 00	05 05 09.8	22 04 11	0.97	1.86	8.4
	10	00 00	04 36 29.5	22 14 12	0.84	1.79	7.9
	15	00 00	03 58 04.8	21 56 17	0.74	1.72	7.4
	20	00 00	03 09 16.2	20 43 23	0.66	1.65	7.0
	25	00 00	02 13 01.3	18 11 42	0.62	1.57	6.6
	30	00 00	01 16 24.1	14 29 54	0.63	1.50	6.4
Dez.	5	00 00	00 26 33.9	10 24 14	0.67	1.42	6.3
	10	00 00	23 46 37.2	06 40 34	0.73	1.35	6.2
	15	00 00	23 15 58.3	03 38 08	0.82	1.27	6.2
	20	00 00	22 52 36.3	01 15 45	0.92	1.19	6.1
	25	11 00	22 33 03.1	−00 43 51	1.03	1.11	6.0
	30	10 00	22 18 59.0	−02 09 17	1.13	1.03	5.9
Jan.	4	10 00	22 07 11.6	−03 20 14	1.22	0.96	5.7
	9	10 00	21 56 58.4	−04 21 22	1.31	0.88	5.4
	14	09 00	21 47 46.2	−05 16 30	1.39	0.81	5.2
	19	09 00	21 38 56.5	−06 10 07	1.46	0.74	4.8
	24	08 00	21 30 17.1	−07 04 17	1.51	0.68	4.5
	29	08 00	21 21 25.4	−08 02 25	1.55	0.64	4.3
Febr.	3	08 00	21 12 20.8	−09 05 54	1.56	0.60	4.0
	8	07 00	21 03 12.2	−10 15 10	1.55	0.59	3.9
	13	07 00	20 54 01.2	−11 31 37	1.52	0.59	3.8
	18	06 00	20 45 07.6	−12 53 55	1.46	0.62	3.5
	23	06 00	20 36 25.6	−14 23 56	1.38	0.66	3.0
	28	06 00	20 27 50.3	−16 02 53	1.28	0.71	2.5
März	5	05 00	20 19 02.9	−17 53 28	1.18	0.78	2.7
	10	05 00	20 09 13.9	−20 03 47	1.06	0.85	2.7
	15	05 00	19 57 21.9	−22 42 36	0.93	0.92	2.7
	20	05 00	19 41 35.3	−26 04 28	0.81	1.00	2.7

1984/85	MEZ	Rektasz. α (1950)	Dekl. δ (1950)	Distanz (AE) Δ	T	Hell. m
		h m s	° ′ ″			
25	04 00	19 18 41.5	–30 27 15	0.68	1.07	2.5
30	04 00	18 41 21.0	–36 15 51	0.57	1.15	2.4
April 4	05 00	17 34 46.9	–43 08 56	0.47	1.23	2.2
14	01 00	13 41 24.2	–43 41 35	0.43	1.38	2.4
19	00 00	12 16 11.7	–34 41 49	0.50	1.45	2.9
24	00 00	11 28 45.5	–26 20 51	0.61	1.53	3.5
29	00 00	11 02 05.3	–20 14 41	0.74	1.60	4.1
Mai 4	00 00	10 46 14.0	–15 57 38	0.89	1.68	4.6
9	00 00	10 36 27.9	–12 55 19	1.05	1.75	5.1
14	00 00	10 30 24.5	–10 43 26	1.21	1.82	5.6
19	00 00	10 26 45.8	–09 06 21	1.37	1.89	6.0
24	00 00	10 24 46.0	–07 54 01	1.54	1.96	6.3
29	00 00	10 23 56.6	–06 59 48	1.70	2.03	6.7

P/Halley geltende Helligkeitsformel wurde schon in Kapitel I gegeben. In Tabelle III.1 sind die Helligkeiten, die aus dieser Formel folgen, aufgelistet; außerdem sind sie in der Figur III.11 dargestellt. Obwohl Überraschungen durchaus möglich sind, erwartet man ein erstes Helligkeitsmaximum von etwa 2.3 Größenklassen vom 10. bis 19. Februar 1986, das heißt gleich nach dem Periheldurchgang, und ein zweites, etwas helleres Maximum vom 6. bis 9. April, also unmittelbar vor der Erdnähe des Kometen. Um ein Gefühl für die Unsicherheit zu vermitteln, mit der diese Helligkeitsvoraussagen behaftet sind, sind in der Figur III.11 auch die Helligkeiten aufgetragen, die sich aus der allgemeinen Helligkeitsformel für einen durchschnittlichen Kometen ergeben. Diese Formel sieht voraus, daß P/Halley nach dem Perihel durchwegs ein bis zwei Größenklassen schwächer sein sollte als nach der für ihn spezifischen Formel. Der Komet kann also mit seiner Helligkeitsentwicklung noch für erhebliche Überraschungen sorgen, sowohl im negativen wie im positiven Sinn.

Kometen entwickeln ihre Schweife erst in vollem Maße, wenn sie das Perihel durchschritten haben. Wie die Erfahrung aus den Jahren 1759, 1835 und 1910 lehrt, gilt dies auch für Halleys Komet. Diese Erfahrungswerte sind in der Figur III.12 zusammengestellt, und man erwartet nach ihnen, daß dieses Mal der Komet seine maximale Schweiflänge von rund 90 Millionen km um den 28. März erreichen wird. Zu diesem Datum ist der Abstand Komet – Erde mit 0.6 AE schon nahe bei dem diesmaligen Minimalabstand (0.42 AE), was den Schweif umso größer erscheinen läßt. Da dann auch der Betrachtungswinkel des Schweifes von der Erde aus nicht ungünstig sein wird, wird voraussichtlich der Schweif mit einer Länge von nicht weniger als 20

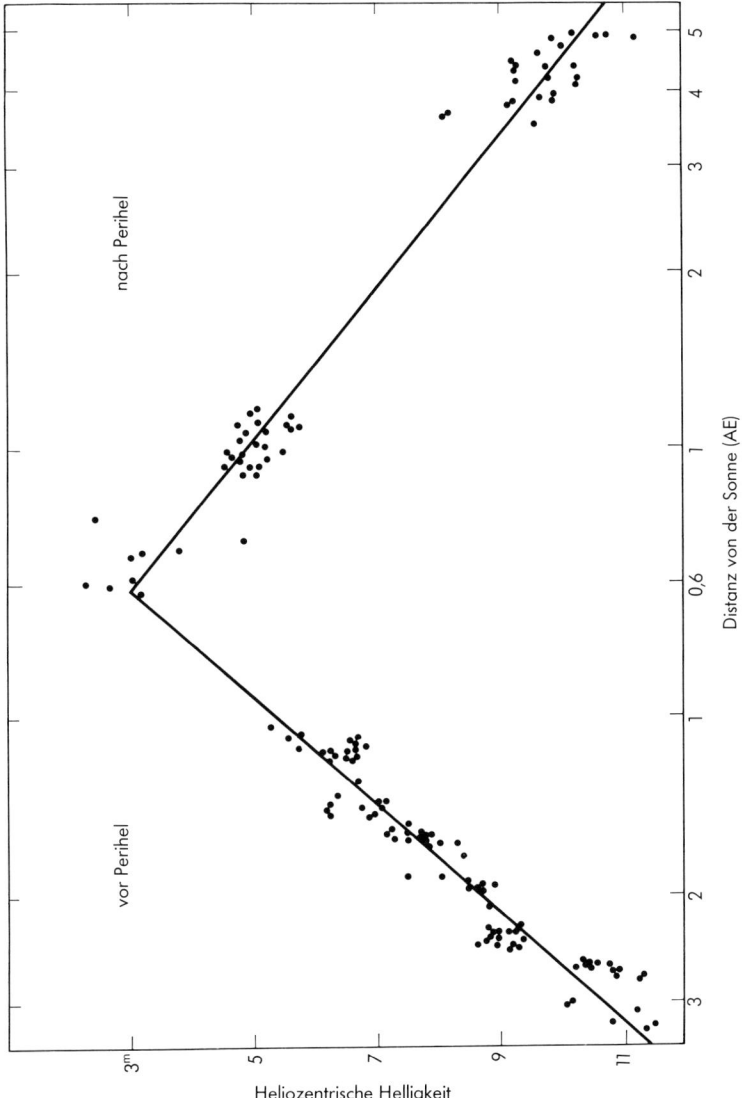

Fig. III.9
Das Diagramm zeigt die Helligkeitsentwicklung des Halleyschen Kometen im Jahre 1910. Aufgetragen ist die scheinbare Gesamthellikeit (in Größenklassen), die ein Beobachter auf der Sonne festgestellt hätte.

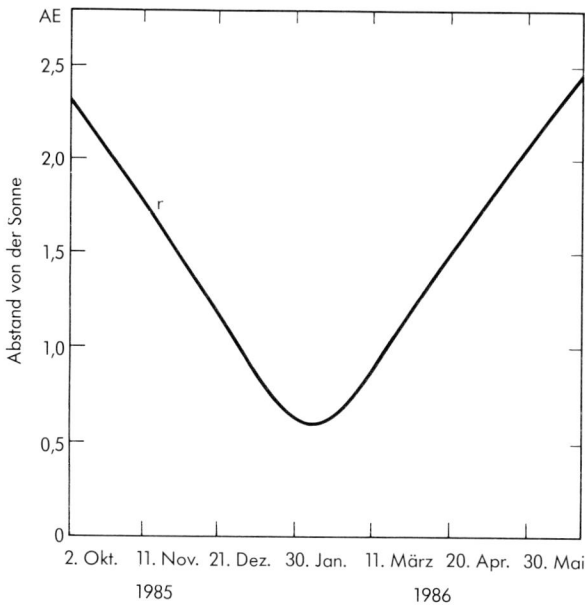

Fig. III.10
Der Abstand in Astronomischen Einheiten des Halleyschen Kometen
von der Sonne (oben) und von der Erde (unten).

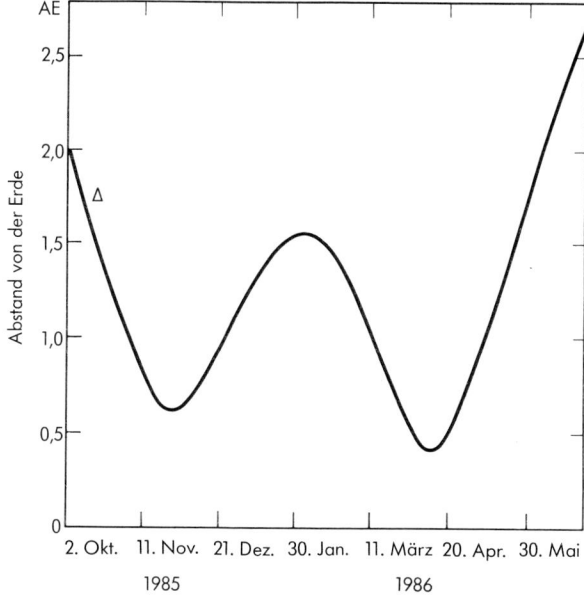

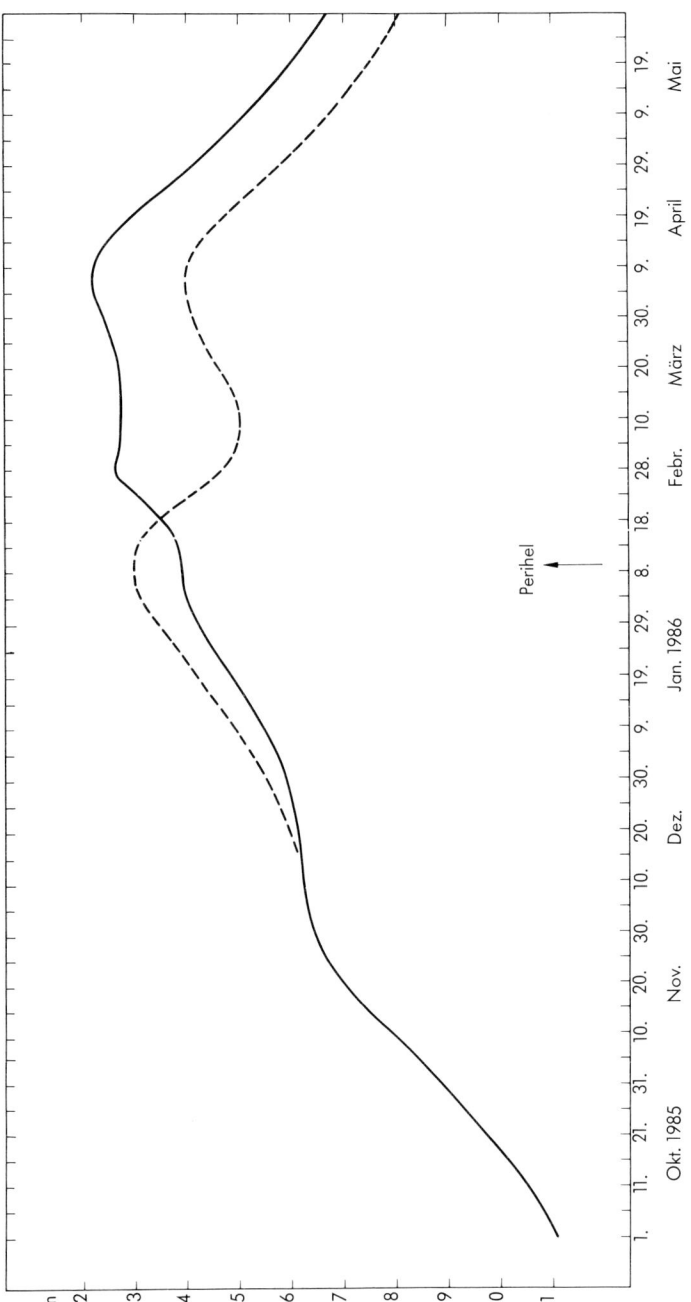

Fig. III.11
Die zu erwartenden scheinbaren Helligkeiten von P/Halley nach der
für ihn speziell geltenden Formel (ausgezogene Linie) und nach der
allgemeinen Formel für Kometen (gestrichelte Linie). Die wirklichen
Helligkeiten können je nach der Aktivität des Kometen erheblich
abweichen.

Grad (das sind immerhin 40 Vollmondbreiten) zwischem dem 25. März und 3. April am spektakulärsten sein.

Der Vollmond in den Nächten vom 24. Januar, 22. Februar und 24. März 1986 beeinträchtigt die Beobachtungsmöglichkeiten des Kometen nur unwesentlich, da der Winkelabstand zwischen dem Mond und dem Kometen jeweils sehr groß ist. Steht der Komet beim Ende der Dunkelheit am Morgenhimmel, so geht der Vollmond im Westen gerade unter. Ist der Komet im Westen bei Dämmerungsanfang sichtbar, so ist der Mond im Osten erst kurz vorher aufgegangen. Störend hingegen ist der Vollmond vom 22. April, da dann der bereits schwach gewordene Komet nicht so weit von jenem entfernt ist.

Eine erste Zusammenfassung der Beobachtungsverhältnisse ist in der Figur III.13 gegeben. Sie sind für einen Beobachter auf 40° nördlicher Breite gerechnet (d. h. etwa für Ankara, Nordgriechenland, Süditalien, Sardinien, Madrid, Lissabon, Philadelphia, Indianapolis, Denver und Nordkalifornien). Die eingezeichnete Position des Kometen entspricht jeweils dem Zeitpunkt, zu dem am angegebenen Datum die astronomische Dämmerung beginnt (wenn der Komet am Abendhimmel steht) oder endet (wenn der Komet am Morgenhimmel steht). Für einen weiter nördlich stationierten Beobachter ist die Situation leider außerordentlich viel ungünstiger. Aus diesem Grund sind die Beobachtungsverhältnisse auch für Beobachter in nördlicheren Breiten in den Figuren III.14 bis III.16 dargestellt und zwar für Basel (47.5° n. Br.), Frankfurt (50° n. Br.) und Hamburg (53.5° n. Br.). Hier markieren die weißen, horizontalen Striche die Sichtbarkeit des Kometen während der Nacht und während der grau gezeichneten Dämmerungsperiode. Als Dämmerungsperiode ist morgens die Zeit definiert

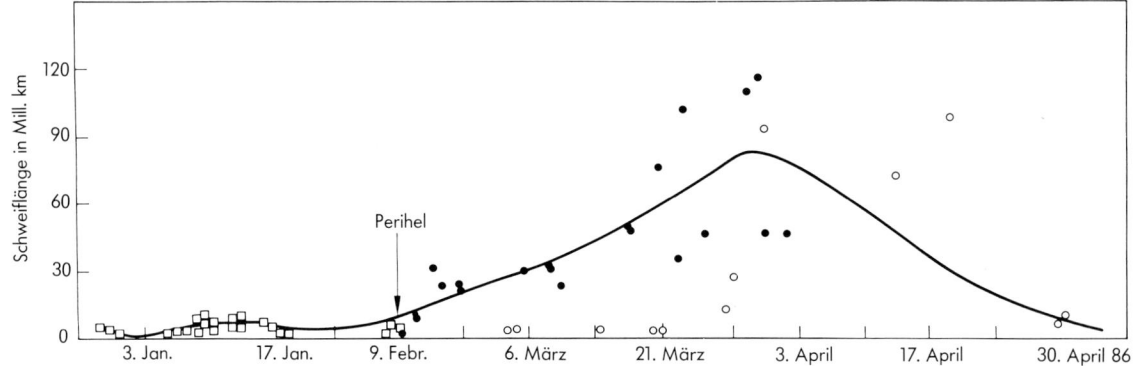

Fig. III.12
Die linearen Schweiflängen des Halleyschen Kometen im Jahre 1986 nach Erfahrungswerten aus den Jahren 1759 (offene Kreise), 1835 (offene Vierecke) und 1910 (Punkte). Die angegebenen Monatsdaten gelten nur für das Jahr 1986. Die starke Streuung der Punkte zeigt deutlich, welchen Schwankungen die Schweiflänge unterworfen ist.

Tabelle III.2
Die Auf- und Untergangszeiten in MEZ von P/Halley sowie die maximale
Höhe über dem Südhorizont (max. Elev.) in Fünf-Tages-Intervallen vom
1. Oktober 1985 bis 29. Mai 1986 für die Beobachtungsorte Basel, Frankfurt
und Hamburg. Ein * bedeutet, dass der Untergang erst am folgenden Tag
stattfindet

1985/86		Basel				Frankfurt				Hamburg	
		Aufgang	Untergang	max. Elev.	Aufgang	Untergang	max. Elev.		Aufgang	Untergang	max. Elev.
		h m	h m	°	h m	h m	°		h m	h m	°
Okt.	1	22 27	13 32*	62	22 13	13 37	60		21 52	13 47*	56
	6	22 03	13 11*	63	21 50	13 16*	60		21 29	13 26*	57
	11	21 39	12 48*	63	21 24	12 54*	60		21 04	13 04*	57
	16	21 12	12 24*	63	20 58	12 30*	61		20 37	12 40*	57
	21	20 42	11 58*	64	20 27	12 04*	61		20 06	12 14*	57
	26	20 09	11 28*	64	19 54	11 34*	61		19 32	11 45*	58
	31	19 31	10 54*	64	19 16	11 00*	62		18 54	11 17*	58
Nov.	5	18 48	10 14*	65	18 32	10 20*	62		18 10	10 32*	59
	10	17 57	09 24*	65	17 42	09 30*	62		17 19	09 43*	59
	15	17 01	08 20*	64	16 45	08 27*	62		16 23	08 38*	58
	20	15 59	07 02*	63	15 44	07 07*	61		15 23	07 17*	57
	25	14 57	05 31*	60	15 04	05 34*	58		14 26	05 42*	54
	30	14 00	03 58*	57	13 49	03 59*	54		13 34	04 04*	50
Dez.	5	13 11	02 33*	53	13 03	02 32*	50		12 50	02 53*	46
	10	12 29	01 19*	49	12 22	01 18*	46		12 12	01 34*	43
	15	11 53	00 18*	46	11 47	00 16*	43		11 39	00 12*	40
	20	11 21	23 27	44	11 16	23 23	41		11 10	23 21	37
	25	10 52	22 42	42	11 48	22 38	39		10 43	22 32	36
	30	10 24	22 03	40	11 21	21 58	38		10 17	21 51	34
Jan.	4	09 58	21 27	39	09 55	21 21	37		09 51	21 14	33
	9	09 32	20 53	38	09 30	20 46	36		09 27	20 39	32
	14	09 08	20 20	37	09 06	20 13	35		09 03	20 05	31
	19	08 43	19 47	36	08 41	19 41	34		08 40	19 31	30
	24	08 19	19 15	36	08 18	19 08	33		08 17	18 58	29
	29	07 55	18 42	35	07 54	18 34	32		07 54	18 24	28
Febr.	3	07 31	18 08	34	07 30	18 01	31		07 31	17 49	27
	8	07 08	17 35	32	07 08	17 26	30		07 09	17 14	26
	13	06 45	17 00	31	06 45	16 51	29		06 47	16 38	25
	18	06 23	16 25	30	06 24	16 15	27		06 27	16 01	24
	23	06 01	15 49	28	06 03	15 39	26		06 08	15 24	22
	28	05 41	15 13	27	05 44	15 01	24		05 50	14 45	20
März	5	05 23	14 35	25	05 26	14 23	22		05 34	14 04	18
	10	05 04	13 54	23	05 10	13 40	20		05 19	13 20	16
	15	04 48	13 07	20	04 55	12 52	17		05 07	12 28	14
	20	04 33	12 11	16	04 43	11 53	14		05 00	11 25	10

1985/86	Basel			Frankfurt			Hamburg		
	Aufgang	Untergang	max. Elev.	Aufgang	Untergang	max. Elev.	Aufgang	Untergang	max. Elev.
	h m	h m	°	h m	h m	°	h m	h m	°
25	04 21	10 57	12	04 35	10 34	9	05 03	9 56	6
30	04 18	09 06	6	04 45	08 28	4	–	–	
April 4	–	–		–	–		–	–	
14	–	–		–	–		–	–	
19	19 52	01 43*	9	20 11	01 16*	7	20 50	00 27*	3
24	17 52	01 39*	17	18 00	01 22*	15	18 17	00 55*	11
29	16 34	01 28*	23	16 39	01 15*	20	16 48	00 55*	17
Mai 4	15 39	01 15*	27	15 41	01 03*	24	15 47	00 47*	21
9	14 56	01 00*	30	14 57	00 50*	27	15 01	00 36*	24
14	14 21	00 41*	32	14 21	00 35*	29	14 23	00 23*	26
19	13 51	00 28*	33	13 50	00 20*	31	13 51	00 09*	27
24	13 24	00 12*	35	13 23	00 04*	32	13 23	23 54	28
29	13 00	23 56	35	12 58	23 48	33	12 58	23 39	29

zwischen dem Beginn der astronomischen Dämmerung (d.h. die Sonne ist noch 18 Grad unter dem Horizont) und dem Beginn der bürgerlichen Dämmerung (d. h. die Sonne ist nur noch 6 Grad unter dem Horizont). Entsprechend ist abends die Dämmerungsperiode die Zeit zwischen dem Ende der bürgerlichen Dämmerung und der mit dem Ende der astronomischen Dämmerung beginnenden Nacht. Die Auf- und Untergangszeiten des Kometen sind außerdem für die genannten drei Orte in der Tabelle III.2 in mitteleuropäischer Zeit (MEZ) angegeben. Es ist klar, daß die Sichtbarkeit des Kometen wesentlich beeinträchtigt wird, wenn er morgens erst während der Dämmerungsperiode aufgeht oder abends schon während dieser Periode untergeht.

Für Orte, die mit Basel, Frankfurt oder Hamburg auf der gleichen geographischen Breite liegen, sind die Beobachtungsbedingungen praktisch die gleichen. So gilt etwa die Figur III.15 nicht nur für Frankfurt sondern auch für Krakau, Prag, das südlichste Belgien, Cornwall und für Winnipeg und Vancouver in Canada. Aber für jeden Längengrad östlich von Frankfurt sind die Auf- und Untergangszeiten des Kometen und die Dämmerungszeiten 4 Minuten früher und für jeden Längengrad westlich um 4 Minuten später anzusetzen. Als zusätzliche Korrektur ist schließlich noch der Unterschied zwischen MEZ und der an einem speziellen Ort geltenden Zonenzeit zu berücksichtigen.

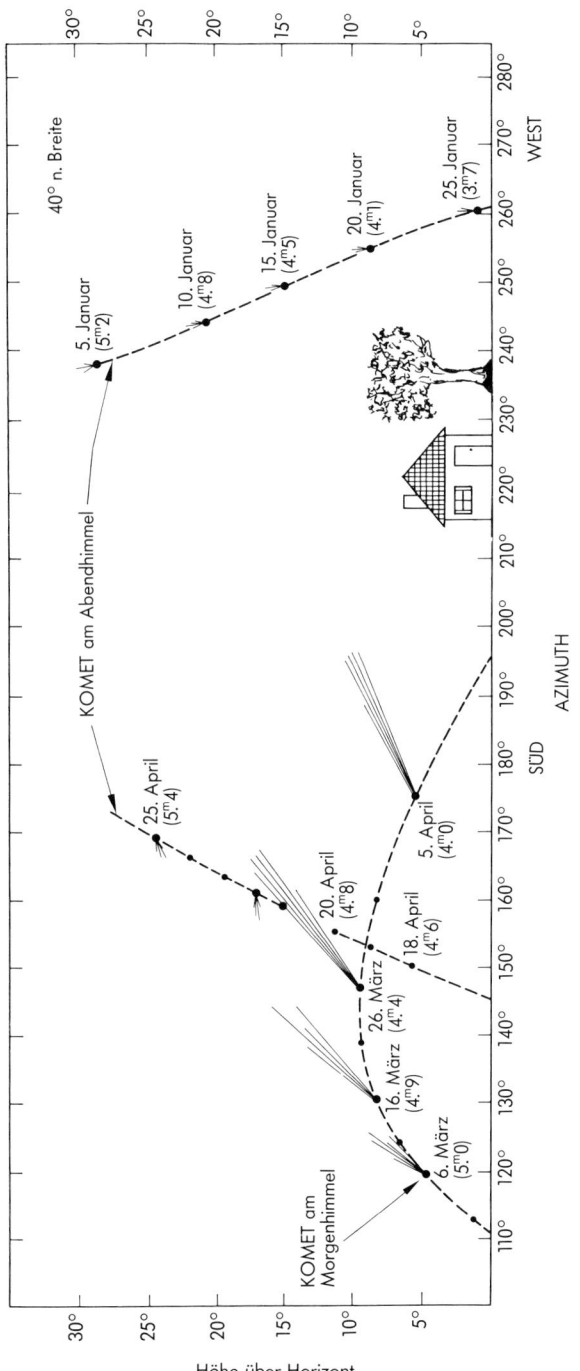

Fig. III.13
Die Beobachtungsbedingungen des Kometen Halley 1986 für einen
Beobachter auf 40° nördlicher Breite. Die scheinbare Gesamthelligkeit
des Kometen ist in Klammern gegeben. Die zu erwartende
Schweiflänge ist schematisch angegeben.

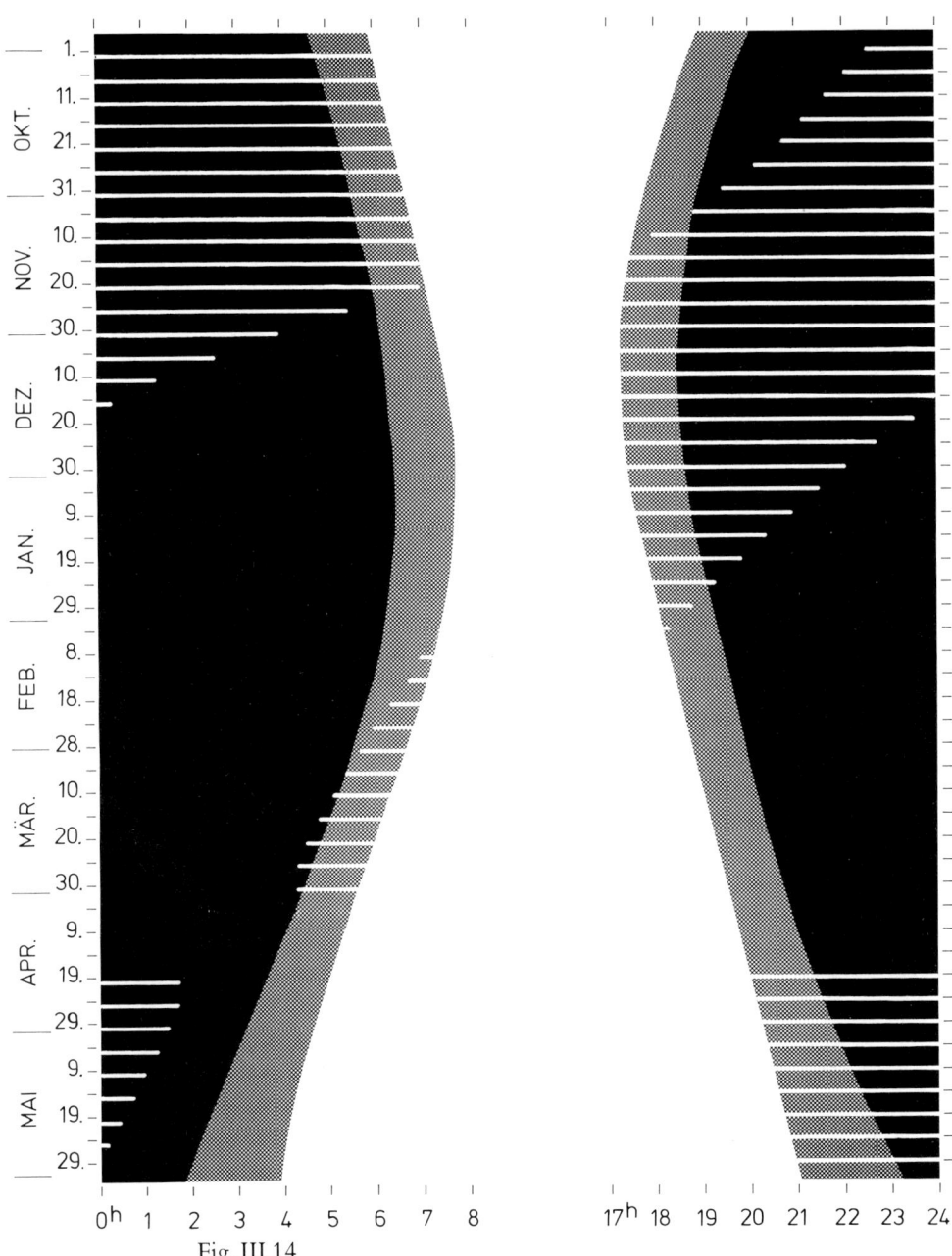

Fig. III.14
Die Sichtbarkeitsbedingungen für Basel des Halleyschen Kometen vom
1. Oktober 1985 bis Ende Mai 1986. Die weißen Linien geben die
Zeiten in MEZ an, zu denen der Kometenkopf über dem Horizont
steht.

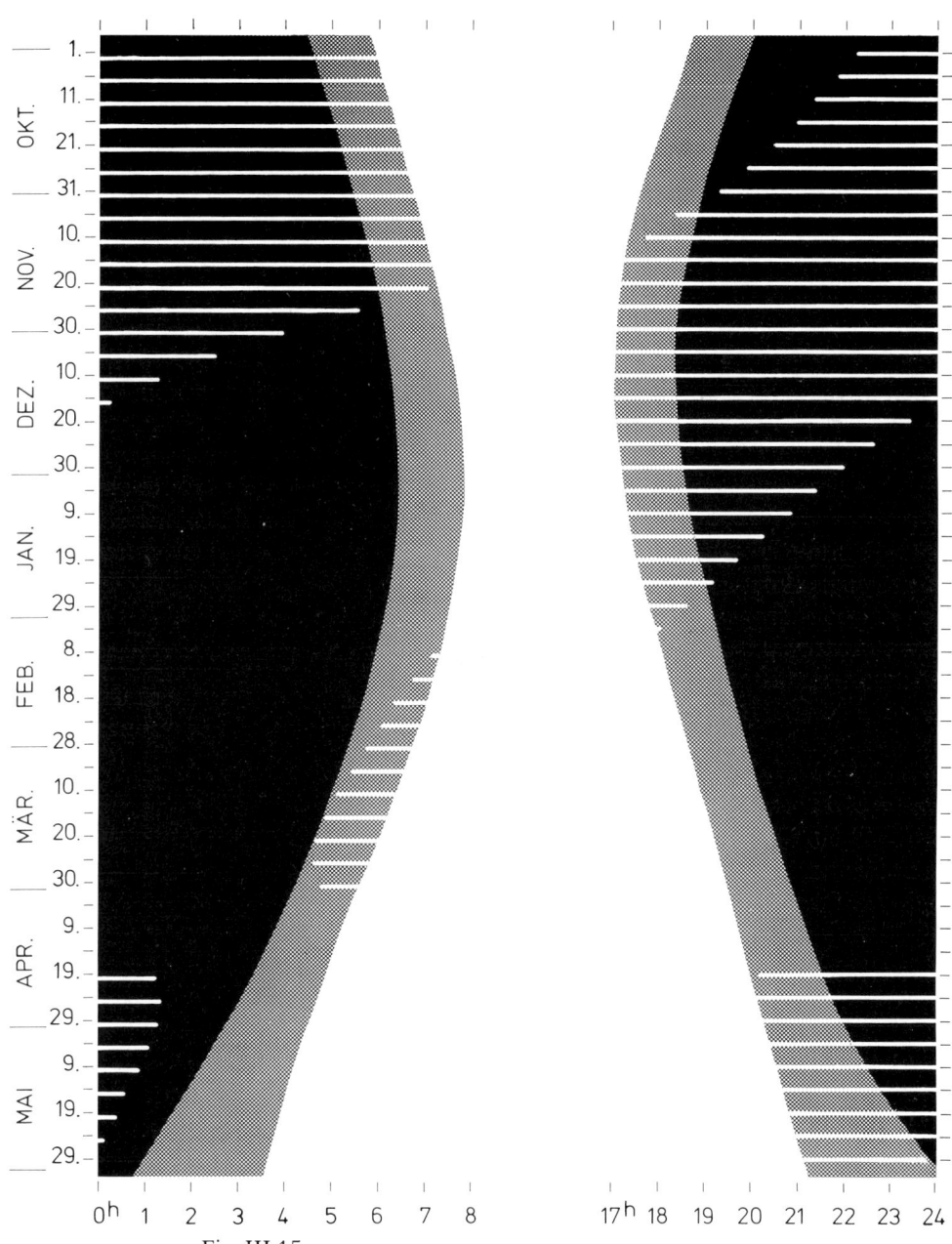

Fig. III.15
Die Sichtbarkeitsbedingungen für Frankfurt des Halleyschen Kometen
vom 1. Oktober 1985 bis Ende Mai 1986. Die weißen Linien geben die
Zeiten in MEZ an, zu denen der Kometenkopf über dem Horizont
steht.

Die Figuren III.13 bis III.16, die die Sichtbarkeit von P/Halley veranschaulichen, lassen für 1986 drei Beobachtungsphasen erkennen. In der ersten, die etwa vom 5. Januar bis knapp zum 25. Januar dauert, erscheint der Komet am Abendhimmel. Seine Helligkeit nimmt in dieser Zeitspanne von ungefähr 5.5 auf 4.5 Größenklassen zu. Anfänglich wird er wegen seiner geringen Helligkeit für das unbewaffnete Auge ein sehr schwieriges Objekt sein, später steht er bei Einbruch der Nacht bereits so tief am Westhorizont, daß er kaum leichter zu finden sein wird, – es sei denn sein länger werdender, schräg vom Horizont aufsteigender Schweif böte bereits eine zusätzliche Hilfe. Obwohl der Komet in dieser ersten Periode bereits südlich des Himmelsäquators steht, zahlen südliche Beobachter ihren Vorteil mit ihren später einbrechenden Nächten.

Während der zweiten Beobachtungsphase erscheint der Komet, nachdem er das Perihel durchlaufen und seinen Schweif richtig zu entwickeln begonnen hat, am Morgenhimmel. Für Beobachter auf dem 40. nördlichen Breitenkreis oder südlich davon steht er am 6. März mit einer Helligkeit von etwa 3 Größenklassen noch tief im Osten, aber dann werden die Beobachtungsbedingungen wegen der nun wieder abnehmenden Distanz Komet-Erde von Nacht zu Nacht besser bis zum 26. März und vielleicht noch darüber hinaus; zwar wächst seine Helligkeit nur noch wenig an, aber sein Schweif dürfte eine Länge von mindestens 20 Grad erreichen. Das ist die Zeit, in der jeder Südeuropäer oder Bewohner der südlichen USA versuchen sollte, den Kometen zu sehen. Nach dem 1. April bewegt sich der Komet so schnell südwärts, daß er seine ganze Gunst ausschließlich unseren Antipoden zuwendet. Auf der Südhalbkugel wird dies die eindrücklichste Periode werden, in der der Komet fast die 2. Größenklasse und eine Schweiflänge von vielleicht über 25 Grad erreichen dürfte. Für einen Beobachter auf der Breite von Mitteleuropa ist diese Phase leider außerordentlich viel schlechter. Selbst für Basel (47.5° n. Br.) wird sich der Kopf des Kometen nicht vor Einbruch der astronomischen Dämmerung über den Horizont erheben. In Hamburg (53.5° n. Br.) gar wird die Sonne nur noch knapp 15 Grad unter dem Horizont stehen, wenn der Kometenkopf aufgeht. Hier kann man praktisch nur hoffen, während der Dämmerung den schräg aufwärts nach Süden gerichteten Schweif zu erspähen.

Die letzte Beobachtungsphase beginnt nach dem 15. April und begünstigt wiederum die Südhalbkugel. Aber da der Komet sich nun wieder nordwärts bewegt, kann man ihn in Mitteleuropa und in den

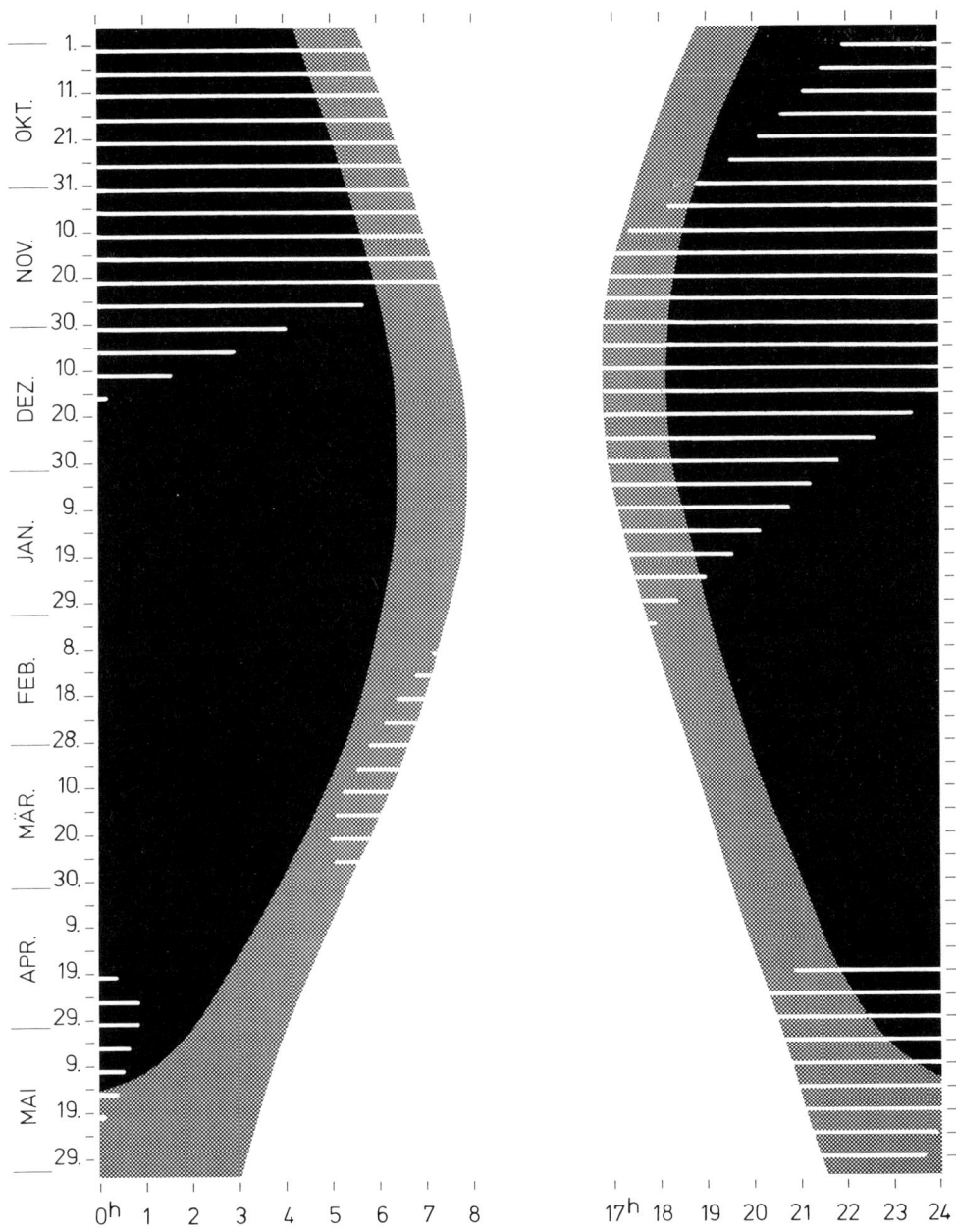

Fig. III.16
Die Sichtbarkeitsbedingungen für Hamburg des Halleyschen Kometen
vom 1. Okt. 1985 bis Ende Mai 1986. Die weißen Linien geben die
Zeiten in MEZ an, zu denen der Kometenkopf über dem Horizont
steht.

nördlichen USA sowie im südlichen Kanada bei Einbruch der Abend-
dämmerung im Südosten ausfindig machen und bis nach Mitternacht
verfolgen. Sein Schweif wird nun von Nacht zu Nacht unansehnlicher,
und da seine Helligkeit in den hellen Vollmondnächten um den 22.
April auf die 3.5 Größenklasse abgesunken sein wird, wird er dann für
viele endgültig verloren gehen. Die detaillierten Karten in den Figuren III.7 und III.8 sollten die Wieder-Auffindung des Kometen in
jenen letzten wieder dunkler werdenden Nächten erleichtern. Aber
dem bloßen Auge dürfte er sich endgültig um den 10. Mai entziehen.

In Mitteleuropa und in den nördlichen USA wird für den Mann
auf der Straße das ganze Schauspiel eine enorme Enttäuschung sein, ja
er wird den Kometen vermutlich gar nie zu Gesicht bekommen. Für
denjenigen, der sich die Mühe nimmt, in einer geeigneten, klaren
Nacht mit einem Feldstecher auf einen Hügel fern von den Stadtlich-
tern zu gehen, wird jedoch der Komet ein lohnendes Objekt werden,
und er wird sich vielleicht vorstellen können, wie dieses diffus und
geheimnisvoll leuchtende Gebilde bei früheren, günstigeren Besuchen
so viel Geschichte machen konnte.

Seit frühestens 1980 konnte man hoffen, Halleys Kometen auf seinem Rückweg zur Sonne als extrem schwaches Lichtfleckchen wiederzufinden. Verschiedene Versuche in dieser Richtung blieben aber erfolglos. Als er im Oktober 1982 immer noch nicht gefunden war, begann er, überfällig zu werden. Das war kein Grund zur Besorgnis, denn wohl waren Kometen während oder kurz nach ihrem Periheldurchgang zerborsten, aber als Halleys Komet sich nach seiner Sonnennähe 1910 wieder entfernte, schien er völlig intakt, und bisher ist nie beobachtet worden, daß einem Kometen im Aphel ein Unglück widerfahren wäre. Die Möglichkeit eines Zusammenstoßes zwischen dem Kometen und einem Planetoiden war nicht auszuschließen, aber ein solches Ereignis ist extrem unwahrscheinlich.

Es schien also angezeigt, mit großem Geschütz zur Jagd nach Halleys Kometen aufzufahren. Eine eindrückliche Reihe von Mammut-Teleskopen versuchte – vergeblich – ihr Glück, so etwa der russische 6m-Spiegel im Kaukasus, das 4.5m-'Multi Mirror'-Teleskop in Arizona, die 4m-Teleskope in Arizona, Australien und Chile, das 3.6m-Teleskop in Hawaii, das 3m-Teleskop der Lick-Sternwarte in Kalifornien und das 2.7m-Teleskop des McDonald-Observatoriums in Texas. Am Jet Propulsion Laboratory (JPL) in Pasadena hatte Yeomans eine neue Ephemeride des Kometen mit höchster Genauigkeit berechnet, und zwischen dem JPL und dem California Institute of Technology (Caltech) wurde die Vereinbarung getroffen, eine systematische Suche mit dem 5m-Teleskop auf Palomar Mountain durchzuführen. Mit den Beobachtungen wurde Professor Edward Danielson und der Doktorand David C. Jewitt betraut, während zum Nachweis des Kometen eine CCD-Kamera zum Einsatz gebracht werden sollte. Die CCD-Detektoren (CCD = charge-coupled device) sind lichtempfindliche Oberflächen, die aus Tausenden von winzigen Dioden bestehen, und die zur Abbildung lichtschwacher Objekte sehr erhebliche Vorzüge vor der herkömmlichen photographischen Platte besitzen. Es gibt bisher nicht viele CCD-Kameras, die den Astronomen zur Verfügung stehen. Die vorliegende Kamera hatten James Gunn, Professor in Princeton, und James Westphal, Professor am Caltech, mit großem Aufwand gebaut und für die Kometenjagd zur Verfügung gestellt. Die Nacht des 16. Oktober 1982 war Alan Dressler, einem jungen Astronomen an den Mount Wilson und Las Campanas Observatories, und J. Gunn für Beobachtungen von Galaxien mit der CCD-Kamera am 5m-Teleskop zugeteilt worden. Nachträglich waren die Morgenstunden dieser Nacht noch Danielson und Jewitt für ihre Kometensuche übertragen worden. Schließlich trafen sich in jener Nacht Dressler, Dr. D. P. Schneider vom Caltech, der den verhinderten J. Gunn ersetzte, und Jewitt am Teleskop. Nachdem das sternreiche Gebiet des Kleinen Hundes sich genügend über den Osthorizont erhoben hatte, richtete Jewitt das »Große Auge« in die berechnete Richtung des Kometen. Auf dem Bildschirm erschien ein entmutigendes Bild; er war bevölkert mit ungezählten, schwachen, bisher nicht registrierten Sternen, und ein sehr heller Stern überstrahlte den erwarteten Ort des Kometen. Jewitt wollte schon aufgeben, als Dressler auf die Idee kam, den hellen Stern mit einer Maske abzudecken. Und nun ließ der Erfolg nicht mehr länger auf sich warten. Schon die erste Aufnahme zeigte einen ganz schwachen Lichtfleck nur 8 Bogensekunden von dem vorausberechneten Ort des Kometen. Die folgenden Belichtungen bestätigten, daß der Lichtfleck sich mit der für Halleys Kometen vorausberechneten Rate

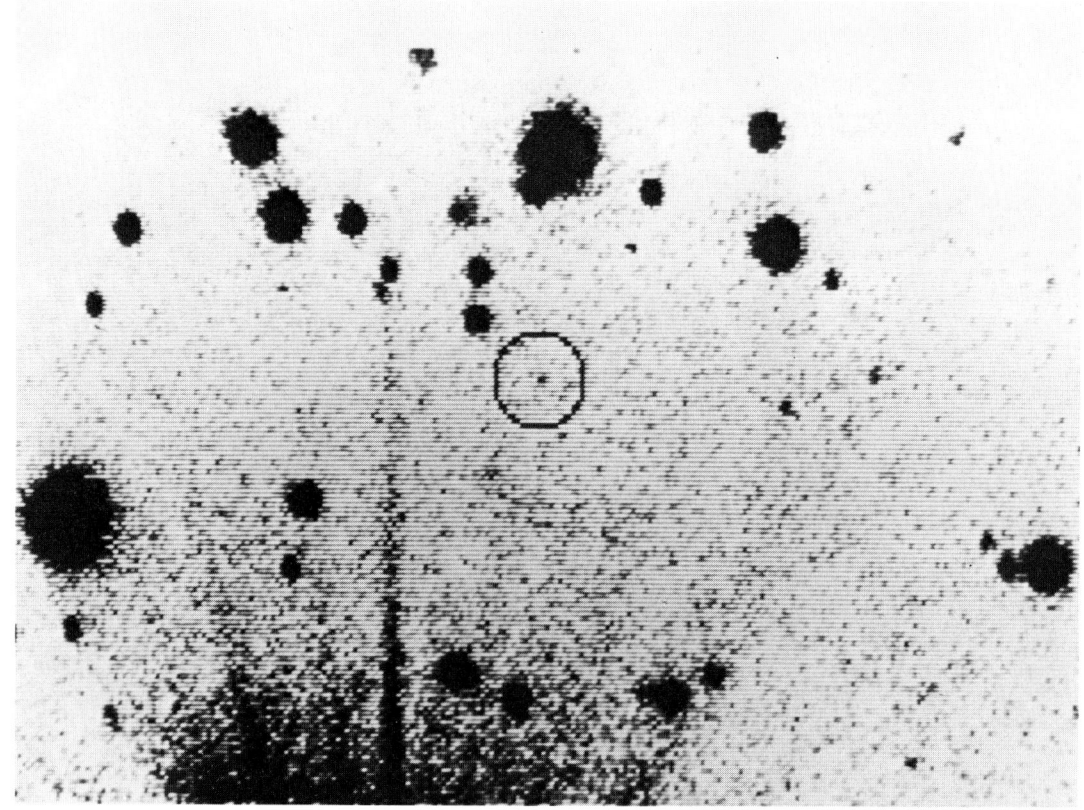

Abb. III.1
Die Wiederentdeckungsaufnahme des Kometen Halley mit einer CCD-Kamera am 5 m-Teleskop auf Palomar Mountain vom 16. Oktober 1982.

bewegte, das heißt mit 3.5 Bogensekunden pro Stunde. Es war ein Triumpf in doppelter Hinsicht: erstens hatten sich die Beobachtungseinrichtungen bestens bewährt, und zweitens waren die Bahnberechnungen von D. K. Yeomans glänzend bestätigt worden. Man denke, was es heißt, den Ort eines Kometen auf wenige Stunden genau vorauszusagen, der mehr als 25 000 Tage lang nicht gesehen worden war. Um ein Übriges zu tun, belichteten Maarten Schmidt, ebenfalls Professor am Caltech, und Barbara Zimmerman mit der gleichen Ausrüstung denselben Himmelsausschnitt am 19. Oktober. Am alten Ort war der Lichtfleck verschwunden, und am vermuteten, neuen Ort des Kometen stand ein Stern, der den Kometen offenbar überdeckte. Es blieb jetzt kein Zweifel: Halleys Komet war wiederentdeckt. Als neunter Komet des Jahres erhielt er die Bezeichnung 1982i. (vgl. Abb. III.1).

Es soll hier nicht der müßigen Frage nachgegangen werden, wer nun der oder die Entdecker des Kometen sind. Die Fachwelt scheint sich darauf geeinigt zu haben – vielleicht der Kürze wegen – daß die Entdeckernamen Danielson und Jewitt heißen.

Für die Wissenschaft war von Wichtigkeit, daß jetzt eine verbesserte Bahn des Kometen berechnet und die Helligkeitserwartungen überprüft werden konnten. Bei der Entdeckung betrug die visuelle Helligkeit des Kometen 24.2 Größenklassen. Dies war enttäuschend schwach, fast eine Größenklasse schwächer als erwartet. Aber es muß gesagt werden, daß noch nie ein Komet in einer so großen Entfernung von 11 AE von der Sonne entdeckt worden war, – und daher mußten alle Helligkeitsvoraussagen nur als grobe Schätzungen angesehen werden.

Was die Wiederentdeckung für die Bahnberechnung ausmacht, geht aus der Tabelle III.3 hervor. Hier sind die oskulierenden Bahnelemente von P/Halley dargestellt, wie sie nach Rechnungen von D. K. Yeomans vor und nach der Wiederentdeckung erhältlich waren. Auf den ersten Blick scheinen die Revisionen bedeutungslos. Tatsächlich wurde aber die Zeit des Periheldurchgangs um 5 Stunden vorverlegt, und die Periheldistanz ist jetzt 810 km größer. Wenn man bedenkt, daß die europäische Raumsonde Giotto 1986 bis auf weniger als 1000 km an den Kometenkern herangelenkt werden soll, dann sind jedoch diese Bahnkorrekturen höchst bedeutungsvoll, und man wird weitere Anstrengungen unternehmen müssen, die Bahnelemente zu verbessern.

Seit der Wiederentdeckung wird Halleys Komet häufig beobachtet. Erwartungsgemäß zeigte er bis Mitte 1984 weder Aktivität noch

Tabelle III.3
Oskulierende Bahnelemente von P/Halley, wie sie von D. K. Yeomans *vor* und
nach der Wiederentdeckung des Kometen 1982 berechnet wurden. Die neuen
Bahnelemente berücksichtigen etwa 50 Positionsbestimmungen aus der Zeit
1982–84

	vor 1982	*1984*
Zeit des Periheldurchgangs	1986,Febr.9.66128	1986,Febr.9.43867
Periheldistanz	0.5870959 AE	0.5870992 AE
Exzentrizität	0.9672671	0.9672675
Periode		75.98121 Jahre
Argument des Perihels	111.°85336	111.°84658
Bahnneigung	162.°23779	162.°23932
Länge des aufsteigenden Knotens	58.°15313	58.°14397

einen Schweif; sein Kern reflektierte lediglich das einfallende Sonnenlicht. Aber das reflektierte Licht war unerwartet rot und variierte innerhalb von Wochen um bis zu einer Größenklasse. Die letztere Tatsache ist fast sicher darauf zurückzuführen, daß der Kern rotiert und an
der Oberfläche unterschiedliches Rückstrahlungsvermögen (Albedo)
aufweist. Gegen Ende 1984 begann er – überraschend früh bei einem
Sonnenabstand von r = 6 AE – seine offenbar noch sporadische Aktivität zu entfalten. Seine Helligkeitsschwankungen wuchsen auf 1.7 Größenklassen an, und die ersten Spuren seiner Koma gaben ihm ein
diffuses Aussehen.

Man hofft, daß der Komet bei dieser Wiederkehr besser beobachtet wird als je ein Komet zuvor. Obwohl er, wie wir gesehen haben, für
den Himmelsbetrachter auf der Nordhalbkugel eine Enttäuschung
sein wird, sind die Beobachtungsbedingungen für mittlere und große
Teleskope während vieler Monate sehr günstig, und da der Komet –
wie im nächsten Abschnitt besprochen wird – von mehreren Raumsonden aufgesucht werden wird, sind Bodenbeobachtungen von allergrößter Wichtigkeit. Um die vorgesehenen Beobachtungen von
Raumsatelliten, Raketen, Ballonen und Flugzeugen, deren Meßdauer
durchwegs beschränkt bleibt, optimal auswerten zu können, ist es notwendig, daß der Komet ständig vom Boden aus mit allen zur Verfügung stehenden Mitteln überwacht wird. Um eine solche kontinuier-
liche und koordinierte Beobachtung sicherzustellen, wurde eigens eine
Organisation ins Leben gerufen, die den Namen 'International Halley
Watch' («Internationale Halley-Wacht», kurz IHW) erhielt.

Schon zu Zeiten, als die astronomische Photographie noch in den
Kinderschuhen steckte, hatte man realisiert, daß drastische Verände-

rungen in den Plasmaschweifen von Kometen auftreten können. So hatte der Komet Swift 1892 kurzfristige Strukturveränderungen gezeigt, die deutlich machten, wie wichtig es ist, Kometen kontinuierlich zu beobachten, wenn man die in ihnen ablaufenden physikalischen Prozesse verstehen will. Dies wurde von dem Amerikaner E. E. Barnard, einem begnadeten Beobachter und Entdecker zahlreicher Kometen, schon zu Ende des vorigen Jahrhunderts realisiert, und er schlug vor, die Beobachtungen des Halleyschen Kometen 1910 sollten weltweit koordiniert werden. Dies wurde auch tatsächlich durchgeführt, aber der Aktion war kein voller Erfolg beschieden. Dies hatte verschiedene Ursachen. Zum einen hatten die Wetterverhältnisse die großen Teleskope auf dem nordamerikanischen Kontinent gegenüber Europa begünstigt, so daß die Verteilung der Beobachtungsergebnisse sehr ungleich war. Zum anderen fühlten die Observatorien, die besonders reiche Ausbeute gewonnen hatten, wie etwa Lick und Cordoba, wenig Bedürfnis zur Kooperation. So konnte es geschehen, daß die ebenfalls erstklassigen Photographien, die auf Mount Wilson mit dem damals neuerstellten, größten Teleskop der Welt, dem 1.5m-Spiegel, gewonnen worden waren, bis in die neueste Zeit fast ungenützt in Kellerräumen lagerten. Trotzdem kamen durch die damalige Zusammenarbeit einige sehr eindrückliche und nützliche Ergebnisse zutage, wie etwa das Abreissen des Plasmaschweifs in kaum je wieder erreichter zeitlicher Auflösung (Abb. III.2).

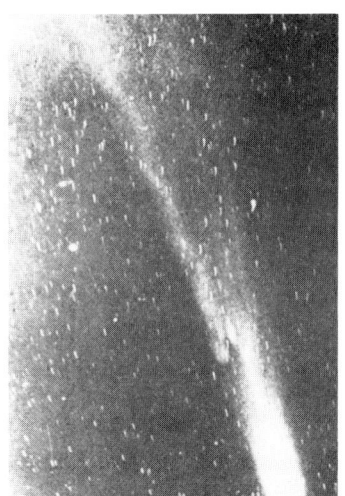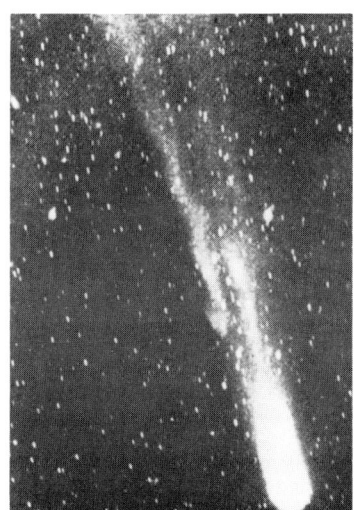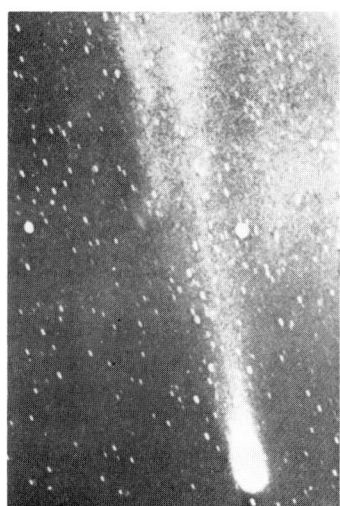

Abb. III.2
Diese Photographien von P/Halley wurden 1910 im Rahmen einer internationalen Zusammenarbeit gewonnen. Links: Yerkes Observatory (Williams Bay, Wisconsin) 6. Juni, 15.48 Uhr UT; Mitte: Honolulu 6. Juni, 18.30 Uhr UT; rechts: Beirut 7. Juni, 7.00 Uhr UT. Die Aufnahmen zeigen das Abreißen des Plasmaschweifes und damit die komplexen Prozesse in diesem mit guter zeitlicher Auflösung. Die Abreißgeschwindigkeit läßt sich zu 57 km/Sek. bestimmen.

Die Internationale Halley Wacht (IHW) hat zum Ziel, die Strukturveränderungen von P/Halley zu registrieren, die grundlegenden
physikalischen Prozesse zu klären, die chemische Zusammensetzung
des Kerns, der Koma und des Schweifs zu analysieren, und alle zeitlichen und örtlichen Änderungen im Kometen festzuhalten. Diese
Zielsetzung soll erreicht werden, indem die IHW versucht:
1. während der gesamten Sichtbarkeit des Halleyschen Kometen wissenschaftliche Beobachtungen zu veranlassen und zu koordinieren;
2. sicherzustellen, daß die Beobachtungstechniken und Instrumente
   so weit wie möglich standardisiert sind;
3. sicherzustellen, daß die Daten und die Ergebnisse in geeigneter
   Weise dokumentiert und archiviert werden;
4. die Daten zu empfangen, zu registrieren und an Wissenschaftler in
   der ganzen Welt weiterzuleiten und Informationen an die Öffentlichkeit und die Medien zu geben;
5. die Entwicklung von für die Beobachtungen wichtigen Instrumenten zu stimulieren.
Die Leitung der IHW besteht aus zwei Zentren: einem unter der
Leitung von Dr. R. L. Newburn am Jet Propulsion Laboratory in Pasadena, und einem unter der Leitung von Professor J. Rahe an der Dr.-
Remeis-Sternwarte in Bamberg. Der Leitung steht ein Fachbeirat mit
27 international anerkannten Wissenschaftlern zur Seite.

Der Fachbeirat hat eine Reihe von Spezialisten ernannt, die in sieben Arbeitsgruppen die Koordination innerhalb verschiedener Forschungsgebiete übernehmen sollen. Diese Arbeitsgruppen betreuen
die folgenden Bereiche:

IHW-Fachbeirat

W. I. Axford (Neuseeland)	I. Halliday (Kanada)	E. Roemer (USA)
M. J. S. Belton (USA)	G. Herbig (USA)	H. E. Schuster (Chile)
J. Blamont (Frankreich)	L. Kresak (ČSSR)	K. R. Sivaraman (Indien)
G. Briggs (USA)	Y. Kozai (Japan)	V. Vanysek (ČSSR)
A. Delsemme (USA)	R. Lüst (BRD)	J. F. Veverka (USA)
B. Donn (USA)	A. Massevitch (UdSSR)	K. W. Weiler (USA)
H. Fechtig (BRD)	A. J. Meadows (GB)	G. Wetherill (USA)
L. Friedmann (USA)	C. R. O'Dell (USA)	F. L. Whipple (USA)
S. M. Gong (China)	R. Reinhard (Niederlande)	Ya. S. Yatskiv (UdSSR)

1. Astrometrie: Das astrometrische Beobachtungsnetz wird dafür sorgen, daß laufend gute Positionen gemessen und optische Helligkeiten bestimmt werden. Die ersteren werden es erlauben, die Bahn- und Ephemeridenrechnungen stetig zu verbessern. Dies ist nicht nur für die Raumsonden zu Halleys Kometen bedeutsam, sondern auch für ein Studium der auf den Kometen wirksamen nichtgravitationellen Kräfte und für die Voraussage von astronomisch interessanten Bedekkungen von Sternen und kosmischen Radioquellen durch den Kometen. Die jeweils besten Ephemeriden werden interessierten Wissenschaftlern zur Verfügung gestellt.

Astrometrie	D. K. Yeomans (JPL)
	R. M. West (ESO)
	R. S. Harrington (USNO)
	B. G. Marsden (C. A.)

2. Infrarot-Spektroskopie und -Strahlungsmessung: In diesem Netz werden alle Beobachtungen im Infraroten, das heißt mit Wellenlängen von 1–500 μm zusammengefaßt. Man erhofft sich in diesem Gebiet wichtige neue Aufschlüsse über Kometen. Unter anderem hofft man die sogenannten Vibrations-Rotationsbanden der vermutlichen Mutter-Moleküle H_2O, NH_3, CH_4 usw. nachweisen zu können. Diese Banden sind im Spektrum von Kometen vorausgesagt, aber ihr Nachweis ist bisher sehr schwierig geblieben.

Infrarot-Spektroskopie	R. F. Knacke
und -Strahlungsmessung	(SUNY, Stony Brook)
	T. Encrenaz (Obs. Meudon)

3. Großräumige Phänomene: Ein weltweites Netz von Sternwarten wird den Kometen mit guter Winkelauflösung und während seiner maximalen Schweifbildung mit Weitwinkelkameras photographieren, um die Phänomene im Plasma- und im Staubschweif mit möglichst guter Zeitauflösung festzuhalten. Dies ist von besonderer Wichtigkeit um die kurzfristigen extraterrestrischen Beobachtungen in den Gesamtrahmen der Kometenaktivität zu stellen. Die stärksten Veränderungen der Aktivität werden während und kurz nach dem Periheldurchgang erwartet; dann steht der Komet so nahe bei der Sonne, daß die mögliche Beobachtungsspanne für jeden festen Ort nur sehr kurz ist, wodurch die gute geographische Verteilung der Observatorien besonders wichtig ist.

Großräumige Phänomene	J. C. Brandt (GSFC)
	M. B. Niedner (GSFC)
	J. Rahe (Obs. Bamberg)

4. Die innere Kernumgebung: Auf der Grundlage von Beobachtungen, die in diesem Netz gewonnen werden, sollen die Orientierung der Rotationsachse und die Rotationsperiode des Kerns sowie thermophysikalische Prozesse in Kernnähe erforscht werden. Man hofft hier, die Kernaktivität durch die mit CCD-Kameras in höchster Winkelauflösung abgebildeten Plasma- und Staubströme besser erforschen zu können, als dies bisher möglich gewesen ist. Da in dem relativ kleinen Raum um den Kern Veränderungen innerhalb von Stunden auftreten werden, ist hier wiederum die Verteilung der Beobachtungsstationen rund um den Globus wichtig.

Innere Kernumgebung	S. Larson (U. of Arizona)
	Z. Sekanina (JPL)
	J. Rahe ((Obs. Bamberg)

5. Photometrie und Polarimetrie: In dieser Arbeitsgruppe werden Helligkeitsbestimmungen innerhalb enger Wellenlängenintervalle aus dem optischen Bereich und aus dem nahen Infraroten (Wellenlängen $0.3 - 0.1\ \mu$m) gemacht, wobei man Photozellen verwendet, vor die ein Interferenzfilter gesetzt ist. Diese Messungen werden Aufschluß liefern über die Staubhäufigkeit und über das quantitative Vorkommen von verschiedenen Elementen und chemischen Verbindungen im Gebiet der Koma. Messungen der Polarisation des Staubes, wenn dieser von der Sonne geeignet beleuchtet wird, können überdies Hinweise auf die Größe der vorkommenden Staubteilchen liefern. Endlich kann die Koma «durchleuchtet» werden mit Hilfe von bedeckten Sternen, deren Helligkeitsvariation während der Bedeckung gemessen wird.

Photometrie und	M. A'Hearn (U. of Maryland)
Polarimetrie	V. Vanysek (U. Prag)
	H. Campins (U. of Maryland)

6. Radiobeobachtungen: In diesem Netz werden Messungen im Radiobereich (Wellenlängen größer als 0.5 mm) gemacht. Untersuchungen der Linie des Radikals OH bei einer Wellenlänge von 18 cm wurden bereits an etwa einem Dutzend Kometen ausgeführt; es ist eine sehr gute Methode, um die Gesamtaktivität eines Kometen zu analysieren, da OH ein direktes Zerfalls-(«Dissoziations»-)Produkt

von Wasser ist, welches vermutlich etwa 80 bis 90 Prozent der gesamten flüchtigen Materie in einem Kometen ausmacht. Man wird versuchen, (thermische) Kontinuumstrahlung der Komateilchen und kometare Effekte (Szintillation) mit Hilfe von Hintergrundsradioquellen zu messen.

Radio	W. M. Irvine (U. of Mass.)
	F. P. Schloerb (U. of Mass.)
	E. Gerard (Obs. Meudon)
	R. D. Brown (Monash U.)
	P. Godfrey (Monash U.)

7. Spektroskopie und Spektrophotometrie: Diese Arbeitsgruppe wird ebenfalls im Wellenlängenbereich 0.3 – 1.0 μm arbeiten, jedoch sehr hohe spektrale Auflösung anstreben. Diese Beobachtungen erlauben, aus der Intensität gewisser Spektrallinien – unter Ausnützung des sogenannten Greenstein-Effektes – auf die Bewegungszustände des Plasmas zu schließen. Aus den Intensitätsverhältnissen molekularer Linien und Banden können überdies Aussagen über den physikalischen Zustand und über mögliche Muttermoleküle des Gases gemacht werden.

Spektroskopie und	S. Wyckoff (Ariz. St. U.)
Spektrophotometrie	P. A. Wehinger (Ariz. St. U.)
	M. C. Festou (S. d'Aeronomie CNRS)

Eine große Zahl von weltweit verteilten Astronomen hat ihre Mitarbeit in den verschiedenen Arbeitsgruppen bereits zugesagt. Hierüber gibt die Tabelle III.4 Auskunft.

Tabelle III.4
Die Verteilung der in den Arbeitsgruppen der IHW kooperierenden Wissenschaftler.

Arbeitsgruppe	Zahl der teilnehmenden Länder	Zahl der Beobachter
1 Astrometrie	35	167
2 Infrarot	26	105
3 Großräumige Phänomene	36	169
4 Innere Kernumgebung	38	182
5 Photometrie	27	122
6 Radio	33	170
7 Spektroskopie	41	383
Summe	47	1298
Zahl der teilnehmenden Wissenschaftler		835

Da P/Halley voraussichtlich zu gewissen Zeiten erheblichen Aktivitätsschwankungen unterworfen sein wird, ist es wichtig, daß Messungen von allen verschiedenen Disziplinen gleichzeitig gemacht werden können. Um diese simultanen Beobachtungen im Voraus zu sichern, wurden speziell wichtige Tage für die Halley-Wacht bereits ausgesucht, an denen der Komet in unterschiedlichem Abstand von der Sonne steht und die in Perioden fallen, in denen der Mond unter dem Horizont steht – wie es gewisse Arbeitsgruppen erfordern – oder während des Vorbeifluges von Satelliten oder während Zeiten, zu denen der Komet in Erdnähe steht. Diese speziellen Tage der IHW sind in Tabelle III.5 zusammengestellt.

Tabelle III.5
Die speziellen Tage der Internationalen Halley-Wacht

		Abstand Komet-Sonne in AE			Abstand Komet-Sonne in AE
1985	13. – 15. Februar	4.9	18. – 20. Oktober	2.1
	9. – 11. April	4.3	3. – 5. November	1.9
	24. – 26. August	2.8	12. – 18. November	1.7
	21. – 23. September	2.5	8. – 13. Dezember	1.3
1986	4. – 6. Januar	1.0	6. – 13. April	1.3
	3. – 6. Februar	0.6	3. – 5. Mai	1.7
	17. – 19. Februar	0.6	1. – 3. Juni	2.1
	4. – 18. März	0.9	1. – 3. August	2.9
	28. – 30. März	1.1	12. – 14. November	4.0
1987	6. – 8. Januar	4.6	16. – 18. Juni	6.1
	22. – 24. April	5.6	27. – 29. Dezember	7.6

Ein wesentliches Ziel der IHW ist es, zwei Archive anzulegen – eines in Pasadena, das andere in Bamberg, – um alle eingehenden Beobachtungen systematisch zu sammeln. Interessenten können diese Daten nach dem 1. Januar 1988 von den Archiven erhalten, – es sei denn, die einliefernden Beobachter hätten sich eine längere Sperrfrist ausbedungen. Im Jahre 1989 sollen dann die gesammelten und reduzierten Daten in einer umfassenden Publikation von dem bekannten Kometenforscher Z. Sekanina herausgegeben werden.

Es wurden auch Vereinbarungen getroffen, um den Datenfluß zwischen der IHW und den Agenturen, die mit Satelliten Halleys Kometen beobachten werden, zu sichern. Die Wissenschaftler, die für diese Verbindung verantwortlich sind, sind die folgenden:

Projekt	Giotto	Vertreter	R. Reinhard (ESA)
	VEGA		R. Sagdeev (UdSSR)
	Planet A		K. Hirao (Japan)
	Astro-1		J. C. Brandt (U.S.A.)

Besonders für den Giotto-Satelliten, der die Koma von P/Halley durchfliegen wird, sind laufend reduzierte Positionsbestimmungen, wie sie die IHW liefern wird, und entsprechende Bahnkorrekturen für den Kometen von großer Wichtigkeit, denn wohl lassen sich, wie weiter oben ausgeführt wurde, sehr exakte Ephemeriden für die *jetzige* Kometenbahn berechnen, aber nichtgravitationelle Kräfte werden den Kometen noch von dieser Bahn ablenken, und diese Kräfte lassen sich nicht genau im Voraus berechnen.

Die IHW, deren Mitarbeiterteam sich wie ein Who's Who der Kometenforschung liest, ist auch sehr an der Zusammenarbeit mit Amateurastronomen interessiert. Einerseits hilft sie, daß Amateure nützliche Beobachtungen von P/Halley liefern können, andererseits nimmt sie gute, zur Verfügung gestellte Amateurbeobachtungen in ihre Archive auf. Ein erstes Ziel dieser Messungen ist es, auf Grund von visuellen und photographischen Beobachtungen der Erscheinung von 1985/86 einen direkten Vergleich mit entsprechenden Daten aus dem Jahre 1910 zu erhalten. Professionelle Astronomen machen kaum mehr mit den Techniken Beobachtungen, wie sie 1910 zur Verfügung standen. Da diese Techniken Amateurastronomen noch leicht zugänglich sind, können sie wesentliche Ergänzungen liefern und helfen, Lücken in den professionellen Beobachtungen zu füllen. Neben den Beobachtungen von P/Halley selbst können Amateure auch sehr wertvolle Daten über die Aquariden- und Orioniden- Sternschnuppenströme liefern.

Die Abteilung Amateurastronomie innerhalb der IHW steht unter der Leitung von Dr. Stephen J. Edberg vom Jet Propulsion Laboratory. Er ist der Autor einer englischsprachigen Schrift, die auch ins Deutsche übersetzt werden soll, und die für jeden ernsthaften Amateur unerläßlich ist: 'International Halley Watch Amateur Observers' Manual for Scientific Comet Studies'. Für etwa $ 10.-- kann diese Schrift von Enslow Publishers Inc., Hillside, N.J. (USA) und Sky Publishing Corporation, Cambridge, Mass. (USA) bezogen werden. Eine gekürzte Fassung ‹Komet Halley Beobachtungshilfen› ist von der Wilhelm-Foerster-Sternwarte in Berlin (Munsterdamm 90, 1000 Berlin 41) herausgegeben worden. Diese Volkssternwarte wie auch die Bayerische Volkssternwarte (Anzingerstraße 1, D-8000 München 80) und die Archenhold-Sternwarte (Alt-Treptow 1, DDR-1193 Berlin) nehmen Amateurbeobachtungen für die IHW entgegen; für die Schweiz ist die entsprechende Kontaktadresse der Zentralsekretär der Schweizerischen Astronomischen Gesellschaft, A. Tarnutzer (Hirtenhofstr. 9,

Ch-6005 Luzern). Über diese Adressen können auch Berater vermittelt werden, die dem ernsthaft interessierten Amateurastronomen für visuelle, photographische und andere Beobachtungen Unterstützung bieten können.

Die IHW hatte schon früh die Notwendigkeit eines Versuchslaufs erkannt. Die erwartete Menge an Meßdaten von P/Halley ist enorm, und ein Teil dieser Daten ist nur nützlich, wenn sie schnell erhältlich werden. Um die eingehenden Daten aufzunehmen, zu reduzieren und zu standardisieren, müssen alle Computer, die von der IHW benützt werden, die gleiche Sprache verstehen und schreiben; überdies müssen die fertigen Daten Interessenten in nützlicher Frist weitergegeben werden können. Es schien zu riskiert, mit diesen Problemen zu warten, bis die Halley-Daten hereinströmen würden. Man mußte daher einen Versuchslauf machen, für den die beste Zeit die ersten Monate des Jahres 1984 waren, weil damals bereits das ganze Organisations- und Beobachtungsnetz der IHW bereitstand, ohne aber einen Beweis seiner Leistungsfähigkeit zu besitzen.

Schließlich wurde P/Crommelin als Versuchsobjekt und die Zeit vom 25. bis 31. März 1984 für den Versuchslauf ausgewählt. Dieser Komet hatte für die Probe einige günstige Eigenschaften. Er ist selber von erheblichem wissenschaftlichem Interesse; außerdem wies er zu der genannten Zeit etwa die gleiche Stellung am Himmel auf, wie P/Halley sie im besonders wichtigen März 1986 einnehmen würde, – mit der an sich unwesentlichen Ausnahme, daß P/Crommelin am Abend- statt am Morgenhimmel stand. Da es schwierig ist, mit großen Teleskopen in der Nähe des Horizonts zu arbeiten, bot P/Crommelin daher realistische Übungsmöglichkeiten. Überdies hat P/Crommelin zur Zeit des Tests etwa die gleiche Distanz von der Erde und von der Sonne wie P/Halley während der kritischsten Zeit, – nur war jener etwa 100 mal schwächer als Halleys Komet.

Der Versuchslauf konnte erfolgreich durchgeführt werden. Besonders in den Vereinigten Staaten war das Wetter ungewöhnlich mild und klar. Alle sieben Spezialistengruppen empfingen wenigstens einige Daten. Die Arbeitsgruppe für Astrometrie erhielt 231 Positionsbestimmungen von P/Crommelin von 34 Observatorien in 16 Ländern. So konnten nicht nur wertvolle Erfahrungen im Hinblick auf P/Halley gewonnen werden sondern zusätzlich auch wissenschaftliches Material über den Versuchskometen.

Schon vor mehr als 30 Jahren vertraten einige Astrophysiker die Ansicht, daß Raumsonden zu Kometen von großem wissenschaftlichem Interesse wären. Während eines Symposiums über Weltraumforschung in Washington im Jahre 1959 wies F. Whipple darauf hin, daß Missionen in die Nachbarschaft von Kometen möglich seien. Zwei Jahre später sprach P. Swings in Pasadena wiederum über diese Möglichkeit und beschrieb die wissenschaftlichen Ziele eines solchen Unternehmens.

Das wichtigste wissenschaftliche Ziel einer Kometenmission ist heute das Verständnis von zum Teil außerordentlichen komplexen physikalischen und chemischen Prozessen, die für Kometen typisch sind, die aber im Laboratorium nur schwer oder überhaupt nicht untersucht werden können. Überdies sollte eine genauere Erforschung von Kometen, als den vermutlich ursprünglichsten Körpern im Sonnensystem, bedeutsame Aufschlüsse über die Bedingungen liefern, unter denen sich unsere Ur-Sonne aus einer Gas- und Staubwolke formte, und unter denen sich die übrigen Körper im Sonnensystem abspalteten, – ja vielleicht sogar über die Entstehung des Lebens selbst. Kometen und Planeten wurden wahrscheinlich aus demselben Gas und Staub geformt, aber bei den Planeten und ihren Monden wurde die Erinnerung an ihre Entstehung durch eine milliardenjährige Entwicklung verwischt; zahlreiche innere und äußere Prozesse haben ihr Inneres und ihre Oberfläche umgeformt, so daß sie heute höchstens indirekte Schlüssel auf ihren Ursprung zulassen. Im Gegensatz dazu gehören Kometen zu den primitivsten Körpern im Sonnensystem; sie sind zu klein, um sich je im Inneren durch gravitationelle Kontraktion oder durch radioaktive Elemente aufgeheizt zu haben. Auch ist kaum anzunehmen, daß sie je Zusammenstöße erlitten haben, oder daß in ihnen eine chemische Segregation stattgefunden hat. Daher darf man annehmen, daß Kometen heute noch die physikalische und chemische Umwelt widerspiegeln, die zur Zeit der Entstehung des Sonnensystems bestand.

Es ist möglich, daß Kometen eine wesentliche Quelle für die organischen Verbindungen in den Atmosphären einiger Planeten waren. Eine genaue Kenntnis der kometaren Chemie könnte daher Aufschlüsse über die Eigenschaften der vorbiologischen Zeit auf der Erde liefern. Allein die Tatsache, daß heute allen Ernstes über die Möglichkeit theoretisiert wird, daß Kometen die ersten organischen Moleküle auf die Erde gebracht haben, aus denen sich dann das Leben entwickelt haben könnte, zeigt, daß eine Kometenmission größte wissenschaftliche Aktualität hat. Da diese organischen Moleküle sich aber schon in der Vorzeit des Sonnensystems im Raum zwischen den Sternen gebildet haben müssen, würde ihre genaue Kenntnis zugleich die komplizierten Prozesse erhellen, unter denen sie einst aus dem interstellaren Material gebildet worden sind.

Beobachtungen von Kometen haben direkt zur Entdeckung des Sonnenwindes geführt und anschließend zur Erforschung desselben beigetragen. Sollte es gelingen, die Wechselwirkung eines Kometen mit dem Sonnenwind noch besser zu verstehen, so könnten in Zukunft die Kometen als kostenlose Probekörper des interplanetaren Mediums benützt werden, und sie würden neues Licht auf Probleme der Plasmaphysik werfen, die heute auch technologisch von hohem Interesse ist.

Trotz der großen wissenschaftlichen Bedeutung einer Kometenmission kann man sich fragen, ob es gerechtfertigt ist, einige Hundertmillionen Franken für die Entsendung eines Satelliten zu einem Kometen auszugeben. Wenn es sich um ausschließlich wissenschaftliche Fragen handeln würde, könnten diese enorm hohen Summen tatsächlich nicht aufgebracht werden. Aber es geht um weit mehr. Wissenschaftliche Satelliten stellen extreme Anforderungen an eine ganze Reihe von Technologien. Unter anderem müssen diese Satelliten außerordentlich zuverlässig sein und eine lange Betriebsdauer garantieren, sie müssen höchste Materialanforderungen erfüllen und dürfen dabei nur ein minimales Gewicht haben; sie müssen auf ihrer Reise eine unglaubliche Menge von Daten messen und diese auf die Erde zurücksenden können, wozu eine genügende Energiemenge an Bord zur Verfügung stehen muß. Diese und andere Anforderungen verlangen neue technische Entwicklungen, und die dadurch eingeleiteten Fortschritte lassen sich dann bei kommerziellen Satelliten für das Fernmeldewesen, für die Land- und Meereserkundung und für die Herstellung spezieller Materialien im schwerelosen Raum verwenden. Die Bedeutung der hier gewonnenen Erfahrungen geht jedoch noch erheblich darüber hinaus. Die Entwicklung zum Beispiel der Mikrotechnik und der Datenübertragung und -verarbeitung ist heute für eine hochtechnologische Gesellschaft, die leistungsfähig bleiben möchte, unerläßlich. Die Raumfahrt ist heute zu einem wesentlichen Faktor für den technologischen und industriellen Fortschritt geworden, auf den zu verzichten für eine moderne Industrienation ökonomischer Selbstmord bedeuten würde. Die Kosten eines wissenschaftlichen Satelliten oder speziell einer Kometenmission müssen daher in einem viel weiteren Rahmen beurteilt werden.

Für jede Kometenmission spielt die Wahl des Kometen, den man besuchen möchte, eine vorrangige Rolle. Der Astronom wählt natürlich den wissenschaftlich interessantesten, während der Ingenieur den Kometen bevorzugt, der am leichtesten erreicht werden kann. Leider erfüllt kein Komet diese Wünsche gleichzeitig, und es ist notwendig, einen Kompromiß zu finden.

Es ist offensichtlich, daß ein Komet, der schon oft zurückgekehrt ist, und dessen Bahn mit hoher Genauigkeit bekannt ist, ein einfacheres Ziel darstellt als ein neuer Komet, der unerwartet auftaucht, und dessen Bahn nur während der relativ kurzen Zeit seiner Sichtbarkeit bestimmt werden kann. Überdies haben nichtperiodische Kometen im Allgemeinen Bahnen, die stark gegen die Ekliptik geneigt sind, und sie verweilen nur kurze Zeit in der Nähe der Ekliptik, nämlich dann wenn sie durch die Knoten gehen. Dies ist bedeutsam, weil Satelliten, die aus der Erdbahnebene hinaus gehen sollen, erheblich mehr Energie erfordern als solche, die in dieser Ebene bleiben sollen. Dieser Umstand favorisiert wiederum die periodischen Kometen, weil deren Bahnen vorzugsweise zur Ekliptik hin geneigt sind.

Aus den genannten Gründen wurde ein neuer Komet als erstes Ziel einer Mission ausgeschieden. Dies ist bedauerlich, denn vom wissenschaftlichen Standpunkt aus wäre ein neuer Komet am interessantesten. Ein solcher ist der Sonnenstrahlung noch nie ausgesetzt gewesen, seine chemische Zusammensetzung ist noch die ursprüngliche. Der Nachteil der periodischen Kometen ist, daß sie in der Regel schon einen großen Teil ihrer verdampfbaren Materie verloren haben und daß sie daher keine Gasschweife mehr bilden können. Das volle Wechselspiel zwischen dem kometaren Plasma mit dem Sonnenwind und dem interplanetaren Magnetfeld, sowie die Ionisation dieses Plasmas in der Koma können daher nur bei erstmaligen, das heißt nichtperiodischen Kometen untersucht werden.

Ab 1961 unternahm die amerikanische 'National Aeronautics and Space Administration' (NASA) Studien für eine Kometenmission. Ihrem Beispiel folgte bald darauf auch die 'European Space Research Organization' (ESRO), die Vorläuferin der 'European Space Agency' (ESA). Man kannte 1978 102 periodische Kometen, von denen 66 mindestens zweimal beobachtet worden waren. Welchen sollte man wählen? Für die Wahl müssen folgende Kriterien angewandt werden:

1. Seine Bahn muß im Moment der Begegnung mit dem Satelliten auf das Genaueste bekannt sein, wenn man größere und sehr kostspie-

lige Kurskorrekturen des Satelliten während des Fluges vermeiden will. Das heißt, daß es möglich sein muß, die Positionen des Kometen Nacht für Nacht mindestens während zweier Monate vor dem Abschuß und – da der Satellit selber, je nach seiner eigenen Bahn, einige Monate unterwegs sein wird – während sechs Monaten vor der Begegnung zu messen. Wegen der nicht voraussehbaren nichtgravitationellen Kräfte, die auf den Kometen wirken, ist es selbst in diesem Fall notwendig, kleinere Kurskorrekturen noch während des Fluges anzubringen.

2. Der Komet muß während der Begegnung genügend hell sein, daß er vom Boden beobachtet werden kann, da es sonst nicht möglich ist, die Satellitendaten in einen größeren Rahmen zu stellen. Das heißt, der Komet darf zur Zeit der Begegnung nicht schwächer als die 12. Größenklasse sein, und er muß in den Nächten vor und nach der Begegnung während mehrerer Stunden am dunklen Himmel (d. h. ohne Vollmond) beobachtbar sein.

3. Der Komet und die Raumsonde müssen zum Zeitpunkt der Begegnung eine möglichst kleine Relativgeschwindigkeit haben, damit ihre gegenseitige Annäherung möglichst lange dauert, was für die Menge und die Qualität der Meßdaten natürlich sehr wünschenswert ist.

Von den bekannten periodischen Kometen scheiden einige von vornherein aus, da sie niemals heller als die 12. Größenklasse sind. Von den übrigen periodischen Kometen verletzen die meisten eines oder mehrere der genannten Kriterien gröblich. Es bleiben also nur ganz wenige, die für Satellitenmissionen Erfolg versprechen.

In den 60er Jahren hatte die NASA eine Liste von sechs Kometen aufgestellt, die am ehesten mit den Kriterien verträglich sind; sie sind in der Tabelle III.6 genannt.

Von diesen Kometen schien P/Kopff die besten Aussichten zu bieten, denn im Moment der Begegnung wäre die Relativgeschwindigkeit von nur 8 km/sec ungewöhnlich günstig gewesen. P/Halley schien zwar vom wissenschaftlichen Standpunkt aus der interessanteste, aber wegen der merklichen Bahnneigung des Kometen braucht eine Raumsonde mehr Energie, um zu ihm zu kommen, als für die übrigen Kometen, und überdies bedingt sein retrograder Umlaufsinn eine ungewöhnlich große Relativgeschwindigkeit und eine entsprechend kurze Meßdauer. Andererseits wäre es möglich, daß ein Satellit die Bahn von P/Halley zweimal kreuzt – einmal vor und einmal nach

Tabelle III.6
Für NASA-Missionen ausgewählte Kometen

Komet	Perihelzeit
P/Tempel 2	14. Aug. 1967
P/Encke	29. April 1974 und 1980, 1984
P/d'Arrest	13. Aug. 1976
P/Grigg-Skjellerup	11. April 1977
P/Kopff	10. Aug. 1983
P/Halley	9. Febr. 1986
P/Giacobini-Zinner	6. Sept. 1985 gemeinsame
P/Borrelly	18. Dez. 1987 Mission

dem Perihel. Auch hatten R. W. Farquhar und seine Mitarbeiter die Möglichkeit berechnet, daß ein Satellit gleich zwei Kometen begegnen könnte; besonders günstig hierfür wären die Kometen P/Giacobini-Zinner und P/Borrelly.

Parallel zur NASA stellte die ESRO eine entsprechende Kometenliste auf (Tabelle III.7), wobei sie den wissenschaftlichen Aspekten mehr Gewicht verlieh als den technischen.

Tabelle III.7
Für ESRO-Missionen ausgewählte Kometen

Komet	Perihelzeit
P/Tempel 2	15. Nov. 1972
P/Giacobini-Zinner	5. Aug. 1972
P/Tuttle-Giacobini-Kresak	30. Mai 1973
P/Brooks 2	4. Jan. 1974

Diese Liste hat heute nur noch ein historisches Interesse, da die ESRO nie, bevor sie in die ESA umgewandelt wurde, mit dem Abschuß einer Rakete erfolgreich wurde.

Auch für die NASA verstrich die Zeit, ohne daß eine Entscheidung gefallen wäre. Anfänglich konnte man noch hoffen P/Grigg-Skjellerup 1977 zu erreichen. Dann wurde es auch für ihn zu spät. P/Encke rückte nach. Mit einer am 1. September 1980 abgefeuerten Titan-Rakete hätte man einen Satelliten am 28. November 1980 in die Nähe dieses Kometen bringen können. Auch diese Möglichkeit blieb ungenützt.

Ende der 70er Jahre nahmen die NASA-Pläne wegen einer neuen technischen Entwicklung jedoch andere Richtungen. Es schien möglich zu werden, Antriebsaggregate zu bauen, die den Satelliten während seines ganzen Fluges zum Kometen beschleunigen, und die nicht – wie bisher – dem Satelliten kurz nach dem Abschuß schon seine endgültige Reisegeschwindigkeit mitteilen, die sich dann abgesehen von kleinen Kurskorrekturen während der Reise nicht mehr verändern läßt. Während die konventionelle Art, Satelliten mit Raketen abzufeuern, zu einer sogenannten ballistischen Bahn führt, die sich irgendwo im Planetensystem mit der Kometenbahn annähernd kreuzt, könnte ein dauernd wirksames Antriebsaggregat den Satelliten in eine Flugbahn bringen, die parallel zu der Kometenbahn verläuft. Der entscheidende Vorteil der letztgenannten Methode ist, daß bei einem solchen Parallelflug, auch ‹Rendez-vous› genannt, der Satellit viel mehr Zeit hat, um Beobachtungen und Messungen des Kometen durchzuführen. Bei einer einfachen Begegnung, bei der sich die Flugbahnen des Kometen und des Satelliten kreuzen, und bei denen die typischen Relativgeschwindigkeiten 10–50 km/sec betragen, kann der Satellit nur für wenige Stunden in der unmittelbaren Nähe des Kometen verweilen, bei einem Parallelflug hingegen kann der Flugkörper den Kometen monatelang begleiten und auf diesen eventuell sogar eine Probe absetzen oder auf ihm landen.

Die damals neu in den Bereich der technischen Möglichkeiten rückenden Antriebsaggregate waren das Sonnensegel und der Ionenrückstoßmotor. Das Sonnensegel nützt den Strahlungsdruck der Sonne aus. Die Schwierigkeit hierbei ist, daß dieser Druck minim ist, und daß daher das Segel enorm groß sein muß, jedenfalls fast einen Quadratkilometer. Selbst dann würde es Jahre dauern, bis der Satellit eine nützliche Beschleunigung erhalten würde. Wir haben uns bereits daran gewöhnt, daß es manchmal Jahre dauern kann, bevor ein Satellit seine Mission erfüllt, und die langsame Wirksamkeit des Sonnensegels wäre daher kein wesentlicher Nachteil, aber die Entfaltung eines Segels im Raum von der notwendigen Größe mittels ultraleichter Maste und Streben stellt natürlich gewaltige technische Probleme.

Aus diesem Grund erscheint zunächst der Ionenrückstoßmotor erfolgversprechender. Bei ihm verlassen massive, geladene Atome, zum Beispiel Quecksilberionen, eine rückwärtig angebrachte Düse mit großer Geschwindigkeit und erteilen dadurch dem Satelliten einen Vorwärtsschub. Die Atome werden durch einen elektrischen Strom ionisiert und beschleunigt. Der notwendige Strom ist beträchtlich, etwa 25 Kilowatt für einen mittleren Satelliten, aber er kann durch eine genügende Anzahl von Sonnenzellen, wie sie allgemein zur Stromerzeugung von Satelliten benützt werden, geliefert werden.

Quecksilberionen, die die Düse mit etwa 10 km/sec verlassen, können so dem Satelliten einen Schub von rund $1/_{10}$ Newton erteilen. Dies bewirkt wiederum momentan nur eine minime Beschleunigung, aber ihre Größe summiert sich nach einigen Jahren auf sehr erhebliche Beträge auf. Trotz der langen Betriebsdauer werden nur einige Kilogramm von Quecksilber benötigt.

Wenn es möglich gewesen wäre, den Ionenrückstoßmotor schnell zu bauen, dann hätte man einen Satelliten mit diesem bestückt und im Juni 1982 zum Kometen Halley abfeuern können. Der Satellit wäre im Dezember 1985 in die unmittelbare Nähe des Kometen gekommen, und er hätte diesen weit über das Perihel hinaus bis zu Sonnendistanzen von 3 oder 4 AE im Parallelflug begleiten können.

Es wurde bald deutlich, daß die technische Entwicklung mit einer so früh angesetzten Mission nicht Schritt zu halten vermochte. Man mußte daher nach einer späteren, möglichst interessanten Möglichkeit Ausschau halten. Die Tabelle III.8 gibt eine Gegenüberstellung von Halleys Komet mit anderen Kometen, und sie macht die besonderen

Tabelle III.8
Ein Vergleich von P/Halley mit anderen Kometen

Gruppe		Komet	m_0	Q_{H_2O}
Mission kann geplant werden	kurzperi- odische Kometen	P/Encke (1990)	$12\cdots13$	$3\cdot10^{27}$
		P/Tempel 2 (1988)	≈ 13	110^{27}
		P/Tuttle-Giacobini-Kresak (1990)	12	$\approx 1\cdot10^{27}$
		P/Honda-Mrkós-Pajdusáková (1991)	$13\cdots14$	$\approx 1\cdot10^{27}$
		P/Faye (1991)	$11\cdots12$	$\approx 1\cdot10^{27}$
	Komet mittlerer Periode	P/Halley (1986)	5	$1\cdot10^{29}$
keine Voraus- planung möglich	langperi- odische oder ‹neue› Kometen	Tago-Sato-Kosaka (1969)	6.4	$2\cdot10^{29}$
		Bennett (1970)	3.5	$2.5\cdot10^{29}$
		Kohoutek (1973)	6.0	$1.5\cdot10^{29}$
		West (1976)	5.0	$2.3\cdot10^{29}$

m_0 = ‹absolute Helligkeit›, d. h. die scheinbare Helligkeit, die der Komet bei einem heliozentrischen (r) und geozentrischen (Δ) Abstand von je 1 AE hätte.

Q_{H_2O} = Produktionsrate, d. h. Anzahl von Wassermolekülen, die vom Kometenkern pro Sekunde abgedampft werden.

Vorzüge von P/Halley deutlich. Wenn man seine Helligkeit auf Einheitsentfernungen normiert, so sieht man, daß er mit einer absoluten Helligkeit von $m_0 = 5$ Größenklassen der hellste periodische Komet ist. Überdies entspricht seine Produktionsrate von Wassermolekülen, Q_{H_2O}, noch durchaus der eines neuen Kometen, während die kurzperiodischen Kometen in der Tabelle bereits so ausgegast sind, daß ihre Produktionsraten rund um einen Faktor 100 (!) niedriger liegen. Ein führender holländischer Astrophysiker, H. van der Hulst, hat einmal gegen das Argument, man könne in P/Halley frisches, ursprüngliches Material des Sonnensystems untersuchen, eingewendet, es komme ihm so vor, wie wenn eine Hausfrau eine Flasche Milch mindestens 30 mal aus dem Eisschrank genommen hätte und dann noch behaupten wolle, die Milch sei taufrisch. Gut, jedermann weiß, daß Halleys Komet nicht mehr taufrisch ist, aber er hat sich doch einen erstaunlichen Grad von Jugendlichkeit bewahrt. Es schien also mehr denn je wünschenswert, eine Mission zu P/Halley zu senden, andererseits war es für ein Rendez-vous bereits zu spät. Schließlich entstand der folgende Plan: ein Satellit der NASA sollte bis auf etwa 100 000 km zu P/Halley fliegen, dort eine Sonde absetzen, und dann seine dank des Ionenmotors beschleunigte Reise zu P/Tempel 2 fortsetzen und diesen in engem Parallelflug während 6 Monaten begleiten. Einzelheiten des ganzen Fluges sind in der Figur III.17 dargestellt. Die Sonde sollte von der ESA gebaut werden und sollte den Kern von P/Halley nach 15-tägigem Alleinflug aus nächster Nähe erforschen. Dieses Projekt wurde von den wissenschaftlichen Kreisen diesseits und jenseits des Atlantiks lebhaft begrüßt, aber es war auf Gedeih und Verderb der erfolgreichen Entwicklung des Ionenmotors ausgesetzt. Im November 1979 erfuhr man, daß der Präsident der Vereinigten Staaten den Motor *nicht* auf sein Budget für 1980 gesetzt hatte, und damit wurde das Projekt so verzögert, daß die gemeinschaftliche Doppelmission unmöglich wurde.

Diese Entwicklung lähmte in den USA alle weiteren Pläne, eine Kometenmission durchzuführen. Die dortigen Gefühle summierte Laurence Soderblom, der Vorsitzende der NASA Space Science Advisory Committee, folgendermaßen: «Es ist völlig heimtückisch, verrückt und tragisch, daß wir uns in eine Lage gebracht haben, in der wir keine Halley-Mission ausführen können.» In Europa jedoch prüften verschiedene Gruppen, ob es nicht möglich sei, wenigstens die der ESA-Sonde zufallenden Aufgaben allein zu lösen. Warum sollte die ESA nicht einen eigenen Satelliten mit einer europäischen Ariane-

Rakete zu einer, wenn auch nur kurzen Begegnung mit P/Halley abfeuern können? Der Plan wurde besonders lebhaft von G. Colombo, einem inzwischen verstorbenen Professor an der Universität Padua, und seinen Mitarbeitern verfochten. In Padua hatte Giotto einen Kometen – vermutlich den Halleyschen – vor fast 680 Jahren gemalt, und wegen dieser Koinzidenz wurde der projektierte Satellit «Giotto» getauft. Fieberhafte Planung machte es nun möglich, daß der Wissenschaftsrat der ESA am 7. Februar Giotto im Prinzip genehmigte.

Bis zur endgültigen Annahme des Projektes am 8. Juli 1980 bedurfte es noch weiterer, angestrengter Vorbereitungsarbeiten seitens der Weltraumtechnologen und interessierten Physiker und Astrophysiker. So schrieb der Altvater der Kometenforschung, Jan Oort, am 9. Mai 1980 einen offenen Brief, aus dem wir auszugsweise zitieren: «An dem Expertentreffen vom 1. Mai in Leiden war ich besonders von der Einzigartigkeit des Projektes beeindruckt. Ich hatte mir vorher nicht klar gemacht, daß die absolute Helligkeit von Halleys Komet hundertmal größer sein wird als die von allen anderen Kometen, die bis in weite Zukunft mit einer Raummission erreicht werden können. Ein

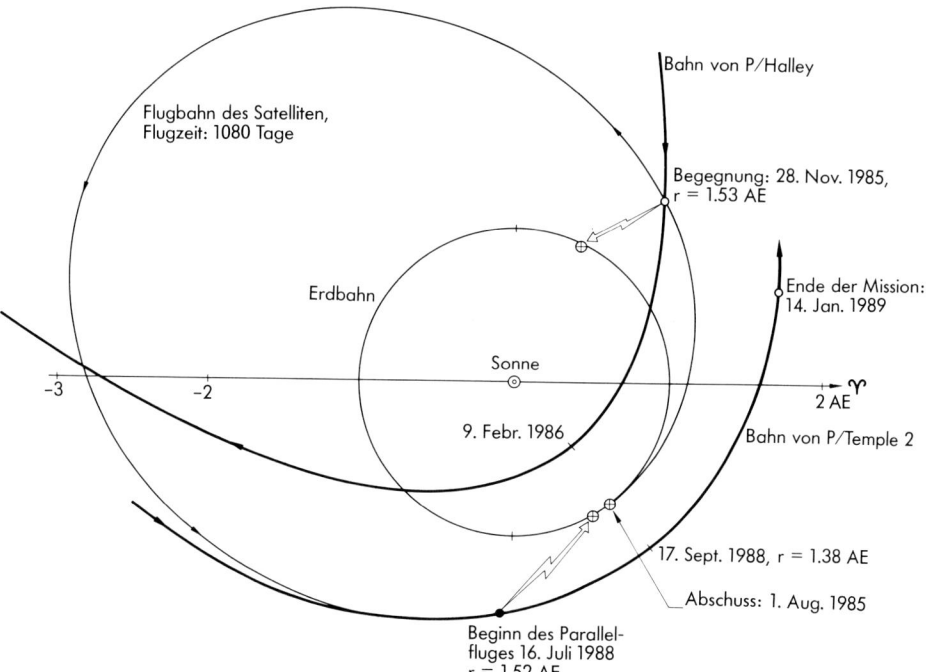

Fig. III.17
Die Flugbahn der einst geplanten Satellitenmission zu P/Halley (Vorbeiflug) und zu P/Tempel 2 (Rendez-vous) relativ zur Erdbahn und der Bahn der beiden Kometen. Die drei letztgenannten Bahnen liegen *nicht* in einer Ebene.

ähnlicher Faktor gilt auch für seine Aktivität. In dieser Hinsicht zeichnet sich der Vorschlag für einen Vorbeiflug an Halleys Komet vor allen anderen Raumprojekten aus. Die Tatsache, daß es die einzige Gelegenheit in einer «Lebenszeit» ist, legt eine schwere Verantwortung auf jene, die die Entscheidung zu treffen haben. – Etwas anderes, das an dieser Tagung aufgedeckt wurde und woran ich vorher nicht gedacht habe, ist, daß die optische Tiefe des Staubes in der Nähe des festen Kernes erwartungsgemäß gering ist, so daß es vielleicht möglich sein wird, die Zentren von Gas- und Staubexplosionen direkt auf der Kernoberfläche zu beobachten ...»

In Anbetracht der Tatsache, daß es schon 1980 war und daß der 1986-Periheldurchgang von P/Halley sich nicht verschieben ließ, gab es für die Flugbahn von Giotto keine große Auswahl mehr. Die endgültig festgelegte Bahn ist in der Figur III.18 skizziert. Ursprünglich war geplant, Giotto mitte Juli 1985 zusammen mit einem anderen Satelliten mit einer Ariane-2-Rakete von Kourou in Französisch Guyana, wo sich die Abschußrampe der ESA befindet, zu starten. Dies hatte zwei Nachteile. Erstens mußte, um die Flugkosten nicht unnötig zu verdoppeln, erst noch ein zweiter Passagier gefunden werden. Zweitens war das ‹Abschuß-Fenster›, das heißt das Zeitintervall, in dem ein Start möglich war, außerordentlich eng, es dauerte nämlich nur vom 7.

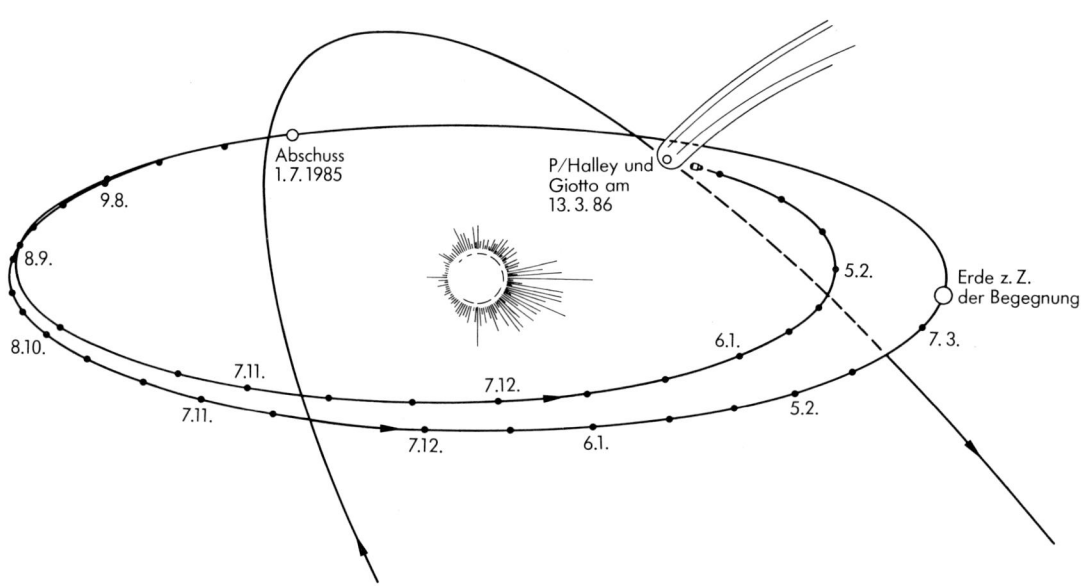

Fig. III.18
Die Flugbahn des Giotto-Satelliten relativ zur Erd- und Kometenbahn.

Abb. III.3
Die Struktur des Giotto-Satelliten bei der Montage in der Firma
Contraves in Zürich.

bis 22. Juli. Wenn in diesen zwei Wochen alle technischen Einrichtungen sowie das Wetter in Kourou nicht einwandfrei gewesen wären, hätte die ganze Mission verloren gehen können. Man hat daher nachträglich beschlossen, Giotto mit einer kleineren Ariane-1-Rakete als einzigen Passagier zu befördern; durch diese Maßnahme öffnet sich das Abschuß-Fenster vom 1. Juli bis notfalls in den August hinein. Die Ariane-Rakete wird Giotto zunächst auf eine geostationäre Bahn tragen, von wo der Satellit nach einigen Erdumläufen sich aus eigener Kraft, das heißt mit Hilfe eines Rückstoßmotors, der mit festem Treibstoff betrieben wird, in Richtung des Kometen abheben wird. Gegen Mitternacht am 13. März wird er dann innerhalb von 1000 km, hoffentlich sogar innerhalb von 500 km am Kometenkern vorbeifliegen.

Die Konstruktion des Satelliten Giotto folgt im Prinzip den erfolgreichen europäischen GEOS-Satelliten, die der Erforschung des interplanetaren Plasmas dienten. Aber eine Reihe von schwierigen Modifikationen wurden nötig. Der Satellit durchquert die Koma mit der sehr hohen Geschwindigkeit von 68.7 km/sec. Der Staub in der

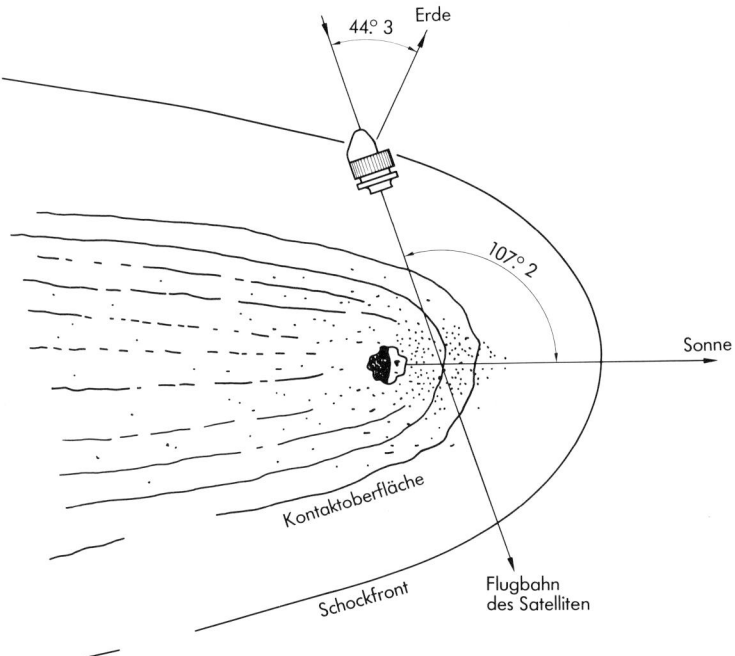

Fig. III.19
Die Flugbahn des Giotto-Satelliten durch die sonnenseitige Koma von P/Halley.

Koma prallt daher mit unglaublicher Wucht auf denselben und droht, ihn zu beschädigen oder zu zerstören. Schon ein Staubkorn von einem Millionstel Gramm kann in die Struktur des Satelliten eindringen. Ein Staubkorn von einem Gramm würde den Satelliten um mindestens 1 Grad aus seiner Orientierung bringen, was eine mindestens zeitweilige Unterbrechung des Funkkontaktes zur Folge hätte. Um Giotto wenigstens gegen Einschläge von Staubpartikeln bis zu 0.1 Gramm zu schützen, wurde ein ausgeklügeltes System von zwei Schutzschilden an der Stirnseite des Satelliten entwickelt. Trotzdem ist nicht sicher, ob Giotto die ganze Komadurchquerung intakt überleben wird; besonders wenn er in den Raum zwischen Kometenkern und Sonne kommt, wo die Staubentwicklung besonders groß ist (vgl. Figur III.19), ist seine Funktionstüchtigkeit bedroht. Daher müssen alle Meßdaten während der Begegnung sofort auf die Erde zurückgefunkt werden; dies verlangt einen enorm großen Datenfluß und eine entsprechend leistungsfähige Antenne, die immer zur Erde gerichtet sein muß. Außerdem muß, um zu verhindern, daß Giotto ins Taumeln kommt, dieser um seine eigene Längsachse spinnen; aber dies bedeutet dann, daß die Antenne eine aufwendige «Despin»-Vorrichtung haben muß, um nicht zusammen mit dem Satelliten zu rotieren. Zu diesen Konstruktionsmerkmalen kommen die üblichen Sonnenzellen zur Stromerzeugung, die mehrfachen Düsen für Kurskorrekturen, die Empfangs- und Sende-Anlagen, die Datenverarbeitungsgeräte, die Temperaturstabilisierung auf 0–25°C, die Orientierungskontrolle mittels heller Fixsterne und – last but not least – die wissenschaftlichen Meßgeräte. Die Komplexität der ganzen Konstruktion, die in der Figur III.20 veranschaulicht ist, geht schon daraus hervor, daß Giotto ein Startgewicht von 960 kg hat und für die gesamten Experimente davon nur 57.541 kg reserviert sind. Entsprechend müssen die einzelnen Experimente das ihnen zugeteilte Gewicht bis auf ein Gramm genau einhalten. Da überdies die Strommenge an Bord beschränkt ist, darf auch der Stromverbrauch der Experimente die ausgehandelten Sollwerte um nicht mehr als 0.05 Watt überschreiten.

Giotto hat 10 wissenschaftliche Experimente an Bord. Eine Übersicht vermittelt die Tabelle III.9. Im Einzelnen handelt es sich um die folgenden Experimente:

1. die Kamera soll einerseits den Kern des Kometen selbst in verschiedenen Wellenlängen abbilden. Dabei sollen noch Details mit einer Ausdehnung von nur 50 m aufgelöst werden. Dies wird erstmals eine

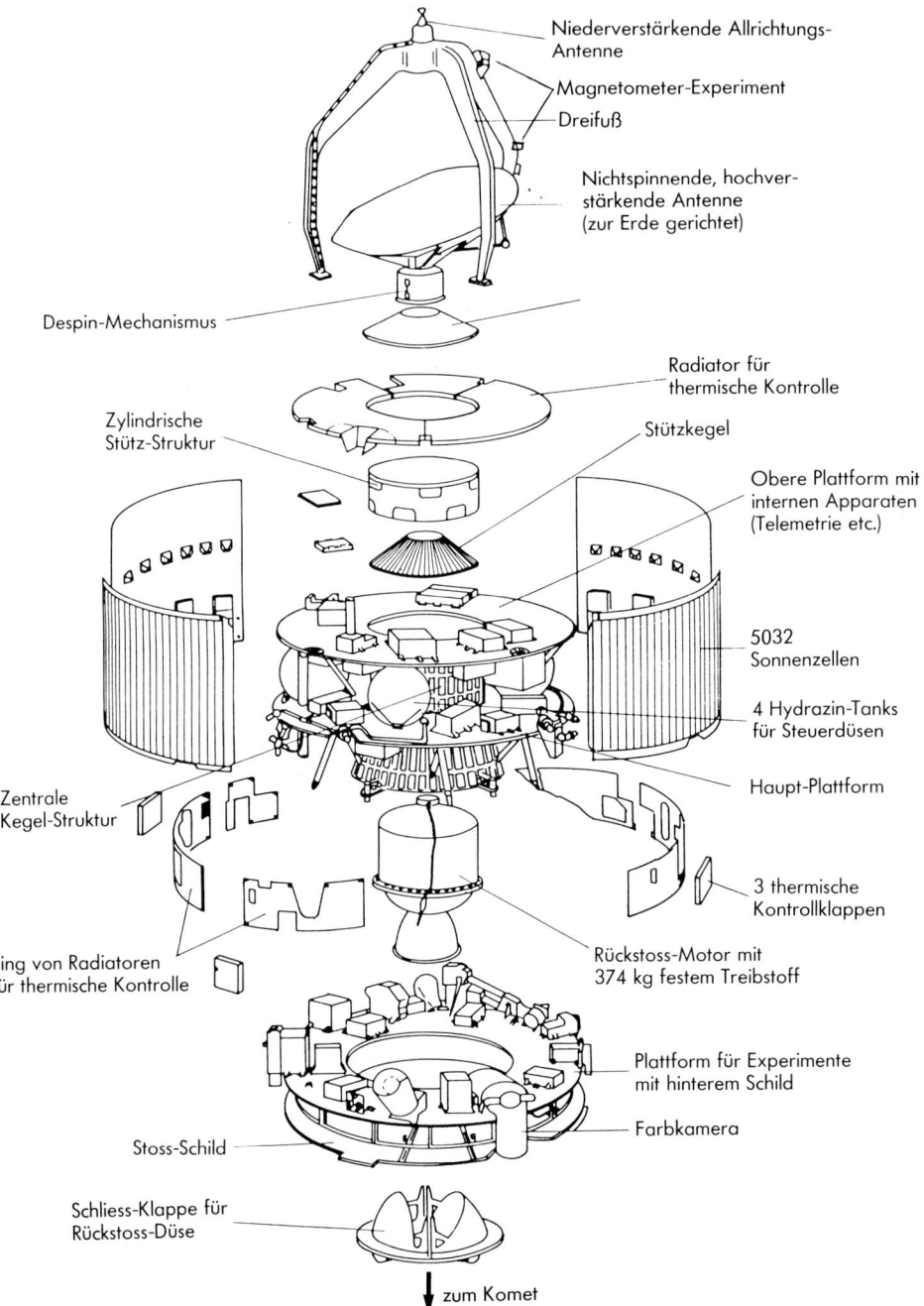

Niederverstärkende Allrichtungs-Antenne

Magnetometer-Experiment

Dreifuß

Nichtspinnende, hochver-stärkende Antenne (zur Erde gerichtet)

Despin-Mechanismus

Radiator für thermische Kontrolle

Zylindrische Stütz-Struktur

Stützkegel

Obere Plattform mit internen Apparaten (Telemetrie etc.)

5032 Sonnenzellen

4 Hydrazin-Tanks für Steuerdüsen

Haupt-Plattform

Zentrale Kegel-Struktur

3 thermische Kontrollklappen

Ring von Radiatoren für thermische Kontrolle

Rückstoss-Motor mit 374 kg festem Treibstoff

Plattform für Experimente mit hinterem Schild

Farbkamera

Stoss-Schild

Schliess-Klappe für Rückstoss-Düse

zum Komet

Fig. III.20
Explosions-Zeichnung vom Aufbau des Giotto-Satelliten.

exakte Messung der Größe des Kerns liefern. Darüber hinaus werden die Oberflächenstruktur, die möglicherweise ausgeprägte Inhomogenität aufweist, und die Herde von Explosionen untersucht werden können. Die unterschiedliche Albedo (Rückstrahlungsvermögen) in Funktion der Wellenlänge und des Einfallswinkels der Sonnenstrahlung soll Aufschluß über die chemische Zusammensetzung liefern. Man wird auch erkennen können, wie weit die Regionen mit der stärksten Sublimation (Verdampfung aus dem Festzustand) von der Verbindungslinie zwischen Komet und Sonne entfernt sind, und die sich vermutlich ergebende Asymmetrie ist sehr wichtig für ein Verständnis der nichtgravitationellen Kräfte. Schließlich hofft man, aus den Bildern die Rotationsperiode und die Richtung der Drehachse bestimmen zu können.

Andererseits soll die Kamera auch die den Kern umgebenden Regionen abbilden. Wenn der Satellit sich dem Kometen auf weniger als 10 000 km genähert haben wird, rückt die innere Koma ins Blickfeld der Kamera. Dort wird man die innersten Teile der Stromlinien erkennen können, entlang denen der Staub und das Gas sich vom Kern weg bewegt. Auch wird man entscheiden können, ob der Kern von dem vermuteten Halo aus Eispartikeln umgeben ist. Wenn Giotto näher an den Kern heranrückt, hat dies für die Kamera den Effekt einer Zoom-Linse: immer kleinere Gebiete füllen den Bildrahmen, bis am Schluß nur noch die innersten 10–20 km um den Kern abgebildet werden. Hier wird man die Gasmoleküle und Staubkörner nahe ihres Ursprunges sehen können, und es wird möglich sein zu messen, wie die Staubteilchen durch die sublimierten Gase auf ihre Endgeschwindigkeiten beschleunigt werden.

Schließlich soll die Kamera ständig Messungen der Distanz zwischen dem Satelliten und dem Kern liefern. Die Kenntnis der jeweiligen Distanz ist von großer Bedeutung für die Auswertung der Meßergebnisse von den übrigen Instrumenten. Überdies können gute Distanzwerte für eine Kurskorrektur in letzter Minute verwendet werden, um den Satelliten in die optimale Nähe des Kerns zu steuern.

Es ist leicht ersichtlich, daß bei einer Vorbeifluggeschwindigkeit von 68 km/sec und einer Spindauer des Satelliten von 4 Sekunden hoffnungslos unscharfe Bilder entstehen würden, wenn nicht ein ausgeklügeltes Bildverarbeitungssystem zur Anwendung käme. Man plant, im Ganzen 3500 Bilder, die je einer Belichtungszeit von 4 Sekunden entsprechen, zu erhalten.

Tabelle III.9
Die wissenschaftlichen Experimente an Bord von Giotto

Experiment	Gew. (kg)	Strom (W)	Experiment-Leiter	Kooperierende Institute
Mehrfarben-CCD-Kamera	12.605	9.40	H. U. Keller MPI für Aeronomie, Lindau	Laboratoire de Physique Stellaire et Planétaire, Verrières-le-Buisson Institut d'Astrophysique, Liège Instituto di Astronomia, Padova DFVLR, Oberpfaffenhofen Ball Aerospace Systems Division, Boulder
Massenspektrometer für neutrale Teilchen	12.592	10.70	D. Krankowsky MPI für Kernphysik, Heidelberg	Physikalisches Institut, Universität, Bonn Physikalisches Institut, University of Bern Laboratoire de Géophysique Externe, CNRS, Saint-Maur The University of Texas at Dallas
Massenspektrometer für Ionen	9.003	10.45	H. Balsiger Physikalisches Institut, Universität Bern	MPI für Aeronomie, Lindau JPL, Pasadena Lockheed Palo Alto Research Laboratory
Massenspektrometer für Staub	9.802	10.30	J. Kissel MPI für Kernphysik, Heidelberg	
Staubeinschlag-Detektor	2.260	1.90	J. A. M. McDonnell Space Sciences Laboratory,	MPI für Kernphysik, Heidelberg ONERA/CERTS/DERTS, Toulouse

2. Das Massenspektrometer für neutrale Teilchen soll nicht nur die chemische Zusammensetzung des *neutralen* Gases in der Koma bestimmen sondern soll während seines Fluges einen chemischen Querschnitt durch die ganze Koma liefern. Dabei liegt das Gewicht nicht nur auf den häufigsten chemischen Bestandteilen sondern auch auf 10 000 mal selteneren Elementen, Isotopen und Molekülen, deren Geschwindigkeitsverteilung innerhalb der Koma zusätzlich gemessen werden soll. Das Massenspektrometer muß daher außerordentlich schnell messen können und einen weiten Empfindlichkeitsbereich haben, und es muß überdies die einfallenden Gasteilchen nach ihrer Masse trennen können, unabhängig von deren Einfallsgeschwindig-

Experiment	Gew. (kg)	Strom (W)	Experiment-Leiter	Kooperierende Institute
			University of Kent, Canterbury	ESA Space Science Department
Plasma-Analysator I	4.716	4.36	A. Johnstone Mullard Space Science Lab., Holmbury St. Mary	Istituto Plasma Spaziale, Frascati MPI für Aeronomie, Lindau
Plasma-Analysator II	3.192	3.70	H. Rème Centre d'Etude Spatiale des Rayonnements, Toulouse	MPI für Aeronomie, Lindau Space Sciences Laboratory, Berkeley
Detektor von energiereichen Teilchen	0.693	0.70	S. M. P. McKenna-Lawlor, St. Patrick's College, Maynooth	Dublin Institute for Advanced Studies MPI für Aeronomie, Lindau
Magnetometer	1.358	1.20	F. M. Neubauer Institut für Geophysik und Meteorologie, Braunschweig	Laboratory for Extraterrestrial Physics NASA/GSFC Istituto di Fisica, Università di Roma
Optisches Experiment	1.320	1.00	A. C. Levasseur-Regourd, Service d'Aéronomie du CNRS, Verrières-le-Buisson	Laboratoire d'Astronomie Spatiale, Marseille Space Astronomy Laboratory, University of Florida, Gainesville
Summe	57.541	53.71		

keit. Die Ergebnisse von diesem Instrument sollen einerseits die Muttermoleküle des Kerns identifizieren und andererseits die Prozesse aufhellen, in denen diese in die beobachteten neutralen und geladenen Tochterprodukte der Koma verwandelt werden. Ferner werden die gemessenen Isotopen-Häufigkeiten sehr wichtige Aufschlüsse zur Kosmogonie der Kometen und des Sonnensystems liefern.

3. Das Massenspektrometer für geladene Teilchen (Ionen) wird unter der Leitung des Physikalischen Institutes der Universität Bern gebaut. Der Direktor dieses Institutes, Professor Johannes Geiss, hat ähnliche Ionen-Massenspektrometer schon für verschiedene Satelliten gebaut,

unter anderem auch für die europäischen Satelliten GEOS und ISEE. Das Gerät für die Giotto-Mission ist eine Weiterentwicklung mit erhöhter Massen-Auflösung und sehr hoher Zeit-Auflösung. Das Ziel des Gerätes ist die exakte Bestimmung der Häufigkeit von verschiedenen Ionen, die sowohl aus den Muttermolekülen entstehen, wie auch durch den Sonnenwind herangetragen werden. Die Variation der Häufigkeiten mit dem Abstand vom Kometenkern wird zusätzlich Aufschluß vermitteln über die chemischen und physikalischen Prozesse, die zur Dissoziation, Ionisation und Beschleunigung der Teilchen in der Koma führen. Vielleicht kann sogar ein besonders ehrgeiziges Ziel erreicht werden: die Bestimmung des Anteils an schwerem Wasserstoff (Deuterium = D). Erwartungsgemäß muß ein kleiner Bruchteil der Muttermoleküle H_2O (Wasser) als schweres Wasser (HDO) vorliegen. Die Beimengung von Deuterium ist für die Entstehungsgeschichte von Kometen und des Sonnensystems besonders bedeutsam, weil Deuterium einzig in den ersten Minuten des Universums nach dem Urknall, der vor etwa 20 Milliarden Jahren stattfand, entstehen konnte. Seither wird Deuterium nur noch zerstört, das heißt im Inneren von Sternen zu schwereren Elementen umgesetzt. Ein allfälliger Überschuß an Deuterium kann daher ausschließlich durch eine Bevorzugung auf Grund seiner besonderen physikalisch-chemischen Eigenschaften während der Molekülbildung verursacht werden. Entsprechend enthält das beobachtete Verhältnis von H_2O zu HDO wichtige Schlüssel zur Vorgeschichte der Kometenmaterie.

4. Das Massenspektrometer für Staub basiert auf dem Prinzip, daß Staubteilchen beim vehementen Aufschlag auf einer geeigneten Oberfläche des Satelliten, die zum Beispiel aus Gold bestehen kann, verdampfen und eine Ionendampfwolke bilden. Dieses gebildete Plasma kann durch eine angelegte Spannung abgesaugt und chemisch analysiert werden. Die Größe der Auffangfläche kann von 500 mm² bis 0.5 mm² variiert werden, damit nie mehr als 100 Partikel pro Sekunde aufschlagen; eine höhere Impaktrate würde die Analysatoren übersättigen. Die relativ kleine Zahl von nachgewiesenen Staubteilchen stellt sicher, daß man vor allem die häufigsten Teilchen auffangen wird. Deren Massen sind sehr gering und liegen im Bereich von 10^{-17} bis 10^{-10} Gramm (d. h. ein Hundertbilliardstel bis ein Zehnmilliardstel eines Grammes!). Aus der Analyse der Staubkörnchen möchte man deren Verteilung über die verschiedenen Massen messen; bisher kennt man diese Verteilung nur aus den Modellrechnungen für Staub-

Abb. III.4
Start der Ariane 1-Rakete der ESA am 16. Juli 1983 von Kourou
(Französisch Guyana). Mit diesem Start wurden der ESA-
Fernmeldesatellit EC 1 und der Radioamateur-Satellit OSCAR 10 auf
eine Umlaufsbahn gebracht. Eine Rakete vom gleichen Typ wird den
Giotto-Satelliten von der Erde abheben.

schweife. Mit einem zuverlässigen Massenspektrum läßt sich der Wert der gesamten Staub-Produktionsrate des Kometen wesentlich verbessern, und hieraus folgt dann eine grundlegende, aber bisher noch sehr unsichere Größe für Kometen, nämlich das Staub-zu-Gas-Verhältnis.

Darüber hinaus kann der verdampfte und ionisierte Staub aber auch chemisch analysiert werden. Dies wird einen Vergleich mit dem Chemismus von Meteoriten und Brownlee-Teilchen (vergleiche Abb. I.16) ermöglichen. Schließlich wird das Isotopenverhältnis speziell von Lithium 6 und Lithium 7 und von Kohlenstoff 12 und Kohlenstoff 13 Aufschluß darüber geben, wieviele von den Staubpartikeln bereits vor der Entstehung des Sonnensystems im interstellaren Medium gebildet worden sind.

5. Der Staubeinschlag-Detektor soll eine Lücke schließen, die das eben beschriebene Staub-Massenspektrometer noch offen läßt. Während das letztere zwar die Staubteilchen mit der häufigsten Größe mißt, berücksichtigt es nicht die massereicheren Teilchen mit bis zu 10^{-7} Gramm. Obwohl diese schweren Teilchen sicher seltener sind, tragen sie gesamthaft doch den Großteil der Masse, die sich in Form von Staub von der Kernoberfläche abhebt. Für eine gute Bestimmung des bereits genannten Staub-zu-Gas-Verhältnisses sind Messungen dieser schwereren Teilchen also sehr wichtig.

Da die schwereren Teilchen relativ selten sind, ist für sie die größere Auffangfläche des ganzen vorderen Stoß-Schildes des Satelliten erforderlich. Da sie überdies einen weiten Massenbereich überdecken, braucht man zur Bestimmung ihrer Masse und ihrer Häufigkeit mehrere verschiedene Detektoren, unter anderem auch Mikrophone. In einem dieser Detektoren werden die eintreffenden Teilchen Löcher schlagen; durch ein optisches System wird die Größe dieser Löcher und damit auch die Größe der sie verursachenden Teilchen gemessen. Die Kombination von Teilchenmasse und Teilchengröße führt zu deren bedeutsamer Dichte. Wenn die Staubkörnchen so locker wie Brownlee-Teilchen aufgebaut sind, werden die Teilchen mit einer Größe von etwa 10 μm nur eine geringe Dichte aufweisen. Unterhalb der 1 μm-Größe erwartet man dann, auf die kompakteren, eigentlichen Bausteine der Staubkomponente von Kometen zu stoßen.

6. und 7. Die beiden Plasma-Analysatoren an Bord des Giotto-Satelliten dienen der Erforschung der Wechselwirkung zwischen dem kometaren Plasma in der Koma und dem Sonnenwind. Diese Wechselwir-

kung ist außerordentlich komplex und gehört zu den am wenigsten
verstandenen Phänomenen der Kometenphysik. Der eine der Plasma-
Analysatoren mißt die Masse und die dreidimensionale Geschwindigkeitsverteilung der geladenen Atome und Moleküle (Ionen), der andere mißt die der Elektronen mit hoher zeitlicher und räumlicher
Auflösung. Man könnte befürchten, daß die Fluggeschwindigkeit des
Satelliten von 68 km/sec relativ zum Kometen eine künstliche Aniso-
tropie in die Geschwindigkeitsverteilung der Ionen und Elektronen
einführen könnte, aber tatsächlich sind deren thermische Geschwindigkeiten so viel größer, daß die Bewegung des Satelliten vernachläs-
sigbar bleibt. Einen gewissen Störfaktor stellt der auf den Satelliten
aufschlagende Staub dar, da dieser ein sekundäres Plasma erzeugt, das
in die Detektoren geraten kann. Für den Anteil dieser Störkomponente kann aber relativ leicht korrigiert werden.

Wenn Giotto die innerste Koma erreicht haben wird, wird ein
weiteres Experiment namens PICCA (Positive Ion Cluster Composi-
tion Analyzer) eingeschaltet werden. Dies ist eine außerordentlich einfache Einrichtung, mit der man die Masse von einfach geladenen Teilchen messen kann. Da sie Teilchen bis zu Atomzahlen von 256 zu
messen vermag, können mit ihr Ionen nachgewiesen werden, die in
kristallartig angeordneten Wassermoleküle eingebettet sind. Auf die
Existenz solcher Hydratgitter-Kristalle im Kometenkern hat man aus
den Verdampfungsraten einiger Kometen geschlossen, die bereits in
großen Entfernungen von der Sonne die erste Aktivität zeigen.

8. Der Detektor von energiereichen Teilchen ist mit knapp 700
Gramm Gewicht das leichteste Experiment an Bord von Giotto. Ihm
fällt die Rolle zu, die energiereichsten Elektronen und Protonen zu
messen, die von den Plasma-Analysatoren nicht mehr erfaßt werden
können. Solche aus dem Kometen oder aus dem Sonnenwind stammende Teilchen niedrigerer Energie werden vielleicht in der auf der
Sonnenseite der Koma gelegenen Schockfront oder im Schweif des
Kometen auf die entsprechenden hohen Energien beschleunigt. Außerdem kann der Detektor den Fluß hochenergetischer Teilchen messen, die von der Sonne gelegentlich ausgestoßen werden, und die dort
zum Beispiel von Protuberanzen erzeugt werden können. Obwohl die
Sonne im März 1986 in ihrem Sonnenflecken- und Aktivitätsmini-
mum sein wird, können die hochenergetischen Teilchen von der
Sonne einige von Giottos Experimenten beeinträchtigen, und es ist
daher nützlich, daß diese Störkomponente speziell gemessen werden
kann.

9. Das Magnetometer zur Messung der komplexen Magnetfelder ist eine verbesserte Version des Instrumentes, das bereits auf dem Voyager-Satelliten geflogen wurde. Kenntnis der Stärke und der Richtung der kometaren Magnetfelder ist von großer Bedeutung für die Wechselwirkung zwischen der ionisierten Kometenatmosphäre und dem Sonnenwind. Das Magnetfeld im Sonnenwind ist vermutlich hundertmal kleiner als in der Nähe der Kontaktfläche, das heißt in der Zone, die die Ionen kometaren Ursprungs von den einfallenden Sonnenwind-Ionen trennt. Durch ‹einfache› Messungen der Magnetfelder läßt sich daher die Lage der Kontaktfläche und darüber hinaus auch die der in der Koma vermuteten Schockfront bestimmen. Überdies wird man die Magnetfelder am Ursprung der im Plasmaschweif beobachteten Strömungslinien messen können.

Eine besondere Schwierigkeit stellt das eigene Magnetfeld von Giotto dar, das durch magnetische Materialien an Bord und durch Ströme im Satelliten erzeugt wird. Um seinen Einfluß zu minimalisieren, ist das Magnetometer am Dreifuß der Antennenmontierung montiert, das heißt möglichst weit entfernt von den Hauptherden dieser Kontamination. Den verbleibenden Resteffekt wird man separat bestimmen und subtrahieren können.

10. Das optische Experiment ist ein Polarimeter, das die Vorzugsschwingungsrichtung des vom Kometenstaub gestreuten Sonnenlichtes bei vier verschiedenen Wellenlängen mißt. Da die Polarisation des gestreuten Lichtes von den optischen Eigenschaften des Staubes abhängt, erlauben Polarisationsmessungen wertvolle Rückschlüsse auf die Art, die Größe und die Zahl von Staubpartikeln an verschiedenen Orten des Kometen. Überdies wird man das Verhältnis zwischen dem vom Gas emittierten Licht und dem vom Staub gestreuten Licht in Funktion des Abstandes vom Kometenkern erhalten.

Diese kurze Beschreibung der wissenschaftlichen Instrumente kann deren Komplexität nur erahnen lassen. Es sind wahre kleine Wunderwerke der Technik. Dabei muß man sich vor Augen halten, daß sie den wesentlichsten Teil ihrer Arbeit in höchstens acht Stunden vollenden müssen, wenn nicht überhaupt Giottos Reise in einem noch früheren Kamikaze-Tod endet. Da die Durchfluggeschwindigkeit der Sonde durch den Kometenkopf 68.7 km/sec = 247 000 km/Stunde beträgt, werden die meisten Instrumente erst vier Stunden vor der nächsten Annäherung an den Kometenkern auf volle Leistung gebracht, zu einer Zeit also, wo die Sonde noch immerhin 1 Million

Abb. III.5
Der Giotto-Satellit im Anflug an Halleys Kometen. (Photomontage).

Tabelle III.10
Übersicht der zu Halleys Kometen fliegenden Satelliten

Komet	HALLEY							Gia-cobini-Zinner
Land (Organisation)	UdSSR (Intercosmos)		Europa (ESA)	Japan (ISAS)		USA (NASA)		
Name der Sonde	VEGA-1	VEGA-2	Giotto	MS-T5	PLA-NET-A	ISEE-3/ICE		
Start-Datum	Dez. 84	Dez. 84	Juli 85	Jan. 85	Aug. 85	Aug. 78		
Start-Rakete	Proton	Proton	Ariane-I	M-3 SII	M-3 S II	Delta		
Vorbeiflug am	6.3.86	9.3.86	13.3.86	8.3.86	7.3.86	31.10 85	28.3.86	11.9.85
Entfernung zu Kern (km)	10 000	3000	500	~ 10 Mio.	~ 100 000	138 Mio.	31 Mio.	15 000
Geschwindigkeit beim Vorbeiflug (km/sec)	80	77	68	*	75	*	*	20,7
Abstand zur Sonne (AE)	0,79	0,83	0,89	0,81	0,80	1.0	0,93	1,03
Abstand zur Erde (AE)	1.16	1,09	0,98	1,11	1,14	0,50	0,64	0,47
Gesamtgewicht der Sonde (kg)	~ 1000	~ 1000	750	140	140	470		
Stabilisierung	drei Achsen	drei Achsen	Spin	Spin	Spin	Spin		

Kilometer vom Kern entfernt sein wird. Selbst wenn Giotto auf eine absolut ideale Flugbahn gebracht werden kann, wird sich die Sonde nicht mehr als sieben Sekunden lang innerhalb von 1000 Kilometern vom Kern aufhalten. Wenn man anfänglich auch bedauert haben mag, daß die relative Geschwindigkeit zwischen Giotto und dem Kometen wegen der Bahngegebenheiten so groß ist, sind die Instrumente inzwischen der Situation so gut angepaßt, daß sich daraus auch sehr wesentliche Vorteile ergeben. Der wissenschaftlich wichtigste Vorteil liegt in der Tatsache, daß sich für alle Messungen ein praktisch momentaner Querschnitt durch den Kometenkopf ergibt; bei einer langsameren Sonde stünde man vor der Zweideutigkeit, ob Variationen der Messungen als örtliche oder zeitliche Änderungen im Kometenkopf zu interpretieren sind.

Der Schaden, falls die Giotto-Mission mißlingen sollte, wäre enorm. Aus der oben gegebenen Diskussion der für eine Mission in

Komet	HALLEY						Gia-cobini-Zinner
Land (Organisation)	UdSSR (Intercosmos)		Europa (ESA)	Japan (ISAS)		USA (NASA)	
Name der Sonde	VEGA-1	VEGA-2	Giotto	MS-T5	PLA-NET-A	ISEE-3/ICE	
Gesamtgewicht der Meßgeräte (kg)	144	144	57	14	12	97	
Zahl der Meßeinrichtungen	12	12	10	3	2	12	
Kamera-Bild-systeme sichtbar, infrarot, ultraviolett	3	3	2	–	1	–	
Massenspektro-meter, Neutralteil-chen, Ionen, Staub	3	3	3	–	–	–	
Staubdetektoren	2	2	1	–	–	–	
Plasma-Meßeinrichtungen	3	3	3	2	1	5	
Magnetometer	1	1	1	1	–	1	

1 AE = Astronomische Einheit = 149 Millionen km;
* Vorbeiflug in großem Abstand

Frage kommenden Kometen macht deutlich, daß die nächste Gelegenheit, wieder so nahe an den Kern eines Kometen heranzukommen, unter Umständen Jahrzehnte lang auf sich warten lassen wird, – ja, ein wissenschaftlich ebenso interessanter Komet kann vielleicht erst wieder bei der nächsten Rückkehr des Halleyschen im Jahre 2061 erreicht werden.[1])

Allerdings können eine Reihe äußerst wertvoller wissenschaftlicher Beobachtungen auch aus größerer Entfernung von dem Kometen gemacht werden. Und in der Tat werden nicht weniger als fünf weitere Satelliten in die nähere oder weitere Umgebung von Halleys Kometen kommen und dort wissenschaftliche Daten sammeln. Eine Übersicht

[1]) Am 2. Juli 1985 wurde der Satellit Giotto erfolgreich gestartet. Nach drei Erdumläufen wurde sein Feststoffmotor gezündet, und dieser brachte ihn auf seinen vorgesehenen interplanetaren Kurs.

dieser Satelliten ist in der Tabelle III.10 gegeben. Sie sollen im Folgenden in der Reihenfolge ihres Startdatums kurz beschrieben werden.

Im Jahre 1978 waren die drei sogenannten ISEE ('International
Sun Earth Explorer')-Satelliten gestartet worden. ISEE-1 und ISEE-3
waren von der amerikanischen Raumfahrtsbehörde (NASA) gebaut
worden, während für ISEE-2 die ESA firmiert. Seit ihrem Start ist es
die Aufgabe dieser drei Satelliten, den Sonnenwind und das Magnetfeld gleichzeitig an verschiedenen Orten des inneren Sonnensystems
zu messen. Die Bahn von ISEE-3, auf dem sich auch europäische
Meßgeräte befinden, verlief ursprünglich um einen sogenannten La-
grange-Punkt des Systems Sonne–Erde, so daß der Satellit sich ständig
in der Nähe der Verbindungslinie zwischen der Sonne und der Erde
befand, und zwar etwa 1.6 Millionen Kilometer innerhalb der Erdbahn. In einem schwierigen Manöver wurde der Satellit mit Hilfe
seiner Steuerdüsen am 22. Dezember 1983 in die unmittelbare Nähe
des Mondes gesteuert, und durch dessen Gravitationswirkung wurde
er in eine völlig neue, genau vorausberechnete Bahn gelenkt. Seither
fliegt er unter dem neuen Namen ICE ('International Comet Explorer') in Richtung des Kometen P/Giacobini-Zinner, dessen Schweif er
am 11. September 1985 in einem Kernabstand von 15 000 Kilometern
und mit einer Relativgeschwindigkeit von 21 km/sek durchqueren
wird. Dabei wird er Messungen der Wechselwirkung zwischen dem
Sonnenwind und dem kometaren Plasma durchführen, die für einen
Vergleich mit zukünftigen Daten von Halleys Kometen wertvoll sein
werden. ICE wird dann seine Reise fortsetzen und am 31. Oktober
1985 den Halleyschen Kometen aus einer Distanz von 138 Millionen
Kilometern beobachten können. Bei einer zweiten Gelegenheit, am
28. März 1986, wird er die Distanz zu Halley bis auf etwa 31 Millionen Kilometer verringern und von dort Daten aus dem weiteren Umfeld des Kometen gewinnen können.

Die russische Raumfahrtsagentur Intercosmos, die zur Akademie
der Wissenschaften der UdSSR gehört, startete von ihrem Kosmodrom
in Baikonur in Kasachstan zwei Satelliten am 15., beziehungsweise am
21. Dezember 1984. Ihr Name VEGA-1 und VEGA-2, der aus VEnus
und GAllei (der russischen Schreibweise von Halley) zusammenge-
setzt ist, deutet bereits an, daß sie eine Doppelmission erfüllen. Sie
sollen im Juni 1985 sich der Venus bis auf 30 000 Kilometer nähern
und dort je einen Landeapparat und einen Ballon zur Erforschung der
Venusatmosphäre absetzen. Anschließend sollen die beiden Satelliten
mit den an Bord verbleibenden Instrumenten ihre Reise fortsetzen, bis

VEGA-1, am 6. März 1986 in einer Distanz von 10 000 Kilometern und VEGA-2 am 9. März 1986 in 3000 Kilometern Distanz – also beide kurz vor der Ankunft von Giotto – am Kern von Halleys Kometen vorbeifliegen.

Obwohl ihre Minimaldistanz vom Kern sehr viel größer sein wird als die von Giotto, verfolgen sie im Prinzip ähnliche wissenschaftliche Ziele wie dieser. Das Projekt hat insofern Seltenheitswert, als auch westliche Länder an der Mission beteiligt sind. Frankreich hat einen fast zehnprozentigen Anteil an den Konstruktionskosten der Satelliten. An den Instrumenten sind auch die deutsche Bundesrepublik und Österreich beteiligt, und die Amerikaner haben zur Instrumentenpalette mit einem Staubexperiment beitragen können. Dafür haben die Amerikaner ihre Hilfe bei der Telekommunikation zugesichert. Überdies ist VEGA-1 Gegenstand des durch internationale Verträge abgesicherten ‹Pfadfinder-Konzepts›, nach dem die Russen die exakte Position des Kometenkerns bekannt geben werden, sowie die Kameras des Satelliten diesen bei seinem Vorbeiflug am 6. März 1986 lokalisiert haben werden. Dies wird eine letzte Kurskorrektur von Giotto ermöglichen, so daß dieser um nicht mehr als 130 Kilometer von seiner optimalen Bahn abweichen sollte.

Abb. III.6
Links: Zeichnung eines der beiden sowjetrussischen VEGA-Satelliten. Der obere ballonartige Aufsatz wird in der Nähe der Venus abgesetzt werden; nur der untere Teil wird in die Nachbarschaft von Halleys Kometen gelangen. Der links unten herausragende Arm trägt die Kamera und zwei Spektographen. Rechts: Aufnahme des japanischen «Planet A»-Satelliten.

Am 8. Januar 1985 wurde in Japan vom Institute of Space and Astronautical Science (ISAS) ein Satellit auf eine interplanetare Bahn gebracht. Sein Name ist MS-T5 oder *Sakigake* (Pionier), sein Ziel der Halleysche Komet. An diesem soll er am 8. März 1986 in dem großen Abstand von 10 Millionen Kilometern vorbeifliegen. Eine kleinere Distanz vom Kometen ist zunächst nicht angestrebt worden, da es sich für die Japaner bei MS-T5 in mancher Beziehung noch um einen Testflug handelt. Trotzdem trägt der Satellit bereits drei wissenschaftliche Experimente für die Beobachtung des Sonnenwindes mit sich. Mit den Erfahrungen von diesem Satelliten soll dann vom Startgelände in Kagoshima eine zweite japanische Halleysonde, Planet-A, am 14. August 1985 abgefeuert werden. Diese Sonde verrät bereits ehrgeizigere Pläne, indem sie am 7. März 1986, also nur sechs Tage vor Giotto, bis auf etwa 100 000 Kilometer an den Kometen herankommen soll. Neben einem Plasma-Analysator wird dieser Satellit eine CCD-Ultraviolett-Kamera tragen, die vor allem die Struktur der ausgedehnten Wasserstoffhülle erforschen soll.

Verschiedene andere Beobachtungen von Halleys Kometen werden außerhalb der Erdatmosphäre gewonnen werden, aber – im Gegensatz zu den oben beschriebenen Satelliten – ist es bei ihnen nicht das Ziel, möglichst nahe an den Kometen heranzukommen, sondern einfach außerhalb der störenden Erdatmosphäre zu arbeiten. Solche Beobachtungen können von Flugzeugen, Raketen und Ballonen aus gemacht werden, oder auch mit Hilfe von erdumkreisenden Satelliten. Ein Beispiel der letzteren Art möge hier genügen: die Astro-Mission. Hierbei handelt es sich um ein astronomisches Observatorium, das in ein bemanntes Raumlaboratorium namens Spacelab eingebaut werden kann. Das Spacelab wurde für die NASA von der ESA in Europa gebaut. Es wird von der Raumfähre, dem Space Shuttle der NASA, nicht nur auf eine Umlaufsbahn um die Erde befördert und dort ausgesetzt, sondern von dieser auch wieder eingesammelt und zur Erde zurückgebracht. Das Spacelab kann somit mehrere Male verwendet werden. In der Tat sind eine Reihe von ganz verschiedenen wissenschaftlichen Experimenten mit dem Spacelab geplant und zum Teil auch bereits erfolgreich abgeschlossen worden. Die Ladung Astro-Mission für das Spacelab besteht aus drei Ultraviolett-Teleskopen; diese sollen in mehreren Flügen, bei denen das Spacelab nicht einmal vom Space Shuttle abgekoppelt wird, zahlreiche Himmelsobjekte mit starker Ultraviolett-Strahlung beobachten. Die erste, siebentägige Astro-Mission ist für die ersten Märztage 1986 vorgesehen und wird sich –

fast notwendigerweise – auf P/Halley konzentrieren. Die NASA hat im Juni 1984 elf Wissenschaftler ausgewählt, die für die entsprechenden Beobachtungen verantwortlich sein werden. Von den drei Teleskopen der Astro-Mission hat das erste, das Hopkins-Ultraviolett-Teleskop, die Aufgabe, die spektrale Helligkeitsverteilung des Kometen im fernen Ultraviolett zu beobachten und neue Schlüssel zu seiner chemischen Zusammensetzung zu finden, vielleicht sogar das für die Kosmogonie wichtige Edelgas Helium erstmals in einem Kometen nachzuweisen. Ergänzend hierzu soll das zweite Teleskop, das Wisconsin-Ultraviolett-Spektropolarimeter, die Verteilung des Kometenstaubes und die Prozesse in diesem untersuchen. Das dritte Instrument, das abbildende Goddard-Ultraviolett-Teleskop, soll ganz schwache Strukturen in der Koma des Kometen aufdecken und besonders in der Zeit nach dem Periheldurchgang dessen vermutlich erhöhte Aktivität verfolgen. Schließlich hat die NASA die Astro-Mission zu P/Halley mit zwei zusätzlichen Weitwinkel-Kameras bestückt, die im sichtbaren Licht die Strukturänderungen im Schweif überwachen sollen.

Der Leser, der bis an das Ende dieses Kapitels und damit an das Ende unseres Buches, dessen Gegenstand zunächst wie eine kosmische Spottgeburt erscheint, gekommen ist, könnte sich fragen: Wie ist es möglich, daß so viel Spekulation und Angst aufgebracht, so viel Geist verschwendet und so viel Aufwand getrieben werden kann für ein erbärmliches Gebilde, dessen Masse vergleichbar ist mit der eines Bergsees, dessen chemische Zusammensetzung – wenn auch in gefrorener Form – dem Wasser dieses Sees nach der Schneeschmelze recht ähnlich ist, und dessen *aktive* Lebenszeit im Rahmen des kosmischen Geschehens derjenigen einer Eintagsfliege gleicht? Das vorliegende Buch hat seinen Zweck erreicht, wenn es die Antwort auf diese Fragen angedeutet hat. War es während vieler Jahrhunderte die irrationale Faszination dieser himmlischen Irrlichter, die die Menschen in ihren Bann schlug, so dämmerte es späteren Generationen immer deutlicher, daß die Kometen uns einzigartige Einblicke in die Vielfalt unserer Natur und in die physikalischen Gesetze, die diese beherrschen, wie auch in die Urzeit unseres Sonnensystems, dessen Entstehung an der Wurzel unserer Existenz liegt, gewähren.

Glossar

AE: Abkürzung für ‹Astronomische Einheit›. Diese entspricht der mittleren Entfernung Erde–Sonne und beträgt 149,6 Millionen Kilometer.

Albedo: Das Rückstrahlungsvermögen eines zum Beispiel von der Sonne beschienenen, nicht selbstleuchtenden Körpers. Ein Wert von 1,0 (100%) für die Albedo bedeutet vollständige Reflexion, ein Wert von 0,0 (0%) totale Absorption. Die Albedo ist wellenlängenabhängig.

Absolute Helligkeit: Die auf eine bestimmte Einheitsentfernung normierte scheinbare Helligkeit eines Objektes. Bei Kometen bezieht sich die absolute Helligkeit auf einen Sonnenabstand von $r = 1$ AE und auf einen Erdabstand von $\Delta = 1$ AE. Die absolute Helligkeit wird in Größenklassen angegeben.

Anregung: Von außen zugeführte, geeignet dosierte Energie (Licht, Stöße) kann in Atomen, Molekülen und Radikalen gespeichert werden. In Atomen geschieht dies, indem ein äußeres Elektron in einen höheren Energiezustand gehoben wird; Moleküle und Radikale können auch zur Rotation oder zu Schwingungen angeregt werden. Solche angeregten Teilchen können unter Emission von Photonen wieder in den ursprünglichen Zustand zurückfallen.

Aphel: Der sonnenfernste Punkt auf der Bahn eines Planeten, Asteroiden oder Kometen.

Asteroiden (auch Planetoiden oder Kleinplaneten): Kleine Planeten deren Durchmesser einige Hundert bis hinab zu einem Kilometer betragen. Die Bahnen der meisten Asteroiden liegen zwischen der Bahn von Mars und der von Jupiter; manche Bahnen sind stark elliptisch. Man kennt heute etwa 1500 Asteroiden, aber ihre wahre Zahl ist ganz wesentlich höher. Die Masse aller Asteroiden ist rund nur ein Zehntausendstel der Erdmasse.

Bahnformen: Körper (z.B. Kometen), die dem Gravitationsfeld einer zentralen Masse (Sonne) unterliegen, bewegen sich auf Kegelschnittbahnen (Kreis, Ellipse, Parabel, Hyperbel). Geometrisch unterscheiden sich die verschiedenen Bahntypen durch ihre Exzentrizität e: Kreis $e = 0$; Ellipse $0 < e < 1$; Parabel $e = 1$; Hyperbel $e > 1$. Physikalisch bedeutet $e < 1$, daß der Körper an das Sonnensystem gebunden ist und die Sonne auf einer geschlossenen Bahn umläuft. Wenn $e > 1$, dann ist der Körper nicht an das Sonnensystem gebunden, er umläuft die Sonne nur einmal auf einer Hyperbelbahn und wird sich dank seiner überschüssigen Energie von dieser wieder beliebig weit entfernen. Die Grenzfälle $e = 0$ (Kreis) und $e = 1$ (Parabel) werden exakt in der Realität kaum vorkommen. Oft werden Kometenbahnen aber durch Parabeln approximiert, da sie mathematisch relativ einfach zu behandeln sind. Störeffekte und nichtgravitationelle Kräfte sorgen dafür, daß sich Kometen tatsächlich nie auf exakten Kegelschnittbahnen sondern auf oskulierenden Bahnen bewegen.

Banden: siehe Emission.

Direkte Bewegung: siehe Retrograde Bewegung.

Dissoziation: Moleküle oder Radikale können zum Beispiel durch genügend energiereiches Licht (Photodissoziation) vollständig oder teilweise in ihre Bestandteile zerlegt (dissoziiert) werden. Die Dissoziation der Muttermoleküle aus dem Kometenkern bewirkt, daß diese kaum direkt beobachtet werden können.

Ekliptik: Die Ebene der Erdbahn um die Sonne oder die Schnittlinie (Großkreis) dieser Ebene mit der Himmelssphäre. Die Sonne, der Erdmond, die Planeten und kurzperiodische Kometen erscheinen am Himmel immer in der Nähe der Ekliptik.

Ellipse: siehe Bahnformen.

Emission: Erwärmte Körper emittieren Licht innerhalb eines weiten Wellenlängenbereiches. Solche thermische Kontinuumsstrahlung spielt bei Kometen eine untergeordnete Rolle (Ausnahme: Infrarotstrahlung des Staubes). Außerdem können *angeregte*

Teilchen (Atome, Moleküle, Radikale) Licht abgeben, indem sie in einen niedrigeren oder in den Grund-Zustand fallen. Geschieht dies bei einem Atom, so entsteht eine *Linienemission* bei fest bestimmten Wellenlängen. Angeregte Moleküle und Radikale erzeugen eine sogenannte *Bandenemission,* die sich über einen gewissen Wellenlängenbereich erstreckt. Fallen angeregte Teilchen nicht in einem Übergang sondern in mehreren Schritten in den ursprünglichen Zustand zurück, so spricht man von *Fluoreszenz.* Ein großer Teil des Leuchtens von Kometen geht darauf zurück, daß die Gase in der Koma und die Ionen im Gasschweif im Sonnenlicht fluoreszieren.

Exzentrizität: Bei der Ellipse ergibt sich die numerische Exzentrizität e aus dem halben Abstand c der Brennpunkte dividiert durch die große Halbachse a (e = $\frac{c}{a}$). Langgestreckte Ellipsen haben große Exzentrizität. Bei der Hyperbel ergibt sich die Exzentrizität analog, wenn man bedenkt, daß die vollständige Hyperbel aus zwei spiegelbildlichen Kurvenästen besteht: Abstand der beiden Brennpunkte 2c dividiert durch den Abstand 2a der beiden Scheitelpunkte. Für den Kreis ist e = 0 und für die Parabel e = 1 definiert.

Fluoreszenz: siehe Emission.

Gasschweif: Besteht aus den geladenen Teilchen (Ionen), die sich unter der Sonneneinwirkung aus den neutralen Atomen, Molekülen und Radikalen in der Koma bilden. Die Ionen werden durch das vom Sonnenwind mitgeführte Magnetfeld auf die sonnenabgewandte Seite des Kometenkerns gedrängt und bilden dort den Gasschweif. Derselbe leuchtet, da seine Ionen durch die Sonnenstrahlung zur Fluoreszenz angeregt werden.

Gegenschweif: Der bei manchen Kometen vorkommende, scheinbar nach ‹vorn› zur Sonne gerichtete Schweif. Er besteht tatsächlich aus relativ großen Staubteilchen und ist daher so stark gekrümmt, daß er in der Projektion am Himmel über den Kopf des Kometen herausragen kann.

Größenklasse: Maß für die scheinbare Helligkeit eines Objektes. Ursprünglich wurden die Größenklassen geschätzt; besonders hellen Sternen wurde die 1. Größenklasse zugeteilt, den schwächsten mit dem bloßen Auge bei günstigen Sichtbedingungen erkennbaren Objekten die 6. Größenklasse. Ein Objekt der 1. Größenklasse ist etwa 2,5mal heller als eines der 2. Größenklasse. Diese subjektive Schätzung ist heute physikalisch definiert. Übermäßig helle Gestirne können negative Größenklassen haben, so z.B. Sirius – 1.5 Größenklassen und Venus unter besonders günstigen Umständen – 4.4 Größenklassen.

Helligkeit: siehe Größenklasse, Absolute Helligkeit.

Hyperbel: siehe Bahnformen.

Interstellare Materie: Die im Raum zwischen den Sternen diffus verteilte Materie aus Gas und Staub. Die interstellare Materie tendiert zur Konzentration in ausgedehnten Wolken, in denen sich dann zum Teil recht komplexe Moleküle bilden können. Die chemische Ähnlichkeit zwischen den Bestandteilen dieser Wolken und von Kometen ist auffallend.

Ionisation: Ein Atom, Molekül oder Radikal wird zu einem positiv geladenen Ion, wenn ihm ein äußeres Elektron entrissen wird. Dies kann durch genügend energiereiches Licht (Photoionisation) oder Zusammenstöße mit anderen Teilchen (Stoßionisation) bewirkt werden. Nach der Ionisation der Gase in der Koma unterliegen die (geladenen) Ionen der zusätzlichen Kraftwirkung durch das verformte Magnetfeld des Sonnenwindes.

Kern des Kometen: Zentraler Körper, der zu allen kometaren Phänomenen Anlaß gibt. Er besteht wahrscheinlich aus gefrorenen Gasen (Eis) und Staub.

Koma: Die Koma ist die Atmosphäre aus neutralen Gasen, mit der der Kometenkern sich in seiner aktiven Phase im inneren Sonnensystem umgibt. Die Koma bildet den Kopf des Kometen; innerhalb der Koma bleibt der verhältnismäßig sehr kleine Kometenkern unbeobachtbar.

Komet: Ein kleiner Körper am äußersten Rande des Sonnensystems, der wahrscheinlich in der frühesten Entstehungsphase des Sonnensystems geformt wurde. Er besteht aus einem ‹Schneeball› aus Wasser-Eis und geringeren Mengen anderer Eise, denen Staub (Silikate und Kohlenstoff) beigemengt ist. Typische Durchmesser des Schneeballes betragen wenige Kilometer. Kometen sind nur beobachtbar, wenn sie gelegentlich ins innere Sonnensystem eindringen. Unter dem Einfluß der Sonnenstrahlung und des Sonnenwindes entwickeln sie dann die typischen Komponenten eines aktiven Kometen: Koma, Gasschweif, Staubschweif und Wasserstoffwolke.

Kopf des Kometen: Umfaßt den Kern und die Koma eines Kometen.

Kurzperiodische Kometen: Kometen mit Perioden von weniger als 200 Jahren.

Langperiodische Kometen: Kometen mit Perioden von mehr als 200 Jahren. Man rechnet zu den langperiodischen Kometen auch solche, deren formale Bahnen parabolisch oder sogar leicht hyperbolisch sind, da die Unterscheidung zwischen einer extrem langgestreckten Ellipse, auf der ein Komet eine Periode von vielen Millionen Jahren hätte, und einer Parabel oder einer nur schwach geöffneten Hyperbel durch die Beobachtungen oft nicht verbürgt werden kann.

Meteor (Sternschnuppe): Ein Staubteilchen, das beim Verglühen in der Erdatmosphäre eine nachweisbare (Licht-)Spur hinterläßt. Neben den in Meteorschauern auftretenden Meteoren gibt es auch vereinzelte, sogenannt sporadische Meteore. Alle Meteore sind vermutlich kometaren Ursprungs.

Meteorschauer (Sternschnuppenschauer): Wenn die Erde auf ihrer jährlichen Bahn durch einen Meteorstrom läuft, treten überdurchschnittlich zahlreiche Meteore auf, die von einem Punkt des Himmels (Radiant) auszugehen scheinen. Manche Meteorschauer werden jährlich zum gleichen Datum beobachtet, andere nur jeweils nach einigen Jahren.

Meteorstrom: Ein Schwarm von Staubteilchen kometaren Ursprungs, die auf sehr ähnlichen Bahnen die Sonne umlaufen.

Nichtgravitationelle Kräfte: Durch das Ausgasen (Sublimieren) von Stoffen auf der sonnenzugewandten Seite eines Kometenkerns erfährt er eine nach außen gerichtete Rückstoßkraft während seiner aktiven Phase im inneren Sonnensystem. Wegen der Rotation des Kerns liegt diese Kraft im Allgemeinen nicht exakt auf dem Radiusvektor Sonne–Komet. Eine Änderung der Rotationsachsenrichtung (Präzession) des Kometenkerns bewirkt auch eine Änderung der nichtgravitationellen Kräfte.

Oskulierende Bahn: Die auf einen Kometen wirkenden Störeffekte und nichtgravitationellen Kräfte verursachen eine ständig sich verändernde Bahn desselben. Diese Schar von nicht in sich geschlossenen Bahnen nennt man die oskulierende Bahn.

Parabel: siehe Bahnformen.

Parallaxe: Die scheinbare Verschiebung eines relativ nahen Gegenstandes bezüglich der Lage entfernterer Gegenstände im Falle der Beobachtung aus verschiedenen Standorten. Für nahe Objekte tritt die Parallaxe schon bei der Beobachtung mit dem rechten bzw. linken Auge auf. Bei sehr nahen astronomischen Objekten kann sie im Laufe eines Tages beobachtet werden, wenn sich der Beobachter wegen der Erddrehung aus seinem Standort entfernt (oder wenn zwei getrennte Beobachter gleichzeitig die Himmelspositionen bestimmen). Die näheren Fixsterne weisen auch eine jährliche Parallaxe auf, die sich aus der Bewegung der Erde um die Sonne ergibt. Die Messung der parallaktischen Verschiebung entspricht einer Entfernungsbestimmung. Parallaxenbestimmungen des Kometen von 1577 durch Tycho Brahe haben erstmals die sublunare Natur der Kometen widerlegt.

Perihel: Der sonnennächste Punkt auf der Bahn eines Planeten, Asteroiden oder Kometen.

Periode: Bei einem Kometen gewöhnlich die Zeit zwischen zwei Periheldurchgängen. Daneben gibt es auch die momentane Periode, die ein Bahnelement der oskulierenden Bahn ist. Die Periode und die momentane Periode wären identisch, wenn einzig die gravitationelle Kraft der Sonne auf den Kometen wirken würde.

Periodische Kometen: Kometen, die sich auf geschlossenen (oder nur leicht oskulierenden) Bahnen (Kreisen, Ellipsen) um die Sonne bewegen, heißen periodisch. Man unterscheidet kurzperiodische und langperiodische Kometen.

Plasma: Ein Gas aus elektrisch geladenen Teilchen (Ionen).

Plasmaschweif: siehe Gasschweif.

Radikal: Eine Atomverbindung, die unter irdischen Normalbedingungen nicht stabil ist. Beispiele für solche unvollständigen Moleküle sind OH und NH_2.

Retrograde Bewegung: Alle Planeten und die kurzperiodischen Kometen umlaufen die Sonne im gleichen Sinn. Dieser Umlaufssinn wird *direkt* genannt. Der umgekehrte Umlaufssinn heißt *retrograd*.

Schweif des Kometen: siehe Gasschweif, Staubschweif, Gegenschweif.

Staubschweif: Staubteilchen, die durch sublimierendes Eis von dem Kometenkern fortgerissen werden, unterliegen dem Strahlungsdruck der Sonne. Dieser Druck zusammen mit der Eigengeschwindigkeit der Staubteilchen bewirkt, daß sie sich längs eines gekrümmten Staubschweifes anordnen. Die Krümmung des Schweifes ist umso stärker, desto größer die Staubteilchen sind. Der Staubschweif ist sichtbar, weil die Staubpartikel das Sonnenlicht streuen. Überdies leuchtet der in der Sonnennähe erwärmte Staub im Infraroten.

Störeffekte: Auf einen Körper (Kometen) im Sonnensystem wirken außer der gravitationellen Anziehung durch die Sonne auch Gravitationskräfte, die von den Planeten (und Monden) ausgeübt werden. Diese zusätzlichen Kräfte werden als Störeffekte bezeichnet. Kommt ein Komet nahe an einen Planeten, so können die Störeffekte drastische Auswirkungen auf dessen Bahn haben.

Streuung: Staubteilchen, die kleiner als etwa $\frac{1}{10}$ mm sind, reflektieren das Sonnenlicht nicht, sondern sie streuen es. Das heißt, daß jede Partikel wie ein neues Wellenzentrum wirkt und das einfallende Licht *nach allen Richtungen* propagiert.

Sublimation: Der Übergang von festen Substanzen – unter Überspringung der flüssigen Phase – direkt in den Gaszustand. Eine zumindest geringfügige Sublimation ist typisch für feste Stoffe und wird durch Erwärmung gefördert.

Wasserstoffwolke: Eine sehr ausgedehnte Wolke von neutralem Wasserstoff, mit der sich der Kometenkern in seiner aktiven Phase (in Sonnennähe) umgibt. Sie leuchtet im Ultravioletten und kann nur außerhalb der Erdatmosphäre beobachtet werden. Daneben gibt es auch eine kleinere Wolke aus dem Radikal OH (Hydroxyl).

Weitere Literatur

I. Allgemein

Populärwissenschaftlich:

Chapman, R.D., und J.C. Brandt, *The Comet Book,* Boston: Jones and Bartlett Publ. (1984).

Comets, hg. von J.C. Brand, San Francisco: W.H. Freeman & Co., (1981).

Hahn, H.-M., *Zwischen den Planeten,* Stuttgart: Franckh'sche Verlagshandlung (1984).

Moore, P., *Guide to Comets,* Guildford: Lutterworth Press (1977).

Seargent, D.A., *Comets,* Garden City: Doubleday & Co. (1982).

Véron, P., und J.-C. Ribes, *Les Comètes,* Paris: Hachette (1979).

Technisch:

Brand, J.C., und R.D. Chapman, *Introduction to Comets,* Cambridge; Cambridge University Press (1981).

Cometary Exploration, Hg. Tamás I. Gombosi, 3 Bde., Budapest: Hungarian Academy of Science (1983).

Comets, hg. von L.L. Wilkening, Tucson: The University of Arizona Press (1982).

Comets, Asteroids, Meteorites, hg. von A.H. Delsemme, Toledo, Ohio: The University of Toledo (1977).

II. Halleys Komet

Calder, N., *The Comet is Coming!,* London: British Broadcasting Corp. (1980).

Comet Halley Visibility Report 1985–86, Colorado Springs: Astronomical Data Service (1985). (Bei Bestellung ist die gewünschte geographische Position des Beobachters anzugeben.)

Freitag, R.S., *Halley's Comet: A Bibliography,* Washington D.C. (1984).

Froböse, R., *Der Halleysche Komet,* Thun: Verlag Harri Deutsch (1985).

Harpur, B., *Halleys Komet, Erscheinung-Entdeckung-Erforschung* (1985).

Littman, M., und D.K. Yeomans, *Comet Halley: Once in a Lifetime* (1985).

Maffei, P., *La Cometa di Halley,* Mailand: Mondadori (1984).

Moore, P., und J. Mason, *The Return of Halley's Comet,* Cambridge: Patrick Stephens (1984).

Morton, B., *Halley's Comet 1755–1984: A Bibliography,* Westport: Greenwood Press (1985).

Tattersfield, D., *Halley's Comet,* Oxford: Basil Blackwell (1984).

III. Einige Publikationen zur Geschichte des Halleyschen Kometen

Addeo, A., *La Cometa d'Halley dell'anno 1066 in un documento dell'Archivio della cattedrale di Viterbo.* Viterbo (1910).

Barrett, A.A., *Observations of comets in Greek and Roman sources before AD 410,* in J. of R. astr. Soc. Canada, 72, 81 (1978).

Biot, E., *Catalogue des comètes observées en Chine depuis l'an 1230 jusqu'à l'an 1640 de notre ère,* in: Connaissance des temps pour 1846, Paris, S. 44.

Biot, E., *Catalogue des étoiles extraordinaires observées en Chine depuis les temps anciens jusqu'à l'an 1203 de notre ère,* in: Connaissance des Temps pour 1846, Paris, S. 60.

Biot, E., *Recherches faites dans la grande collection des historiens de la Chine, sur les anciennes apparitions de la comète de Halley,* in: Connaissance des Temps pour 1846, Paris, S. 69.

Brady, Joseph L., *Halley's Comet: AD 1986 to 2647 BC*, in: J. Brit. astron. Assoc. *92*, 5 (1982).

Brodrick, W.B., *Halley's Comet from the Norman Point of View*, in: Science Progress in Twentieth Century, Jan. 1910, S. 492.

Broughton, P., *The First Predicted Return of Comet Halley*; in: J. Hist. Astronomy *16*, 123 (1985).

Broughton, R.P., *The Visibility of Halley's Comet*, in: J. Roy. Astron. Soc. Canada *73*, No. 1, 24 (1979).

Carl, Ph., *Repertorium der Cometen-Astronomie*, München (1864).

Celoria, G., *Sulle asservazioni di comete fatte da Paolo dal Pozzo Toscanelli e sui lavori astronomici suoi in generale*, in: Pub. R. Oss. Astr. di Brera in Milano, No. 55 (1921).

Chang, Y.C., *Halley's Comet: Tendencies in its Orbital Evolution and its Ancient History*, in: Chinese Astronomy *3*, 120 (1979).

Eddington, A.S., *Halley's observations on Halley's comet, 1682*, in: Nature, *83*, 372 (1910).

Hasegawa, I., *Catalogue of ancient and naked-eye comets*, in: Vistas in Astronomy *24*, 59 (1980).

Hellmann, C.D., *The comet of 1577: its place in the history of astronomy*, New York (1944).

Hind, J.R., *On the past history of the comet of Halley*, in Mont. Not. of R. Astr. Soc., *10*, 51 (1850).

Hirayama, K., *Halley's comet in Japanese history*, in: Observatory, *33*, 130 (1910).

Hirayama, K., *On the comets of AD 373 and 374*; in: Observatory, *34*, 193 (1911).

Ho Peng Yoke, *Ancient and mediaeval observations of comets and novae in Chinese sources*, in: Vistas in Astronomy, *5*, 127 (1962).

Hsi Tse Tsong, *The cometary atlas in the silk book of the Han tomb at Ma Wang Tui*, in: Chinese Astronomy and Astrophysics, *8*, 1 (1984).

Kiang, T., *The past orbit of Halley's comet*, in: Mem. of R. Astr. Soc., *76*, 27 (1972).

Lalande, J.F., *Mémoire sur le retour de la comète de 1682, observée en 1759*, in: Histoire de l'Acad. Roy. des Sciences 1759, vol. II, pag. 1, Paris (1777).

Laugier, P.A.E., *Note sur la première comète de 1301*, in: C.R., *15*, 949 (1842).

Laugier, P.E., *Note sur l'apparition de la comète de Halley en 1378*, in: C.R., *16*, 1003 (1843).

Laugier, P.E., *Mémoire sur quelques anciennes apparitions de la comète de Halley, inconnues jusqu'ici*, in: C.R., *23*, 183.

Lhotsky, A., und Ferrari d'Occhieppo, K., *Zwei Gutachten Georgs von Peuerbach über Kometen (1456 und 1457)*, in: Mitt. Institut österr. Geschichtsforschung *68*, 266 (1960).

Petri, W., *Der Halleysche Komet im Alten Testament*, in: Sterne u. Weltraum *3*, No.1, 14 (1964).

Pingré, A.G., *Cométographie ou Traité historique et théorique des comètes*, 2. Bde., Paris (1783, 1784).

Pontécoulant, G. de, *Notice sur la comète de Halley et ses apparitions successives de 1531 à 1919*, in: C.R., *58*, 706, 766, 815 (1864).

(Rigaud, S.P.), *Supplement to Dr. Bradley's miscellaneous Works with an account of Harriot's astronomical papers*, Oxford 1833.

Rosenberger, O.A., *Elemente des Halleyschen Cometen bei seiner vorletzten Erscheinung im Jahre 1682*, in: Astr. Nachr., *9*, 53 (1830).

Sur le retour de la comète de 1682, observée en 1759, et sur les différentes ouvrages qu'elle a occasionnés, in: Histoire des l'Acad. Roy. des Sciences 1759, Bd. 1, S. 214, Paris (1777).

Stein, J., *Un documento inedito del 1066 sulla cometa di Halley,* in: Riv. di Astr., *4,* 268 (1910); engl. in: Observatory *33,* 234 (1910).

Stein, J., *Callixte III et la comète de Halley,* in: Specola Astronomica Vaticana II. Rom (1909).

Stephenson, F.R., Yau, K.K.C., und Hunger, H., *Records of Halley's comet on Babylonian tablets,* in: Nature *314,* 587 (1985).

Williams, J., *Observations of comets from BC 611 to AD 1640 extracted from the chinese annals, translated with remarks,* London (1871).

Yeomans, D.K., Kiang T., *The long term motion of comet Halley,* in: Mon. Not. R. Astr. Soc. *197,* 633 (1981).

Zach, F.X. Freiherr von, *Über Harriot's Originalbeobachtung des Cometen von 1607 und 1618,* in: Supplementband zum Berliner Jahrbuch *1* (1793).

IV. Beobachtungspläne 1986 für Halleys Kometen

Populärwissenschaftlich:

Yeomans, D.K. *The Comet Halley Handbook,* Pasadena: Jet Propulsion Laboratory (1981).

Edberg, S.J., *International Halley Watch Amateur Observers' Manual for Scientific Comet Studies,* Pasadena: Jet Propulsion Laboratory (1983): Part I. Methods. Part II. Ephemeries and Star Charts.

Kunert, A., J. Rahe, S.J. Edberg, D.K. Yeomans, *Komet Halley Beobachtungshilfen,* Veröffentlichung Nr. 58 der Wilhelm-Foerster-Sternwarte, Berlin (1985).

Technisch:

Modern Observational Techniques for Comets, Hg. J.C. Brandt, B. Donn, J.M. Greenberg und J. Rahe, Pasadena: Jet Propulsion Laboratory (1981) (JPL-Publication 81-68).

ESO Workshop on The Need for Coordinated Ground-based Observations of Halley's Comet, Hg. P. Véron, M. Festou und K. Kjär, Garching: ESO (1982).

International Halley Watch Newsletter, Hg. S.J. Edberg, Pasadena: Jet Propulsion Laboratory, No. 1 (1982), No. 6 (1985).

Cometary Astrometry, Hg. D.K. Yeomans, R.M. West, R.S. Harrington und B.G. Marsden, Pasadena: Jet Propulsion Laboratory (1984) (JPL-Publication 84-82).

Satelliten-Missionen zu Kometen:

A Strategy for the Space Exploration of Comets, Pasadena: Jet Propulsion Laboratory (1979).

Report on Studies for a Comet Mission to Halley and Tempel-2, Paris: ESA (1979) (ESA SOL (79) 3).

Giotto, Comet Halley Flyby, Report on the Phase A Study, Paris: ESA (1980) (ESA SCI [80] 4).

Exploration of Halley's Comet from Space and from the Ground, Nachdruck aus: ESA Bulletin Nos. 38 und 39 (1984).

Yeomans, D.K. und J.C. Brandt, *The Comet Giacobini-Zinner Handbook,* Pasadena: Jet Propulsion Laboratory (1985).

Report on the scientific satellites of the European Space Agency May 1985, Paris: ESA (1985).

ESA Space Science Newsletter, No. 2, Paris: ESA (1985).

Verzeichnis der Kometen
(ohne Halleys Kometen)

430 v.Chr.: 94
371 v.Chr.: 48
172 v.Chr.: 77
162 v.Chr.: 77
44 v.Chr.: 85, 86, 109, 110
54: 92
60: 92
64: 89, 91
65: 89, 91
68/69 (?): 91, 92
70/71: 89, 91
79: 94
531 (?): 109
684: 117
891: 67
1106: 109
1232: 67, 139, 141
1264: 67, 139, 141, 230
1297: 146
1299: 146
1301: 146
1304: 146
1337: 147
1368: 148
1402: 57, 199
1433: 67, 154
1449: 154
1457: 154
1472: 67, 154, 156, 157, 159
1491: 121
1506: 159, 168
1532: 67, 161, 170
1533: 67, 161
1538: 161
1539: 161
1556: 67, 230
1577: 67, 68, 142, 173, 175, 176, 181–184
1582: 67
1618 I: 67, 173, 177, 179, 180
1664: 67
1665: 67
1677: 67
1680: 67, 69, 109, 187, 190, 193, 195, 198, 199
1729: 57
1744: 57, 67
1769 (Messier): 67

1770 II (Großer Komet): 67
1807: 224
1811 I: 67, 214, 215, 224, 229
1857 (?): 227, 229, 230
1910 I: 67, 233, 240, 241
1983a: 3
1983 TB: 53
Andersen (1963 IX): 2
P/Arend-Rigaux: 49
Arend-Roland (1957 II): 20, 23, 25, 33, 34, 67
P/d'Arrest: 2 (1910 III), 9, 295
Baade (1955 VI): 17, 37
Balley-Clayton (1968 VII): 3
Bennett (1970 II): 2, 32, 39, 297
P/Biela: 10, 48, 52, 217, 224, 226, 228
Boguslawski (1835 I): 217
P/Borrelly: 294, 295
Bowell (1980b): 8
Bradfield (1974 III): 25
P/Brooks 2: 8, 39, 48, 295
P/Brorsen: 10
Cesco (1974 VIII): 3
Chiron: 50
Coggia-Winnecke (1873 VII): 3
P/Crommelin: 3, 290
Cunningham (1941 I): 18
Daido-Fujikawa (1970 I): 2
Donati (1858 VI): 67, 226
P/Encke: 3, 4, 10, 13, 25, 32, 37, 40, 49, 52, 54, 59, 69, 217, 295, 297
P/Faye: 8, 59, 297
Forbes (1928 III): 3
P/Giacobini: 48
P/Giacobini-Zinner: 52, 295, 316
P/Grigg-Skellerup: 52, 295
Großer März-Komet (1843 I): 14, 67, 226
Großer Komet (1823): 25
Großer Komet (1860 III): 4

Großer Komet (1861 II): 4, 67, 226
Großer September-Komet (1882 II): 4, 14, 25, 49, 59, 67, 226
Großer Südlicher Komet (1865 I): 4
Großer Südlicher Komet (1887 I): 227
Hidalgo: 50
Haro-Chavira (1956 I): 17, 37
P/Honda-Mrkós-Pajdusáková: 52, 297
P/van Houten (1961 X): 2
Howard-Koomen-Michels (1979 XI): 3, 5
Ikeya-Seki (1965 VIII): 14, 22, 48, 67, 91
IRAS-Araki-Alcock (1983d): 3, 37, 121
Julium Sidus siehe 44 v.Chr.
Kobayashi-Berger-Milon (1975 IX): 2
Kohoutek (1970 III): 2
Kohoutek (1973 XII): 19, 25, 32, 34, 43, 297
P/Kopff: 294, 295
P/Lexell: 3, 8, 39, 69, 121, 214
Metcalf (1910 IV): 2
Morehouse (1908 III): 243
Mrkos (1957 V): 21, 33
P/Neujmin 1: 49
P/Oterma: 8
P/Perrine (-Mrkos): 3
Pons (1818 II): 3
P/Pons-Coggia-Winnecke-Forbes: 3
P/Pons-Gambard: 57
P/Pons-Winnecke: 8, 40, 52, 59
Schuster (1975 II): 14
P/Schwaßmann-Wachmann 1: 34
P/Schwaßmann-Wachmann 2: 4
P/Swift-Tuttle: 52, 53, 57, 69, 224

Tago-Sato-Kosaka (1969 IX): 25, 32, 39, 70, 297
P/Taylor: 48
Tempel (1864 II): 226
P/Tempel 2: 59, 295, 297, 298
P/Tempel-Tuttle: 52, 57, 59, 121

Thatcher (1861 I): 52
P/du Toit 1: 3
P/du Toit 2: 3
P/Tsuchinshan 1: 3
Tunguska-Komet (1908): 15
P/Tuttle: 52

P/Tuttle-Giacobini-Kresak: 295, 297
West (1976 VI): 23, 26, 32, 67, 297
P/West-Kohoutek-Ikemura: 8
P/Wolf: 10

Abū Ma'Shar
siehe Albumasar
Aëtius, Flavius 106
Aegidius von Lessines 141
Aginard 122
Agricola (Schnitter),
Johannes 166
Agrippa, Marcus Vipsanius
85
A'Hearn, Michael F. 286
Albertus Magnus, Heiliger
141, 142, 146
Albumasar (Abū Ma'Shar
Al-Balkhlī) 123, 179
Alembert, Jean le Rond d'
203, 206
Alexander, byzant. Kaiser
125
Altenhoff, Wilhelm J. 37
Anaxagoras 75
Angström, Anders Jöns
227, 228
Anthelme, Père
(Anthelme Voituret)
193
Apian (Apianus), Peter
Bienewitz gen. 68, 113,
159, 161, 162, 163, 166,
173
Arago, Dominique-
François-Jean 213, 224
Aristoteles 68, 69, 73, 75,
76, 92, 122, 175, 180, 194
Arrhenius, Svante 69
Attila 105, 106
Augustus siehe Octavianus
Avogaro, Pietro Buono
Dell' 157
Axford, W. Ian 284

Bailly, Jean-Sylvain 211
Balbillus 89
Baldet, F. 243
Baldovinetti, Alessio 156
Baldung gen. Grien, Hans
161, 169
Balley-Urban, John 3
Balsiger, Hans 306
Barnard, Edward
Emerson 1, 235, 240,
283

Batrla, W. 37
Baumbach, Rudolf 231
Baume Pluvinel, A. de la
243
Bayle, Pierre 199
Beda, Heiliger 122
Belton, Michael J.S. 284
Benedikt II., Papst 117
Benetti, Antonio 199
Berget, A. 248
Bernard, A. 245
Bernoulli, Jakob I. 192,
193, 199
Bernoulli, Johann I. 193
Bessel, Friedrich Wilhelm
69, 70, 217, 220, 222,
223, 224
Bevilacqua, G. 132
Biela, Wilhelm Baron von
224
Bienewitz, Peter
siehe Apian
Biermann, Ludwig 28, 29,
31, 70
Bīrūnī, Abū Rayhān
Muhammad ibn Ahmad
al- 127, 128
Blamont, Jacques E. 284
Bobrovnikoff, Nicolas
Fedorowitsch (später
Nicolas Theodor) 236,
241
Bode, Johann Elert 175
Boguslawski, Palm
Heinrich Ludwig Pruß
von 217, 221
Boppe, Meister 142
Borelli, Giovanni Alfonso
191, 192
Bouin, Jean-Théodore 210
Brahe, Tycho 68, 174,
175, 177, 179, 180, 182,
195
Brandt, John C. 246, 285,
289
Bredichin, Fedor
Aleksandrowitsch 69,
223
Briggs, G. 284
Brooks, William Robert
1

Broughton, R. Peter 70
Brown, Ronald D. 287
Brownlee, Donald E. 55,
56
Buffon, George-Louis
Leclerc Comte de 198
Burckhardt, Johann Carl
127
Burg, J.B. 106
Burnham, Wesley
Sherburne 235

Calixtus III., Papst 153,
156
Calpurnia 86
Camerarius (Kämmerer),
Joachim 166
Cameron, Alastair G.W.
46
Campbell, William
Wallace 236
Campins, Humberto 286
Canetti, Elias 246
Cardanus, Girolamo 170
Carruthers, George R.
26
Cartesius siehe Descartes
Caesar, Gajus Julius 81,
85, 93, 134
Cassini, Gian Domenico
187, 191, 192, 210
Cassini de Thury,
César-François 210
Cavallini, Pietro 146
Cesco, C.U. 3
Cesco, M.R. 3
Chaeremon 110
Chapman, Robert
DeWitt 246
Châtelet, Gabrielle-Émilie
Le Tonnelier de Breteuil
Marquise du 201
Cheng, Kaiser 73, 74
Chevalier, Abbé 208, 210
Christian II., König 170
Chhin Shih-Huang-Ti,
Kaiser 73, 74
Cicero, Marcus Tullius
81, 83
Cinna, Lucius Cornelius
81

Clairault, Alexis-Claude 201, 205, 206
Clarke, Arthur 248
Claudius, Kaiser 91
Clayton, Patrick L. 3
Coeurdoux, Gaston-Laurent 210
Colombo, G. 299
Condorcet, Marie-Jean-Antoine-Nicolas-Caritat Marquis de 211
Cowell, Philipp Herbert 73, 81, 139, 233
Cranmer, Thomas 170
Crommelin, Andrew Claude de la Cherois 3, 73, 81, 99, 139, 233
Crüger, Peter 192
Curtis, Heber Doust 236, 238
Cysat, Johann Baptist 179

Damoiseau, Marie-Charles-Théodore Baron de 217
Danielson, G. Edward 279, 281
Dante Alighieri 146
Darquier de Pellepoix, Augustin 210
Daumier, Honoré 230
Delisle, Joseph-Nicolas 201, 208, 209
Delsemme, Armand H. 14, 37, 284
Demokrit 75
Descartes (Cartesius), René du Perron 188, 191
Deslandres, H. 245
Dion Cassius Cocceianus 85, 99
Domenico Gondisalvo 138
Domninus von Larissa 106
Donati, Giovanni Battista 226
Donn, Bertram D. 284
Donnelly, Ignatius 248
Dörffel, Georg Samuel 69, 187, 193, 195
Dressler, Alan 279
Dschingis Khan 139, 141

Dudith, Andreas 170
Dulague, Vincent-François-Jean-Noël 210
Dumouchel, Etienne 217
Dunthorne, Richard 141
Dürer, Albrecht 161, 167

Eadwine, Mönch 135, 137
Edberg, Stephen J. 289
Eduard der Bekenner, König 133
Ellerman, Ferdinand 234, 240
Elmacin, Georg siehe al-Makin
Encke, Johann Franz 69, 226
Encrenaz, Thérèse 285
Ephorus von Zyme 48
Erastus, Thomas Lieber gen. 170
Etable de la Brière siehe Lepaute
Euler, Leonhard 198, 205, 211, 228
Everhart, Edgar 9

Fang Hsüan-Ling 113
Farquhar, R. W. 295
Faye, Hervé-Auguste-Étienne-Albans 223, 226
Fechtig, Hugo 284
Feldman, Paul D. 26
Ferrari d'Occhieppo, Konradin Graf 87
Festou, M. C. 287
Finson, Michael L. 23
Flammarion, Camille 243
Flamsteed, John 187, 195
Flemlose, Peder Jacobsen 180
Floder 199
Fontenelle, Bernard Le Boyer de 199
Fracastoro, Geronimo 161
Franz von Assisi, Heiliger 139
Fraunhofer, Joseph Ritter von 217
Friedmann, L. 284
Frost, Edwin Brant 245

Galilei, Galileo 173, 174, 180, 188
Gamaliel, Rabbi 93
Gasser, Achilles Pirmin 159, 160
Gaubil, Antoine 131
Gauß, Karl Friedrich 224
Geiß, Johannes 307
Gerard, Eric 287
Giacobini, E. 1
Gill, Sir David 226
Giotto di Bondone 145, 146, 147
Glycas, Michael 132
Godfrey, Peter D. 287
Goethe, Johann Wolfgang von 215
Goetz, Karl 242
Gong, Shu-Mo 284
Grosseteste, Robert 68, 141, 161
Guicciardini, Lodovico 159
Guignes, Joseph de 131
Guillaume, C. 246
Gunn, James E. 279

Hagecius, Thaddäus Hagek gen. 170, 175
Halley, Edmond 52, 65, 68, 69, 109, 154, 161, 174, 187, 195, 196, 197
Halliday, I. 284
Harald Hardraade, König 133
Harlan, E. A. 22
Harold II., König 133
Harrington, Robert S. 285
Harriot, Thomas 174, 222
Hebel, Johann Peter 215
Heinrich IV., Kaiser 134
Heinrich VIII., König 170
Heinrich von Hessen 148
Heinsius, Gottfried 222
Hell, Maximilian 210
Hellmann, C. Doris 176
Henry von Huntingdon 134
Hepidanus 128
Heraklides Ponticus 76
Herbig, George H. 284
Herlicius, David 174

Herschel, Caroline 1
Herschel, John Frederick
  William, Bt. 219, 221,
  222, 223
Hevelius (Hewelke),
  Johannes 32, 187, 191,
  192, 194, 195
Heyn, Johann 198
Hind, John Russel 85, 95,
  99, 101, 103, 107, 110,
  125, 127, 129, 131, 145,
  217
Hippocrates von Chios 76
Hirao, K. 289
Ho Peng Yoke 129, 131
Hoasi, M. 240
Hoffmann, D. 206
Hohenheimb, von siehe
  Paracelsus
Holtei, Karl von 214
Honda, Minori 2
Hooke, Robert 187, 195
Hrabanus Maurus 122
Hsiao-Wu-Ti, Kaiser 103
Huchtmeier, Walter K. 37
Hudiwara-no-Yorinaga
  135
Huggins, Sir William 226
Hughes, David W. 61
Hulst, Hendrik C. van de
  298
Hunyadi, Johann 156, 157

Irvine, William M. 287
Isidorus von Sevilla,
  Heiliger 106

Jacobus de Voragine 146
Jacquier, François 210
Jahn, Gustav Adolph 230
Jalal ad-Din, König 141
Jamard, T. 204, 205
Jeaurat, Edmé-Sébastien
  210
Jewitt, David C. 279, 281
Johannes von Damaskus
  122
Johannes von Legnano 148
Johannes Toletanus
  (Salomon ben David)
  138

Johnstone, A. 307
Joschua, Rabbi 93
Josephus Flavius 91

Kaiser, Frederik 217
Kanda, Shigeru 115
Karl der Große, Kaiser 122
Kästner, Abraham
  Gotthelf 201
Keller, H. Uwe 306
Kepler, Johannes 87, 173,
  175, 176, 177, 178, 179,
  180, 194, 213
Khāzinī, Abu'l-Fath 'Abd
  al-Rahmān al-
  (Abū Mansūr) 138
Kiang, Tao 65, 66, 67, 70,
  73, 77, 80, 81, 89, 101,
  103, 105, 107, 111, 115,
  121, 125, 127, 129, 138,
  139
Kirch, Gottfried 187
Kirkwood, Daniel 52
Kissel, J. 306
Klauser, Christophorus
  166, 171
Klinkenberg, Dirk 210
Knacke, Roger F. 285
Koller, Marian 219
Kolumbus, Christoph 154
Konrad von Megenberg
  146, 215
Konstantin V.
  Kopronymus, Kaiser
  119
Kopernikus, Nikolaus 95
Koutchmy, S. 23
Kozai, Yoshinide 284
Krankowsky, D. 306
Kreil, Karl 219
Kresak, Lubor 284
Kron, E. 69, 240, 242

La Caille, Nicolas-Louis
  de 210
Lagrange, Joseph-Louis
  211, 228
La Hire, Philippe de 187
Lalande, Joseph-Jérome
  le François de 205, 206,
  210, 213

Lambert, Johann Heinrich
  211, 213
La Montré (Montraeus),
  Jean-Joseph 193
Lampadius, Flavius 107
Laplace, Pierre-Simon
  Marquis de 70, 228
Larson, Stephen M. 239,
  286
Laugier, Paul-Auguste-
  Erneste 105, 119, 131,
  149, 217
Lavater, Ludwig 215
Legendre, Adrien-Marie
  224
Lehmann, Jacob Wilhelm
  Heinrich 217
Leo Grammaticus 125
Lepaute, Jean-André 205
Lepaute, Nicole-Reine
  née Etable de la Brière
  205
Le Seur, Thomas 210
Levasseur-Regourd, A.C.
  307
Licetus, Fortunius 170
Lichtenberg, Georg
  Christoph 213, 214
Lieber, Thomas siehe
  Erastus
Lincoln, Harry J. 247
Link, Wenzel 163
Livius, Titus 77
Littrow, Joseph Johann
  Edler von 228
Longomontanus, Christian
  Severin gen. 174
Loomis, Elias 217
Lubienietzki (Lubieniecki
  de Lubieniec), Stanislaus
  87, 91, 92, 192
Lucan, Marcus Annaeus
  91, 93
Ludwig der Fromme,
  Kaiser 122
Ludwig XV., König 205
Lukas, Evangelist 122
Lulofs, Johann 210
Lund, A. 227
Lüst, Rhea 201, 284
Luther, Martin 163, 166

Ma Tuan-Lin 105, 131, 139

McDonnell, J.A.M. 306

McKenna-Lawlor, Susan M.P. 307

Maclear, Thomas 221

Macrinus, Marcus Opellius, Kaiser 99

Mädler, Johann Heinrich von 205

Mailla, Pater Joseph-Anne-Marie de Moyriac de 131

Makin Ibn-al'-Amid, Jirjis al- (Georg Elmacin) 127

Malalas, Johannes 109

Malvasia, Cornelio Marchese 191

Manilius, Marcus 93

Maraldi, Giovanni Domenico 210

Marchetti, Alessandro 187

Marsden, Brian G. 2, 253, 285

Martin, Benjamin 202, 203

Mascart, Jean 240

Massevitch, A.G. 284

Mästlin, Michael 175, 176, 177, 179

Mathilde, Frau von Wilhelm dem Eroberer 133

Maupertuis, Pierre-Louis Moreau de 201

Maximilian I., Kaiser 168

Maximinianus, Bischof 109

Meadows, A. Jack 284

Méchain, Pierre-François-André 1

Medici, Leopoldo di' 192

Megerlin, Peter 193

Melanchthon (Schwarzert), Philipp 166, 215

Messier, Charles 1, 201, 205, 207, 208, 209, 210

Mettais, M. 229

Möbius, August Ferdinand 217

Mohammed II., Sultan 156

Montanari, Geminiano 187

Moore, Patrick 59

Morand, Pater 210

Morstadt, Joseph 224

Müller, Christian Karl 199

Müller, G. 240

Müller, Johannes siehe Regiomoutanus

Mumma, Michael J. 42

Murad III., Sultan 142, 182

Mutoli, Pier Maria 191

Mutugen 141

Napoléon Buonaparte 214

Nausea, Friedrich 166

Nero, Kaiser 89, 91

Nestroy, Johann 230

Neubauer, Fritz M. 307

Newburn, Ray L. 284

Newton, Isaac 5, 69, 109, 180, 187, 195, 196, 201, 205, 211

Niedner, Malcolm Bowen 285

Niven, Larry 248

Nux, de la 210

Obsequens, Julius 77

Octavianus (Kaiser Augustus) 85/6, 110

Octavius, Cnäus 81

O'Dell, C.R. 284

Odo, Bischof von Bayeux 133

Ökolompadius (Heußgen), Johannes 166

Olaus Magnus 180

Olbers, Heinrich Wilhelm 175, 211, 222, 228

Oliva, Antonio 191

Oliver, Andrew 213

Oort, Jan H. 44, 45, 70, 299

Opal, Chet B. 26

Öpik, Ernst J. 44, 45, 70

Oresme, Nicole 149, 151

Origenes 110, 122

Pachymeres, Georgios 145

Palitzsch, Johann Georg 205, 206, 208, 210

Paracelsus, Philippus Aureolus Theophrastus von Hohenheimb gen. 165, 166, 171

Parkhurst, J.A. 245

Paulus Diakonus 117

Payne-Gaposchkin, Cecilia 238

Peirce, Benjamin 44

Peter von Limoges 145

Petit, Pierre 191

Petosiris 80

Peurbach, Georg 154, 157

Philipp der Schöne von Kastilien 168

Picard, Jean 187

Pickering, Edward Charles 245

Pico della Mirandola, Giovanni 157, 191

Pingré, Alexandre-Guy 131, 153, 154, 210, 230

Plinius, Gajus Secundus, der Ältere 91, 94

Poe, Edgar Allan 230

Pompejus, Gnäus 81, 93

Pons, Jean-Louis 1, 223, 224

Pontanus, Johann Jovianus 171

Pontécoulant, Philippe-Gustave Doulcet Comte de 217

Posidonius 92

Pournelle, Jerry 248

Probstein, Ronald F. 23

Proctor, Richard 99

Ptolomäus, Claudius 95, 97

Rabelais, François 170

Rahe, Jürgen 284, 285, 286

Raleigh, Sir Walter 174

Ratte, Etienne-Hyazinthe de 210

Ravené, G. 95

Regiomontanus, Johannes Müller gen. 154, 156, 157

Reinhard, R. 284, 289

Rème, H. 307

Ritchey, George Willis 237

Roemer, Elizabeth 1, 284
Römer, Ole 191
Rosenberger, Otto
August 187, 217
Röslin, Helisäus 175
Rudaux, L. 248

Sagdeev, R. 289
Salomon ben David siehe
Johannes Toletanus
Sams al-Dīn Mohammed
ibn Salīm al-Hallāl 184
Schedel, Hartmann 117
Schiaparelli, Giovanni
Virginio 52, 69, 224
Schickard, Wilhelm 177
Schiller, Friedrich von 215
Schilling, Diebold 161,
168
Schloerb, F. Peter 287
Schmidt, J. 37
Schmidt, Maarten 281
Schneider, Donald P. 279
Schöner, Johann 159, 164
Schuster, Hans-Emil 284
Schwabe, Samuel
Heinrich 221
Schwarzschild, Karl 69,
113, 236, 242
Scott, Samuel 214
Scrovegni, Enrico 146
Sekanina, Zdenek 14, 239,
286, 288
Seneca, Lucius Annaeus
68, 89, 91, 93, 161
Severin, Christian siehe
Longomontanus
Shakespeare, William 85,
86, 173, 180, 185
Sivaraman, K. R.
Sixtus V., Papst 122
Smyth, Charles Piazzi 218,
221
Smyth, William Henry
191
Soderblom, Laurence 298
Solá, J. Comas 241
Son-dok, Königin 116
Sotome, Kiyofusa 240
Stein, Pater Johan Willem
Jakob Antoon 132, 156
Stern, Martin 142, 147
Strömgren, Svante Elis 44
Struve, Georg Friedrich

Wilhelm von 217, 221,
223
Struve, Otto von 218
Stumpff, Peter 37
Sueton, Gajus 89
Sulpicius Quirinius,
Publicus 85
Swift, Lewis 1
Swings, Pol 27, 69, 291
Symeon Metaphrastes 125

Tacitus, Cornelius 89
Taquī al-Dīn 182
Tarnutzer, Andreas 290
Tebbutt, John 226
Tempel, Ernst Wilhelm
Leberecht 1
Tempelhoff, Georg
Friedrich von 211
Theodorich I., König der
Westgoten 106
Theophanes der Bekenner
109, 119
Thomas von Aquin,
Heiliger 141
Thomas von Cantimpré
146
Titus, Flavius Vespasianus,
Kaiser 91
Toscanelli, Paolo dal
Pozzo 153, 155, 156,
157, 161, 173
Tostig 133
Turner, Herbert Hall 249
Twain, Mark (Samuel
Langhorne Clemens)
253

Urban VIII., Papst 122

Vadian (von Watt),
Joachim 166
Valerius Messalla Barbatus
85
Vanysek, Vladimir 284, 286
Vasari, Georgio 156
Velikovsky, Immanuel 248
Verne, Jules 230
Véron-Cetty, Marie-Paule
70
Vespasian, Titus Flavius,
Kaiser 94
Veverka, Joseph F. 284
Voituret siehe Anthelme

Voltaire, François-Marie
Arouet de 201

Walmsley, C. Malcolm 37
Warner, H.H. 1
Wehinger, Peter A. 287
Weiler, Kurt W. 284
Wells, Herbert George
230
Wendelin, Gottfried 173
West, Richard M. 285
Westphal, James A. 279
Wetherill, George W. 284
Whipple, Fred L. 35, 36,
70, 284, 291
Whiston, William 196,
198
Wilhelm der Eroberer 129,
134
Wilhelm, Landgraf von
Hessen 175
Winthrop, John 210
Wittich, Paul 176
Woerkom, A.J.J. van 44
Wolf, Max 233, 234, 235,
236, 238
Wu, Kaiser 81
Wu-hou, Kaiserin 115
Wucherer, Johann
Friedrich 199
Wurm, Johann Friedrich
213
Wyckoff, Susan 287

Yatskiv, Ya. S. 284
Yeomans, Donald K. 14,
60, 65, 66, 67, 70, 73,
77, 80, 81, 89, 101, 103,
105, 107, 111, 115, 121,
125, 127, 129, 138, 139,
279, 281, 282, 285

Zach, Franz Xaver Freiherr
von 175
Zanstra, Herman 69, 242
Zhu Xi 81
Zimmerman Barbara A.
281
Zonaras, Johannes 131,
132
Zwinger, Theodor 188,
199
Zwingli, Ulrich 166, 171

Bildnachweis

Abb. I.1, I.8, II.79; Astronomical Society of the Pacific, San Francisco.
Abb. I.2, I.6, I.10: Lick Observatory, Santa Cruz.
Abb. I.3–I.5, II.68, II.73: Mt. Wilson and Las Campanas Observatories, Pasadena.
Abb. I.7: Dr. S. Koutchmy, Paris.
Abb. I.9: Frau Dr. Rhea Lüst, Garching/München.
Abb. I.11: Smithsonian Astrophysical Observatory, Cambridge, Mass.
Abb. I.12: Aus: *Comets*, hg. von J.C. Brandt; Copyright © 1981 Scientific American, Inc.
Abb. I.13: Copyright © William K. Hartmann.
Abb. I.14: Prof. Dr. M. de Groot, Armagh.
Abb. I.15: Sterrewacht, Universität Leiden.
Abb. I.16: Dr. D.E. Brownlee, II, Seattle, Washington.
Abb. I.17: Jet Propulsion Laboratory, Pasadena.
Abb. II.1, II.12: Aus: An Album of Ancient Relics and Documents Connected with Astronomy, Peking 1980.
Abb. II.2: The British Museum, London.
Abb. II.3: Aus: D.L. Walter, Medallic Memorials of the Great Comets, in: American Journal of Numismatics *24,* (1889), 25.
Abb. II.4, II.5, II.14, II.15, II.18, II.21–II.23, II.28–II.33, II.39, II.43–II.46, II.48, II.49, II.51–II.55 II.59–II.64, II.80:

Öffentliche Bibliothek der Universität Basel.
Abb. II.6: Aus: W. Lowrie, Art in the Early Church, Pantheon Books, Washington 1947.
Abb. II.7: Dr. F. Richard Stephenson, University of Durham, Department of Physics.
Abb. II.8: Tapisserie de Bayeux, Bayeux.
Abb. II.9: Master and Fellows of Trinity College, Cambridge.
Abb. II.10: Topkapı Museum, Istanbul
Abb. II.11: Archiv Alinari.
Abb. II.13: Aus: Pubblicazioni del Real Osservatorio astronomico di Brera in Milano, LV (1921).
Abb. II.16, II.70: Stadtbibliothek Nürnberg.
Abb. II.17: Bayerische Staatsbibliothek, München.
Abb. II.19: Sächsische Landesbibliothek, Dresden.
Abb. II.20, II.34: Zentralbibliothek, Zürich.
Abb. II.24: Kupferstichkabinett der Öffentlichen Kunstsammlung, Basel.
Abb. II.25: Aus Diebold-Schilling-Chronik, 1513, Eigentümerin: Korporationsgemeinde Luzern.
Abb. II.26: Städelsches Kunstinstitut und Städtische Galerie, Frankfurt am Main.
Abb. II.27, II.50: Bibliothèque Nationale, Paris.
Abb. II.35–II.38: Bibliothek der Universität Istanbul.
Abb. II.41: Stadtbibliothek Augsburg.

Abb. II.42: Astronomisches Institut der Universität Bonn.
Abb. II.47: National Portrait Gallery, London.
Abb. II.56: Ann Ronan Picture Library, Bishops Hall, Taunton.
Abb. II.57: The Houghton Library, Harvard College, Cambridge.
Abb. II.58: Ehemalige Bernard Gallery, London.
Abb. II.65: Bibliothèque de l'Arsenal, Paris.
Abb. II.66, II.67, II.75, II.77, II.78: Privatsammlung.
Abb. II.69: Yerkes Observatory, Williams Bay.
Abb. II.70: Landessternwarte Heidelberg-Königstuhl.
Abb. II.71: Prof. Dr. M. Schwarzschild, Princeton.
Abb. II.72: Mary Lea Shane Archives, Lick Observatory, Santa Cruz.
Abb. II.74: Dr. Stephen M. Larson, The University of Arizona, Tucson.
Abb. II.76: Corriere della Sera.
Abb. III.1: California Institute of Technology, Palomar Observatory.
Abb. III.2, III.5: European Space Agency (ESA), Paris.
Abb. III.3: Direktor H.P. Schneiter, Contraves, Zürich.
Abb. III.4: Dr. P. Creola, Bern.
Abb. III.6a: Intercosmos, Moskau.
Abb. III.6b: Institute of Space and Astronautical Science, Tokio.

Die Tafel auf Seite 62 gibt ein verschollenes französisches Gemälde wieder: ein Engel ruft Edmond Halley aus dem Grab, damit dieser Zeuge der Wiederkehr ‹seines› Kometen im Jahre 1759 werden kann, die die Erfüllung seiner Voraussage bedeutete.

Die Tafel auf Seite 250 stellt eine Zeichnung von Halleys Kometen dar, die von L.G. Leon in Mexiko um den 10. Mai 1910 in den Morgenstunden angefertigt wurde. Der Komet steht im Sternbild der Fische, südöstlich des Sterns Algenib im Pegasus. Der Schweif ist etwa 25 Grad lang. Der hellste Stern im Bild ist die Venus.

(Beide Tafeln aus dem Artikel *Comets* von A.C.D. Crommelin in: *Hutchinson's Splendour of the Heavens,* Hg. T.E.R. Phillips und W.H. Steavenson, London 1923.)